普通高等教育"十二五"规划教材

电力系统微机保护

（第2版）

张明君　林　敏　编著

北　京
冶　金　工　业　出　版　社
2011

内 容 提 要

本书共分七章，主要内容包括：电力系统微机保护系统的硬件组成、功能和设计方法，相关的离散信号、离散系统的基本概念，数字滤波器的设计方法和软件实现流程，输入量分别为正弦函数、周期函数、随机函数的保护算法，输电线路、电力变压器的各种微机保护算法，WXB-11 系列电力系统微机线路保护和变压器保护的硬件组成、工作原理、软件流程，微机保护与测控结合的综合自动化系统的硬件组成、工作原理，微机保护系统中的抗干扰措施等。

本书为高等院校电气工程专业、电力系统继电保护等专业的教学用书，也可作为工程技术人员的培训教材或参考书。

图书在版编目(CIP)数据

电力系统微机保护/张明君，林敏编著．—2 版．—北京：冶金工业出版社，2011. 4

普通高等教育“十二五”规划教材

ISBN 978-7-5024-5479-1

Ⅰ.①电… Ⅱ.①张… ②林… Ⅲ.①计算机应用—电力系统—继电保护—高等学校—教材 Ⅳ.①TM77

中国版本图书馆 CIP 数据核字(2011)第 051636 号

出 版 人 曹胜利

地　　址 北京北河沿大街嵩祝院北巷 39 号，邮编 100009

电　　话 (010)64027926 电子信箱 yjcbs@ cnmip. com. cn

责任编辑 俞跃春 美术编辑 李 新 版式设计 孙跃红

责任校对 王贺兰 责任印制 牛晓波

ISBN 978-7-5024-5479-1

北京兴华印刷厂印刷；冶金工业出版社发行；各地新华书店经销

2002 年 3 月第 1 版，2011 年 4 月第 2 版，2011 年 4 月第 1 次印刷

787mm×1092mm 1/16；16. 5 印张；393 千字；249 页

33. 00 元

冶金工业出版社发行部 电话：(010)64044283 传真：(010)64027893

冶金书店 地址：北京东四西大街 46 号(100010) 电话：(010)65289081(兼传真)

（本书如有印装质量问题，本社发行部负责退换）

第2版前言

本书是在第1版基础上修订而成。电力系统微机保护（第2版）在内容上更加丰富和系统，增加了微机保护系统人机接口硬件部分、差分方程和Z变换等离散系统基础知识；输电线路微机保护和变压器微机保护将由原来的一章分为两章介绍，内容上更详实。写作风格将继续保持系统性好、与工程实际结合、微机保护系统实例具体的特点，可同时满足高校教学、现场技术人员的学习需求。其特点为：

（1）从微机型继电保护教学角度出发，系统介绍电力系统微机保护装置的基本原理、结构、功能、设计方法，突出基本原理与实践的结合，使读者能够很快掌握电力系统微机保护的基本知识，并具备应用系统初步设计的能力。

（2）书中的内容是作者多年来讲授电力系统微机保护的经验总结以及作者现场实践多年积累的成果，实例的教学性和应用性很强。

（3）本书紧跟微机继电保护的发展步伐，介绍新型微机继电保护具体实例，对学生和现场技术人员有较强指导性。

（4）每章除配有大量实例来对知识点进行阐述外，还在章末配有本章小结和习题，使读者对每一章都有系统完整的认识和熟悉巩固本章知识点。

本书的绪论、第二～七章及附录由张明君编写，第一章由林敏编写。

借此衷心感谢第1版的作者弭洪涛教授对这次修订工作的支持，同时也向修订过程中给予大力支持和帮助的孙天罡、王进、葛楠老师表示诚挚的谢意！

由于编者水平所限，书中不妥之处，敬请广大读者批评指正。

编　者

2011年1月

第1版前言

本书是为了适应电力系统微机保护技术发展的需要，使从事电力系统继电保护工作的技术人员及高校相关专业学生能够比较全面地了解和掌握微机保护技术而编写的。

本书对电力系统微机保护的硬件组成和软件算法、抗干扰措施等方面作了比较全面系统的介绍，使读者对微机保护系统组成结构、工作原理和设计方法能有一个系统的认识。在编写中，力求内容系统性与先进性统一，强调基本概念和基本工作原理的阐述，注重理论讲解和实例分析的结合。各章后都附有小结和习题。希望读者通过本书的学习，能对电力系统微机保护知识有比较全面的掌握。

全书共分六章。绪论及第二、三、四章及附录由张明君编写，第一、五、六章由弭洪涛编写。

由于编者水平所限，书中不妥之处，敬请广大读者批评指正。

编　者

2002年2月

目　录

绪　论

电力系统是将各种能源通过发电机转化成电能，再经过输电、变电和配电将电能供应到用户的系统，它主要由发电、输电、配电、用电几个部分构成。

一、电力系统继电保护的作用和特点

社会的发展使人们的生活生产与电能的联系越来越密切，因此，电力系统的可靠运行显得越来越重要。电力系统在运行中，因其组成元件数量多、传输地域广、运行情况复杂，可能会出现各种故障或不正常的运行状态。

电力系统故障主要包括各种类型的短路、断路，如三相短路、两相短路、单相断路（断线）、两相断路等，这些故障将对电力系统造成极大危害。短路电流在故障点产生的电弧将使故障设备损坏；短路电流流过故障回路产生的热效应和电动力，使故障回路中的其他设备遭到损坏；部分电力系统的电压大幅度下降或升高，使电力用户的正常工作遭到破坏，破坏电力系统运行的稳定性，引起系统振荡，甚至是电力系统瓦解和崩溃，造成大面积停电事故。

电力系统的不正常运行状态是指系统中电气元件没有发生故障，但受各种因素的影响，偏离正常工作状态，即电气参数偏离正常值的运行状态。如设备的过负荷、过电压、系统振荡、频率降低等，都属于不正常运行状态。这些不正常运行状态若不及时发现和处理，就有可能发展成为系统故障。电力系统的故障或不正常运行状态不及时处理都可能引起电力系统事故，从而使电能质量降低到不能允许的程度，造成人身伤亡和电气设备损坏等，使整个或部分电力系统遭到破坏，对用户停电或少送电。

继电保护装置就是为了及时发现系统故障和不正常运行状态，对系统故障快速处理或向系统运行人员及时发出信号进行处理的一种装置。它在电力系统中发挥着重要的作用：

（1）实时检测电力系统中的重要参数或设备状态，及时反应判断出电力系统的故障或不正常运行状态。

（2）当电力系统中发生故障时，能自动、迅速、有选择地将故障元件从电力系统中切除，使故障元件免于继续遭到破坏，使非故障元件迅速恢复正常运行。

（3）当电力系统出现不正常运行状态时，能及时反应发出信号或跳闸。

综上所述，继电保护装置要求具有实时检测判断、实时选择性动作和发出信号的功能，才能完成及时发现和处理系统故障和不正常运行状态，发挥其保护电力系统安全运行的作用。因此，要求继电保护装置快且准、灵敏又可靠地动作，即在技术上必须满足四个基本要求（速动性、选择性、灵敏性和可靠性），简称为继电保护的四性。

（1）速动性。它指为减小故障元件的损坏程度，减小用户在低电压下工作的时间，避免故障进一步扩大而要求保护装置快速切除故障的性能。故障切除时间包括继电保护动作时间和断路器的跳闸时间。保护动作速度越快，切除故障的时间就越短，故障对电力系统的损坏就越小。

（2）选择性。它指电力系统发生故障时，继电保护装置要能在实时检测和准确判断的基础上，尽量缩小停电范围，仅将故障元件从系统中切除，而保证非故障元件仍能继续正常运行的一种性能。

（3）灵敏性。它指继电保护装置对其保护范围内发生的系统故障或不正常运行状态的反应能力，即保护装置对规定的保护范围内的故障应不论故障点的位置远近，故障类型如何，均能敏锐检测到，正确发出动作信号。灵敏性通常用灵敏系数来衡量，表示为 K_{sen}，也称灵敏度。任何继电保护装置对规定保护区内短路故障，都必须具有一定的灵敏度，以保证在最不利于保护动作的条件下仍能可靠动作。

（4）可靠性。它指电力系统发生了继电保护装置应该动作的故障时，继电保护装置能可靠使电气元件动作，不发生拒绝动作；而在不该动作时，保护装置可靠不动，即不发生错误动作。

电力系统继电保护都应满足以上四个基本要求，但在一套继电保护装置中，以上四个性能之间往往存在矛盾，很难同时很好地满足。因此，从电力系统的实际情况出发，协调处理好各个性能之间的关系，才能达到保证电力系统安全运行的目的。

随着电子技术和计算机技术的发展，电力系统的继电保护也突破了传统的继电器保护形式，出现了以微处理器为核心的电力系统继电保护形式。我们把以微处理器为核心组成的电力系统继电保护称为电力系统微机保护。

二、电力系统微机保护的应用和发展概况

早在 20 世纪 60 年代后期，就有人提出了利用计算机构成电力系统继电保护的设想，但是，由于当时计算机的质量和可靠性还不能满足要求，且其价格昂贵，因此，这一设想未能付诸实施。

70 年代初，数字计算机首先在电力系统离线计算方面得到应用。此后，在电力系统微机保护方面的理论探索也有了进展，特别是保护算法、数字滤波等方面的研究发展尤为迅速，有大量相关论文在此时期发表。

70 年代中期，大规模集成电路和数字技术的飞速发展，特别是价格便宜的微处理器的出现，给微机在电力系统继电保护上的发展应用提供了有利条件，从而引起了广大继电保护工作者的兴趣和关注，促使微机保护的研究出现了热潮。

1975 年初，英国 GEC 公司应用微处理机于变电所的控制和自动重合闸上的情况已有报道。1979 年，美国电气和电子工程师学会（IEEE）的教育委员会组织了第一次世界性的计算机保护研究班。之后，世界各大继电器制造商都先后推出了各种商业性微机保护装置，微机保护逐渐趋于实用。在电力系统微机保护技术方面，日本、美国、英国、德国发展最快。从 70 年代后期开始，各国都在此方面继续做了很多努力，使电力系统微机保护技术逐渐成熟起来。

80 年代初，我国在微机保护方面开始起步。1984 年初，华北电力学院杨奇逊教授研制的第一套微机型线路保护样机试运行后通过鉴定。1984 年底，在华中工学院召开了我国第一次计算机继电保护学术会议，标志着我国微机保护工作进入了重要的发展阶段，后来又有更多的高校和科研机构作了许多探索。目前，微机保护技术已趋于成熟，各种类型的

微机保护装置已在全国各大电力网络中投入运行。

三、电力系统微机保护装置的特点

电力系统微机保护装置之所以能被推广和应用，是因为它具有传统继电保护无法比拟的优越性。

（一）性能优

微机具有高速运算、逻辑判断和记忆能力，微机保护是通过软件程序实现的，因而微机保护可以实现很复杂的保护功能，也可以实现许多传统保护模式无法实现的新功能。许多传统保护模式存在的技术问题，在微机保护中找到了解决办法。例如，距离保护的阻抗继电器动作特性的复杂形状现实，距离保护中系统振荡和短路的区别，变压器差动保护中励磁涌流和内部故障的鉴别等问题，都有了新的解决方法。

微机保护还具有故障参数追忆、故障测距等功能，可以自动打印记录故障前后各电气参数的数值、波形以及各种保护的动作情况等，供故障分析用。

此外，微机保护的软件不受电源电压波动、周围环境温度变化及元件老化的影响，故微机保护的性能比较稳定。

显然，电力系统微机保护的性能优于传统继电保护。

（二）可靠性高

微机保护具有自诊断能力，能不断地对装置各部位进行自动检测，可以准确地发现装置故障部位，及时报警，以利处理。

在抗干扰方面，微机保护除在硬件上采取电磁屏蔽、光电隔离、加退耦电容等一系列抗干扰措施外，还采取数据有效性分析、多次重复计算、自动校核等软件措施，使微机保护能自动纠错，即能自动地识别干扰和排除干扰，防止干扰引起微机保护误动作。此外，装置还采用多重化措施，进一步提高保护的可靠性。

可靠性是继电保护的生命。微机保护采用了许多传统保护无法实现的抗干扰措施，有效地防止了保护的误动和拒动。目前，微机保护的平均无故障时间长达十万小时以上，说明微机保护是十分可靠的。

（三）灵活性强

各种类型的微机保护所使用的硬件和外围设备可通用，不同原理、特性和功能的微机保护主要取决于软件。

微机保护功能通过软件来实现，使其具有极大的灵活性。通常，可以在一套软件程序中设置不同的保护方案，用户根据需要来选择，也可以根据系统实际运行条件或故障情况随机变化，使保护具有自适应能力。例如，当运行方式改变需要改变保护整定值时，只需在存储器中预置几套保护整定值，临时在装置面板上用小开关进行切换即可。当系统发展需要改变保护原理或性能时，则只需将其程序加以修改，置换相应的预编程序的存储器芯片或改写 EPROM 中的程序即可。

微机保护的灵活性是传统保护不可比拟的。

(四) 调试维护工作量小

传统的继电保护装置，如机电型、整流型、晶体管型继电保护装置，调试工作量都很大，尤其是一些复杂保护，例如调试一套高压输电线路保护装置，常需要三周或更长时间。而微机保护几乎不用调试。微机保护装置是由硬件和软件程序两大部分组成，若硬件完好，对于已成熟的软件，只要程序和设计一样，就会达到设计要求。因此，微机保护用不着像传统保护那样，逐台做各种模拟试验来检验保护装置每一种功能是否正确。再者，微机保护具有自诊断能力，能对硬件和软件进行自检，一旦发现异常就会发出报警。通常，只要加电后没有警报信号，就可确认装置完好，因而调试维护工作量很小。

(五) 经济性好

经济性包括装置的投资费用和运行维护费用。随着大规模集成电路技术的发展和微机的广泛应用，微机硬件价格不断下降，而传统的继电器价格在同期内却一直上升。目前，我国的微机保护装置价格已和传统保护价格持平或更低，在性能价格比方面更具优势。可以预期，这种发展趋势将会继续下去。

此外，微机是一个可编程的智能装置，可实现多种功能，微机保护的多功能化也提高了其经济性。至于运行维护费用，由于微机保护装置的功耗较传统保护装置功耗小，其运行费用较低。同时，微机保护具有自诊断功能，能及时发现装置故障，使维护工作量大为减少，改变保护整定值和调试的方便则可缩短停电时间和节省人力，其经济效益也是可观的。综上所述，微机保护的经济性优于传统保护，特别是从发展的观点来看更是如此。

(六) 多功能化和综合应用

微机保护很容易实现保护以外的其他功能。例如，微机保护可以对故障时发生的全部暂态现象进行故障录波和记录，借助几个微机保护装置之间故障后暂态数据的交换，可对事故进行周详分析。微机保护还可根据需要，随机打印出当前各电气量数值，省去了人工记录。微机保护可以扩大数据应用范围，如利用变电所的远动装置，为中心调度所提供功率潮流等运行数据，也可以进一步将保护、控制和监视等功能统一设计、协调配合，实现电力系统监视、控制、保护的综合自动化，进一步实现电力系统计算机网络控制管理。

目前的电力系统微机保护已成为当代继电保护的更新换代产品，正向着智能化、网络化、集成化的趋势发展，展示了其广阔的发展前景。

四、电力系统微机保护的基本组成

电力系统微机保护由软件和硬件两个部分组成。

软件是指微机系统执行的软件程序。它用来实现各种输入量的实时采集、运算处理和逻辑判断功能，控制各硬件电路的有序工作，发出各种保护出口命令。

微机保护的硬件系统主要由 CPU（微处理器）主机系统、模拟量数据采集系统和开关量输入/输出系统三部分组成。CPU主机系统是保护装置的控制中心，它的作用是由微处理器执行存放在EPROM（程序存储器）中的程序，对由数据采集系统输入至RAM区（数据存储器）中的原始数据进行分析和运算处理，以完成各种保护功能。

模拟量数据采集系统的作用是将从电力系统中取到的电压、电流等模拟量转换成数字量，送入RAM区中，供CPU主机系统读取运算。

开关量输入/输出系统的作用是完成各种保护的出口跳闸、信号警报、外部开关的输入及人机对话等功能。

第一章　微机保护装置硬件系统

微机保护装置的硬件系统同一般的微机测控系统在基本结构与通道组成上基本相同。

第一节　微机保护装置的结构组成

一般的微机测控系统的原理组成，如图 1-1 所示。测量变送器（或转换器）对被控对象进行检测，把被控量转换成标准的模拟量信号，再由模/数（A/D）转换器转变成对应的数字信号反馈到计算机中，计算机将此测量值与给定值进行比较形成偏差输入，并按照一定的控制规律产生相应的数字量控制信号，再由数/模（D/A）转换器转换为模拟量作为其输出信号，以驱动执行器工作。这种按偏差进行控制的闭环反馈控制系统的最终目的是使被控对象的被控量始终跟踪或趋近于给定值，从而实现各种继电保护功能。

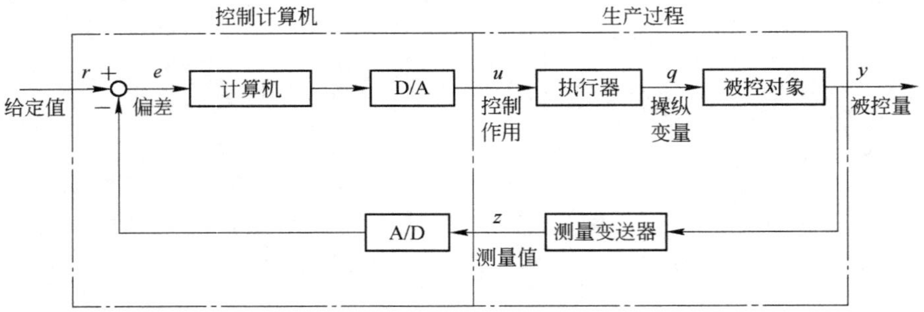

图 1-1　微机测控系统原理图

微机测控系统的监控过程可归结为以下三个步骤：

（1）实时数据采集。对来自测量变送器的被控量的瞬时值进行采集和输入。

（2）实时数据处理。对采集到的被控量进行分析、比较和处理，按一定的控制规律运算，进行控制决策。

（3）实时输出控制。根据控制决策，适时地对执行器发出控制信号，完成监控、保护任务。

上述过程不断重复，使整个系统按照一定的品质指标正常稳定地运行，一旦被控量和设备本身出现异常状态时，计算机能实时监督并做出迅速处理。所谓“实时”是指信号的输入、运算处理和输出能在一定的时间内完成，超过这个时间，就会失去控制时机。“实时”是一个相对概念，如变压器油温的监控，由于时间惯性很大，延时几秒乃至几十秒仍然是“实时”的；而某些设备故障的继电保护的“实时”可能是指几毫秒或更短的时间。

微机测控系统的硬件一般是由主机、常规外部设备、过程输入输出通道、操作台和通信设备等组成，如图 1-2 所示。

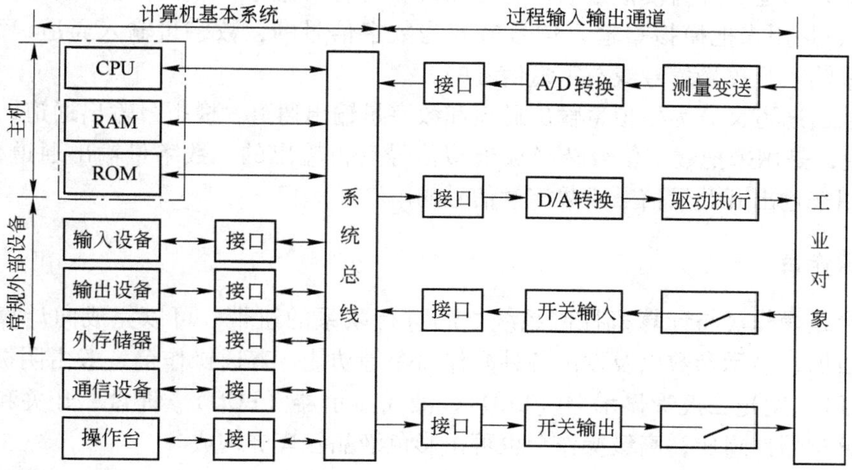

图 1-2　微机测控系统硬件组成框图

一、主机

由 CPU（中央处理器）、RAM（读写存储器）、ROM（只读存储器）和系统总线构成的主机是控制系统的指挥部。主机根据过程输入通道发送来的反映电力系统工况的各种信息，以及预定的控制算法，做出相应的控制决策，并通过过程输出通道向电力系统发送控制命令。

主机所产生的各种控制是按照人们事先安排好的程序进行的。这里，实现信号输入、运算控制和命令输出等功能的程序已预先存入内存，当系统启动后，CPU 就从内存中逐条取出指令并执行，以达到控制目的。

二、常规外部设备

实现主机和外界交换信息功能的设备称为常规外部设备，简称外设。它由输入设备、输出设备和外存储器等组成。

输入设备有键盘、光电输入机、扫描仪等，用来输入程序、数据和操作命令。

输出设备有打印机、绘图机、显示器等，用来把各种信息和数据提供给操作者。

外存储器有磁盘装置、磁带装置、光驱装置，兼有输入、输出两种功能，用于存储系统程序和数据。

这些常规的外部设备与主机组成的计算机基本系统，即通常所说的普通计算机，是用于一般的科学计算和信息管理的，但是用于工业过程控制，则必须增加过程输入输出通道。

三、过程输入输出通道

在计算机与生产过程被控对象之间起着信息传递和变换作用的连接装置，称为过程输入通道和过程输出通道，统称为过程通道。

过程输入通道又分为模拟量输入通道和数字量输入通道。模拟量输入通道，简称 A/D 或 AI 通道，是用来把模拟量输入信号转变为数字信号的；数字量输入通道，简称 DI 通道，是用来输入开关量信号或数字量信号的。

过程输出通道又分为模拟量输出通道和数字量输出通道。模拟量输出通道，简称 D/A 或 AO 通道，是用来把数字信号转换成模拟信号后再输出的；数字量输出通道，简称 DO 通道，是用来输出开关量信号或数字量信号的。

四、操作台

操作台是操作员与计算机控制系统之间进行联系的纽带，可以完成向计算机输入程序、修改数据、显示参数以及发出各种操作命令等功能。普通操作台一般由阴极射线管显示器（CRT）、发光二极管显示器（LED）、液晶显示器（LCD）、键盘、开关和指示灯等各个物理分类器件组成；高级操作台也可由彩色液晶触摸屏构成。

操作员分为系统操作员与生产操作员两种。系统操作员负责建立和修改控制系统，如编制程序和系统组态，生产操作员负责与生产过程运行有关的操作。为了安全和方便，系统操作员和生产操作员的操作设备一般是分开的。

五、通信设备

现代化电力系统的规模比较大，其控制与管理也很复杂，往往需要几台或几十台计算机才能分级完成。这样，在不同地理位置、不同功能的计算机之间就需要通过通信设备连接成网络，以进行信息交换。

第二节 模拟量输入输出通道

一、模拟量输入通道

微机保护系统的输入量通常是被保护对象的电流互感器（TA）和电压互感器（TV）的二次电流、电压等模拟量。而模数转换器只能对一定范围内的输入电压进行转换，故必须对输入的电流、电压信号进行处理。完成这一任务的就是模拟量输入通道，其结构组成如图 1-3 所示。来自于电力系统现场传感器或互感器的多个模拟量信号首先需要进行信号调理，然后经多路模拟开关，分时切换到后级进行前置放大、采样保持和模/数转换，通过接口电路以数字量信号进入主机系统，从而完成对过程参数的巡回检测任务。显然，该通道的核心是模/数转换器即 A/D 转换器，通常把模拟量输入通道称为 A/D 通道或 AI 通道。

（一）信号调理电路

在模拟量输入通道中，对现场可能引入的各种干扰必须采取相应的技术措施以保证模/数转换的精度，所以首先要在通道之前设置输入信号调理电路。

根据通道需要，可以采取不同的信号调理技术，如信号滤波、光电隔离、电平转换、

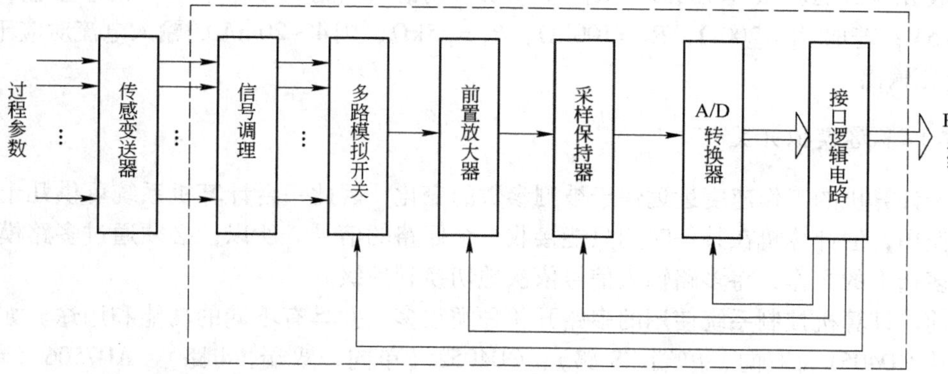

图 1-3 模拟量输入通道的结构组成

过电压保护、反电压保护、电流/电压变换等。本节主要介绍模拟量输入通道中常用的电流/电压变换技术，其余部分参见本章第三节有关内容。

在控制系统中，对被控量的检测往往采用各种类型的测量变送器，当它们的输出信号为 0 ~ 10mA 或 4 ~ 20mA 的电流信号时，一般是采用电阻分压法把现场传送来的电流信号转换为电压信号，以下是两种变换电路。

1. 无源 *I/V* 变换

无源 *I/V* 变换电路是利用无源器件——电阻来实现，加上 *RC* 滤波和二极管限幅等保护，如图 1-4(a)所示，其中 R_2 为精密电阻。对于 0 ~ 10mA 输入信号，可取 $R_1 = 100\Omega$，$R_2 = 500\Omega$，这样当输入电流在 0 ~ 10mA 量程变化时，输出的电压就为 0 ~ 5V 范围；而对于 4 ~ 20mA 输入信号，可取 $R_1 = 100\Omega$，$R_2 = 250\Omega$，这样当输入电流为 4 ~ 20mA 时，输出的电压为 1 ~ 5V。

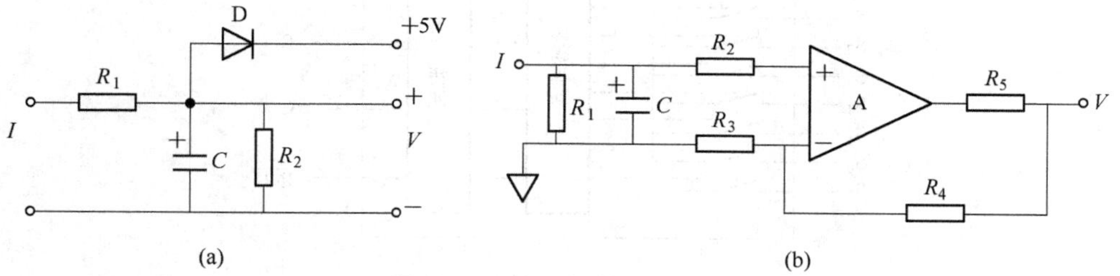

图 1-4 电流/电压变换电路

(a)无源 *I/V* 变换电路；(b)有源 *I/V* 变换电路

2. 有源 *I/V* 变换

有源 *I/V* 变换是利用有源器件——运算放大器和电阻电容组成，如图 1-4(b)所示。利用同相放大电路，把电阻 R_1 上的输入电压变成标准输出电压。该同相放大电路的放大倍数为

$$G = \frac{V}{IR_1} = 1 + \frac{R_4}{R_3} \tag{1-1}$$

若取 $R_1=200\Omega$，$R_3=100\text{k}\Omega$，$R_4=150\text{k}\Omega$，则输入电流 I 的 0 ~ 10mA 就对应电压输出 V 的 0 ~ 5V；若取 $R_1=200\Omega$，$R_3=100\text{k}\Omega$，$R_4=25\text{k}\Omega$，则 4 ~ 20mA 的输入电流对应于 1 ~ 5V 的电压输出。

（二）多路模拟开关

由于计算机的工作速度远远快于被测参数的变化，因此一台计算机系统可供几十个检测回路使用，但计算机在某一时刻只能接收一个回路的信号。所以，必须通过多路模拟开关实现多选 1 的操作，将多路输入信号依次地切换到后级。

目前，计算机控制系统使用的多路开关种类很多，并具有不同的功能和用途。如集成电路芯片 CD4051（双向、单端、8 路）、CD4052（单向、双端、4 路）、AD7506（单向、单端、16 路）等。所谓双向，就是该芯片既可以实现多到一的切换，也可以完成一到多的切换；而单向则只能完成多到一的切换。双端是指芯片内的一对开关同时动作，从而完成差动输入信号的切换，以满足抑制共模干扰的需要。

1. 结构原理

现以常用的 CD4051 为例，8 路模拟开关的结构原理，如图 1-5 所示。CD4051 由电平转换、译码驱动及开关电路三部分组成。当禁止端 $\overline{\text{INH}}$ 为“1”时，前后级通道断开，即 $S_0 \sim S_7$ 端与 S_m 端不可能接通；当 $\overline{\text{INH}}$ 为“0”时，则通道可以被接通，通过改变控制输入端 C、B、A 的数值，就可选通 8 个通道 $S_0 \sim S_7$ 中的一路。比如：当 C、B、A = 000 时，通道 S_0 选通；当 C、B、A = 001 时，通道 S_1 选通；…；当 C、B、A = 111 时，通道 S_7 选通。其真值表如表 1-1 所示。

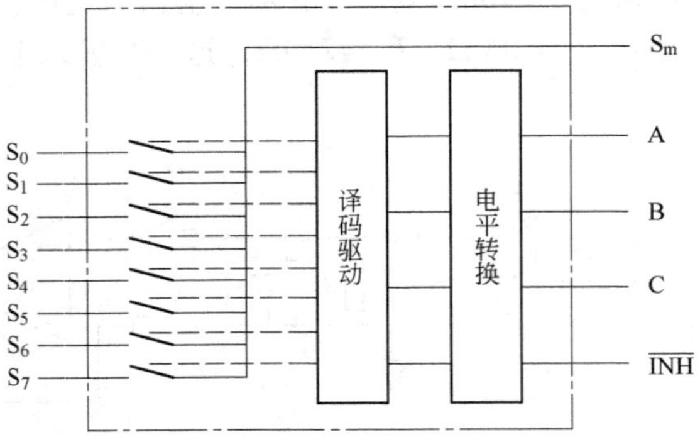

图 1-5 CD4051 结构原理图

表 1-1 CD4051 的真值表

输入				所选通道	输入				所选通道
$\overline{\text{INH}}$	C	B	A		$\overline{\text{INH}}$	C	B	A	
0	0	0	0	S_0	0	1	0	1	S_5
0	0	0	1	S_1	0	1	1	0	S_6
0	0	1	0	S_2	0	1	1	1	S_7
0	0	1	1	S_3	1	×	×	×	无
0	1	0	0	S_4					

注：×表示 1 或 0 都可以。

2. 扩展电路

当采样通道多至16路时，可直接选用16路模拟开关的芯片，也可以将2个8路4051并联起来，组成1个单端的16路开关。

例1-1　试用两个CD4051扩展成一个1×16路的模拟开关。

分析：图1-6给出了两个CD4051扩展为1×16路模拟开关的电路。数据总线 $D_3 \sim D_0$ 作为通道选择信号，D_3 用来控制两个多路开关的禁止端 $\overline{INH}$。当 $D_3=0$ 时，选中上面的多路开关，此时当 D_2、D_1、D_0 从000变为111，则依次选通 $S_0 \sim S_7$ 通道；当 $D_3=1$ 时，经反相器变成低电平，选中下面的多路开关，此时当 D_2、D_1、D_0 从000变为111，则依次选通 $S_8 \sim S_{15}$ 通道。如此，组成一个16路的模拟开关。

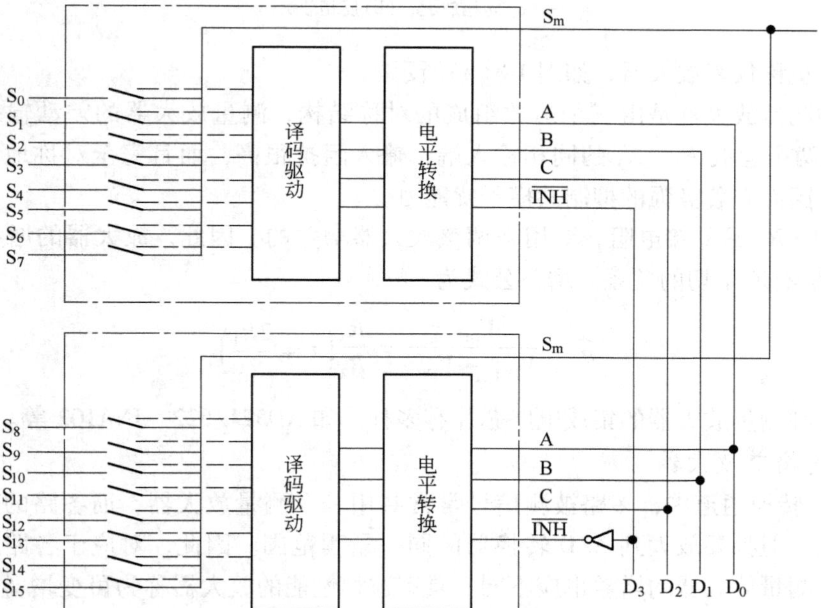

图1-6　多路模拟开关的扩展电路

（三）前置放大器

前置放大器的任务是将模拟输入小信号放大到A/D转换的量程范围之内，如0～5VDC。对单纯的微弱信号，可用一个运算放大器进行单端同相放大或单端反相放大。如图1-7所示，信号源的一端若接放大器的正端为同相放大，同相放大电路的放大倍数 $G=1+R_2/R_1$；若信号源的一端接放大器的负端为反相放大，反相放大电路的放大倍数 $G=-R_2/R_1$。当然，这两种电路都是单端放大，所以信号源的另一端是与放大器的另一个输入端共地。

1. 测量放大器

但来自生产现场的传感器信号往往带有较大的共模干扰，而单个运放电路的差动输入端难以起到很好的抑制作用。因此，A/D通道中的前置放大器常采用由一组运放构成的测

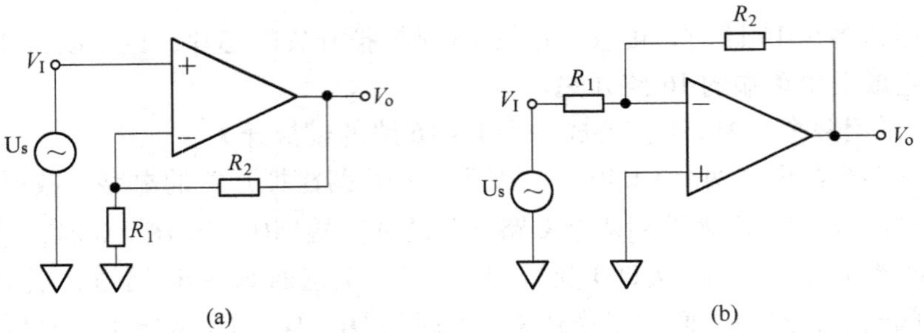

图 1-7　运算放大电路

(a)同相放大；(b)反相放大

量放大器，也称仪表放大器，如图 1-8(a)所示。

经典的测量放大器是由三个运放组成的对称结构，测量放大器的差动输入端 V_{IN+} 和 V_{IN-} 分别是两个运放 A_1、A_2 的同相输入端，输入阻抗很高，而且完全对称地直接与被测信号相连，因而有着极强的抑制共模干扰能力。

图 1-8 中 R_G 是外接电阻，专用来调整放大器增益的。因此，放大器的增益 G 与这个外接电阻 R_G 有着密切的关系。增益公式为

$$G = \frac{V_{OUT}}{V_{IN+} - V_{IN-}} = \frac{R_S}{R_2}\left(1 + \frac{2R_1}{R_G}\right) \tag{1-2}$$

目前这种测量放大器的集成电路芯片有多种，如 AD521/522、INA102 等。

2. 可变增益放大器

在 A/D 转换通道中，多路被测信号常常共用一个测量放大器，而各路的输入信号大小往往不同，但都要放大到 A/D 转换器的同一量程范围。因此，对应于各路不同大小的输入信号，测量放大器的增益也应不同。具有这种性能的放大器称为可变增益放大器或可编程放大器，如图 1-8(b)所示。把图 1-8(a)中的外接电阻 R_G 换成一组精密的电阻网络，每个电阻支路上有一个开关，通过支路开关依次通断就可改变放大器的增益，根据开关支路上的电阻值与增益公式，就可算得支路开关自上而下闭合时的放大器增益分别为 2、4、8、16、32、64、128、256 倍。显然，这一组开关用多路模拟开关（类似 CD4051）就可方便地进行增益可变的计算机数字程序控制，此类可编程放大器集成芯片有 AD612/AD614 等。

另外，还可以用数字电位器代替增益电阻，同样通过编程控制电位器的阻值大小，使其放大倍数接近连续化。此类数字电位器集成芯片有 X9313、X9511、MAX5161 等。

（四）采样保持器

当某一通道进行 A/D 转换时，由于 A/D 转换需要一定的时间，如果输入信号变化较快，就会引起较大的转换误差。为了保证 A/D 转换的精度，需要应用采样保持器。

1. 数据采样定理

把连续变化的量变成离散量后再进行处理的计算机控制系统，称为离散系统或采样数

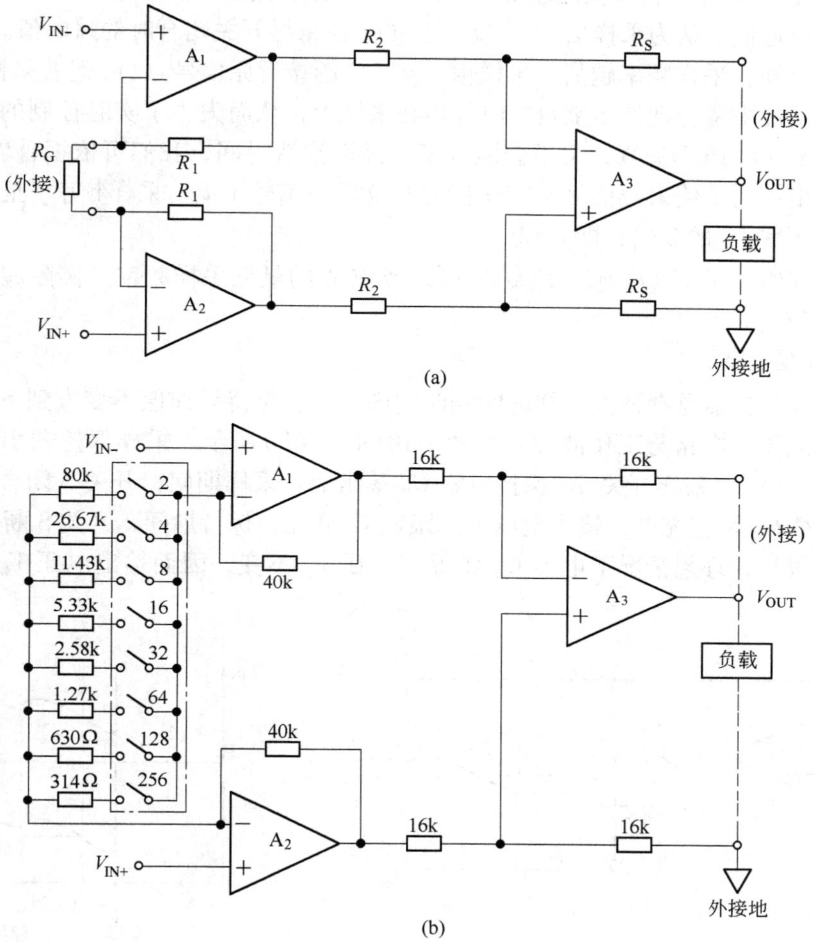

图 1-8　前置放大器
(a)经典的前置放大器；(b)可变增益放大器

据系统。离散系统的采样形式有周期采样、多阶采样和随机采样。应用最多的是周期采样，如图 1-9 所示，周期采样就是以相同的时间间隔进行采样，即把一个连续变化的模拟信号 $y(t)$，按一定的时间间隔 T 转变为在瞬时 0，T，$2T$，… 的一连串脉冲序列信号 $y^*(t)$。执行采样动作的装置叫采样器或采样开关，采样开关每次闭合的时间称为采样时

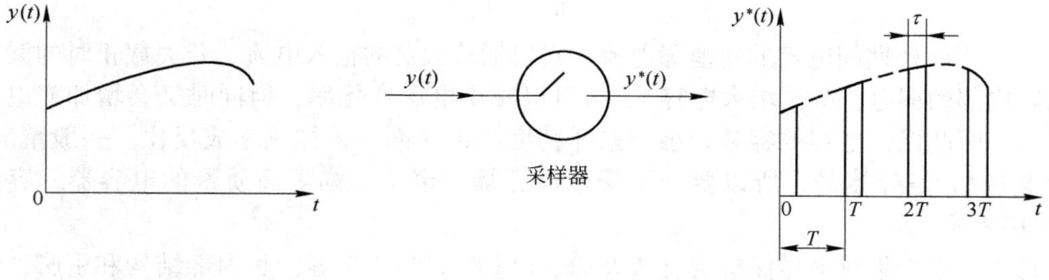

图 1-9　信号的采样过程

间或采样宽度 τ，采样开关每次通断的时间间隔称为采样周期 T。在实际系统中，$\tau \ll T$，也就是说，可以近似地认为采样信号 $y^*(t)$ 是 $y(t)$ 在采样开关闭合时的瞬时值。

由经验可知，采样频率越高，采样信号 $y^*(t)$ 越接近原信号 $y(t)$，但若采样频率过高，在实时控制系统中将会把许多宝贵的时间用在采样上，从而失去了实时控制的机会。为了使采样信号 $y^*(t)$ 既不失真，又不会因频率太高而浪费时间，我们可依据香农采样定理。香农定理指出：为了使采样信号 $y^*(t)$ 能完全复现原信号 $y(t)$，采样频率 f 至少要为原信号最高有效频率 f_{max} 的 2 倍，即 $f \geqslant 2f_{max}$。

采样定理给出了 $y^*(t)$ 唯一地复现 $y(t)$ 所必需的最低采样频率。实际应用中，常取 $f \geqslant (5 \sim 10)f_{max}$。

2. 采样保持器

零阶采样保持器是在两次采样的间隔时间内，一直保持采样值不变直到下一个采样时刻。它的组成原理电路与工作波性，如图 1-10(a)、(b)所示。采样保持器由输入输出缓冲放大器 A_1、A_2 和采样开关 S、保持电容 C_H 等组成。采样期间，开关 S 闭合，输入电压 V_{IN} 通过 A_1 对 C_H 快速充电，输出电压 V_{OUT} 跟随 V_{IN} 变化；保持期间，开关 S 断开，由于 A_2 的输入阻抗很高，理想情况下电容 C_H 将保持电压 V_C 不变，因而输出电压 $V_{OUT} = V_C$ 也保持恒定。

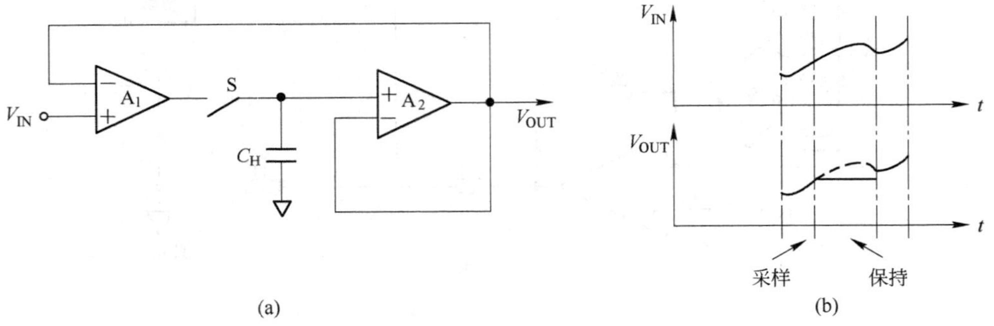

图 1-10　采样保持器
(a)原理电路；(b)工作波形

显然，保持电容 C_H 的作用十分重要。实际上保持期间的电容保持电压 V_C 在缓慢下降，这是由于保持电容的漏电流所致。保持电压 V_C 的变化率为

$$\frac{dV_C}{dt} = \frac{I_D}{C_H} \tag{1-3}$$

式中，I_D 为保持期间电容的总泄漏电流，它包括放大器的输入电流、开关截止时的漏电流与电容内部的漏电流等。增大电容 C_H 值可以减小电压变化率，但同时又会增加充电即采样时间，因此保持电容的容量大小与采样精度成正比而与采样频率成反比。一般情况下，保持电容 C_H 是外接的，所以要选用聚四氟乙烯、聚苯乙烯等高质量的电容器，容量为 510～1000pF。

常用的零阶集成采样保持器有 AD582、LF198/298/398 等，其内部结构和引脚，如图 1-11(a)、(b)所示。这里，用 TTL 逻辑电平控制采样和保持状态，如 LF198/LF298/LF398

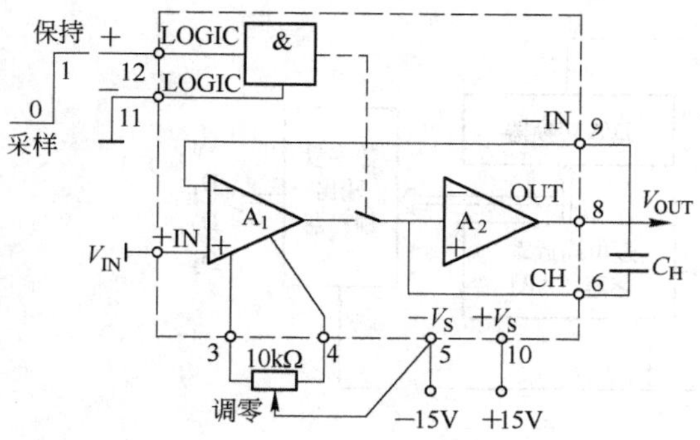

(a)

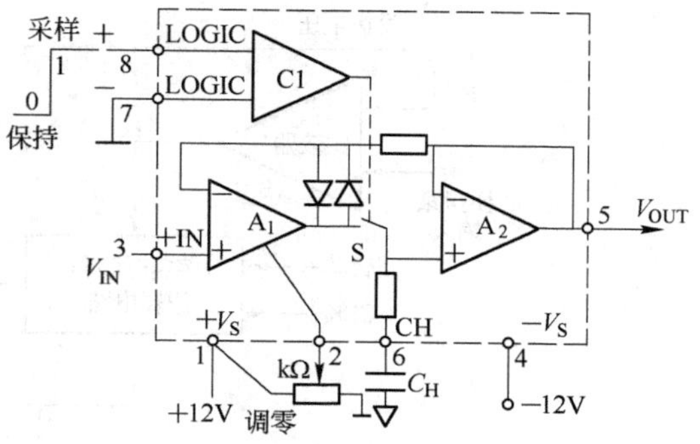

(b)

图 1-11　集成采样保持器

(a) AD582；(b) LF198/298/398

的引脚 8 为高电平时，通过芯片内部逻辑电路使开关 S 闭合，电路工作在采样状态；当引脚 8 为低电平时，则开关 S 断开，电路进入保持状态。而 AD582 的控制逻辑正好相反。

在 A/D 通道中，采样保持器的采样和保持电平应与后级的 A/D 转换相配合，该电平信号既可以由其他控制电路产生，也可以由 A/D 转换器直接提供。总之，保持器在采样期间，不启动 A/D 转换器，而一旦进入保持期间，则立即启动 A/D 转换器，从而保证 A/D 转换时的模拟输入电压恒定，以确保 A/D 转换精度。

(五) A/D 转换器

A/D 转换器能把输入的模拟电压变成与它成正比的数字量，即能把被控对象的各种模拟信息变成计算机可以识别的数字信息。

1. 工作原理与性能指标

A/D 转换器从原理上可分为逐位逼近式、双积分式、电压/频率式等多种。其中，电压/频率式 A/D 转换器接口电路简单，转换速度较慢，但精度较高，适合于远距离的数据传送；双积分式 A/D 转换速度更慢，但转换精度高，多用于数据采集系统；逐位逼近式 A/D 转换的速度较快而精度也较高，是目前应用最多的一种。下面分别介绍其工作原理。

逐位逼近式 A/D 转换原理　一个 n 位 A/D 转换器是由 n 位寄存器、n 位 D/A 转换器、运算比较器、控制逻辑电路、输出锁存器五部分组成。现以 4 位 A/D 转换器把模拟量 9 转换为二进制数 1001 为例，说明逐位逼近式 A/D 转换器的工作原理。

如图 1-12 所示，当启动信号作用后，时钟信号在控制逻辑作用下，首先使寄存器的最高位 $D_3=1$，其余为 0，此数字量 1000 经 D/A 转换器转换成模拟电压即 $V_o=8$，送到比较器输入端与被转换的模拟量 $V_{IN}=9$ 进行比较，控制逻辑根据比较器的输出进行判断。当 $V_{IN}\geqslant V_o$，则保留 $D_3=1$；再对下一位 D_2 进行比较，同样先使 $D_2=1$，与上一位 D_3 位一起即 1100 进入 D/A 转换器，转换为 $V_o=12$ 再进入比较器，与 $V_{IN}=9$ 比较，因 $V_{IN}<V_o$，则使 $D_2=0$；再下一位 D_1 位也是如此，$D_1=1$ 即 1010，经 D/A 转换为 $V_o=10$，再与 $V_{IN}=9$ 比较，因 $V_{IN}<V_o$，则使 $D_1=0$；最后一位 $D_0=1$ 即 1001 经 D/A 转换为 $V_o=9$，再与 $V_{IN}=9$ 比较，因 $V_{IN}\geqslant V_o$，保留 $D_0=1$。比较完毕，寄存器中的数字量 1001 即为模拟量 9 的转换

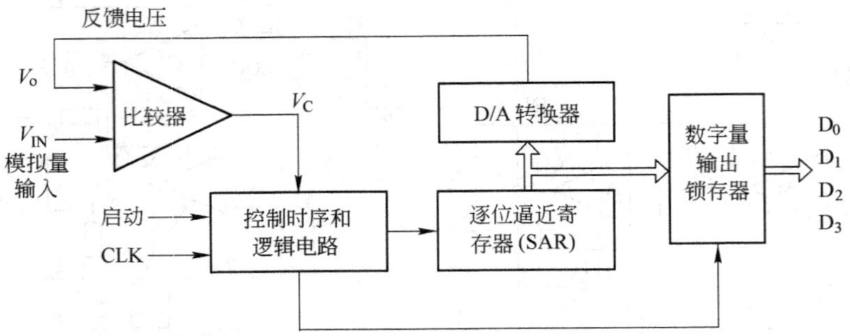

图 1-12 逐位逼近式 A/D 转换原理图

结果，存在输出锁存器中等待输出。

例 1-2 一个 8 位 A/D 转一个 n 位 A/D 转换器的模数转换表达式是

$$B = \frac{V_{IN} - V_{R-}}{V_{R+} - V_{R-}} \times 2^n \tag{1-4}$$

式中 n——n 位 A/D 转换器；

V_{R+}，V_{R-}——基准电压源的正、负输入；

V_{IN}——要转换的输入模拟量；

B——转换后的输出数字量。

即当基准电压源确定之后，n 位 A/D 转换器的输出数字量 B 与要转换的输入模拟量 V_{IN}呈正比。

A/D 转换器，设 $V_{R+}=5.02V$，$V_{R-}=0V$，计算当 V_{IN}分别为 0V、2.5V、5V 时所对应的转换数字量。

解：把已知数代入式（1-4）：

$$B = \frac{V_{IN} - V_{R-}}{V_{R+} - V_{R-}} \times 2^n = \frac{V_{IN} - 0}{5.02 - 0} \times 2^8$$

0V、2.5V、5V 时所对应的转换数字量分别为 00H、80H、FFH。

此种 A/D 转换器的常用品种有普通型 8 位单路 ADC0801 ~ ADC0805、8 位 8 路 ADC0808/0809、8 位 16 路 ADC0816/0817 等，混合集成高速型 12 位单路 AD574A、ADC803 等。

双积分式 A/D 转换原理 双积分式 A/D 转换原理，如图 1-13 所示，在转换开始信号控制下，开关接通模拟输入端，输入的模拟电压 V_{IN}在固定时间 T 内对积分器上的电容 C 充电（正向积分），时间一到，控制逻辑将开关切换到与 V_{IN}极性相反的基准电源上，此时电容 C 开始放电（反向积分），同时计数器开始计数。当比较器判定电容 C 放电完毕时就输出信号，由控制逻辑停止计数器的计数，并发出转换结束信号。这时计数器所记的脉冲个数正比于放电时间。

放电时间 T_1 或 T_2 又正比于输入电压 V_{IN}，即输入电压大，则放电时间长，计数器的计数值越大。因此，计数器计数值的大小反映了输入电压 V_{IN}在固定积分时间 T 内的平均值。

此种 A/D 转换器的常用品种有输出为 3 位半 BCD 码（二进制编码的十进制数）的

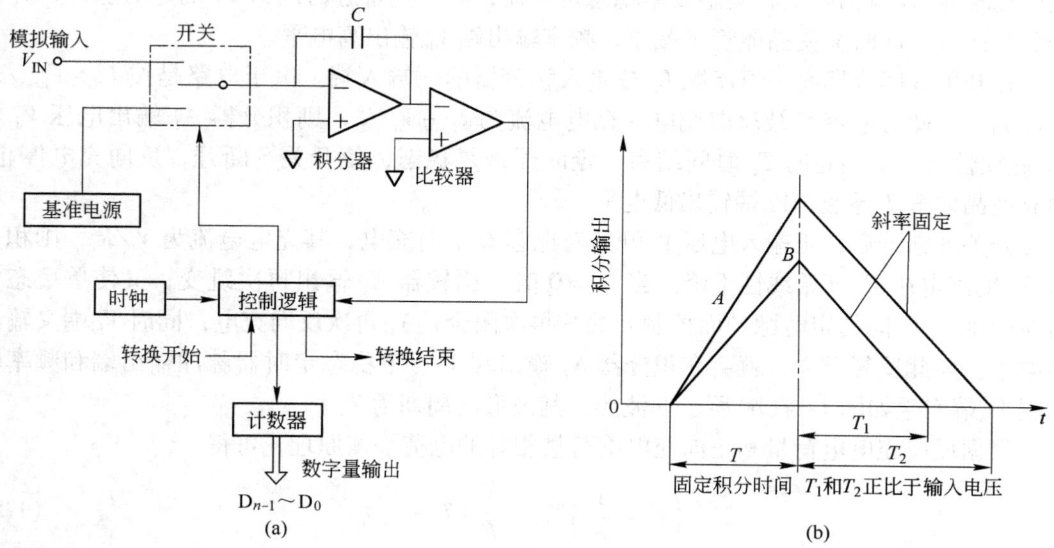

图 1-13 双积分式 A/D 转换原理图

(a)电路组成框图；(b)双积分原理

ICL7107、MC14433、输出为 4 位半 BCD 码的 ICL7135 等。

电压/频率式 A/D 转换原理 电压/频率式转换器简称 V/F 转换器，是把模拟电压信号转换成频率信号的器件。实现 V/F 转换的方法很多，现以常见的电荷平衡 V/F 转换法说明其转换原理，如图 1-14(a)、(b)所示。

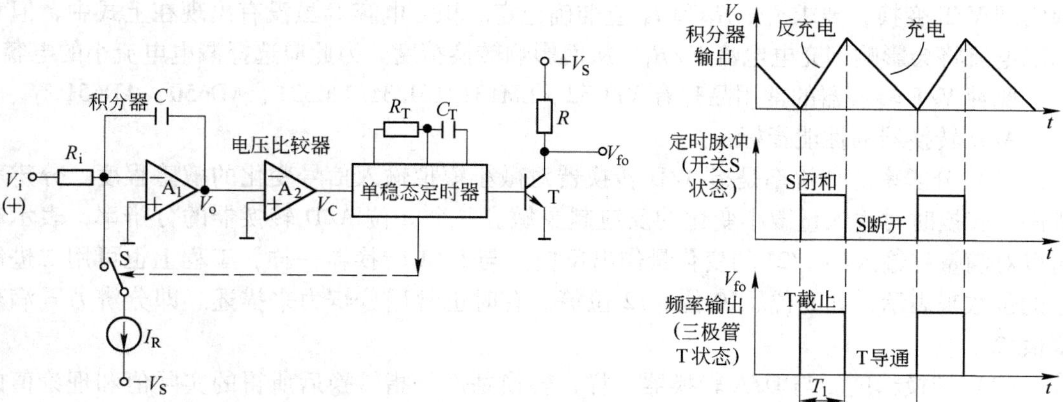

图 1-14 电荷平衡式 V/F 转换原理

(a)电路原理图；(b)波形图

A_1 是积分输入放大器，A_2 为零电压比较器，恒流源 I_R 和开关 S 构成 A_1 的反充电回路，开关 S 由单稳态定时器触发控制。当积分放大器 A_1 的输出电压 V_o 下降到零伏时，零

电压比较器 A_2 输出跳变，则触发单稳态定时器，即产生暂态时间为 T_1 的定时脉冲，并使开关 S 闭合；同时又使晶体管 T 截止，频率输出端 V_{fo}输出高电平。

在开关 S 闭合期间，恒流源 I_R 被接入积分器的(-)输入端。由于电路是按 $I_R > V_{imax}/R_i$ 设计的，故此时电容 C 被反向充电，充电电流为 $I_R - V_i/R_i$，则积分器 A_1 输出电压 V_o 从 0V 起线性上升。当定时 T_1 时间结束，定时器恢复稳态，使开关 S 断开，反向充电停止，同时使晶体管 T 导通，V_{fo}端输出低电平。

开关 S 断开后，正输入电压 V_i 开始对电容 C 正向充电，其充电电流为 V_i/R_i，则积分器 A_1 输出电压 V_o 开始线性下降。当 $V_o = 0$ 时，比较器 A_2 输出再次跳变，又使单稳态定时器产生 T_1 时间的定时脉冲而控制开关 S 再次闭合，A_1 再次反向充电，同时 V_{fo}端又输出高电平。如此反复下去，就会在积分器 A_1 输出端 V_o、单稳态定时器脉冲输出端和频率输出端 V_{fo}端产生如图 1-14(b)所示的波形，其波形的周期为 T。

根据反向充电电荷量和正向充电电荷量相等的电荷平衡原理，可得

$$\left(I_R - \frac{V_i}{R_i}\right)T_1 = \frac{V_i}{R_i}(T - T_1) \tag{1-5}$$

整理得

$$T = \frac{I_R R_i T_1}{V_i} \tag{1-6}$$

则 V_{fo}端输出的电压频率为

$$f_o = \frac{1}{T} = \frac{V_i}{I_R R_i T_1} \tag{1-7}$$

这个 f_o 就是由 V_i 转换而来的输出频率，两者成线性比例关系。由上式可见，要精确地实现 V/F 变换，要求 I_R、R_i 和 T_1 应准确稳定。积分电容 C 虽没有出现在上式中，但它的漏电流将会影响到充电电流 V_i/R_i，从而影响转换精度。为此应选择漏电电流小的电容。

此种 V/F 转换器的常用品种有 VFC32、LM131/LM231/LM331、AD650、AD651 等。

A/D 转换器的性能指标：

(1) 分辨率。分辨率是指 A/D 转换器对微小模拟输入信号变化的敏感程度。分辨率越高，转换时对输入量微小变化的反应越灵敏。一个 n 位 A/D 转换器的分辨率，表示它可以对满量程输入的 $1/2^n$ 的变化量作出反应。与 D/A 转换器一样，工程上也可用二进制数的位数来表示，如 8 位、10 位、12 位等。有时也常用分辨力来描述。即分辨力 = 满刻度值/2^n。

(2) 转换精度。与 D/A 转换器一样，转换精度是指转换后所得的实际值和理论值的接近程度，它可以用绝对误差和相对误差来表示。

绝对误差，是指对应于一个给定数字量 A/D 转换器的误差，其误差的大小由实际模拟量输入值和理论值之差来度量；相对误差是指绝对误差与满刻度值之比，一般用百分数来表示。

实际应用时，一般根据系统精度的要求考虑分辨率的选择，进而确定转换器的位数。例如，设计一个数据采样系统，要求采样的数据精度在 0.25% 以上，则不可以选用 8 位的 A/D 转换器而至少要选用 10 位的 A/D 转换器。

（3）线性误差。A/D 转换器的线性误差与 D/A 转换器的线性误差定义相同。

（4）转换时间。A/D 转换器完成一次转换所需的时间称为转换时间。如逐位逼近式 A/D 转换器的转换时间为微秒级，双积分式 A/D 转换器的转换时间为毫秒级。

下面介绍几种典型芯片及其与 CPU 的接口电路。

2. ADC0809 及其接口电路

ADC0809 芯片介绍　ADC0809 为 8 位逐位逼近式 A/D 转换器，分辨率为 $1/2^8 \approx 0.39\%$，模拟电压转换范围是 0 ~ +5V，标准转换时间为 100μs，采用 28 脚双立直插式封装，其内部结构及引脚如图 1-15 所示。

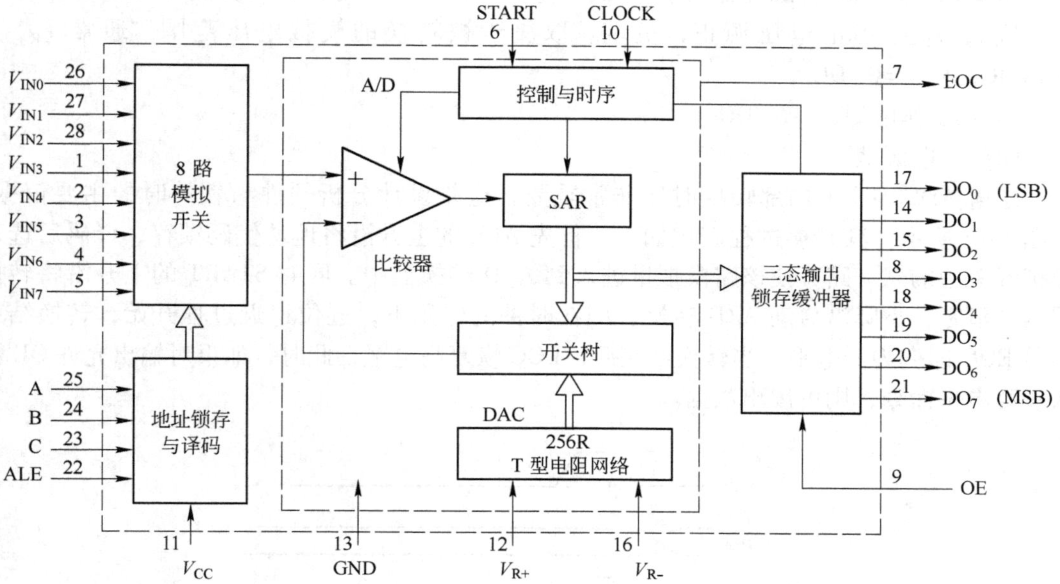

图 1-15　ADC0809 内部结构及引脚

ADC0809 是在逐位逼近式 A/D 转换的原理基础上，增加了一个 8 路模拟开关、一个用来选择通道的地址锁存译码电路和一个三态输出锁存器。各引脚功能如下：

IN_0 ~ IN_7：8 路模拟量输入端。允许 8 路模拟量分时输入，共用一个 A/D 转换器。

ALE：地址锁存允许信号，输入，高电平有效。上升沿时锁存 3 位通道选择信号。

A、B、C：3 位地址线即模拟量通道选择线。ALE 为高电平时，地址译码与对应通道选择见表 1-2。

表 1-2　被选通道和地址的关系

C	B	A	选中通道	C	B	A	选中通道
0	0	0	IN_0	1	0	0	IN_4
0	0	1	IN_1	1	0	1	IN_5
0	1	0	IN_2	1	1	0	IN_6
0	1	1	IN_3	1	1	1	IN_7

START：启动 A/D 转换信号，输入，高电平有效。上升沿时将转换器内部清零，下降

沿时启动 A/D 转换。

EOC：转换结束信号，输出，高电平有效。平时 EOC 为高电平，A/D 转换期间为低电平，A/D 转换结束后又变为高电平。EOC 可用作向主机申请中断的信号，或供主机查询 A/D 转换是否结束的信号。

OE：输出允许信号，输入，高电平有效。该信号用来打开三态输出缓冲器，将 A/D 转换得到的 8 位数字量送到数据总线上。

$D_0 \sim D_7$：8 位数字量输出。D_0 为最低位，D_7 为最高位。由于有三态输出锁存，可与主机数据总线直接相连。

CLOCK：外部时钟脉冲输入端。当脉冲频率为 640kHz 时，A/D 转换时间为 100μs。

V_{R+}，V_{R-}：基准电压源正、负端。取决于被转换的模拟电压范围，通常 V_{R+} = +5VDC，V_{R-} = 0VDC。

V_{CC}：工作电源，+5VDC。

GND：电源地。

了解 ADC0809 的内部转换时序非常重要，这是设计分析硬件与软件时的主要依据。如图 1-16 所示，其转换过程表述如下：首先 ALE 的上升沿将地址代码锁存、译码后选通模拟开关中的某一路，使该路模拟量进入到 A/D 转换器中。同时 START 的上升沿将转换器内部清零，下降沿启动 A/D 转换，即在时钟的作用下，逐位逼近过程开始，转换结束信号 EOC 即变为低电平。当转换结束后，EOC 恢复高电平，此时，如果对输出允许 OE 输入一高电平命令，则可读出数据。

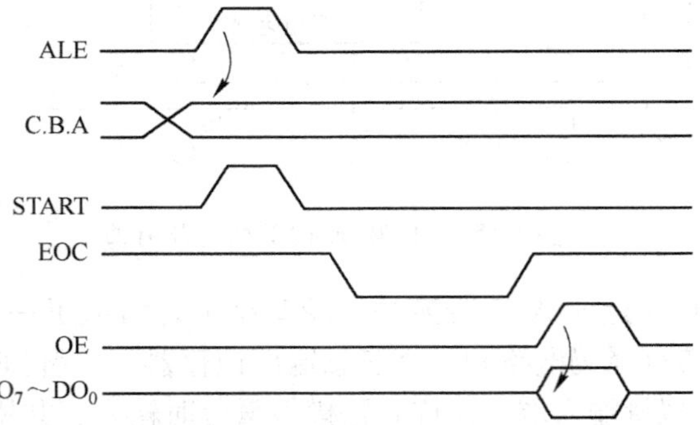

图 1-16　ADC0809 的转换时序

上述过程说明，判断 A/D 转换器是否完成一次转换，可以依据转换结束信号 EOC 电平的高低，或者根据输入时钟频率计算出转换芯片的转换时间。因此，读取 A/D 转换数就可以采用程序查询、定时采样、中断采样和 CPU 等待等多种方式。

另外，ADC0809 这种芯片输出端具有可控的缓冲锁存门，易于直接与主机进行接口；还有一类芯片内部没有缓冲锁存门，不能直接与主机连接。这样，在 A/D 转换器与主机之间的数据线连接上也出现了直接连接、通过 8255 或锁存器间接连接的几种情形。

ADC0809 接口电路　A/D 转换器的接口电路主要是解决主机如何分时采集多路模拟量输入信号的，即主机如何启动 A/D 转换，如何判断 A/D 完成一次模数转换，如何读入并存放转换结果的。下面仅介绍两种典型的接口电路。

（1）查询方式读 A/D 转换数。图 1-17 为采用程序查询方式的 8 路 8 位 A/D 转换接口电路，由 PC 总线、ADC0809 以及 138 译码器、74LS02 非与门（即或非门）与 74LS126 三态缓冲器组成。图中，启动转换的板址 PA = 01000000，每一路的接口地址分别为 000 ~ 111，故 8 路转换地址为 40H ~ 47H。

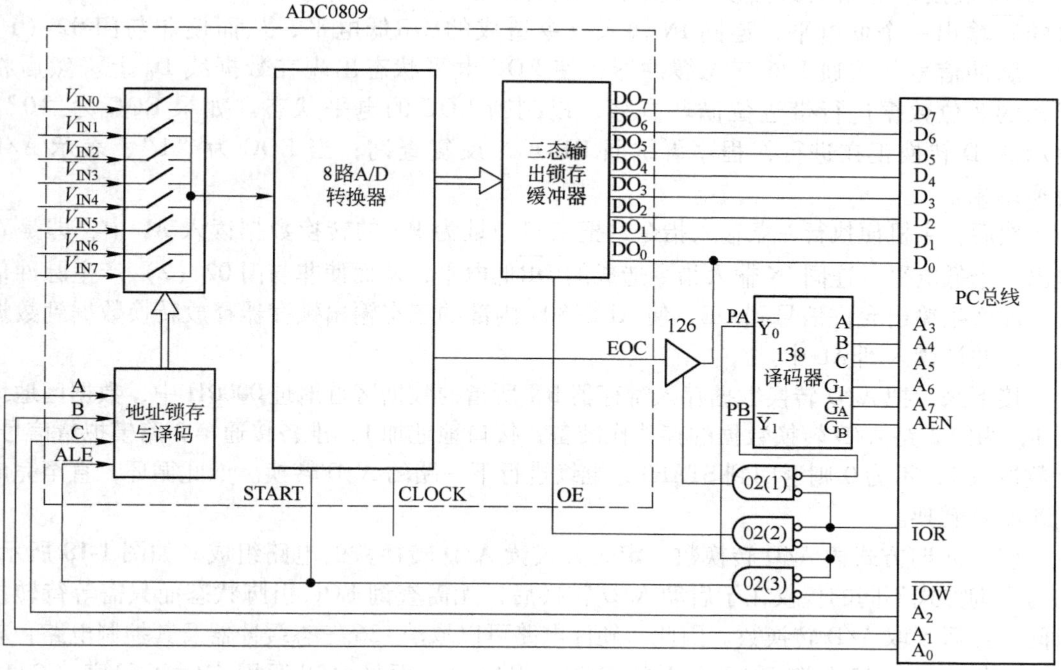

图 1-17　查询方式读 A/D 转换数

接口程序如下：

```
        MOV    BX, BUFF     ; 置采样数据区首址
        MOV    CX, 08H      ; 8 路输入
START:  OUT    PA, AL       ; 启动 A/D 转换
REOC:   IN     AL, PB       ; 读 EOC
        RCR    AL, 01       ; 判断 EOC
        JNC    REOC         ; 若 EOC =0，继续查询
        IN     AL, PA       ; 若 EOC =1，读 A/D 转换数
        MOV    [BX], AL     ; 存 A/D 转换数
        INC    BX           ; 存 A/D 转换数地址加 1
        INC    PA           ; 接口地址加 1
        LOOP   START        ; 循环
```

现说明启动转换过程：首先主机执行一条启动转换第 1 路的输出指令，即是把 AL 中的数据送到地址为 PA 的接口电路中，此时 AL 中的内容无关紧要，而地址 PA = 40H 使 138 译码器的 $\overline{Y_0}$ 输出一个低电平，连同 OUT 输出指令造成的 $\overline{IOW}$ 低电平，从而使非与门 02（3）产生脉冲信号到引脚 ALE 和 START，ALE 的上升沿将通道地址代码 000 锁存并进行

译码，选通模拟开关中的第一路 V_{IN0}，使该路模拟量进入到 A/D 转换器中；同时 START 的上升沿将 ADC0809 中的逐位逼近寄存器 SAR 清零，下降沿启动 A/D 转换，即在时钟的作用下，逐位逼近的模数转换过程开始。

接着，主机查询转换结束信号 EOC 的状态，通过执行输入指令，即是把地址为 PB 的转换接口电路的数据读入 AL 中，此时地址 **PB** = 01001000（48H），使 138 译码器的 $\overline{Y_1}$ 输出一个低电平，连同 IN 输入指令造成的 $\overline{IOR}$ 低电平，从而使非与门 02（1）产生脉冲信号并选通 126 三态缓冲器，使 EOC 电平状态出现在数据线 D_0 上。然后将读入的 8 位数据进行带进位循环右移，以判断 EOC 的电平状态。如果 EOC 为“0”，表示 A/D 转换正在进行，程序再跳回 REOC，反复查询；当 EOC 为“1”，表示 A/D 转换结束。

然后，主机便执行一条输入指令，把接口地址为 PA 的转换数据读入 AL 中，即是 $\overline{Y_0}$ 输出一个低电平，连同 IN 输入指令造成的 $\overline{IOR}$ 低电平，从而使非与门 02（2）产生脉冲信号，即产生输出允许信号到 OE，使 ADC0809 内部的三态输出锁存器释放转换数据到数据线上，并被读入到 AL 中。

接下来，把 A/D 转换数据存入寄存器 BX 所指的数据区首地址 0000H 中，数据区地址加 1，为第 2 路 A/D 转换数据的存放作准备；接口地址加 1，准备接通第 2 路模拟量信号；计数器减 1，不为 0 则返回到 START，继续进行下一路的 A/D 转换。如此循环，直至完成 8 路 A/D 转换。

（2）定时方式读 A/D 转换数。定时方式读 A/D 转换数的电路组成，如图 1-18 所示，它与查询方式不同的仅仅在于启动 A/D 转换后，无需查询 EOC 引脚状态而只需等待转换时间，然后读取 A/D 转换数。因此，硬件电路可以取消 126 三态缓冲器及其控制电路，软件上也相应地去掉查询 EOC 电平的 REOC 程序段，而换之以调用定时子程序（CALL

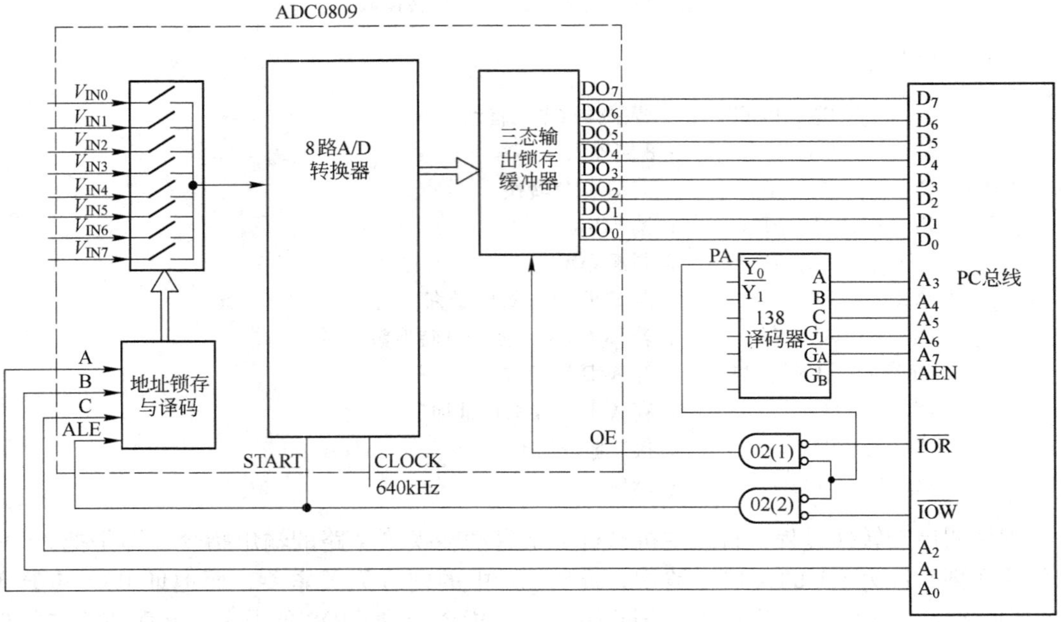

图 1-18　定时方式读 A/D 转换数

DELAY）即可。

这里定时时间应略大于 ADC0809 的实际转换时间。图中，ADC0809 的 CLOCK 引脚（输入时钟频率）为 640kHz，因此转换时间为 8×8 个时钟周期，相当于 100μs。

显然，定时方式比查询方式简单，但前提是必须预先精确地知道 A/D 转换芯片完成一次 A/D 转换所需的时间。

这两种方法的共同点是硬软件接口简单，但在转换期间独占了 CPU 时间，好在这种逐位逼近式 A/D 转换的时间只在微秒数量级。当选用双积分式 A/D 转换器时，因其转换时间在毫秒级，因此采用中断法读 A/D 转换数的方式更为适宜。因此，在设计数据采集系统时，究竟采用何种接口方式要根据 A/D 转换器芯片而定。

8 位 A/D 转换器的分辨率约为 0.0039，转换精度在 0.4% 以下，这对一些精度要求比较高的控制系统而言是不够的，因此要采用更多位的 A/D 转换器，如 10 位、12 位、14 位等 A/D 转换器。下面以 AD574A 为例介绍 12 位 A/D 转换器及其接口电路。

3. AD574A 芯片及其接口电路

AD574A 芯片介绍　AD574A 是一种高性能的 12 位逐位逼近式 A/D 转换器，分辨率为 $1/2^{12} \approx 0.024\%$，转换时间为 25μs，适合于在高精度快速采样系统中使用。如图 1-19 所示，其内部结构大体与 ADC0809 类似，由 12 位 A/D 转换器、控制逻辑、三态输出锁存缓冲器与 10V 基准电压源构成，可以直接与主机数据总线连接，但只能输入一路模拟量。AD574A 也采用 28 脚双立直插式封装，各引脚功能如下：

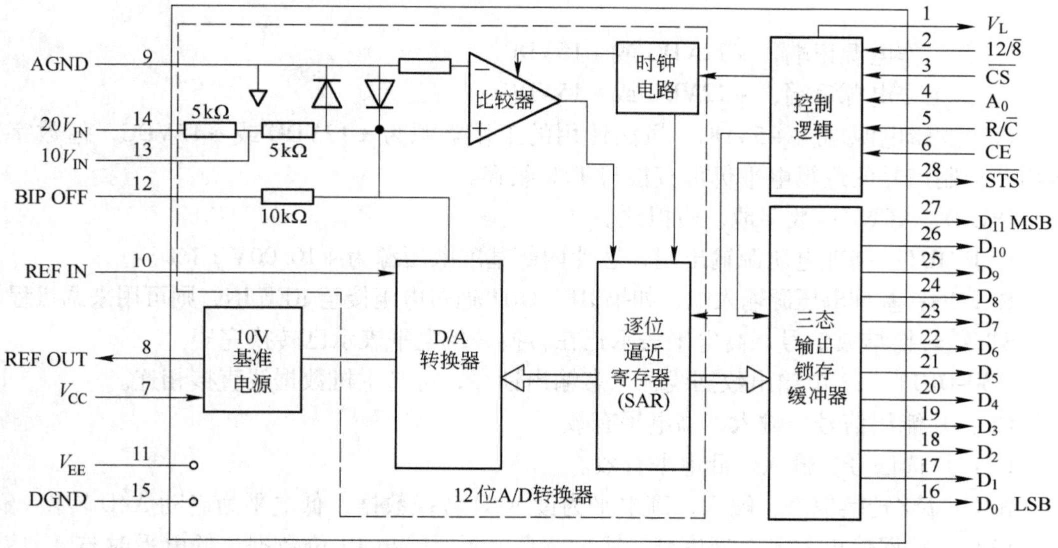

图 1-19　AD574A 原理框图及引脚

$10V_{IN}$、$20V_{IN}$、BIP OFF：模拟电压信号输入端。单极性应用时，将 BIP OFF 接 0V，双极性时接 10V。量程可以是 10V，也可以是 20V。输入信号在 10V 范围内变化时，将输入信号接至 $10V_{IN}$；在 20V 范围内变化时，接至 $20V_{IN}$。模拟输入信号的几种接法，如表 1-3 所示，相应电路如图 1-20 所示。

表 1-3 模拟输入信号的几种接法

引 脚	单极性	双极性	引 脚	单极性	双极性
BIP OFF	0V	10V	$20V_{IN}$	0～20V	-10～+10V
$10V_{IN}$	0～10V	-5～+5V			

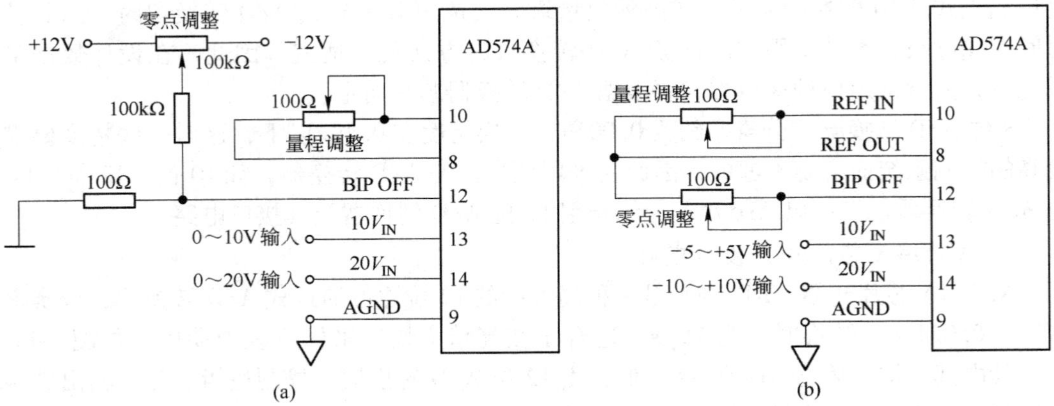

图 1-20 AD574A 的输入信号连接方法

(a) 单极性；(b) 双极性

V_{CC}：工作电源正端，+12VDC 或 +15VDC。

V_{EE}：工作电源负端，-12VDC 或 -15VDC。

V_L：逻辑电源端，+5VDC。虽然使用的工作电源为 ±12VDC 或 ±15VDC，但数字量输出及控制信号的逻辑电平仍可直接与 TTL 兼容。

DGND、AGND：数字地，模拟地。

REF OUT：基准电压源输出端，芯片内部基准电压源为 +10.00V ±1%。

REF IN：基准电压源输入端，如果 REF OUT 通过电阻接至 REF IN，则可用来调量程。

$\overline{STS}$：转换结束信号，高电平表示正在转换，低电平表示已转换完毕。

DB0-DB11：12 位输出数据线，三态输出锁存，可与主机数据线直接相连。

CE：片能用信号，输入，高电平有效。

$\overline{CS}$：片选信号，输入，低电平有效。

R/$\overline{C}$：读/转换信号，输入，高电平为读 A/D 转换数据，低电平为启动 A/D 转换。

12/$\overline{8}$：数据输出方式选择信号，输入，高电平时输出 12 位数据，低电平时与 A_0 信号配合输出高 8 位或低 4 位数据。12/$\overline{8}$ 不能用 TTL 电平控制，必须直接接至 +5V（引脚 1）或数字地（引脚 15）。

A_0：字节信号，在转换状态，A_0 为低电平可使 AD574A 产生 12 位转换，A_0 为高电平可使 AD574A 产生 8 位转换。在读数状态，如果 12/$\overline{8}$ 为低电平，A_0 为低电平时，则输出高 8 位数，而 A_0 为高电平时，则输出低 4 位数；如果 12/$\overline{8}$ 为高电平，则 A_0 的状态不起作用。

CE、$\overline{CS}$、$R/\overline{C}$、$12/\overline{8}$、A_0 各控制信号的组合作用，列于表 1-4。

表 1-4　AD574A 控制信号的作用

CE	$\overline{CS}$	$R/\overline{C}$	$12/\overline{8}$	A_0	操作功能
0	×	×	×	×	无操作
×	1	×	×	×	无操作
1	0	0	×	0	启动 12 位转换
1	0	0	×	1	启动 8 位转换
1	0	1	+5V	×	输出 12 位数字
1	0	1	接地	0	输出高 8 位数字
1	0	1	接地	1	输出低 4 位数字

注：×表示 1 或 0 都可以。

AD574A 接口电路　12 位 A/D 转换器 AD574A 与 PC 总线的接口有多种方式。既可以与 PC 总线的 16 位数据总线直接相连，构成简单的 12 位数据采集系统；也可以只占用 PC 总线的低 8 位数据总线，将转换后的 12 位数字量分两次读入主机，以节省硬件投入。

同样，在 A/D 转换器与 PC 总线之间的数据传送上也可以使用程序查询、软件定时或中断控制等多种方法。由于 AD574A 的转换速度很高，一般多采用查询或定时方式。其接口电路及其程序参见下一节。

（六）A/D 转换模板

把上述 A/D/转换器芯片及其接口以及输入电路组合集成在一块模板上，就构成微机测控系统中的 A/D 转换模板。在设计一块模板时，首先要考虑它的通用性。

1. A/D 转换模板的通用性

为了便于系统设计者的使用，A/D 转换模板应具有通用性，它主要体现在三个方面：符合总线标准，接口地址可选以及输入方式可选。

符合总线标准　这里的总线是指计算机内部的总线结构，A/D 转换模板及其他所有电路模板都应符合统一的总线标准，以便设计者在组合计算机控制系统硬件时，只需往总线插槽上插上选用的功能模板而无需连线，十分方便灵活。例如，STD 总线标准规定模板尺寸为 165mm×114mm，模板总线引脚共有 56 根，并详细规定了每只引脚的功能。

接口地址可选　一套控制系统往往需配置多块功能模板，或者同一种功能模板可能被组合在不同的系统中。因此，每块模板应具有接口地址的可选性。

一般接口地址可由基址（或称板址）和片址（或称口址）组成，图 1-21 给出一种接口地址可选的译码电路。8 位量值比较器 74LS688、地址 $A_3 \sim A_7$、置位开关 S 与上拉电阻组成基址译码电路，138 译码器、地址 $A_0 \sim A_2$ 构成片址译码电路。只有当688 两边输入端电平 $P_i = Q_i$（$i = 1, 2, \cdots, 7$）时，它的输出端$\overline{P=Q}$为有效低电位，从而使 138 译码器处于工作状态，产生由相应片址 $A_0 \sim A_2$ 确定的片选信号 $WC_0 \sim WC_7$，该片选信号可分别选中板内其他 8 个芯片的片选端。而基址或模板地址 $A_7 \sim A_3$ 的确定，完全取决于置位开关 $S_7 \sim S_3$ 的通、断状态，其基址可在 00000×××~11111×××范围中任意选定。图中 S_7、S_6 闭合，S_5、S_4、S_3 断开，即确定该板的基址为 00111×××，则该板 8 个片址最终确定

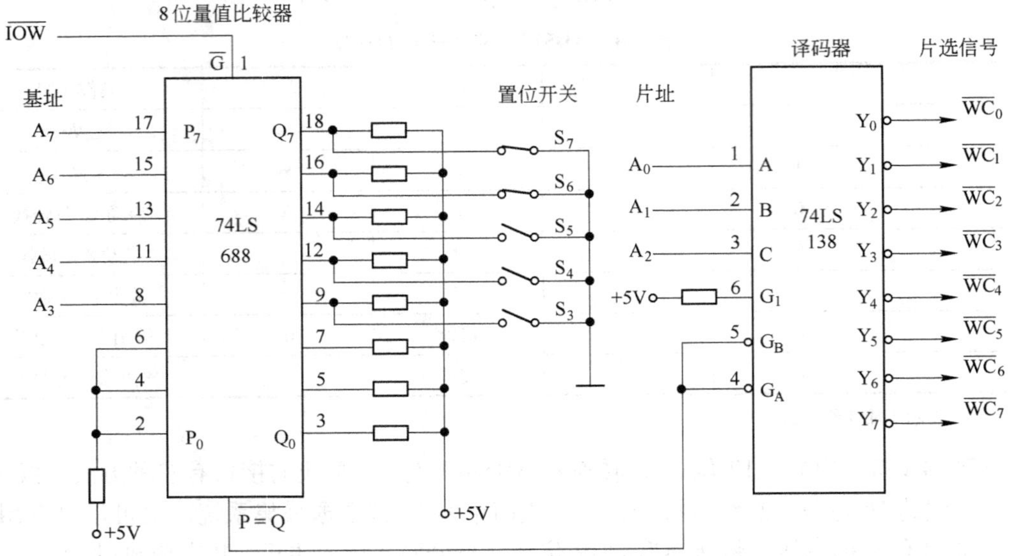

图 1-21　接口地址可选的译码电路

了 8 个通道的口地址为 00111000～00111111，即是 38H～3FH。

输入方式可选　输入方式可选是指模板既可以接受单端输入信号也可以接受双端差动输入信号。

2. A/D 转换模板的设计举例

前面讨论了几种典型的 A/D 转换器、接口电路以及通用性等问题，这就为 A/D 转换模板的设计打下了基础。

在硬件设计中，除了一些电路参数的计算，还需会查阅集成电路手册，掌握各类芯片的外特性及其功能，以及与 A/D 转换模板连接的 CPU 或计算机总线的功能及其特点。在硬件设计的同时还必须考虑软件的设计。A/D 转换模板的设计原则主要考虑以下几点：

（1）安全可靠。尽量选用性能好的元器件，并采用光电隔离技术。

（2）性能/价格比高。既要在性能上达到预定的技术指标，又要在技术路线、芯片元件上降低成本。比如，在选择集成电路芯片时，应综合考虑其转换速度、精度、工作环境温度和经济性等诸因素。

（3）通用性。A/D 转换模板应符合总线标准，其接口地址及输出方式应具备可选性。

A/D 转换模板的设计步骤是：确定性能指标，设计电路原理图，设计和制造印制线路板，最后焊接和调试电路板。其中，数字电路和模拟电路应分别排列走线，尽量避免交叉，连线要尽量短。模拟地（AGND）和数字地（DGND）分别走线，通常在总线引脚附近一点处接地。光电隔离前后的电源线和地线要相互独立分开。调试时，一般是先调数字电路部分，再调模拟电路部分，并按性能指标逐项考核。

图 1-22 给出了一种 8 路 12 位 A/D 转换模板的示例。它是按照 I/O 电气接口、I/O 功能逻辑和总线接口逻辑三部分布局的。其中，I/O 电气接口完成电平转换、滤波、隔离等信号调理作用，I/O 功能部分实现采样、放大、模/数转换等功能，总线接口完成数据缓

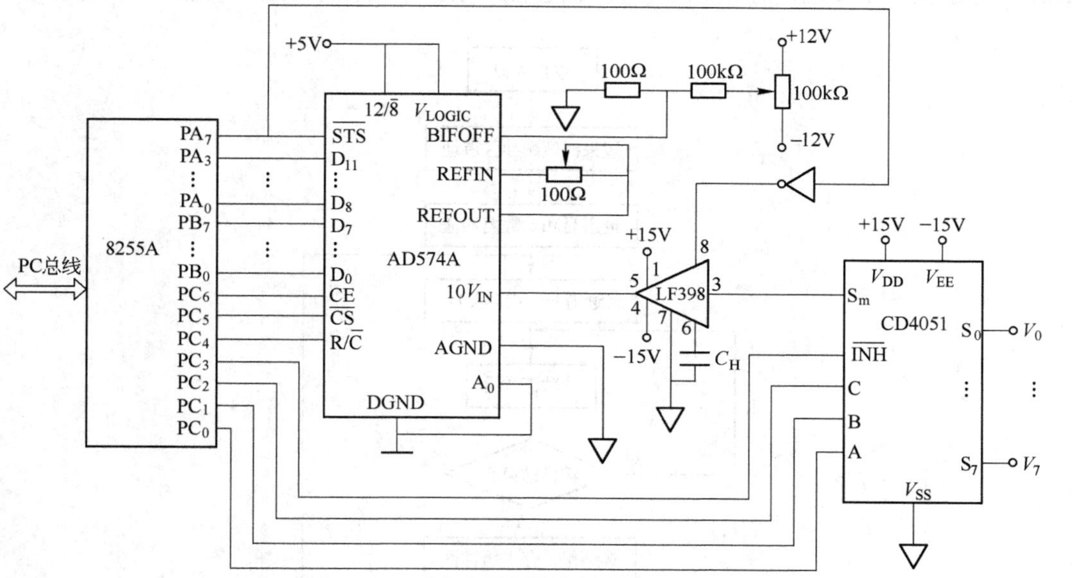

图 1-22 8 路 12 位 A/D 转换模板电路

冲、地址译码等功能。图中只给出了总线接口与 I/O 功能实现部分，由 8 路模拟开关 CD4051、采样保持器 LF398、12 位 A/D 转换器 AD574A 和并行接口芯片 8255A 等组成。

该模板的主要技术指标如下：

分辨率：12 位；

通道数：单端 8 路；

输入量程：单极性 0 ~ 10V；

转换时间：25μs；

传送应答方式：查询。

该模板采集数据的过程如下：

（1）通道选择。将模拟量输入通道号写入 8255A 的端口 C 低 4 位（PC_3 ~ PC_0），可以依次选通 8 路通道。

（2）采样保持控制。把 AD574A 的 $\overline{STS}$ 信号通过反相器连到 LF398 的信号采样保持端，当 AD574A 未转换期间或转换结束时 $\overline{STS}=0$，使 LF398 处于采样状态，当 AD574A 转换期间 $\overline{STS}=1$，使 LF398 处于保持状态。

（3）启动 AD574A 进行 A/D 转换。通过 8255A 的端口 PC_6 ~ PC_4 输出控制信号启动 AD574A。

（4）查询 AD574A 是否转换结束。读 8255A 的端口 A，查询 $\overline{STS}$ 是否已由高电平变为低电平。

（5）读取转换结果。若 $\overline{STS}$ 已由高电平变为低电平，则读 8255A 端口 A、B，便可得到 12 位转换结果。

设 8255A 的 A、B、C 端口与控制寄存器的地址为 2C0H ~ 2C3H，主过程已对 8255A 初始化，且已装填 DS、ES（两者段基值相同），采样值存入数据段中的采样值缓冲区

BUF，另定义一个8位内存单元BUF1。该过程的数据采集程序框图，如图1-23所示。

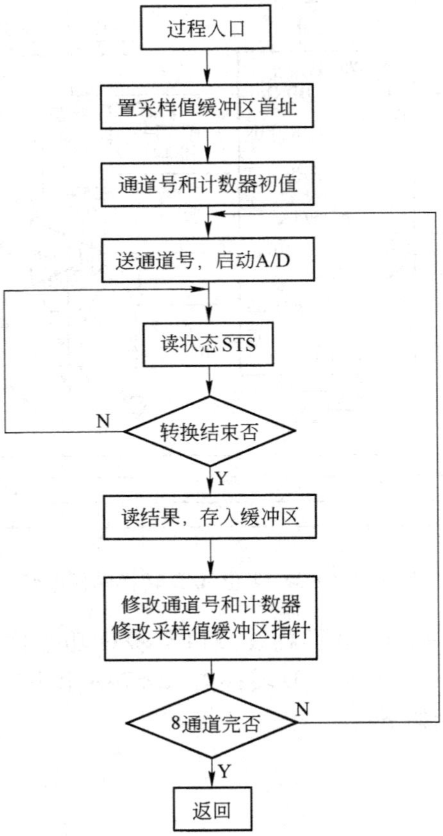

图1-23 8路数据采集程序框图

数据采集程序如下：

```
AD574A  PROC  NEAR              ; 过程定义伪指令
        MOV   CX, 8             ; 计数器初始
        CLD                     ; 标志位DF清零
        MOV   AL, 00000000B     ;
        MOV   BUF1, AL          ; CE =0, C̄S̄ =0, R/C̄ =0, ĪN̄H̄ = C = B = A =0, 控制信号初
                                    始，通道号初始
        LEA   BX, BUF           ; 置采样缓冲区首址
NEXTCH: MOV   DX, 2C2H          ; 8255A的PC口址
        MOV   AL, BUF1
        OUT   DX, AL            ; 送PC口控制信号与通道号
        NOP
        NOP
        OR    AL, 01000000B     ; CE =1
        OUT   DX, AL            ; 启动A/D
```

```
          AND   AL, 10111111B   ; CE =0
          OUT   DX, AL
          MOV   DX, 2C0H        ; 8255A 的 PA 口址
POLLING:  IN    AL, DX
          TEST  AL, 80H
          JNZ   POLLING         ; 测试STS
          MOV   AL, BUF1
          OR    AL, 01010000B   ; R/C =1
          MOV   DX, 2C2H
          OUT   DX, AL          ; 输出 12 位转换数到 8255A
          MOV   DX, 2C0H
          IN    AL, DX          ; 读 8255A 的 PA 口
          AND   AL, 0FH
          MOV   AH, AL          ; 保留 PA 口低 4 位（12 位中的高 4 位）
          INC   DX              ; 读低 8 位
          IN    AL, DX          ; 读 8255A 的 PB 口（12 位中的低 8 位）
          STOSW                 ; 12 位数存入内存，自动修改采样缓冲区指针
          INC   BUF1            ; 修改通道号
          LOOP  NEXTCH          ; 采集下一个通道，直到第 8 路
          MOV   AL, 00111000B   ; CE =0, CS = R/C =1
          MOV   DX, 2C2H
          OUT   DX, AL          ; 不操作
          RET
AD574A    ENDP
```

二、模拟量输出通道

在微机保护系统中，有时会根据需要输出一些模拟量信号，因此需要把计算机处理后的数字量信号转换成模拟量电压或电流信号，去驱动相应的执行器，此即模拟量输出通道的任务。模拟量输出通道一般是由接口电路、数/模转换器和电压/电流变换器等构成，其核心是数/模转换器即 D/A 转换器，通常把模拟量输出通道称为 D/A 通道或 AO 通道。

一般的 D/A 转换器，都只能完成一路数字量到模拟量的转换，而实际的控制系统往往需要控制多个执行机构，即要完成多路数字量到模拟量的转换。据此，有以下两种基本结构形式，如图 1-24 所示。

图 1-24(a)为多 D/A 结构，一路输出通道使用一个 D/A 转换器，由于 D/A 转换器芯片内部一般都带有数据锁存器，所以 D/A 转换器除承担数字信号到模拟信号的转换任务外，还兼有信号保持作用，即把主机在上一时刻对执行机构的控制作用维持到下一个输出时刻，这是一种数字信号保持方式。只要送给 D/A 转换器的数字量不变，其模拟输出信号便保持不变。这种多 D/A 结构的优点是结构比较简单，转换速度快，工作可靠，精度较高，而且各个通道相对独立而互不影响；缺点是所需 D/A 转换器芯片较多。

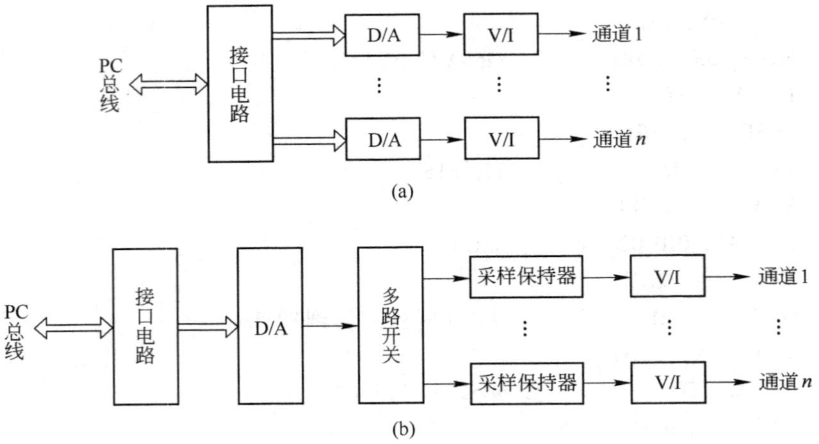

图1-24 模拟量输出通道的结构组成
(a)多D/A结构；(b)共享D/A结构

图1-24(b)为共享D/A结构，多路输出通道共用一个D/A转换器，所以每一路通道都配有一个采样保持器，主机对各通道的输出信号分时地被D/A转换器转换为模拟信号后，经多路开关分配给各路保持器，由保持器将其记忆下来直到下个周期输出信号的到来。这里，D/A转换器只起数字到模拟信号的转换作用，而信号保持功能由采样保持器实现，这是一种模拟信号保持方式。这种共享D/A结构的优点是节省D/A转换器，缺点是电路复杂，精度差，可靠性低，而且为使保持信号不至于下降太多需要不断刷新数据而占用主机时间。

现在，随着集成电路D/A转换芯片价格的不断下降，控制系统中的模拟量输出通道普遍采用图1-24(a)多D/A结构形式。

(一) D/A 转换器

D/A转换器是一种能把数字量转换成模拟量的电子器件。D/A转换器芯片类型很多，按位数有8位、10位和12位等；按输出形式有电流输出型如DAC0832、AD7502、DAC1210，电压输出型如AD558、AD3836等；还有满足特殊需求的D/A转换器，如DAC1420/1422的输出为4～20mA，可以直接与DDZ-Ⅲ型电动单元组合仪表配套。

1. 工作原理与性能指标

D/A转换器的工作原理　现以4位D/A转换器为例说明其工作原理。如图1-25所示，D/A转换器主要由基准电压V_{REF}，R-2RT型电阻网络，位切换开关BS_i和运算放大器A四部分组成。基准电压V_{REF}由外部稳压电源提供，位切换开关BS_3～BS_0分别接受要转换的二进制数D_3～D_0的控制，当某一位$D_i=1$，则相应开关BS_i切换到“1”端（虚地），就会把基准电压V_{REF}加在该分支电阻$2R$上的电流I_i切换到放大器的反相端，此电流经反馈电阻R_f直至输出端，从而把$D_i=1$转换成相应的模拟电压V_{OUT}输出；而当$D_i=0$时，BS_i切换到“0”端（地），则电流I_i切换到放大器的正相端流入地中而对放大器输出不起作

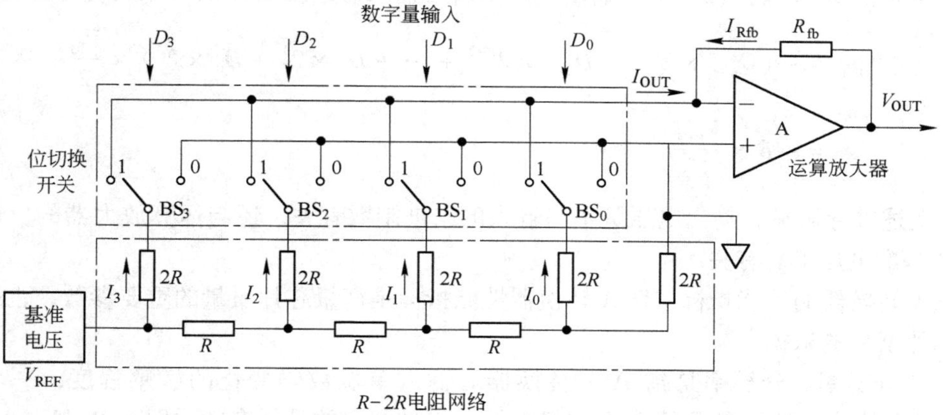

图 1-25　D/A 转换器原理框图

用。由于 T 型电阻网络中各节点点向右看的等效电阻均为 $2R$，则各 $2R$ 支路上的电流就按 1/2系数进行分配，即在各 $2R$ 支路上产生与二进制数各位的权成比例的电流，并经运算放大器 A 相加，从而输出成比例关系的模拟电压 V_{OUT}。其转换公式推导如下：

假设 D_3、D_2、D_1、D_0 全为 1，则 BS_3、BS_2、BS_1、BS_0 全部与“1”端相连。根据电流定律，有：

$$I_3 = \frac{V_{REF}}{2R} = 2^3 \times \frac{V_{REF}}{2^4 R}$$

$$I_2 = \frac{I_3}{2} = 2^2 \times \frac{V_{REF}}{2^4 R}$$

$$I_1 = \frac{I_2}{2} = 2^1 \times \frac{V_{REF}}{2^4 R}$$

$$I_0 = \frac{I_1}{2} = 2^0 \times \frac{V_{REF}}{2^4 R}$$

由于开关 $BS_3 \sim BS_0$ 的状态是受要转换的二进制数 D_3、D_2、D_1、D_0 控制的，并不一定全是“1”。因此，通式可以写成为：

$$I_{OUT} = D_3 \times I_3 + D_2 \times I_2 + D_1 \times I_1 + D_0 \times I_0$$

$$= (D_3 \times 2^3 + D_2 \times 2^2 + D_1 \times 2^1 + D_0 \times 2^0) \times \frac{V_{REF}}{2^4 R}$$

考虑到放大器反相端为虚地，故：

$$I_{Rfb} = - I_{OUT}$$

选取 $R_{fb} = R$，可以得到

$$V_{OUT} = I_{RF} \times R_f = -(D_3 \times 2^3 + D_2 \times 2^2 + D_1 \times 2^1 + D_0 \times 2^0) \times \frac{V_{REF}}{2^4}$$

对于 n 位 D/A 转换器，它的输出电压 V_{OUT} 与输入二进制数 B 的关系式可写成：

$$
\begin{aligned}
V_{OUT} &= -(D_{n-1}\times 2^{n-1} + D_{n-2}\times 2^{n-2} + \cdots + D_1\times 2^1 + D_0\times 2^0)\times\frac{V_{REF}}{2^n} \\
&= -B\times\frac{V_{REF}}{2^n} \qquad (1\text{-}8)
\end{aligned}
$$

由上述推导可见，输出电压除了与输入的二进制数有关，还与运算放大器的反馈电阻 R_{fb} 以及基准电压 V_{REF} 有关。

D/A 转换器的性能指标　D/A 转换器性能指标是衡量芯片质量的重要参数，也是选用 D/A 芯片型号的依据。

（1）分辨率。分辨率是指 D/A 转换器对输入单位数码变化的敏感程度，一个 n 位 D/A转换器的分辨率，表示了 D/A 转换器输入二进制数的最低有效位即 LSB（Least Significant Bit）对应于满量程输出的 $1/(2^n-1)$，也即 D/A 转换器输入满量程数字量的倒数 $1/(2^n-1)$。工程上也可直接用二进制数的位数 n 来表示，如 8 位、12 位、16 位等。

有时，也常用分辨力来描述，即 D/A 转换器的 1 个 LSB 相当的模拟输出电压。例如，一个 8 位的 D/A 转换器，转换后的电压满量程是 5V，则它的分辨率是 1/255 =0. 39%，分辨力是 5V/255 = 19. 6mV。

（2）转换精度。转换精度是指转换后所得的实际值和理论值的接近程度，它可以用绝对误差和相对误差来表示。它和分辨率是两个不同的概念，对于分辨率很高的 D/A 转换器，也可能由于温度漂移、线性度差等原因而并不具有很高的精度。

（3）偏移量误差。偏移量误差是指输入数字量时，输出模拟量对于零的偏移值。此误差可通过 D/A 转换器的外接 V_{REF} 和电位器加以调整。

（4）线性误差。线性误差是指 D/A 转换器偏离理想转换特性的最大偏差与满量程之间的百分比。在转换器设计中，一般要求线性误差不大于 ±1/2LSB。如上例中的 8 位 D/A 转换器，线性误差应小于 0. 2%。

（5）稳定时间。稳定时间是描述 D/A 转换速度快慢的一个参数，指从输入数字量变化到输出模拟量达到终值误差 1/2LSB 时所需的时间。显然，稳定时间越大，转换速度越低。对于输出是电流的 D/A 转换器来说，稳定时间是很快的，约为几微秒，而输出是电压的 D/A 转换器，其稳定时间主要取决于运算放大器的响应时间。

D/A 转换器的品种很多，下面分别介绍两个常用的 8 位 D/A 转换器芯片和 12 位 D/A 转换器芯片。

2. 8 位 DAC0832 芯片

DAC0832 是一个 8 位 D/A 转换器，电流输出方式，稳定时间为 1μs，采用 20 脚双立直插式封装。同系列芯片还有 DAC0830、DAC0831，它们可以相互代换。

DAC0832 的原理框图及引脚，如图 1-26 所示。DAC0832 主要由 8 位输入寄存器、8 位 DAC 寄存器、8 位 D/A 转换器以及输入控制电路四部分组成。8 位输入寄存器用于存放主机送来的数字量，使输入数字量得到缓冲和锁存，由 $\overline{LE1}$ 加以控制；8 位 DAC 寄存器用于存放待转换的数字量，由 $\overline{LE2}$ 加以控制；8 位 D/A 转换器输出与数字量成正比的模拟电流；由与门、非与门组成的输入控制电路来控制 2 个寄存器的选通或锁存状态。

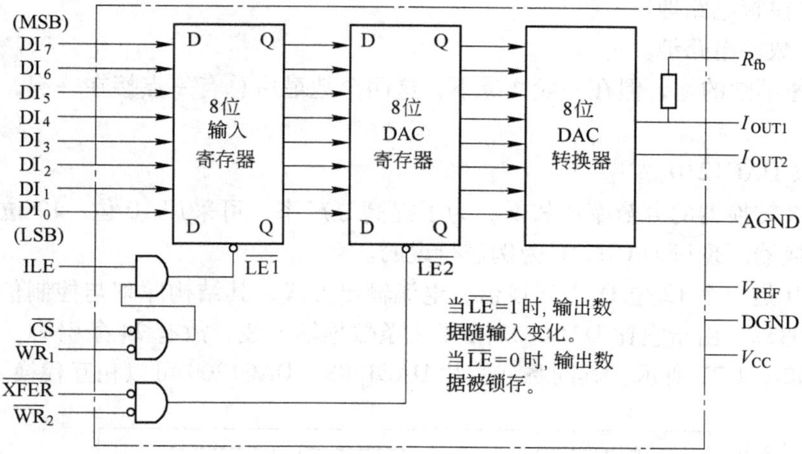

图 1-26　DAC0832 原理框图及引脚

各引脚功能如下：

$DI_0 \sim DI_7$：数据输入线，其中 DI_0 为最低有效位 LSB，DI_7 为最高有效位 MSB。

$\overline{CS}$：片选信号，输入线，低电平有效。

$\overline{WR_1}$：写信号 1，输入线，低电平有效。

ILE：输入允许锁存信号，输入线，高电平有效。

当 ILE、$\overline{CS}$和$\overline{WR_1}$同时有效时，8 位输入寄存器$\overline{LE1}$端为高电平“1”，此时寄存器的输出端 Q 跟随输入端 D 的电平变化；反之，当$\overline{LE1}$端为低电平“0”时，原 D 端输入数据被锁存于 Q 端，在此期间 D 端电平的变化不影响 Q 端。

$\overline{WR_2}$：写信号 2，输入线，低电平有效。

$\overline{XFER}$（Transfer Control Signal）：传送控制信号，输入线，低电平有效。

当$\overline{WR_2}$和$\overline{XFER}$同时有效时，8 位 DAC 寄存器$\overline{LE2}$端为高电平“1”，此时 DAC 寄存器的输出端 Q 跟随输入端 D 也就是输入寄存器 Q 端的电平变化；反之，当$\overline{LE2}$端为低电平“0”时，第一级 8 位输入寄存器 Q 端的状态则锁存到第二级 8 位 DAC 寄存器中，以便第三级 8 位 DAC 转换器进行 D/A 转换。

一般情况下为了简化接口电路，可以把$\overline{WR_2}$和$\overline{XFER}$直接接地，使第二级 8 位 DAC 寄存器的输入端到输出端直通，只有第一级 8 位输入寄存器置成可选通、可锁存的单缓冲输入方式。特殊情况下可采用双缓冲输入方式，即把两个寄存器都分别接成受控方式，例如要求多个 D/A 转换器同步工作时，首先将要转换的数据依次置入每个 8 位输入寄存器，然后用统一信号（$\overline{WR_2}$和$\overline{XFER}$）再同时打开多个 8 位 DAC 寄存器，以便实现多个 D/A 转换器同步输出。

I_{OUT1}：DAC 电流输出端 1，一般作为运算放大器差动输入信号之一。

I_{OUT2}：DAC 电流输出端 2，一般作为运算放大器另一个差动输入信号。

R_{fb}：固化在芯片内的反馈电阻连接端，用于连接运算放大器的输出端。

V_{REF}：基准电压源端，输入线，$-10 \sim +10$VDC。

V_{CC}：工作电压源端，输入线，$+5 \sim +15$VDC。

AGND：模拟电路地。

DGND：数字电路地。

这是两种不同的地，但在一般情况下，这两个地最后总有一点接在一起，以便提高抗干扰能力。

3. 12 位 DAC1210 芯片

8 位 D/A 转换器的分辨率比较低，为了提高分辨率，可采用 10 位、12 位或更多位的 8 位 D/A 转换器。现以 DAC1210 为例进行说明。

DAC1210 是一个 12 位 D/A 转换器，电流输出方式，其结构原理与控制信号功能基本类似于 DAC0832。由于它比 DAC0832 多了 4 条数据输入线，故有 24 条引脚，DAC1210 内部原理框图如图 1-27 所示，其同系列芯片 DAC1208、DAC1209 可以相互代换。

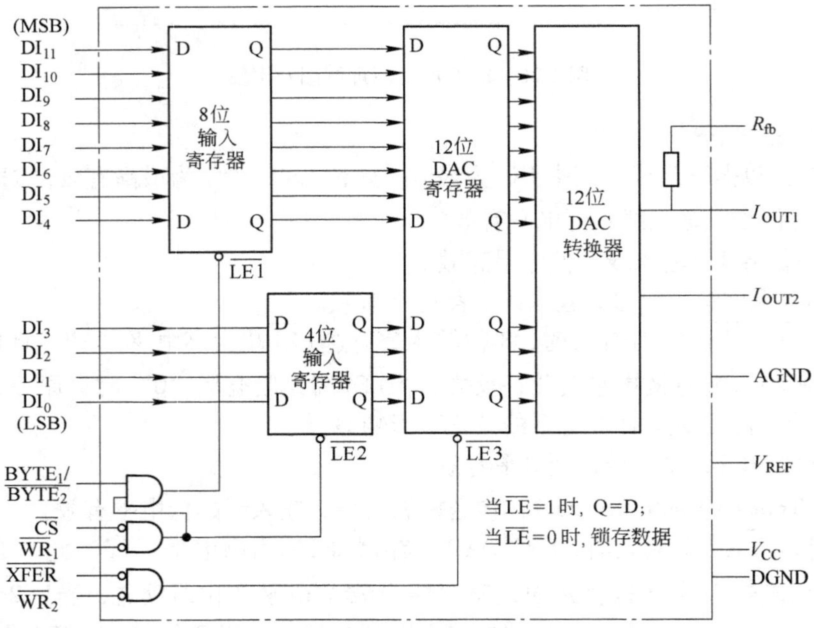

图 1-27 DAC1210 原理框图及引脚

DAC1210 内部有三个寄存器：一个 8 位输入寄存器，用于存放 12 位数字量中的高 8 位 DI_{11} ~ DI_4；一个 4 位输入寄存器，用于存放 12 位数字量中的低 4 位 DI_3 ~ DI_0；一个 12 位 DAC 寄存器，存放上述两个输入寄存器送来的 12 位数字量；12 位 D/A 转换器用于完成 12 位数字量的转换。由与门、非与门组成的输入控制电路来控制 3 个寄存器的选通或锁存状态。其中引脚$\overline{CS}$（片选信号、低电平有效）、$\overline{WR_1}$（写信号、低电平有效）和 $BYTE_1/\overline{BYTE_2}$（字节控制信号）的组合，用来控制 8 位输入寄存器和 4 位输入寄存器。

当$\overline{CS}$、$\overline{WR_1}$为低电平“0”，$BYTE_1/\overline{BYTE_2}$为高电平“1”时，与门的输出$\overline{LE1}$、$\overline{LE2}$为“1”，选通 8 位和 4 位两个输入寄存器，将要转换的 12 位数据全部送入寄存器；当 $BYTE_1/\overline{BYTE_2}$为低电平“0”时，$\overline{LE1}$为“0”，8 位输入寄存器锁存刚传送的 8 位数据，而$\overline{LE2}$仍为“1”，4 位输入寄存器仍为选通，新的低 4 位数据将刷新刚传送的 4 位数据。因此，在与计算机接口电路中，计算机必须先送高 8 位后送低 4 位。$\overline{XFER}$（传送控制信号、低电平有效）和$\overline{WR_2}$（写信号、低电平有效）用来控制 12 位 DAC 寄存器，当$\overline{XFER}$和$\overline{WR_2}$同为低电平“0”时，与门输出$\overline{LE3}$为“1”，12 位数据全部送入 DAC 寄存器，当$\overline{XFER}$和$\overline{WR_2}$有一个为高电平“1”时，与门输出$\overline{LE3}$即为“0”，则 12 位 DAC 寄存器锁存住数据使 12 位 D/A 转换器开始数模转换。

（二）接口电路

为使主机能向 D/A 转换器传送数据，必须在两者之间设置接口电路。接口电路的功能是进行地址译码、产生片选信号或写信号。如果 D/A 转换器芯片内部有输入寄存器，则主机的数据总线与转换器可直接连接，一般只要将数据写入寄存器中变换就开始；如果 D/A 转换器芯片内部无输入寄存器，则要外加寄存器以缓存主机给出的数据。不论哪种情况，主机对 D/A 转换器的接口就像访问一个 I/O 端口一样简单。

1. DAC0832 接口电路

由于 DAC0832 内部有输入寄存器，所以它的数据总线可直接与主机的数据总线相连，图 1-28 为 DAC0832 与 PC 总线的单缓冲接口电路，它是由 DAC0832 转换芯片、运算放大器以及 74LS138 译码器和门电路构成的地址译码电路组成。图 1-28 中，0832 内的 DAC 寄存器控制端的$\overline{WR_2}$和$\overline{XFER}$直接接地，使 DAC 寄存器的输入到输出始终直通；而输入寄存器的控制端分别受地址译码信号与输入输出指令控制，即 PC 的地址线 $A_9 \sim A_0$ 经 138 译码器和门电路产生接口地址信号作为 DAC0832 的片选信号$\overline{CS}$，输入输出写信号$\overline{IOW}$作为 DAC0832 的写信号$\overline{WR_1}$。

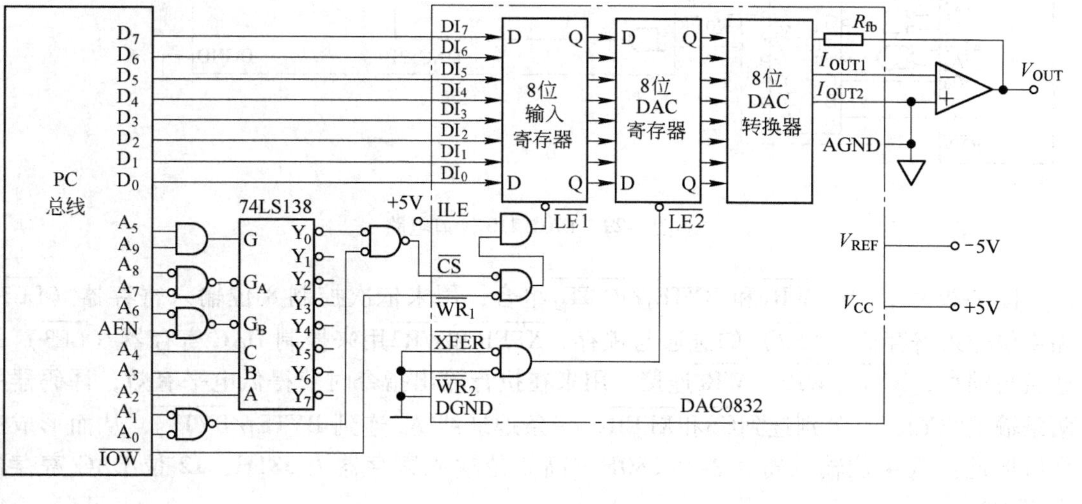

图 1-28　DAC0832 的单缓冲接口电路

当需要进行 D/A 转换时，把被转换的数据如 DATA 送入累加器 AL，口地址如 220H 送入 DX，然后执行一条 OUT 输出指令，则$\overline{CS}$和$\overline{WR_1}$（$\overline{IOW}$）同为低电平，则$\overline{LE1}$为“1”，此时主机输出的数据写入 DAC0832 内的 8 位输入寄存器，再直通送入 D/A 转换器进行转换，当$\overline{IOW}$恢复为高电平时，使$\overline{LE1}$为“0”，则要转换的数据锁存在输入寄存器中，使 D/A 转换的输出也保持不变。其接口程序如下：

```
MOV   DX, 220H
MOV   AL, [DATA]
OUT   DX, AL
```

2. DAC1210 接口电路

DAC1210 内部也有输入寄存器，但用 PC 中 8 位数据总线与 12 位 D/A 转换器组成接口电路时，就需要对数据总线采用复用形式。图 1-29 是 12 位 D/A 转换器 DAC1210 与 PC 总线的一种接口电路，它是由 DAC1210 转换芯片、运算放大器以及地址译码电路组成。与 8 位 DAC0832 接口电路不同的是，除了数据总线 $D_7 \sim D_0$ 与 DAC1210 高 8 位 $DI_{11} \sim DI_4$ 直接相连，$D_3 \sim D_0$ 还要与 DAC1210 低 4 位 $DI_3 \sim DI_0$ 复用，因而控制电路也略为复杂。

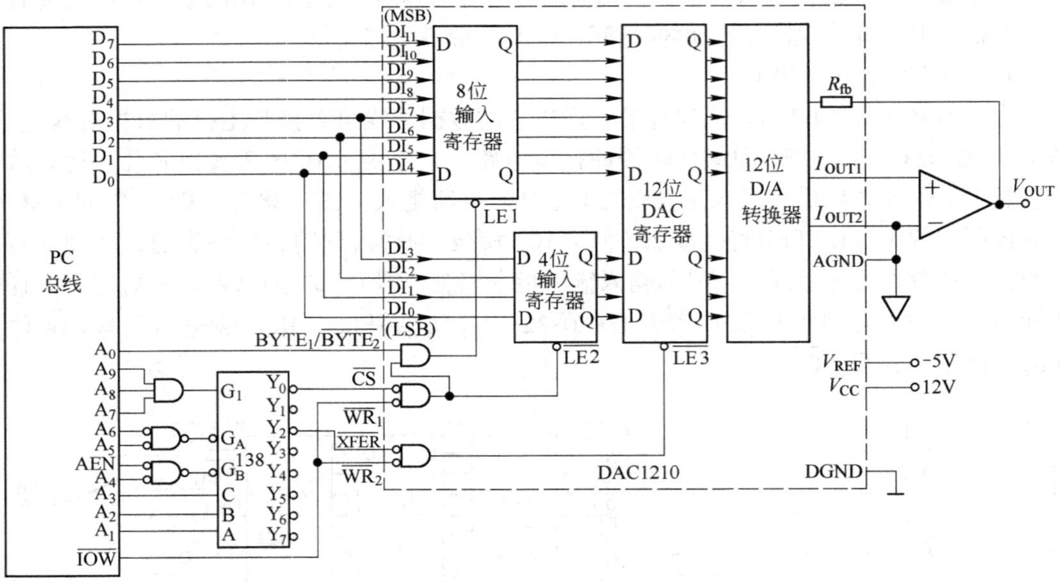

图 1-29　DAC1210 接口电路

图 1-29 中，$\overline{CS}$、$\overline{WR_1}$ 和 $BYTE_1/\overline{BYTE_2}$ 组合，用来依次控制 8 位输入寄存器（$\overline{LE1}$）和 4 位输入寄存器（$\overline{LE2}$）的选通与锁存，$\overline{XFER}$ 和 $\overline{WR2}$ 用来控制 DAC 寄存器（$\overline{LE3}$）的选通与锁存，$\overline{IOW}$ 与 $\overline{WR_1}$、$\overline{WR_2}$ 连接，用来在执行输出指令时获得低电平有效，译码器的两条输出线 Y_0、Y_2 分别连到 $\overline{CS}$ 和 $\overline{XFER}$，一条地址线 A_0 连到 $BYTE_1/\overline{BYTE_2}$，从而形成三个口地址：低 4 位输入寄存器为 380H，高 8 位输入寄存器为 381H，12 位 DAC 寄存器为 384H。

在软件设计中，为了实现 8 位数据线 $D_0 \sim D_7$ 传送 12 位被转换数，主机须分两次传送被转换数。首先将被转换数的高 8 位传给 8 位输入寄存器 $DI_{11} \sim DI_4$，再将低 4 位传给 4 位输入寄存器 $DI_3 \sim DI_0$，然后再打开 DAC 寄存器，把 12 位数据送到 12 位 D/A 转换器去转换。当输出指令执行完后，DAC 寄存器又自动处于锁存状态以保持数模转换的输出不变。设 12 位被转换数的高 8 位存放在 DATA 单元中，低 4 位存放在 DATA + 1 单元中。其转换程序如下：

```
DAC:  MOV  DX, 0381H
      MOV  AL, [DATA]
      OUT  DX, AL          ; 送高8位数据
      DEC  DX
      MOV  AL, [DATA+1]
      OUT  DX, AL          ; 送低4位数据
      MOV  DX, 0384H
      OUT  DX, AL          ; 完成12位数据转换
```

（三）输出方式

多数D/A转换芯片输出的是弱电流信号，要驱动后面的自动化装置，需在电流输出端外接运算放大器。根据不同控制系统自动化装置需求的不同，输出方式可以分为电压输出、电流输出以及自动/手动切换输出等多种方式。

1. 电压输出方式

由于系统要求不同，电压输出方式又可分为单极性输出和双极性输出两种形式。下面以8位的DAC0832芯片为例作一说明。

单极性输出　D/A转换器单极性输出方式，如图1-30所示。

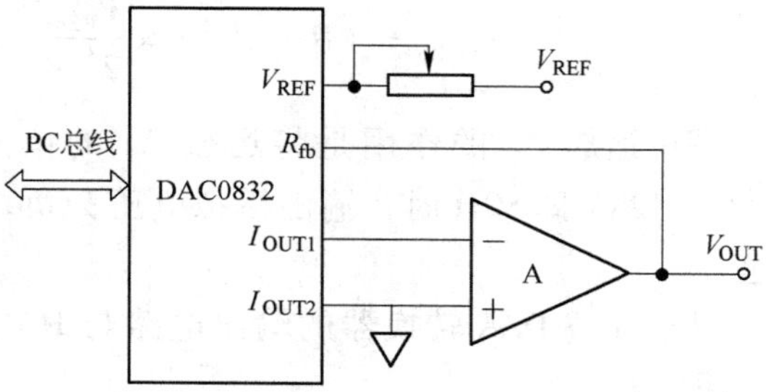

图1-30　D/A转换单极性输出方式

由式（1-8）可得输出电压V_{OUT}的单极性输出表达式为：

$$V_{OUT} = -B \times \frac{V_{REF}}{2^8} \tag{1-9}$$

式中，$B = D_7 \times 2^7 + D_6 \times 2^6 + \cdots + D_1 \times 2^1 + D_0 \times 2^0$，$V_{REF}/2^8$是常数。

显然，V_{OUT}和B成正比关系，当输入数字量B为00H时，V_{OUT}也为0；输入数字量B为FFH即255时，V_{OUT}为与V_{REF}极性相反的最大值。

双极性输出方式　D/A转换器双极性输出方式如图1-31所示。V_{OUT1}为单极性电压输

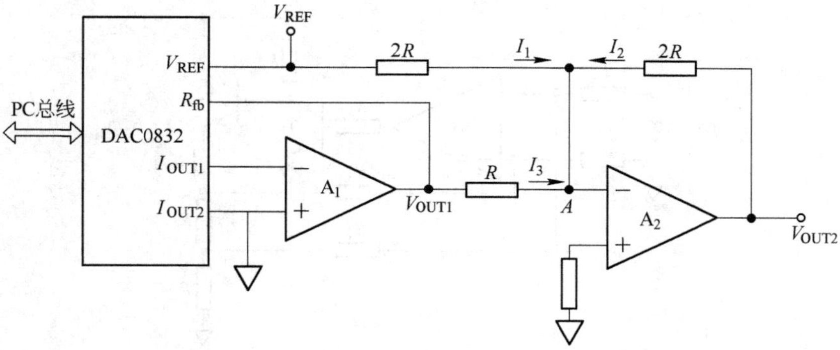

图1-31　D/A转换双极性输出方式

出，V_{OUT2}为双极性电压输出。

A_1 和 A_2 为运算放大器，A 点为虚地，故可得：

$$I_1 + I_2 + I_3 = 0$$

$$V_{OUT1} = -B \times \frac{V_{REF}}{2^8}$$

$$I_1 = \frac{V_{REF}}{2R}$$

$$I_2 = \frac{V_{OUT2}}{2R}$$

$$I_3 = \frac{V_{OUT1}}{R}$$

解上述方程可得双极性输出表达式：

$$V_{OUT2} = (B - 2^{8-1}) \times \frac{V_{REF}}{2^{8-1}} \quad 或 \quad V_{OUT2} = V_{REF}\left(\frac{B}{2^{8-1}} - 1\right) \tag{1-10}$$

图中运放 A_2 的作用是将运放 A_1 的单向输出变为双向输出。当输入数字量小于 2^{8-1}（= 128）即 80H 时，输出模拟电压为负；当输入数字量大于 128 时，输出模拟电压为正。

其他 n 位 D/A 转换器的输出电路与 DAC0832 相同，计算表达式中只要把 2^{8-1}改为 2^{n-1}即可。

2. 电流输出方式

因为电流信号易于远距离传送，且不易受干扰，特别是在过程控制系统中，自动化仪表接收的是电流信号，所以在计算机控制输出通道中常以电流信号来传送信息，这就需要将电压信号转换成毫安级电流信号，完成电流输出方式的电路称为 V/I 变换电路。

实现 V/I 变换可以采用专用的电流输出型运放 F3080 和 F3094，也可以利用普通运放，还可以使用高精度的集成 V/I 转换器。下面介绍几种常用电路。

普通运放 V/I 变换电路：

（1）0 ~ 10mA 的输出。图 1-32 为 0 ~ 10V/0 ~ 10mA 的变换电路，由运放 A 和三极管 T_1、T_2 组成，R_1 和 R_2 是输入电阻，R_f是反馈电阻，R_L 是负载的等效电阻。

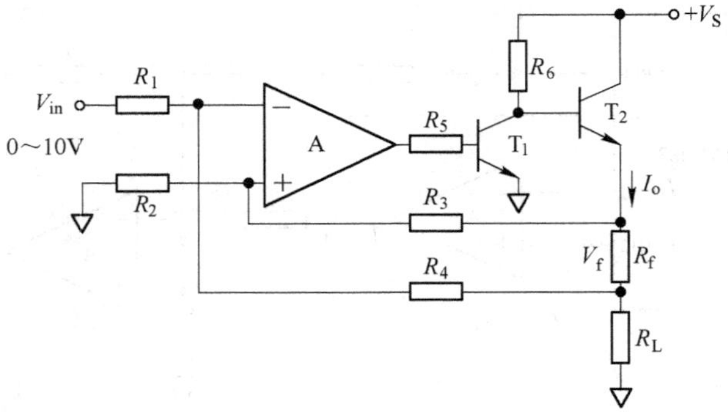

图 1-32 0 ~ 10V/0 ~ 10mA 的变换电路

输入电压 V_{in}经输入电阻进入运算放大器 A，放大后进入三极管 T_1、T_2。由于 T_2 射极接有反馈电阻 R_f，得到反馈电压 V_f 加至输入端，形成运放 A 的差动输入信号。该变换电路由于具有较强的电流反馈，所以有较好的恒流性能。

输入电压 V_{in}和输出电流 I_o之间关系如下：

若 R_3、$R_4 \gg R_f$、R_L，可以认为 I_o全部流经 R_f，由此可得

$$V_- = V_{in} \cdot R_4/(R_1 + R_4) + I_o \cdot R_L \cdot R_1/(R_1 + R_4)$$

$$V_+ = I_o(R_f + R_L) \cdot R_2/(R_2 + R_3)$$

对于运放，有 $V_- \approx V_+$，则

$$V_{in} \cdot R_4/(R_1 + R_4) + I_o \cdot R_L \cdot R_1/(R_1 + R_4) = I_o(R_f + R_L) \cdot R_2/(R_2 + R_3)$$

若取 $R_1 = R_2$，$R_3 = R_4$，则由上式整理可得

$$I_o = V_{in} \cdot R_3/(R_1 \cdot R_f) \tag{1-11}$$

可以看出，输出电流 I_o和输入电压 V_{in}呈线性对应的单值函数关系。$R_3/(R_1 \cdot R_f)$ 为一常数，与其他参数无关。

若取 $V_{in} = 0 \sim 10V$，$R_1 = R_2 = 100k\Omega$，$R_3 = R_4 = 20k\Omega$，$R_f = 200\Omega$，则输出电流 $I_o = 0 \sim 10mA$。

（2）4 ~ 20mA 的输出。图 1-33 为 1 ~ 5V/4 ~ 20mA 的变换电路，两个运放 A_1、A_2 均接成射极输出形式。在稳定工作时

$$V_{in} = V_1$$

所以
$$I_1 = V_1/R_1 = V_{in}/R_1$$

又因为
$$I_1 \approx I_2$$

所以 $V_{in}/R_1 = I_2 = (V_S - V_2)/R_2$ 即 $V_2 = V_S - V_{in} \cdot R_2/R_1$

在稳定状态下，$V_2 = V_3$，$I_f \approx I_o$，故

$$I_o \approx I_f = (V_S - V_3)/R_f = (V_S - V_2)/R_f$$

将上式代入得

$$I_o = (V_S - V_S + V_{in} \cdot R_2/R_1)/R_f = V_{in} \cdot R_2/(R_1 \cdot R_f) \tag{1-12}$$

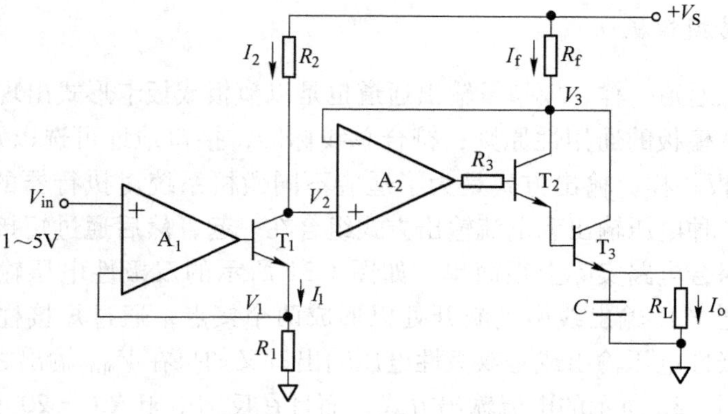

图 1-33　1 ~ 5V/4 ~ 20mA 的变换电路

其中 R_1、R_2、R_f 均为精密电阻，所以输出电流 I_o 线性比例于输入电压 V_{in}，且与负载无关，接近于恒流。

若 $R_1=5\text{k}\Omega$，$R_2=2\text{k}\Omega$，$R_3=100\Omega$，当 $V_{in}=1\sim5\text{V}$ 时，输出电流 $I_o=4\sim20\text{mA}$。

集成转换器 V/I 变换电路　图 1-34 是集成 V/I 转换器 ZF2B20 的引脚图，采用单正电源供电，电源电压范围为 10～32V，ZF2B20 的输入电阻为 10kΩ，动态响应时间小于 25μs，非线性小于 ±0.025%。

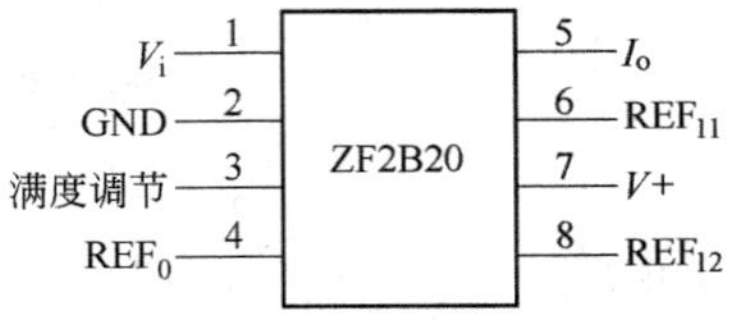

图 1-34　ZF2B20 引脚图

通过 ZF2B20 可以产生一个与输入电压成比例的输出电流，其输入电压范围是 0～10V，输出电流是 4～20mA。它的特点是低漂移，在工作温度为 -25～85℃ 范围内，最大温漂为 0.005%/℃。

利用 ZF2B20 实现 V/I 转换的电路非常简单，图 1-35(a) 所示电路是一种带初值校准的 0～10V/4～20mA 的转换电路；图 1-35(b) 则是一种带满度校准的 0～10V/0～10mA 的转换电路。

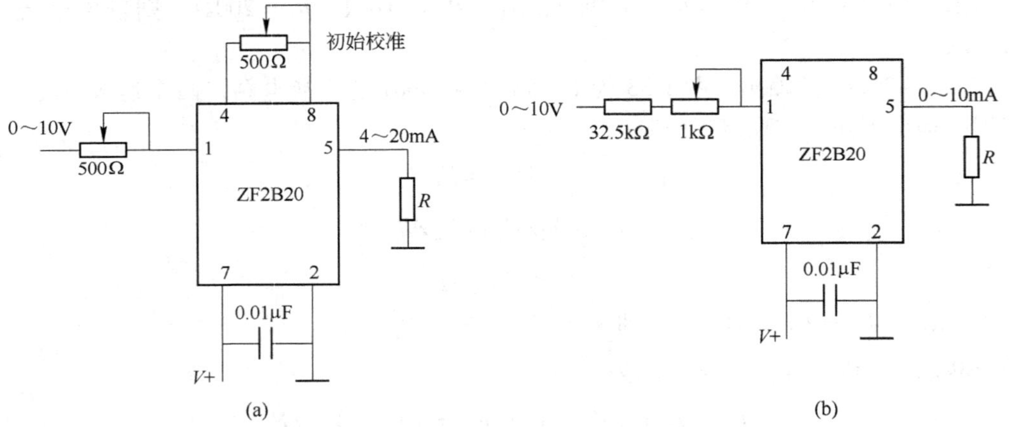

图 1-35　ZF2B20V/I 转换电路

(a)0～10V/4～20mA 转换；(b)0～10V/0～10mA 转换

（四）D/A 转换模板

同模拟量输入通道一样，模拟量输出通道也是以模板或板卡形式出现的，D/A 转换模板也需要遵循 I/O 模板的通用性原则：符合总线标准，接口地址可选以及输出方式可选。前两条同 A/D 模板一样，输出方式是为了适应不同微机系统对执行器的不同需求，D/A 转换模板往往把各种电压输出和电流输出方式组合在一起，然后通过短接柱来选定某一种输出方式。这种组合电路实际上很简单，如图 1-31 所示的双极性电压输出方式，只要在 V_{OUT1} 后断开，再把 V_{OUT2} 输出线引到断开处以形成两个接点，通过短接柱的跨接就可选定系统所需要的单极性电压输出或是双极性电压输出；又如果在 V_{OUT2} 输出之后加上晶体管放大电路，就成为图 1-32 所示的电流输出方式，而且在反馈电阻 R_f（ = 200Ω）处断开再设置一个分支点，并联上另一个阻值为 100Ω 的反馈电阻，则通过短接柱就可选定所需要的

0 ~ 10mA电流输出（R_f = 200Ω）或4 ~ 20mA 电流输出（R_f = 100Ω）。

一个实际的 D/A 转换模板，供用户选择的输出范围常常是：0 ~ 5V、0 ~ 10V、±5V、0 ~ 10mA、4 ~ 20mA 等。

图 1-36 给出了 8 路 8 位 D/A 转换模板的结构组成框图，它是按照总线接口逻辑、I/O 功能逻辑和 I/O 电气接口等三部分布局电子元器件的。图中，总线接口逻辑部分主要由数据缓冲与地址译码电路组成，完成 8 路通道的分别选通与数据传送；I/O 功能逻辑部分由 8 片 DAC0832 组成，完成数模转换；而 I/O 电气接口部分由运放与 V/I 变换电路组成，实现电压或电流信号的输出。

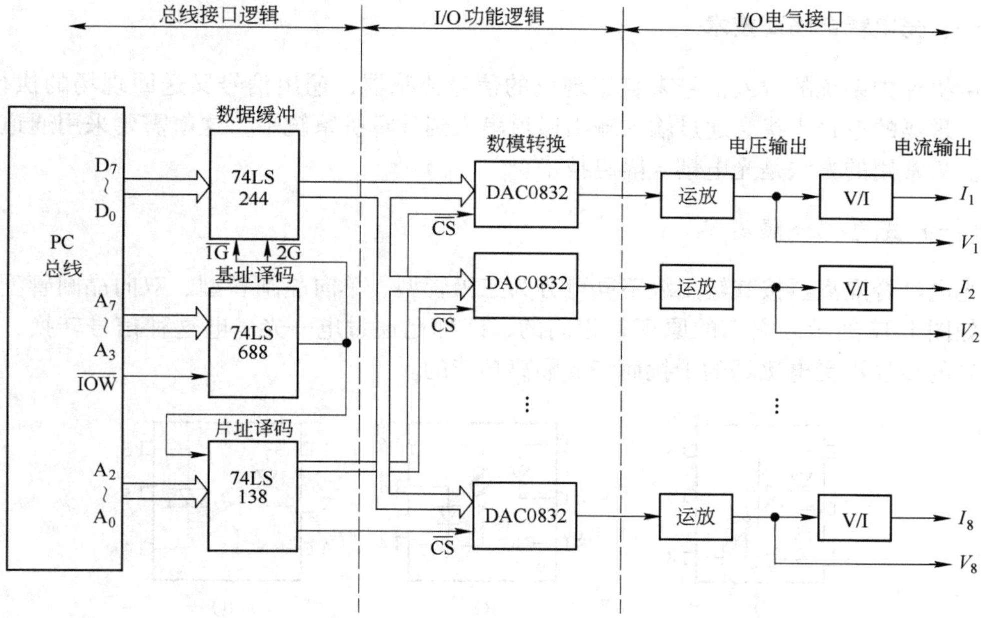

图 1-36　8 路 D/A 转换模板的结构框图

设 8 路 D/A 转换的 8 个输出数据存放在内存数据段 BUF0 ~ BUF7 单元中，主过程已装填 DS，8 片 DAC0832 的通道口地址为 38H ~ 3FH，分别存放在从 CH0 开始的 8 个连续单元中，该 D/A 转换模板的接口子程序如下：

```
DOUT    PROC   NEAR
        MOV  CX，8
        MOV  BX，OFFSET  BUF0
NEXT：  MOV  AL，[BX]
        OUT  CH0，AL
        INC  CH0
        INC  BX
        LOOP  NEXT
        RET
DOUT    ENDP
```

第三节　数字量输入输出通道

在微机保护系统中，除了要处理模拟量信号以外，还要处理另一种数字信号，包括开关信号、脉冲信号。它们是以二进制的逻辑“1”、“0”或电平的高、低出现的，如开关触点的闭合和断开，指示灯的亮和灭，继电器或接触器的吸合和释放，马达的启动和停止，晶闸管的通和断，阀门的打开和关闭，仪器仪表的 BCD 码，以及脉冲信号的计数和定时等。

一、光电耦合隔离技术

微机保护系统的输入信号来自于现场的信号传感器，输出信号又送回现场的执行器。因此，现场的电磁干扰会通过输入输出通道串入到计算机系统中，这就需要采用通道隔离技术。最常用的方法是光电耦合隔离技术。

（一）光电耦合隔离器

光电耦合隔离器按其输出级不同可分为三极管型、单向晶闸管型、双向晶闸管型等几种，如图 1-37 所示。它们的原理是相同的，即都是通过电—光—电这种信号转换，利用光信号的传送不受电磁场的干扰而完成隔离功能的。

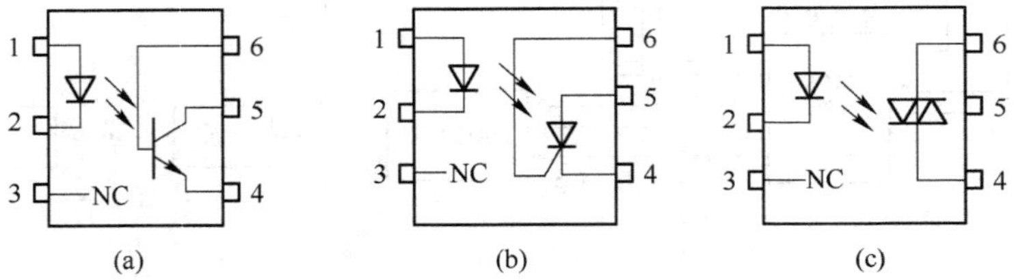

图 1-37　光电耦合隔离器的几种类型
(a)三极管型；(b)单向晶闸管型；(c)双向晶闸管型

现以最简单的三极管型光电耦合隔离器为例来说明它的结构原理。如图 1-38 所示，三极管型光耦器件是由发光二极管和光敏三极管封装在一个管壳内，发光二极管为光耦隔离器的信号输入端，光敏三极管的集电极和发射极为光耦的输出端，它们之间的信号传递是靠发光二极管在信号电压的控制下发光，传送给光敏三极管来完成的。其输入输出类似普通三极管的输入输出特性，即存在着截止区、饱和区与线性区三部分。

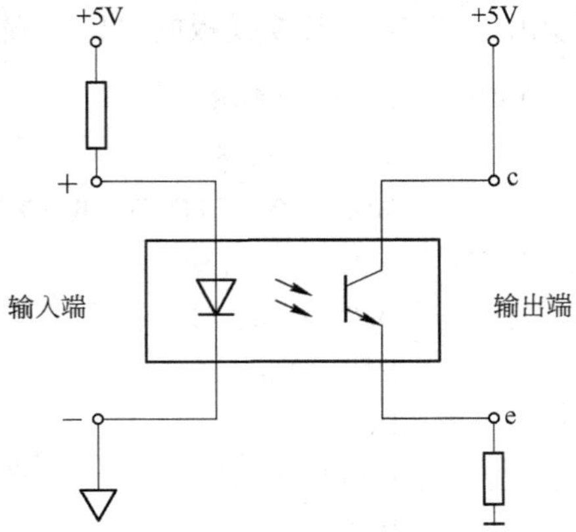

图 1-38　光电耦合隔离器的结构原理

利用光耦隔离器的开关特性（即光敏三极管工作在截止区、饱和区），可传送数字信号而隔离电磁干扰，简称对数字信号进行隔离。例如在数字量输入输出通道中，以及在模拟量输入通道中的 A/D 转换器与 CPU 之间或模拟量输出通道中的 CPU 与 D/A 转换器之间的数字信号传送，都可用光耦的这种开关特性对数字信号进行隔离。

利用光耦隔离器的线性放大区（即光敏三极管工作在线性区），可传送模拟信号而隔离电磁干扰，简称对模拟信号进行隔离。例如在现场传感器与 A/D 转换器或 D/A 转换器与现场执行器之间的模拟信号传送，可用光耦的这种线性区对模拟信号进行隔离。

光耦的这两种隔离方法各有优缺点。模拟信号隔离方法的优点是使用少量的光耦，成本低；缺点是调试困难，如果光耦挑选得不合适，会影响 A/D 或 D/A 转换的精度和线性度。数字信号隔离方法的优点是调试简单，不影响系统的精度和线性度；缺点是使用较多的光耦器件，成本较高。但因光耦越来越价廉，数字信号隔离方法的优势凸现出来，因而在工程中使用得最多。

要注意的是，用于驱动发光管的电源与驱动光敏管的电源不应是共地的同一个电源，必须分开单独供电，才能有效避免输出端与输入端相互间的反馈和干扰；另外，发光二极管的动态电阻很小，也可以抑制系统内外的噪声干扰。因此，利用光耦隔离器可用来传递信号而有效地隔离电磁场的电干扰。

为了适应计算机控制系统的需求，目前已生产出各种集成的多路光耦隔离器，如 TLP 系列就是常用的一种。

（二）光电耦合隔离电路

下面以控制系统中常用的数字信号的隔离方法为例说明光电耦合隔离电路。典型的光电耦合隔离电路有数字量同相传递与数字量反相传递两种，如图 1-39 所示。

数字量同相传递如图 1-39(a)所示，光耦的输入正端接正电源，输入负端接到与数据总线相连的数据缓冲器上，光耦的集电极 c 端通过电阻接另一个正电源，发射极 e 端直接接地，光耦输出端即从集电极 c 端引出。当数据线为低电平“0”时，发光管导通且发光，使得光敏管导通，输出 c 端接地而获得低电平“0”；当数据线为高电平“1”时，发光管截止不发光，则光敏管也截止使输出 c 端从电源处获得高电平“1”。如此，完成了数字信号的同相传递。

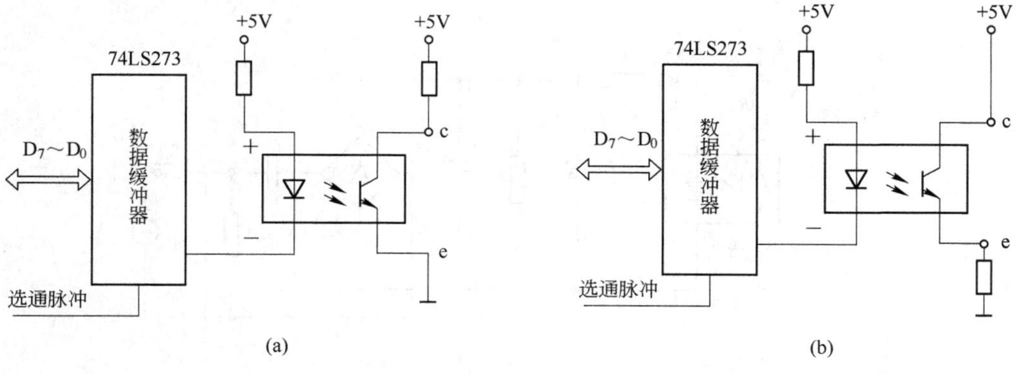

图 1-39　光电耦合隔离电路
(a)数字量同相传递；(b)数字量反相传递

数字量反相传递如图 1-39(b)所示，与图 1-39(a)不同的是光耦的集电极 c 端直接接另一个正电源，而发射极 e 端通过电阻接地，则光耦输出端从发射极 e 端引出。从而完成了数字信号的反相传递。

二、数字量输入通道

数字量输入通道简称 DI 通道，它的任务是把生产过程中的数字信号转换成计算机易于接受的形式。数字量信号，以开关或脉冲输入形式为多，虽然数字量信号不需进行 A/D 转换，但对通道中可能引入的各种干扰必须采取相应的技术措施，即在外部信号与计算机之间要设置输入信号调理电路。

（一）开关输入电路

凡在电路中起到通、断作用的各种按钮、触点、开关，其端子引出均统称为开关信号。在开关输入电路中，主要是考虑信号调理技术，如电平转换，RC 滤波，过电压保护，反电压保护，光电隔离等。

（1）电平转换是用电阻分压法把现场的电流信号转换为电压信号。

（2）RC 滤波是用 RC 滤波器滤出高频干扰。

（3）过电压保护是用稳压管和限流电阻作过电压保护；用稳压管或压敏电阻把瞬态尖峰电压钳位在安全电平上。

（4）反电压保护是串联一个二极管防止反极性电压输入。

（5）光电隔离用光耦隔离器实现计算机与外部的完全电隔离。

典型的开关量输入信号调理电路如图 1-40 所示。点划线右边是由开关 S 与电源组成

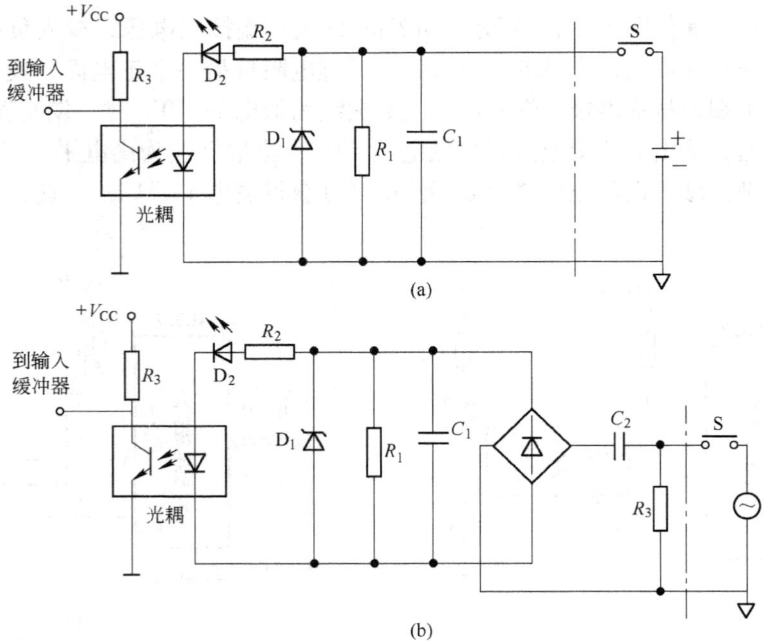

图 1-40 开关量输入信号调理电路

(a)直流输入电路；(b)交流输入电路

的外部电路，图 1-40(a)是直流输入电路，图 1-40(b)是交流输入电路。交流输入电路比直流输入电路多一个降压电容和整流桥块，可把高压交流（如 380VAC）变换为低压直流(如 5VDC)。开关 S 的状态经 RC 滤波、稳压管 D_1 钳位保护、电阻 R_2 限流、二极管 D_2 防止反极性电压输入以及光耦隔离等措施处理后送至输入缓冲器，主机通过执行输入指令便可读取开关 S 的状态。比如，当开关 S 闭合时，输入回路有电流流过，光耦中的发光管发光，光敏管导通，数据线上为低电平，即输入信号为“0”对应外电路开关 S 的闭合；反之，开关 S 断开，光耦中的发光管无电流流过，光敏管截止，数据线上为高电平，即输入信号为“1”对应外电路开关 S 的断开。

（二）脉冲计数电路

有些用于检测流量、转速的传感器发出的是脉冲频率信号，对于大量程可以设计一种定时计数输入接口电路，即在一定的采样时间内统计输入的脉冲个数，然后根据传感器的比例系数可换算出所检测的物理量。

图 1-41 为一种定时计数输入接口电路，传感器发出的脉冲频率信号，经过简单的信号调理，引到 8254 芯片的计数通道 1 的 CLK_1 口。8254 是具有 3 个 16 位计数器通道的可编程计数器/定时器。图中，计数通道 0 工作于模式 3，CLK_0 用于接收系统时钟脉冲，OUT_0 输出一个周期为系统时钟脉冲 N 倍（N 为通道 0 的计数初值）的连续方波脉冲，其高、低电平时段是计数通道 1 的采样时间和采样间隔时间，分别记为 T_S、T_W；计数通道 1 和 2 均选为工作模式 2，且 OUT_1 串接到 CLK_2，使两者构成一个计数长度为 2^{32} 的脉冲计数器，以对 T_S 内的输入脉冲计数。

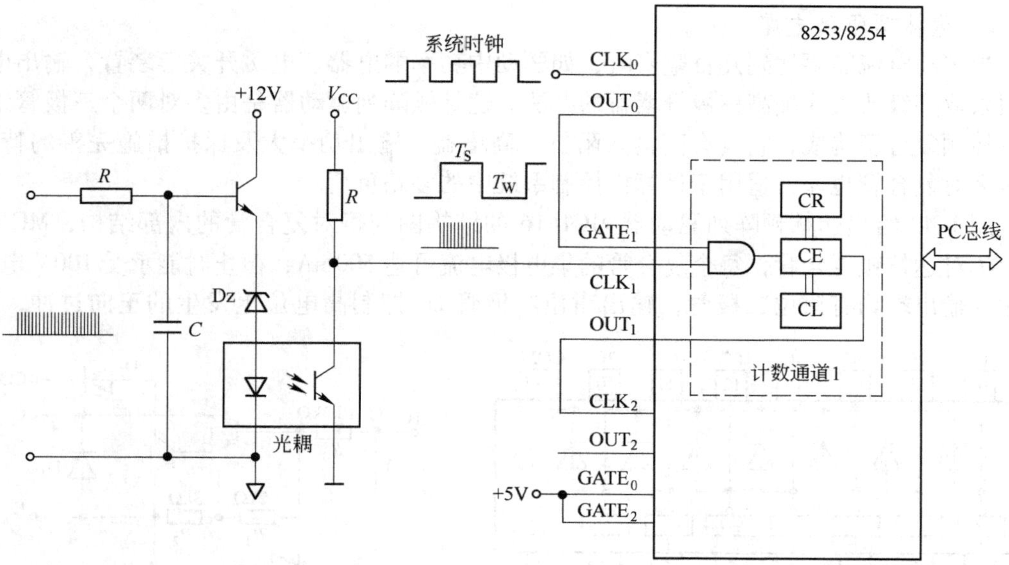

图 1-41　脉冲计数输入电路

如果获得 T_S 时间内的输入脉冲个数为 n，则单位时间内的脉冲个数即脉冲频率为 n/T_S，从而可换算出介质的流量或电机的转速值。比如，发出脉冲频率信号的是涡轮流量计或磁电式速度传感器，它们的脉冲当量（即一个脉冲相当的流量或转数）为 K，则介质的流量或电机的转数就为 $n/T_S \cdot K$。

三、数字量输出通道

数字量输出通道简称DO通道，它的任务是把计算机输出的微弱数字信号转换成能对生产过程进行控制的数字驱动信号。根据现场负荷功率的不同大小，可以选用不同的功率放大器件构成不同的开关量驱动输出通道。常用的有三极管输出驱动电路、继电器输出驱动电路、晶闸管输出驱动电路、固态继电器输出驱动电路等。

（一）三极管驱动电路

对于低压情况下的小电流开关量，用功率三极管就可作开关驱动组件，其输出电流就是输入电流与三极管增益的乘积。

1. 普通三极管驱动电路

当驱动电流只有几十毫安时，如驱动发光二极管、小功率继电器等器件，只要采用一个普通的功率三极管就能构成驱动电路。图1-42为驱动LED数码管的小功率三极管输出电路，当CPU数据线 D_i 输出数字“0”即低电平时，经7406反相锁存器变为高电平，使NPN型三极管导通，集电极电流驱动LED数码管发光。

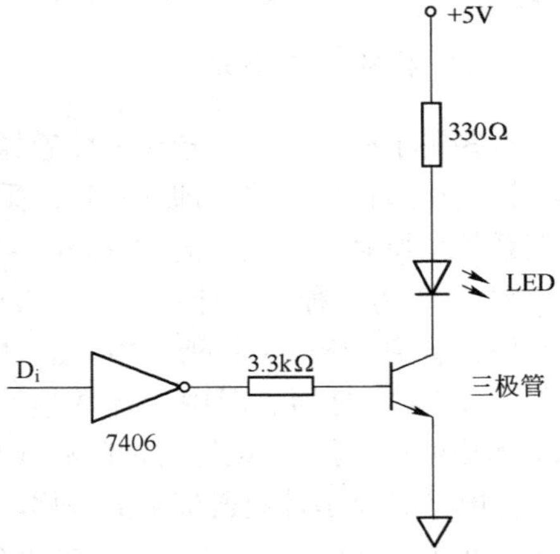

图1-42 小功率三极管输出电路

2. 达林顿驱动电路

当驱动电流需要达到几百毫安时，如驱动中功率继电器、电磁开关等装置，输出电路必须采取多级放大或提高三极管增益的办法。达林顿阵列驱动器是由多对两个三极管组成的达林顿复合管构成，它具有高输入阻抗、高增益、输出功率大及保护措施完善的特点，同时多对复合管也非常适用于计算机控制系统中的多路负荷。

图1-43给出达林顿阵列驱动器MC1416的结构图与每对复合管的内部结构，MC1416内含7对达林顿复合管，每个复合管的集电极电流可达500mA，截止时能承受100V电压，其输入输出端均有钳位二极管，输出钳位二极管 D_2 抑制高电位上发生的正向过冲，D_1、

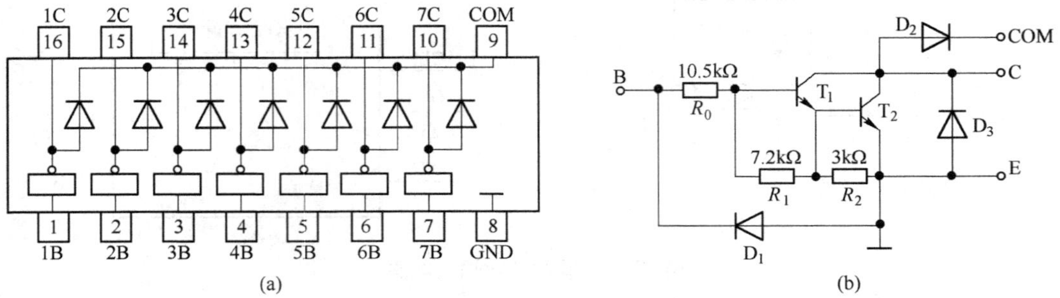

图1-43 MC1416达林顿阵列驱动器

(a) MC1416结构图；(b) 复合管内部结构

D_3 可抑制低电平上的负向过冲。

图 1-44 为达林顿阵列驱动中的一路驱动电路，当 CPU 数据线 D_i 输出数字"0"即低电平时，经 7406 反相锁存器变为高电平，使达林顿复合管导通，产生的几百毫安集电极电流足以驱动负载线圈，而且利用复合管内的保护二极管构成了负荷线圈断电时产生的反向电动势的泄流回路。

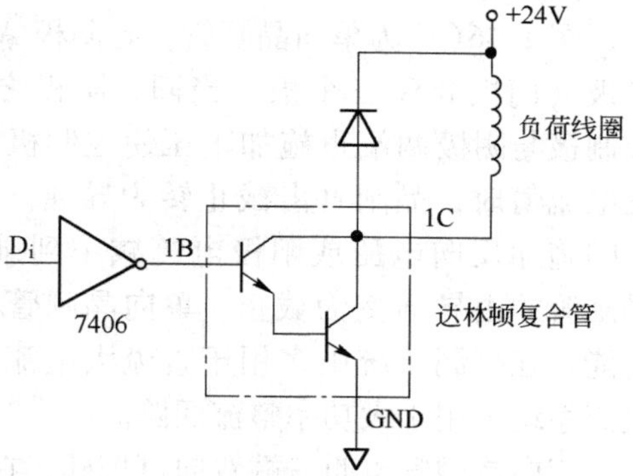

图 1-44　达林顿阵列驱动电路

（二）继电器驱动电路

电磁继电器主要由线圈、铁芯、衔铁和触点等部件组成，简称为继电器，它分为电压继电器、电流继电器、中间继电器等几种类型。继电器方式的开关量输出是一种最常用的输出方式，通过弱电控制外界交流或直流的高电压、大电流设备。

继电器驱动电路的设计要根据所用继电器线圈的吸合电压和电流而定，控制电流一定要大于继电器的吸合电流才能使继电器可靠地工作。图 1-45 为经光耦隔离器的继电器输出驱动电路，当 CPU 数据线 D_i 输出数字"1"即高电平时，经 7406 反相驱动器变为低电平，光耦隔离器的发光二极管导通且发光，使光敏三极管导通，继电器线圈 KA 得电，动合触点闭合，从而驱动大型负荷设备。

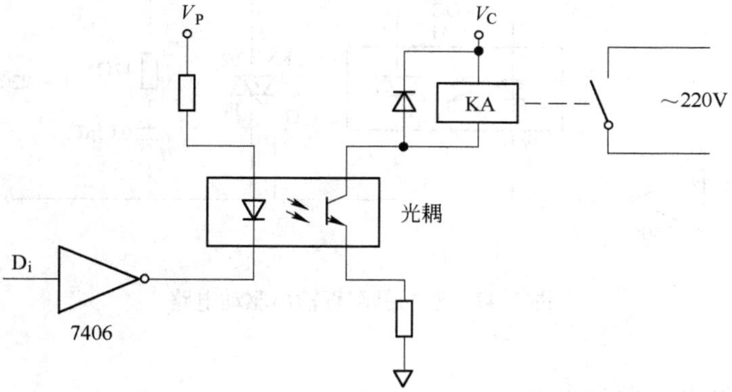

图 1-45　继电器输出驱动电路

由于继电器线圈是电感性负载，当电路突然关断时，会出现较高的电感性浪涌电压，为了保护驱动器件，应在继电器线圈两端并联一个阻尼二极管，为电感线圈提供一个电流泄放回路。

（三）晶闸管驱动电路

晶闸管又称可控硅 SCR（Silicon Controlled Rectifier），是一种大功率的半导体器件，具有用小功率控制大功率、开关无触点等特点，在交直流电机调速系统、调功系统、随动系统中应用广泛。

晶闸管是一个三端器件，其符号表示如图 1-46 所示，图 1-46(a)为单向晶闸管，有阳极 A、阴极 K、控制极（门极）G 三个极。当阳、阴极之间加正压时，控制极与阴极两端也施加正压使控制极电流增大到触发电流值时，晶闸管由截止转为导通；只有在阳、阴极间施加反向电压或阳极电流减小到维持电流以下，晶闸管才由导通变为截止。单向晶闸管具有单向导电功能，在控制系统中多用于直流大电流场合，也可在交流系统中用于大功率整流回路。

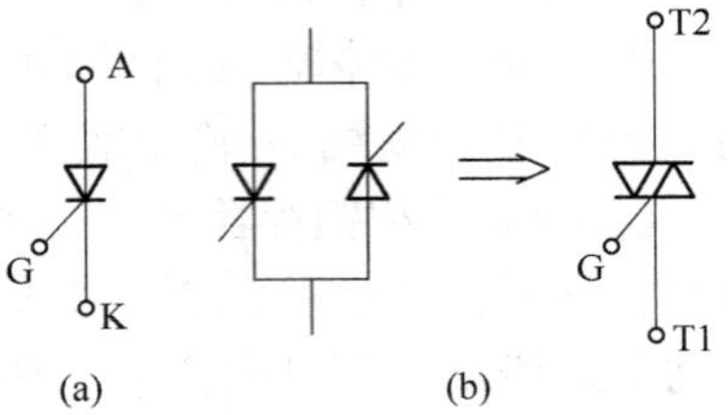

图 1-46　晶闸管的结构符号
(a)单向晶闸管；(b)双向晶闸管

双向晶闸管也叫三端双向可控硅，在结构上相当于两个单向晶闸管的反向并联，但共享一个控制极，结构如图 1-46(b)所示。当两个电极 T1、T2 之间的电压大于 1.5V 时，不论极性如何，便可利用控制极 G 触发电流控制其导通。双向晶闸管具有双向导通功能，因此特别适用于交流大电流场合。

晶闸管常用于高电压大电流的负载，不适宜与 CPU 直接相连，在实际使用时要采用隔离措施。图 1-47 为经光耦隔离的双向晶闸管输出驱动电路，当 CPU 数据线 D_i 输出数字“1”时，经 7406 反相变为低电平，光耦二极管导通，使光敏晶闸管导通，导通电流再触发双向晶闸管导通，从而驱动大型交流负荷设备 R_L。

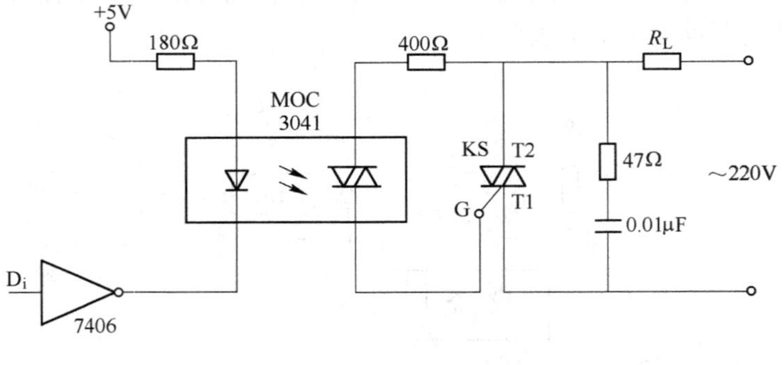

图 1-47　双向晶闸管输出驱动电路

（四）固态继电器驱动电路

固态继电器 SSR（solid state relay）是一种新型的无触点开关的电子继电器，它利用电子技术实现了控制回路与负载回路之间的电隔离和信号耦合，而且没有任何可动部件或触点，却能实现电磁继电器的功能，故称为固态继电器。它具有体积小、开关速度快、无机械噪声、无抖动和回跳、寿命长等传统继电器无法比拟的优点，在计算机控制系统中得到广泛的应用，大有取代电磁继电器之势。

固态继电器 SSR 是一个四端组件，有两个输入端、两个输出端，其内部结构类似于图 4-11 中的晶闸管输出驱动电路。图 1-48 所示为其结构原理图，共由五部分组成。光耦隔离电路的作用是在输入与输出之间起信号传递作用，同时使两端在电气上完全隔离；控制触发电路是为后级提供一个触发信号，使电子开关（三极管或晶闸管）能可靠地导通；电

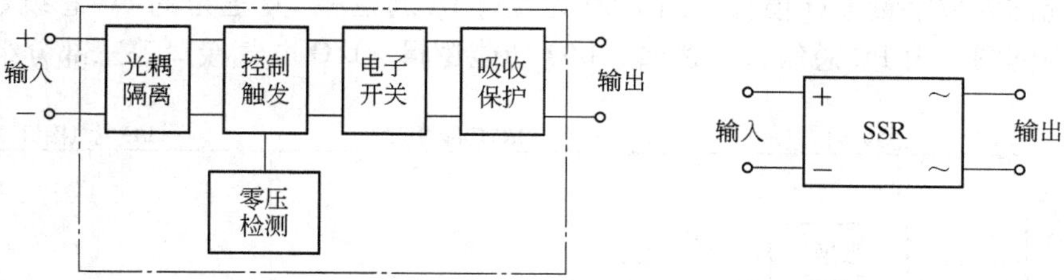

图 1-48　固态继电器结构原理及符号

子开关电路用来接通或关断直流或交流负载电源；吸收保护电路的功能是为了防止电源的尖峰和浪涌对开关电路产生干扰造成开关的误动作或损害，一般由 RC 串联网络和压敏电阻组成；零压检测电路是为交流型 SSR 过零触发而设置的。

SSR 的输入端与晶体管、TTL、CMOS 电路兼容，输出端利用器件内的电子开关来接通和断开负载。工作时只要在输入端施加一定的弱电信号，就可以控制输出端大电流负载的通断。

SSR 的输出端可以是直流也可以是交流，分别称为直流型 SSR 和交流型 SSR。直流型 SSR 内部的开关组件为功率三极管，交流型 SSR 内部的开关组件为双向晶闸管。而交流型 SSR 按控制触发方式不同又可分为过零型和移相型两种，其中应用最广泛的是过零型。

过零型交流 SSR 是指当输入端加入控制信号后，需等待负载电源电压过零时，SSR 才为导通状态；而断开控制信号后，也要等待交流电压过零时，SSR 才为断开状态。移相型交流 SSR 的断开条件同过零型交流 SSR，但其导通条件简单，只要加入控制信号，不管负载电流相位如何，立即导通。

直流型 SSR 的输入控制信号与输出完全同步。直流型 SSR 主要用于直流大功率控制。一般取输入电压为 4 ~ 32V，输入电流 5 ~ 10mA。它的输出端为晶体管输出，输出工作电压为 30 ~ 180V。

交流型 SSR 主要用于交流大功率控制。一般取输入电压为 4 ~ 32V，输入电流小于 500mA。它的输出端为双向晶闸管，一般额定电流在 1A 范围内，电压多为 380V 或 220V。图 1-49 为一种常用的固态继电器驱动电路，当数据线 D_i 输出数字“0”时，经 7406 反相变为高电平，使 NPN 型三极管导通，SSR 输入端得电则输出端接通大型交流负荷设备 R_L。

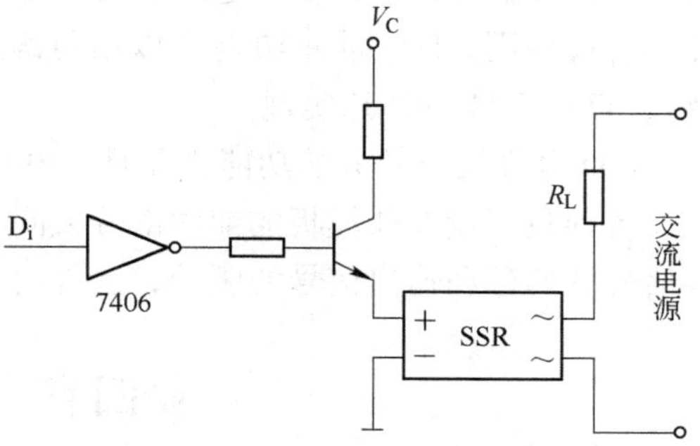

图 1-49　固态继电器输出驱动电路

当然，在实际使用中，要特别注意固态继电器的过电流与过电压保护以及浪涌电流的承受等工程问题，在选用固态继电器的额定工作电流与额定工作电压时，一般要远大于实际负载的电流与电压，而且输出驱动电路中仍要考虑增加阻容吸收组件。具体电路与参数请参考生产厂家有关手册。

四、DI/DO 模板

把上述数字量输入通道或数字量输出通道设计在一块模板上，就称为 DI 模板或 DO 模板，也可统称为数字量 I/O 模板。图 1-50 为含有 DI 通道和 DO 通道的 PC 总线数字量 I/O 模板的结构框图，由 PC 总线接口逻辑、I/O 功能逻辑、I/O 电气接口等三部分组成。

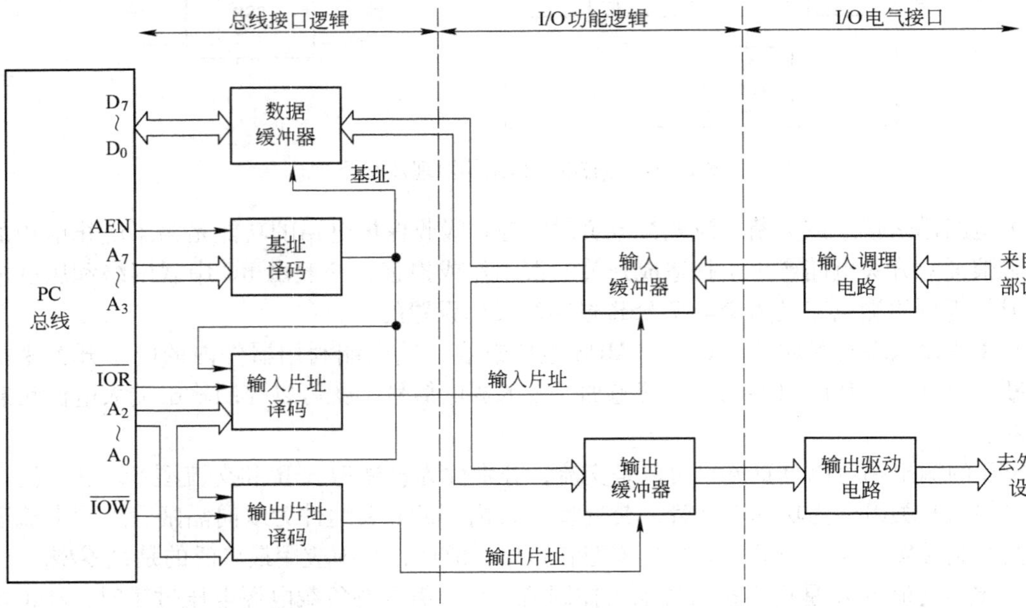

图 1-50　数字量 I/O 模板结构框图

PC 总线接口逻辑部分由 8 位数据总线缓冲器、基址译码器、输入和输出片址译码器组成。

I/O 功能逻辑部分只有简单的输入缓冲器和输出锁存器。其中，输入缓冲器起着对外部输入信号的缓冲、加强和选通作用；输出锁存器锁存 CPU 输出的数据或控制信号，供外部设备使用。I/O 缓冲功能可以用可编程接口芯片如 8255A 构成，也可以用 74LS240、244、373、273 等芯片实现。

I/O 电气接口部分的功能主要是：电平转换、滤波、保护、隔离、功率驱动等。

各种数字量 I/O 模板的前两部分大同小异，不同的主要在于 I/O 电气接口部分，即输入信号的调理和输出信号的驱动，这是由生产过程的不同需求所决定的。

第四节　人机接口电路

在微机保护系统中，除了与电力系统进行信息传递的输入输出设备以外，还有与操作人员进行信息交换的常规输入设备（如键盘）和输出设备（如 LED、LCD、触摸屏等）。

一、键盘输入电路

键盘是一种最常用的输入设备，它是一组按键的集合，从功能上可分为数字键和功能键两种，作用是输入数据与命令，查询和控制系统的工作状态，实现简单的人机通信。

键盘接口电路可分为编码键盘和非编码键盘两种类型。编码键盘采用硬件编码电路来实现键的编码，每按下一个键，键盘便能自动产生按键代码。编码键盘主要有 BCD 码键盘、ASCII 码键盘等类型。非编码键盘仅提供按键的通或断状态，按键代码的产生与识别由软件完成。

编码键盘的特点是使用方便，键盘码产生速度快，占用 CPU 时间少，但对按键的检测与消除抖动干扰是靠硬件电路来完成的，因而硬件电路复杂、成本高。而非编码键盘硬件电路简单，成本低，但占用 CPU 的时间较长。

（一）键盘的抖动干扰与去抖电路

微机保护系统中的键盘通常采用触点式按键，触点式按键是利用机械触点的闭合或断开来输入状态信息的。由于机械触点的弹性振动，按键在按下时不会马上稳定地接通而在弹起时也不能一下子完全地断开，因而在按键闭合和断开的瞬间均会出现一连串的抖动，这称为按键的抖动干扰，其产生的波形如图 1-51 所示，当按键按下时会产生前沿抖动，当按键弹起时会产生后沿抖动。这是所有机械触点式按键在状态输出时的共性问题，抖动的时间长短取决于按键的机械特性与操作状态，一般为 10～100ms，此为键处理设计时要考虑的一个重要参数。

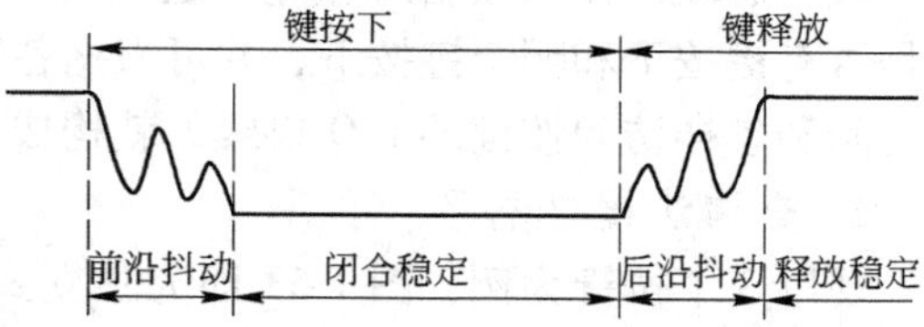

图 1-51　按键的抖动干扰

按键的抖动会造成按一次键产生的开关状态被 CPU 误读几次。为了使 CPU 能正确地读取按键状态，必须在按键闭合或断开时，消除产生的前沿或后沿抖动，去抖动的方法有硬件方法和软件方法两种。

1. 硬件方法

硬件方法是设计一个滤波延时电路或单稳态电路等硬件电路来避开按键的抖动时间。图 1-52 是由 R_2 和 C 组成的滤波延时消抖电路，设置在按键 S 与 CPU 数据线 D_i 之间。按键 S 未按下时，电容两端电压为 0，即与非门输入 V_i 为 0，输出 V_o 为 1。当 S 按下时，由于 C 两端电压不能突变，充电电压 V_i 在充电时间内未达到与非门的开启电压，门的输出 V_o 将不会改变，直到充电电压 V_i 大于门的开启电压时，与非门的输出 V_o 才变为 0，这段充电延迟时间取决于 R_1、R_2 和 C 值的大小，电路设计时只要使之大于或等于 100ms 即可避开按键抖动的影响。同理，按键 S 断开时，即使出现抖动，由于 C 的放电延迟过程，也会消除按键抖动的影响。

图 1-52 中，V_1 是未施加滤波电路含有前沿抖动、后沿抖动的波形，V_2 是施加滤波电路后消除抖动的波形。

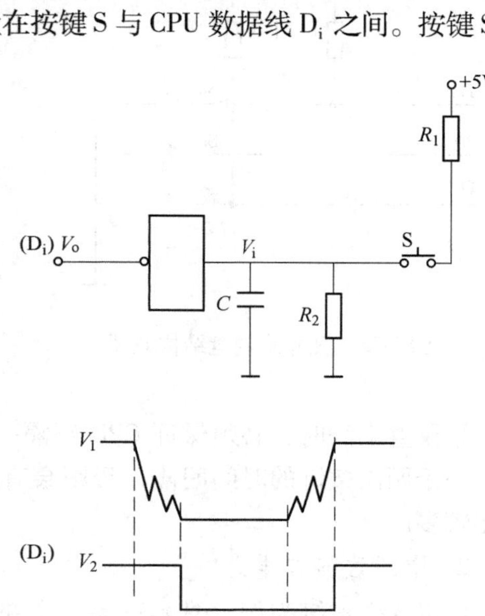

图 1-52　滤波延时消抖电路

2. 软件方法

软件方法是指编制一段时间大于 100ms 的

延时程序，在第一次检测到有键按下时，执行这段延时子程序使键的前沿抖动消失后再检测该键状态，如果该键仍保持闭合状态电平，则确认为该键已稳定按下，否则无键按下，从而消除了抖动的影响。同理，在检测到按键释放后，也同样要延迟一段时间，以消除后沿抖动，然后转入对该按键的处理。

（二）非编码独立式键盘

独立式键盘是非编码键盘中最简单的一种键盘结构形式。每个按键互相独立地占有一根 I/O 口线，一般通过上拉电阻保证按键断开时 I/O 口线有确定的高电平，而按键闭合时为低电平。可以把各按键的 I/O 口线直接与 CPU 数据线相连，也可以通过并行接口 8255 芯片或三态缓冲器与数据线相连，通过 CPU 对相关 I/O 口线状态的检测，即可知道键盘上是否有键按下和哪个键按下，并可根据各键的功能定义进行相关的键功能处理。CPU 何时访问和怎样访问按键的 I/O 口线，就构成了两种独立式键盘接口电路。

1. 查询法接口电路

现以 3 个按键为例，图 1-53 即为独立式键盘查询法接口电路。按键 S_0、S_1、S_2 分别通过上拉电阻与 CPU 的数据线 D_0、D_1、D_2 相连，当按键 S_i 闭合时，数据线直接接地，因而 CPU 读入 $D_i=0$；当按键 S_i 断开时，数据线通过上拉电阻接到正电源，因而 CPU 读入 $D_i=1$。

该接口电路实现的功能为:查询检测是否有键按下,如有键闭合,则消除抖动,再判断键号,然后转入相应的键处理。其程序流程如图 1-54 所示。

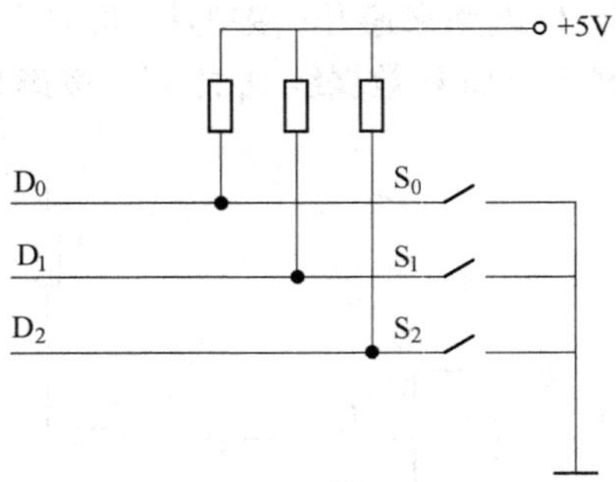

图 1-53　独立式键盘结构原理

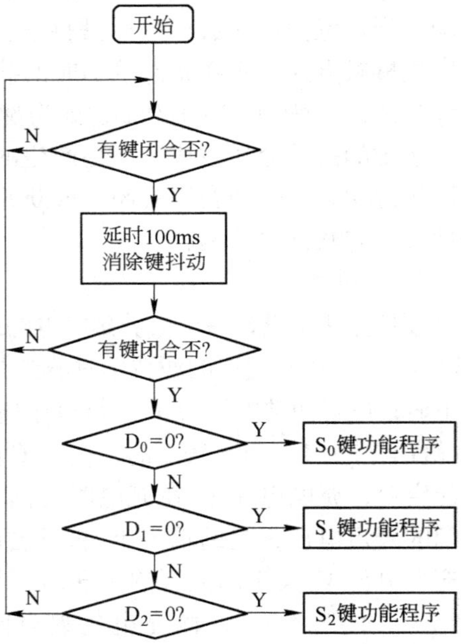

图 1-54　独立式键盘查询法程序流程图

采用查询法时，必须保证 CPU 每隔一定时间主动地去扫描按键一次，该扫描时间间隔应小于两次按键的时间间隔，否则会有按键不响应的情形。显然这种方式占用 CPU 时间比较多。

2. 中断法接口电路

仍以 3 个按键为例，图 1-55 是一个变压器油温测控系统的功能键分配图，S_0、S_1、S_2 分别代表自动/手动切换、油温参数显示和油温参数打印功能。这是在上述查询法接口电

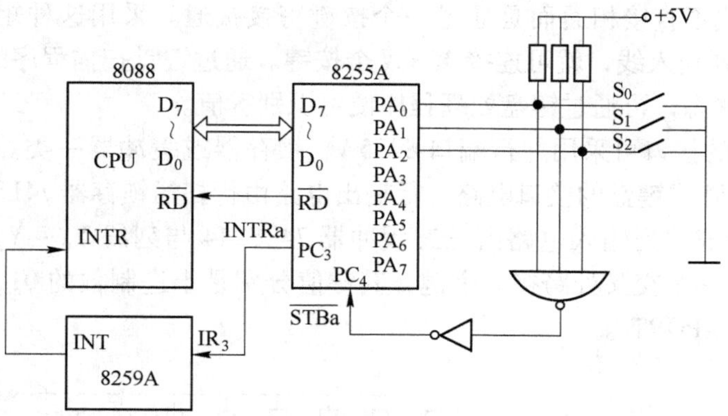

图 1-55　独立式键盘中断法接口电路

路的基础上，再把按键 S_0、S_1、S_2 的数据输出线经过与非门和反相器后与 8255A 的选通输入信号 PC_4 相连，8255A 的 PC_3 发出中断请求信号经中断控制器 8259A 与 CPU 的中断请求引脚相连，这是一种典型的中断法键盘接口电路。

工作过程如下：当 CPU 对 8255A 初始化（8255A 的 A 口工作于方式 1 输入）后，CPU 即执行主程序。当按下 S_0 键即表示要进入自动控制状态，此时与之相连的 I/O 口线呈现为低电平的同时，与非门输出为高电平，经反相器变为低电平，使 8255A 端口 A 的选通输入信号 PC_4（$\overline{STBa}$）有效，则 PA_0 ~ PA_2 引脚接收并存入 3 个按键的"0"或"1"状态，当 $\overline{STBa}$ 恢复成高电平后，经 T_{SIT} 时间，8255A 的 PC_3 发出 INTRa 中断请求信号，经中断控制器 8259A 向 CPU 申请中断，CPU 响应中断后，即转到中断服务程序中。中断服务程序依次查询按键的通断状态，当查询到是自动/手动（即 $S_0 = 0$）时，则转到自动/手动控制子程序的入口地址，从而使系统进入自动控制状态。如果没有键按下，则相应的 I/O 口线均为高电平，也不会产生中断信号，CPU 继续运行主程序。

键盘中断服务子程序，与查询方式相似，在保护现场后，首先调用 100ms 延时子程序去除抖动，然后依次查键号，并转入键功能处理程序，最后恢复现场、中断返回。显然，查询顺序代表了按键的排队优先级。

采用中断法时，CPU 对按键而言是被动方式，在无键按下时不占用 CPU 时间，因而 CPU 有更多的时间执行其他程序。

上述分析说明：独立式键盘接口电路简单灵活，软件结构简单，但每个按键必须占用一根 I/O 口线，在按键数量较多时，需要占用较多的 I/O 口线。比如 64 个按键，需要有 64 根线，不仅连线复杂，查询按键的时间也较长。故这种键盘电路只适合于按键数量比较少的小型控制系统或智能控制仪表中。

（三）非编码矩阵式键盘

当按键数量较多时，为了少占用 CPU 的 I/O 口线，通常将按键排列成矩阵式结构。矩阵式结构也是非编码键盘中的一种形式。

1. 矩阵式键盘的结构组成

矩阵式键盘又叫行列式键盘，是用 I/O 口线组成的行、列矩阵结构，在每根行线与列线的交叉处，二线不直接相通而是通过一个按键跨接接通。采用这种矩阵结构只需 M 根行输出线和 N 根列输入线，就可连接 $M \times N$ 个按键。通过键盘扫描程序的行输出与列输入就可确认按键的状态，再通过键盘处理程序便可识别键值。

键盘与 CPU 的接口可采用并行端口 8255A、锁存器或缓冲器一类。图 1-56 给出了一种 8×8 非编码矩阵式键盘的接口电路。行输出电路由行扫描锁存器 74LS273、反相器与行线 $X_0 \sim X_7$ 连接组成，列输入电路由三态缓冲器 74LS244 与列线 $Y_0 \sim Y_7$ 以及上拉电阻组成。X、Y 线的每一个交叉处跨接一个键，其键值分别是十进制数的 01，02，…，64。该键盘的接口地址为 $PORT_1$。

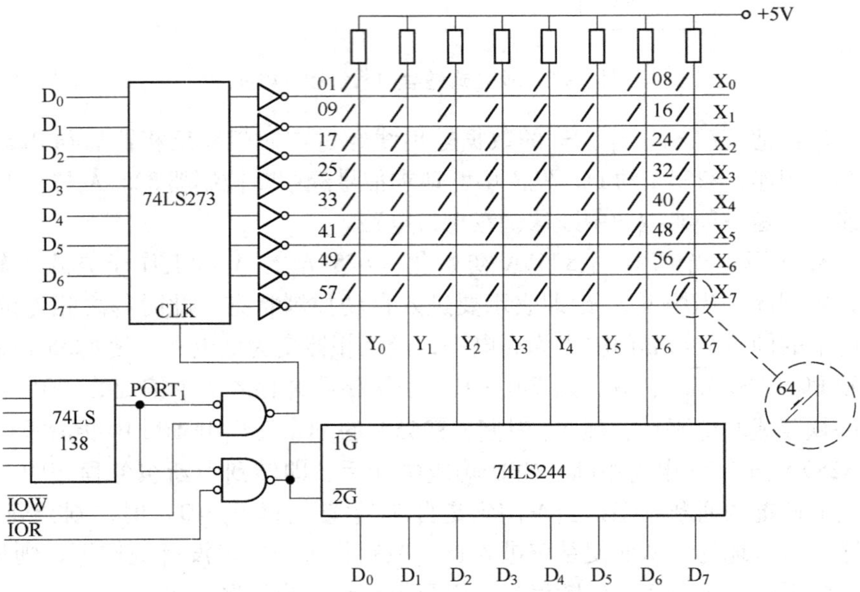

图 1-56　矩阵式键盘接口电路

当键盘中无任何键按下时，所有的行线和列线被断开且相互独立，输入线 $Y_0 \sim Y_7$ 列都为高电平；当有任意一键按下时，则该键所在的行线与列线接通，因此，该列线的电平取决于该键所在的行线。基于此，产生了“行扫描法”与“线反转法”两种识别方法。

行扫描法又称逐行零扫描查询法，即逐行输出行扫描信号“0”，使各行依次为低电平，然后分别读入列数据，检查此（低电平）行中是否有键按下。如果读得某列线为低电平，则表示此（低电平）行线与此列线的交叉处有键按下，再对该键进行译码计算出键值，然后转入该键的功能子程序入口地址；如果没有任何一根列线为低电平，则说明此（低电平）行没有键按下。接着进行下一行的“0”行扫描与列读入，直到 8 行全部查完为止，若无键按下则返回。

有时为了快速判断键盘中是否有键按下，也可先将全部行线同时置为低电平，然后检测列线的电平状态，若所有列线均为高电平，则说明键盘中无键按下，立即返回；若要有一列的电平为低，则表示键盘中有键被按下，然后再如上那样进行逐行扫描。

2. 矩阵式键盘的程序设计

在微机保护系统中，键盘扫描只是 CPU 工作的一部分。因此在设计键盘扫描程序时，必须要保证键盘操作的实时性，又不能占有 CPU 太多的时间，还要充分考虑到抖动干扰的消除。一般可根据情况选用编程扫描、定时扫描或中断扫描中的一种方式。

下面来考虑扫描程序的编写与准备。逐行输出行扫描信号“0”，即是 CPU 依次使行线 $X_0 \sim X_7$ 为低电平，其输出数据代码分别为 01H（X_0 线）、02H（X_1 线）、04H（X_2 线）、08H（X_3 线）、10H（X_4 线）、20H（X_5 线）、40H（X_6 线）、80H（X_7 线）。

为消除按键的抖动干扰，程序中需调用延时 100ms 的子程序，以便认定确有键按下再识别其键值。

求十进制键值的方法是分别设一个行值寄存器 CL 和列值寄存器 DL。接口电路中跨接在行列线上的 64 个键，由于同一列相邻行之间相隔数 8，所以每进行一次“0”行扫描后，如果此行无键按下，则行寄存器 CL 应加 08 再进行下一行的“0”行扫描；若有键按下则不加 08 而转求列值，由于列值比键值小 1，如第一行第一列的键按下时列值 Y_0（即数据位 D_0）=0 比 01 键值小 1，所以列值寄存器 DL 应先加 1，然后将读入的列值循环右移，判断进位 CF 是否等零即有否键按下，若无键按下，再继续加 1、右移、判断，重复上述过程直到有键按下。最后把行值和列值相加并进行 DAA 修正，即可得到所求的十进制键值。

例如跨接在 X_2 行与 Y_1 列的 18 键按下，其键值计算方法如下：第一次“0”行扫描 X_0 行，无键按下，CL = 00 + 08 = 08，接下来扫 X_1 行，仍无键按下，加 08 并进行 DAA 修正，CL = 08 + 08 = 16，再扫 X_2 行，此时读入的列值不等于 FFH 即表明有键按下，则CL = 16 不变。然后转求列值，列值寄存器先加 1 再把读入的列值循环移位，由于按下的键在 Y_1 列，所以需移位两次才能移出 0 值，因此 DL = 02，然后将行值寄存器与列值寄存器之值相加，并进行 DAA 修正，得到 AL = CL + DL = 16 + 02 = 18，即键值为 18。

该键盘扫描及键处理程序流程图如图 1-57 所示，其程序如下：

```
KEY:  MOV  AL, 0
      MOV  CL, AL         }
      MOV  DL, AL         }; 行值寄存器 CL 和列值寄存器 DL 清零
      MOV  AL, 0FFH       }
      OUT  PORT1, AL      }; 使所有行线为低电平
      IN   AL, PORT1      ; 读列键值
      CMP  AL, 0FFH       ; 检查是否有键按下
      JZ   DONE           ; 无键按下转返回
      CALLDELAY           ; 有键按下调延时 100mA 子程序
      MOV  AL, 0FFH       }
      OUT  PORT1, AL      }
      IN   AL, PORT1      }; 重复上述扫描，再次确认是否有键按下
      CMP  AL, 0FFH       }
      JZ   DONE           ; 无键按下转返回
      MOV  AH, 08         ; 行数 08 送计数器 AH
      MOV  BL, 01H        ; 行扫描初值（即 X0 线）送 BL
```

```
KEY1: MOV   AL, BL                 }
      OUT   PORT1, AL              }; 输出使某行为低电平
      IN    AL, PORT1               ; 读入列值
      CMP   AL, 0FFH                ; 判断此行是否有键按下
      JNZ   KEY2                    ; 有键按下转 KEY2
      MOV   AL, CL                 }
      ADD   AL, 08                 }
      DAA                          }; 无键按下，行值寄存器加 08
      MOV   CL, AL                 }
      RCL   BL, 1                   ; 求下一行为低电平的输出代码
      DEC   AH                      ; 判 8 行全扫描完了吗
      JNZ   KEY1                    ; 若未完转 KEY1，继续扫描下一行
DONE: IRET                          ; 若全完则返回
KEY2: INC   DL                      ; 列值寄存器加 1（与键值对应）
      RCR   AL, 1                   ; 列值循环右移 1 位
```

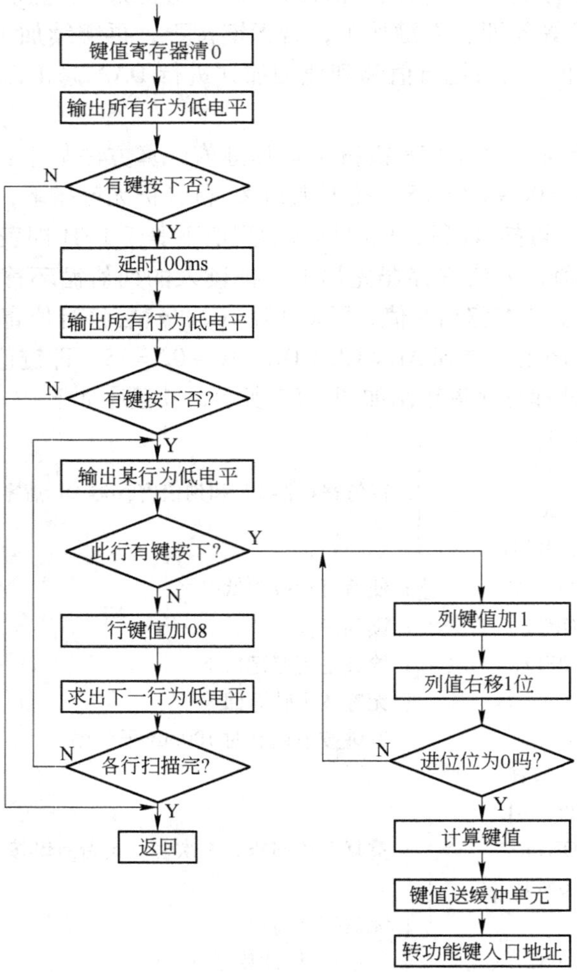

图 1-57 矩阵式键盘扫描及键处理程序流程图

```
JC   KEY2              ；判断该列是否为1，为1则无键按下继续查下一列
MOV  AL, CL            ；为0则有键按下，获得列值
ADD  AL, DL  }
DAA          }         ；求键值
MOV  [BUFF], AL        ；键值送缓冲单元暂存
JMP  KEYADR            ；转查找功能键的入口地址
END  KEY
```

对于键盘处理程序来说，求得键值并不是目的。如果该按键是数字键，就应把该键值直接送到显示缓冲区进行键值的数字显示；如果该按键是功能键，则应找到该键子程序的入口地址，转而去执行该键的功能命令。

（四）编码键盘

上面所述的非编码键盘都是通过软件方法来实现键盘扫描、键值处理和消除抖动干扰的。显然，这将占用较多的 CPU 时间。在一个较大的微机保护系统中，不能允许 CPU 主要在执行键盘程序，这将严重影响系统的实时控制。下面以二进制编码键盘为例，介绍一种用硬件方法来识别键盘和解决抖动干扰的键盘编码器及编码键盘接口电路。

1. 二进制编码器

具有优先级的二进制 8 位编码器 CD4532B 的真值表见表 1-5。表示芯片优先级的输入允许端 E_i 为“0”时，无论编码器的信号输入 $I_7 \sim I_0$ 为何状态，编码器输出全为“0”，芯片处于屏蔽状态，同时 E_o 为“0”，也屏蔽下一级芯片；当输入允许端 E_i 为“1”时，且编码器的信号输入 $I_7 \sim I_0$ 全为“0”时，编码输出也为“0”，但输出允许端 E_o 为“1”，表明此编码器输入端无键按下，却允许优先级低的相邻编码器处于编码状态；这两种情形下的工作状态端 GS 均为“0”。

表 1-5　二进制 8 位编码器 CD4532B 真值表

状态输入									编码输出				
E_i	I_7	I_6	I_5	I_4	I_3	I_2	I_1	I_0	GS	O_2	O_1	O_0	E_o
0	×	×	×	×	×	×	×	×	0	0	0	0	0
1	0	0	0	0	0	0	0	0	0	0	0	0	1
1	×	×	×	×	×	×	×	1	1	0	0	0	0
1	×	×	×	×	×	×	1	0	1	0	0	1	0
1	×	×	×	×	×	1	0	0	1	0	1	0	0
1	×	×	×	×	1	0	0	0	1	0	1	1	0
1	×	×	×	1	0	0	0	0	1	1	0	0	0
1	×	×	1	0	0	0	0	0	1	1	0	1	0
1	×	1	0	0	0	0	0	0	1	1	1	0	0
1	1	0	0	0	0	0	0	0	1	1	1	1	0

该芯片的 8 个输入端当中，I_0 的优先级最高，I_7 的优先级最低。当有多个键按下时，优先级高的被选中，同时自动屏蔽优先级低的各输入端和下一级芯片（使 E_o 端为“0”）。比如处于正常编码状态即 E_i 为“1”时，当 I_0 端为“1”，其余输入端无论为“1”或“0”，编码输出均为二进制 000，同时 GS 端为“1”，E_o 端为“0”；而当 I_0 端为“0”，当 I_1 端为“1”时，编码输出则为二进制 001；等等，以此类推，输入端的键值号与二进制编码输出一一对应。

2. 编码键盘接口电路

图 1-58 是一种采用两片 CD4532B 构成的 16 个按键的二进制编码接口电路。其中由于 U_1 的 E_o 作为 U_2 的 E_i，所以按键 S_0 的优先级最高，S_{15} 的优先级最低。U_1 和 U_2 的输出 O_2 ~ O_0 经或门 A_3 ~ A_1 输出，以形成低 3 位编码 D_2 ~ D_0。而最高位 D_3 则由 U_2 的 GS 产生。当按键 S_8 ~ S_{15} 中有一个闭合时，其输出为“1”。从而 S_0 ~ S_{15} 中任意一个键被按下，由编码位 D_3 ~ D_0 均可输出相应的 4 位二进制码。

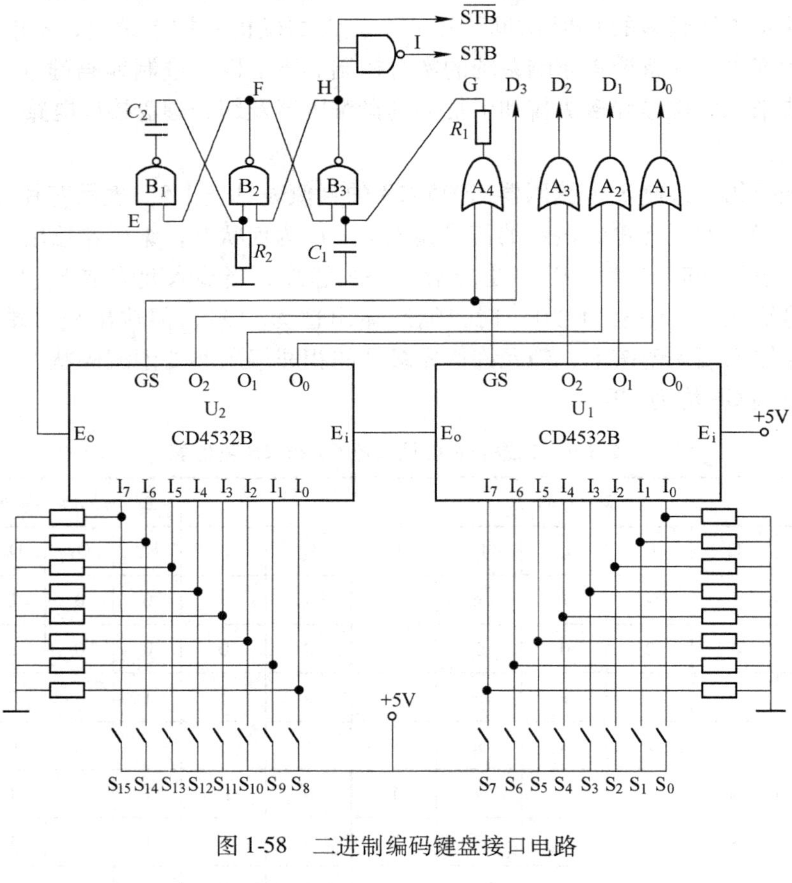

图 1-58 二进制编码键盘接口电路

为了消除键盘按下时产生的抖动干扰，该接口电路还设置了由与非门 B_1、B_2、电阻 R_2、电容 C_2 组成的单稳电路和由或门 A_4、电阻 R_1、电容 C_1 组成的延时电路，电路中 E、F、G、H 和 I 这五点的波形如图 1-59 所示。由于 U_1 和 U_2 的 GS 接或门 A_4 的输入端，所以当按下某键时，A_4 为高电平，其输出经 R_1 和 C_1 延时后使 G 点也为高电位，作为与非门

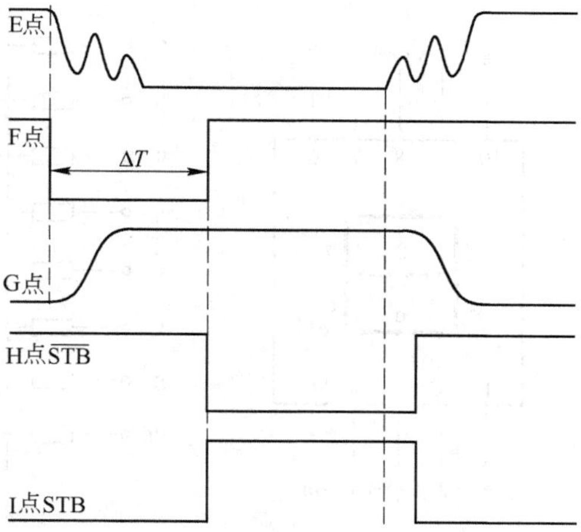

图 1-59　消抖电路波形图

B_3 的输入之一。同时，U_2 的输出信号 E_o 触发单稳（B_1 和 B_2），在暂稳态持续时间 ΔT 内，其输出 F 点为低电位，也作为与非门 B_3 的输入之一。由于暂稳态期间（ΔT）E 点电位的变化（即按键的抖动）对其输出 F 点电位无影响，所以此时不论 G 点电位如何，与非门 B_3 输出（H 点）均为高电位。当暂稳延时结束，F 点变为高电位，而 G 点仍为高电位（即按键仍闭合），使得 H 点变为低电位，并保持到 G 点变为低电位为止（即按键断开）。也就是说，按下 $S_0 \sim S_{15}$ 中任意一个按键，就会在暂稳态期间 ΔT 之后（恰好避开抖动时间）产生选通脉冲 $\overline{STB}$（H 点）或 STB（I 点），作为向 CPU 申请中断的信号，以便通知 CPU 读取稳定的按键编码 $D_3 \sim D_0$。

二、LED 显示电路

在小型微机保护系统和数字化仪器仪表中，往往只要几个简单的数字显示或字符状态便可满足现场的需求，而显示数码的 LED 因其成本低廉、配置灵活，与计算机接口方便等特点在小型微机控制系统中得到极为广泛的应用。

本节将讨论 LED 显示器及其接口电路与相应程序，来了解一个实际的计算机控制系统是如何显示被测参数值的。

（一）LED 显示器的结构原理

发光二极管 LED（Light Emitting Diode）是利用 PN 结把电能转换成光能的固体发光器件，根据制造材料的不同可以发出红、黄、绿、白等不同色彩的可见光来。LED 的伏安特性类似于普通二极管，正向压降约为 2V 左右，工作电流一般在 10 ~ 20mA 之间较为合适。

LED 显示器有多种类型。单段的圆形或方形 LED 常用来显示设备的运行状态；8 段 LED 呈“日”字形，可以显示若干数字和字符，所以也称为 LED 数码管；16 段 LED 呈“米”字形，可以显示各种数字和字符；还有条形光柱 LED，可以动态形象地显示参数或偏差值的变化。其中，8 段 LED 在控制系统中应用最为广泛，其接口电路也具有普遍借鉴性。因此，重点介绍 8 段 LED 数码管显示器。

一个 8 段 LED 显示器的结构与工作原理如图 1-60 所示。它是由 8 个发光二极管组成，各段依次记为 a、b、c、d、e、f、g、dp，其中 dp 表示小数点（不带小数点的称为 7 段 LED）。8 段 LED 显示器有共阴极和共阳极两种结构，分别如图 1-60(b)、(c)所示。共阴极 LED 的所有发光管的阴极并接成公共端 COM，而共阳极 LED 的所有发光管的阳极并接成公共端 COM。当共阴极 LED 的 COM 端接地，则某个发光二极管的阳极加上高电平时，则该管有电流流过因而点亮发光；当共阳极 LED 的 COM 端接高电平，则某个发光管的阴极加上低电平时，则该管有电流流过因而点亮发光。

8 段 LED 通过不同段点亮时的组合，可以显示 0 ~ 9、A ~ F 等十六进制数。显然，将

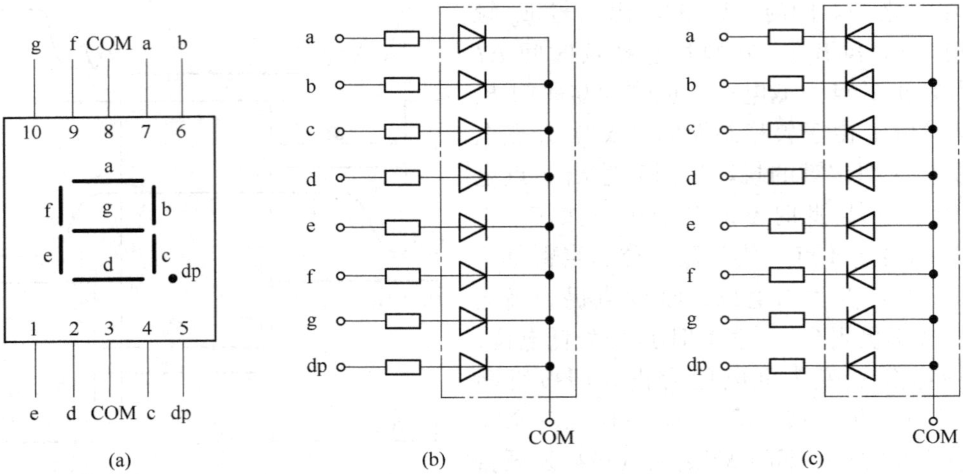

图 1-60 8 段 LED 显示器的结构原理

(a)段排列；(b)共阴极；(c)共阳极

CPU 的数据线与 LED 各段引脚相连，控制输出的数据就可以使 LED 显示不同的字符，图 1-61 给出 LED 显示器段选码的原理图。通常把控制 LED 数码管发光显示字符的 8 位字节数据称为段选码、字符译码或字模，当段引脚 dp ~ a 与 CPU 数据位 D_7 ~ D_0 一一对应相连时，共阴极 8 段 LED 显示器的段选码如表 1-6 所示。以显示字符"3"的段选码为例，"3"的段选码是十六进制的 4FH，也就是二进制的 01001111。结合图1-60 (a)、(b)，即意味着 CPU 输出的数据位 D_7 ~ D_0 为 01001111，则使 LED 显示器的 dp、f、e 段接地，g、d、c、b、a 段接高电平，当 COM 端接地时，显示器就显示出数字"3"。如此，通过不同的段选码，即可显示出不同的相应字符。

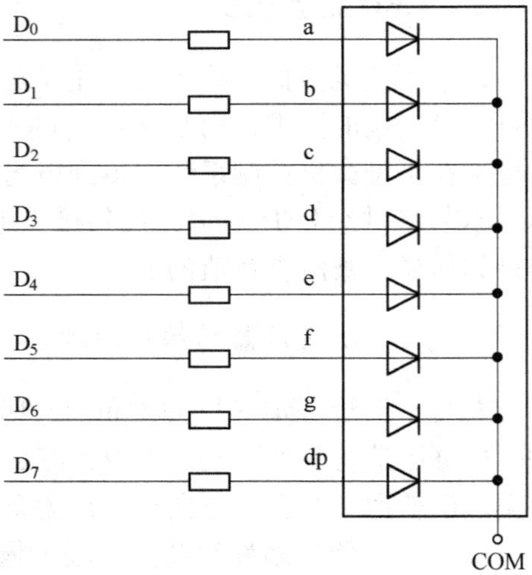

图 1-61 8 段 LED 显示器段选码原理图

表 1-6 8 段 LED 显示器的段选码

显示字符	共阴极段选码	共阳极段选码	显示字符	共阴极段选码	共阳极段选码
0	3FH	C0H	8	7FH	80H
1	06H	F9H	9	6FH	90H
2	5BH	A4H	A	77H	88H
3	4FH	B0H	b	7CH	83H
4	66H	99H	C	39H	C6H
5	6DH	92H	d	5EH	A1H
6	7DH	82H	E	79H	86H
7	07H	F8H	F	71H	8EH

数码管共阳极的段选码恰好与共阴极的段选码相反，如共阳极数码管“3”的段选码B0H（10110000）是共阴极数码管“3”的段选码4FH（01001111）的反码。

需要注意的是，表1-6只是基于段引脚dp ~ a与数据位 $D_7 \sim D_0$ 对应相连这一模式的，如果对应连线改变，则段选码也随之改变。

（二）LED显示器的显示方式

在计算机控制系统中，常利用 n 个LED显示器构成 n 位显示。通常把点亮LED某一段的控制称为段选，而把点亮LED某一位的控制称为位选或片选。根据LED显示器的段选线、位选线与控制端口的连接方式不同，LED显示器有静态显示与动态显示两种方式，下面以4个共阴极LED的组合为例进行说明。

1. 静态显示方式

4个LED组合的静态显示电路如图1-62所示，4个LED显示器的所有COM端连接在一起并接地，每个LED的段选线dp ~ a都各自与一个8位并行I/O口相连。因此，CPU通过某I/O口（具有锁存功能）对某个LED输出一次段选码之后，该LED就能一直保持显示结果直到下次送入新的段选码为止。

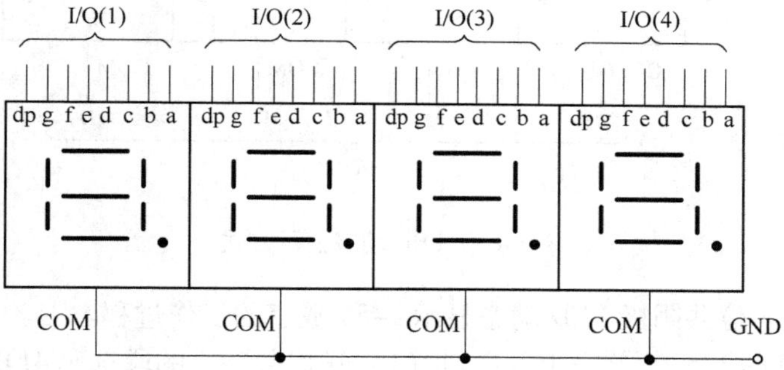

图1-62　LED静态显示方式

例1-3　说明4个共阴极LED静态显示3456数字的工作过程。

例题分析：见图1-62，当所有COM端连接在一起并接地时，首先由I/O口（1）送出数字3的段选码4FH即数据01001111到左边第一个LED的段选线上，阳极接受到高电平“1”的发光管g、d、c、b、a段因为有电流流过则被点亮，则结果为左边第一个LED显示3；接着由I/O口（2）送出数字4的段选码66H即数据01100110到左边第二个LED的段选线上，阳极接受到高电平“1”的共阴极发光管g、f、c、b段则被点亮，则结果为左边第二个LED显示4；同理，由I/O口（3）送出数字5的段选码6DH即01101101到左边第三个LED的段选线上，由I/O口（4）送出数字6的段选码7DH即01111101到左边第四个LED的段选线上，则第三、四个LED分别显示5、6。

如果CPU不改送I/O口的段选码，则4个LED就一直保持显示3456数字。

这种静态显示的效果是每一位独立显示，同一时间里每一位都能稳定地显示各自不同的字符。其缺点是电路中占用I/O口资源多，如4个LED显示器需要有4个8位并行口芯片，因而线路复杂、硬件成本高；又因为同时显示，所以功耗大，按每个发光二极管的工作电流是 10mA 计，4 个 LED 最大功耗为 4×8×10 = 320mA 电流。它的优点是占用 CPU 机时少，显示稳定可靠。因而在规模较大的实时控制系统中常用这种静态显示方式。

2. 动态显示方式

LED 动态显示电路如图 1-63 所示，4 个 LED 显示器各自的段选线对应并连在一起，由一个 8 位 I/O 口（1）统一进行段选控制，而各自的 COM 端则由另一个 I/O 口（2）进行位选控制（共阴极 LED 送低电平而共阳极 LED 送高电平）。因此，要显示不同的字符，只能由 CPU 通过两个 I/O 口依次轮流输出段选码和位选码，循环扫描 LED，使其分时显示。

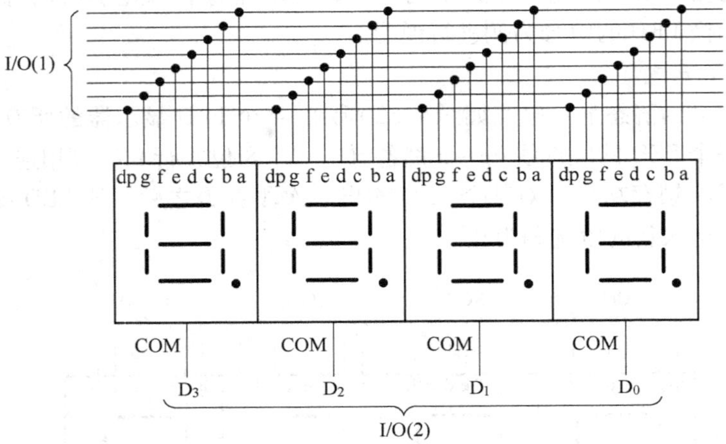

图 1-63　LED 动态显示方式

例 1-4　说明 4 位共阴极 LED 动态显示 3456 数字的工作过程。

例题分析：见图 1-63，首先由 I/O 口（1）送出数字 3 的段选码 4FH 即数据 01001111 到 4 个 LED 共同的段选线上，接着由 I/O 口（2）送出位选码××××0111 到位选线上，其中数据的高 4 位为无效的×，唯有送入左边第一个 LED 的 COM 端 D_3 为低电平“0”，因此只有该 LED 的发光管因阳极接受到高电平“1”的 g、d、c、b、a 段有电流流过而被点亮，也就是显示出数字 3，而其余 3 个 LED 因其 COM 端均为高电平“1”而无法点亮；显示一定时间后，再由 I/O 口（1）送出数字 4 的段选码 66H 即 01100110 到段选线上，接着由 I/O 口（2）送出点亮左边第二个 LED 的位选码××××1011 到位选线上，此时只有该 LED 的发光管因阳极接受到高电平“1”的 g、f、c、b 段有电流流过因而被点亮，也就是显示出数字 4，而其余 3 位 LED 不亮；如此再依次送出第三个 LED、第四个 LED 的段选与位选的扫描代码，就能一一分别点亮各个 LED，使 4 个 LED 从左至右依次显示 3、4、5、6。这种动态显示利用了人的视觉惯性，虽然同一时间里只能显示一个，但通过不断地分时轮流扫描显示，只要每个显示保持延时几毫秒，刷新周期不超过 20ms（刷新周期与 LED 工作电流有关），就可获得视觉稳定的显示效果。

这种显示方式的优点是占用 I/O 资源少，如 4 个 LED 显示器只需 2 个 8 位并行口芯片，因而线路简单、硬件成本低；又因为分时显示，所以功耗略微低一些。但其缺点是需用软件程序不断地循环扫描定时刷新，因而占用了 CPU 的大多数机时。因此，动态显示方式只适用于小型测控系统，特别是专用于状态显示的数字仪器仪表中。

（三）LED 显示器接口电路

控制系统中的 LED 显示电路，除了要完成把字符转换成对应的段选码的译码功能以外，还要具有数据锁存与驱动的功能。其中，译码功能可以通过硬件译码器完成，也可通过软件编程实现；而数据锁存与驱动只有依赖硬件电路来实现。结合上面讨论的两种显示方式，下面分别介绍相应的两种接口电路。

1. 静态显示接口电路

静态显示方式的关键是多个 LED 需与多个 I/O 并行口相连，一般的并行 I/O 口如 8255A 或锁存器只具备锁存功能，还要有硬件驱动电路，再配以软件译码程序。目前广泛使用一种集锁存、译码、驱动功能为一体的集成电路芯片，以此构成静态显示硬件译码接口电路。如美国 RCA 公司的 CD4511B 是 4 位 BCD 码—7 段十进制锁存译码驱动器，美国 MOTOROLA 公司的 MC14495 是 4 位 BCD 码—7 段十六进制锁存译码驱动器。下面以 CD4511B 为例，说明其接口电路。

图 1-64 中有 CD4511B 的引脚分配，它的真值表见表 1-7。其中，$\overline{BL}$（BLanking）为空白（全灭）信号，低电平有效；$\overline{LT}$（Lamp Test）为全亮试验信号，低电平有效；这两个引脚只用来测试与之连接的 LED，在 LED 正常工作时，要把$\overline{BL}$、$\overline{LT}$均接成高电平。锁存允许信号$\overline{LE}$（Latch Enable）为低电平有效，作为允许 BCD 码输入的片选信号，片选端$\overline{LE}$一般是与接口地址译码信号相连。一旦片选有效即$\overline{LE}=0$，则数据输入端 A、B、C、D

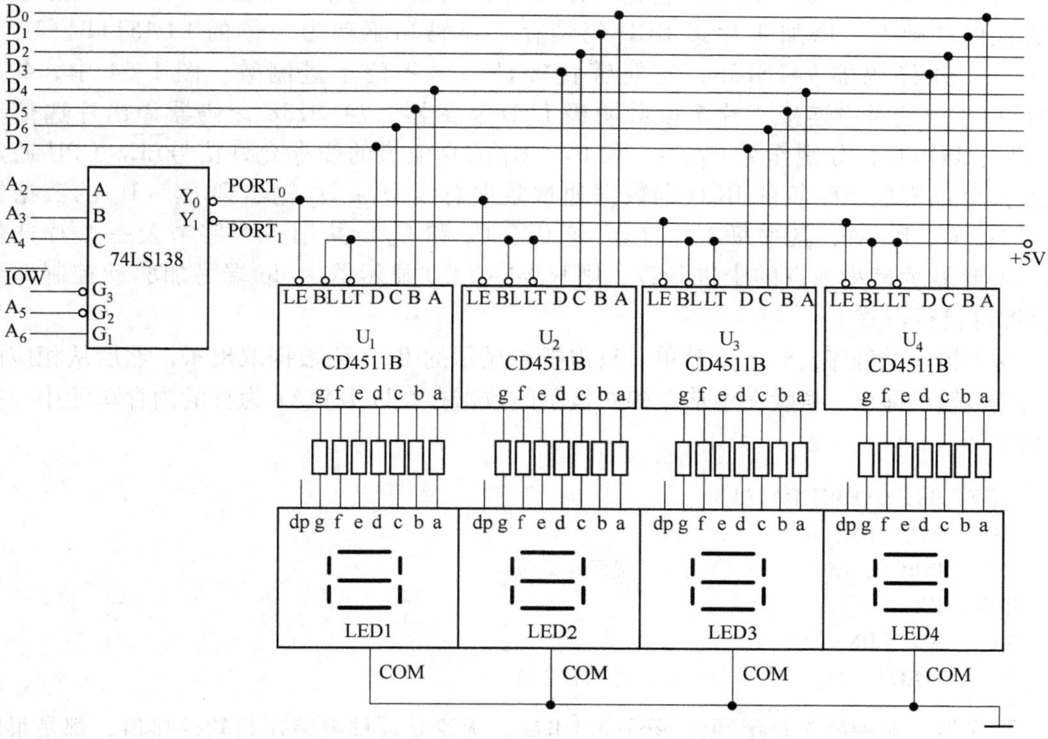

图 1-64 LED 静态显示硬件译码接口电路

所接收的4位BCD码就会被内部逻辑电路自动译为输出端a~g的段选信号，从而驱动点亮7段LED显示出相应的字符。

表1-7 CD4511B

输入							输出							
$\overline{LE}$	$\overline{BL}$	$\overline{LT}$	D	C	B	A	g	f	e	d	c	b	a	显示字符
0	1	1	0	0	0	0	0	1	1	1	1	1	1	0
0	1	1	0	0	0	1	0	0	0	0	1	1	0	1
0	1	1	0	0	1	0	1	0	1	1	0	1	1	2
0	1	1	0	0	1	1	1	0	0	1	1	1	1	3
0	1	1	0	1	0	0	1	1	0	0	1	1	0	4
0	1	1	0	1	0	1	1	1	0	1	1	0	1	5
0	1	1	0	1	1	0	1	1	1	1	1	0	1	6
0	1	1	0	1	1	1	0	0	0	0	1	1	1	7
0	1	1	1	0	0	0	1	1	1	1	1	1	1	8
0	1	1	1	0	0	1	1	1	0	1	1	1	1	9
×	0	1	×	×	×	×	0	0	0	0	0	0	0	全灭
×	×	0	×	×	×	×	1	1	1	1	1	1	1	全亮

图1-64为4个LED组成的静态显示硬件译码接口电路，是在图1-62LED静态显示方式的基础上，增加4片集BCD码锁存、译码和驱动为一体的CD4511B（U_1～U_4）与1片译码器74LS138，它能够直接显示出4位十进制数。图1-64中，4片CD4511B分别对应连接4片7段共阴极LED显示器，74LS138译码器译出片选信号$PORT_0$、$PORT_1$，分别作为U_1、U_2和U_3、U_4的真值表的锁存允许信号$\overline{LE}$。CPU通过输出指令把要显示字符的BCD码数据通过数据总线D_7～D_0输出到U_1～U_4的数据输入端D、C、B、A，其中每2片（U_1和U_2，U_3和U_4）共用一个字节及一个片选信号。若要显示带小数点的十进制数，则只要在LED显示器的dp端另加驱动控制即可（读者可自行考虑）。

这种接口的程序设计十分简单，只需把要显示的BCD码数据取出来，然后从相应的输出端口输出即可。假设图中从左到右显示的数据存在以DATA1为首的内存单元中，接口程序为：

```
MOV   BX, OFFSET DATA1
MOV   AL, [BX]
OUT   PORT0, AL                 ; 显示左2位
INC   BX
MOV   AL, [BX]
OUT   PORT1, AL                 ; 显示右2位
```

很显然，这种静态显示硬件译码接口电路，无论是硬件电路还是软件接口，都是很简单的，因而已成为LED静态显示方式中的一种典型电路。

2. 动态显示接口电路

动态显示接口电路的关键是由两个 I/O 并行端口分别进行段选码与位选码的锁存，除了需要配置驱动电路以外，译码扫描功能则完全由软件编程来完成。图 1-65 给出 4 个 LED 组成的动态显示软件译码接口电路，4 个共阴极 LED 显示器的段选线对应并接，由一片 8D 触发器 74LS374（U_1）进行段选控制，其间串有 8 个三极管以正向驱动 LED 的阳极，此可称为段选通道。4 个 LED 的 COM 端由另一片 74LS374（U_2）进行位选控制，其间接有达林顿阵列驱动器 MC1413（内含 7 对复合三极管）以对 LED 的阴极进行反向驱动，此构成了位选通道。

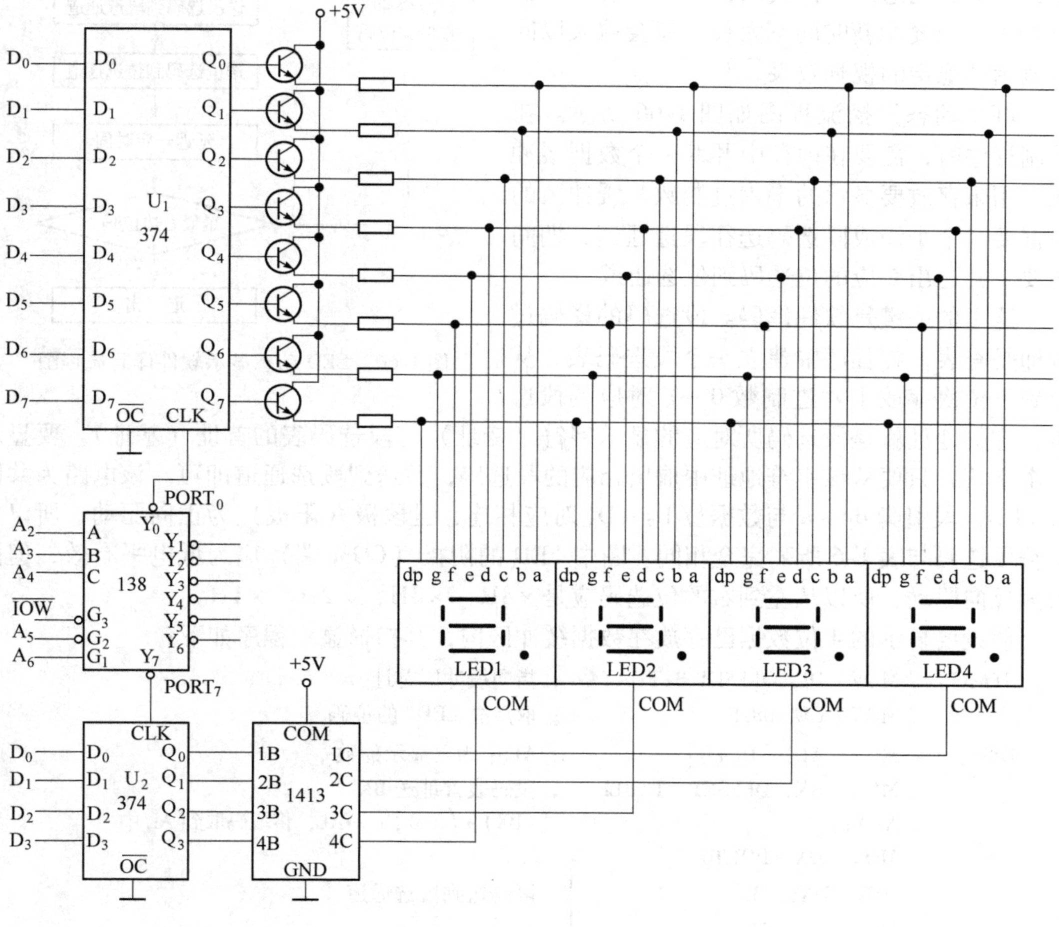

图 1-65 LED 动态显示软件译码接口电路

段码锁存器 U_1 和位码锁存器 U_2 均连在数据总线 $D_7 \sim D_0$ 上，CPU 通过数据总线送出的数据是到 U_1 还是 U_2，这要由 74LS138 对地址译码后的输出信号 $\overline{Y_0}$ 和 $\overline{Y_7}$ 决定。当 $\overline{Y_0}=0$ 时，U_1 端口地址 $PORT_0$ 被选中，U_1 选通并锁存住 CPU 输出的段选码；当 $\overline{Y_7}=0$ 时，U_2 端口地址 $PORT_7$ 被选中，U_2 锁存住 CPU 输出的位选码。

设该接口电路从左到右（即从 LED1 到 LED4）进行动态扫描，其显示过程如下：首先 CPU 把 LED1 要显示的字符段码送入段码锁存器 U_1，接着就往位码锁存器 U_2 送入点亮 LED1 的位选码，即仅使 LED1 的 COM 端为低电平。虽然段选码通过驱动电路同时送到各位 LED，但这时只有 LED1 的相应段被导通点亮，而其余 LED 并不显示。然后 CPU 把 LED2 要显示的字符段码再送入段码锁存器 U_1，接着往位码锁存器 U_2 送入点亮 LED2 的位选码。如此依次分别送出扫描代码，一一分别点亮各个 LED。只要刷新时间不太长，就会给人以同时显示的稳定的视觉效果。

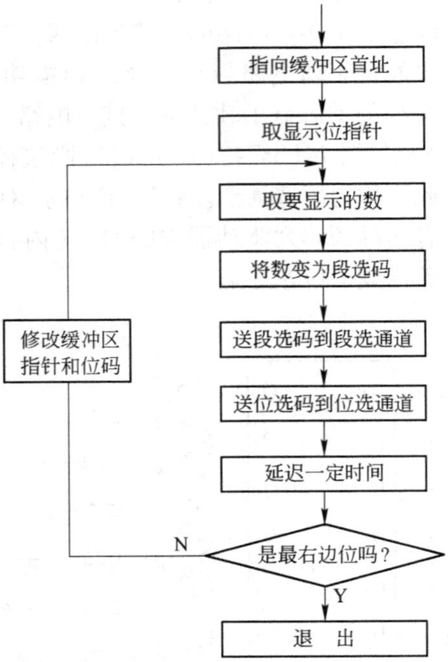

图 1-66　LED 动态显示软件译码流程图

LED 动态扫描流程图如图 1-66 所示。在编制程序时，需要在内存中开辟一个数据缓冲区，用来存放要显示的十六进制数。缓冲区的数据要一个个译成段选码送往段选通道，期间还要一一送出对应的位选码到位选通道。

这里的关键是软件译码。段选码的译码过程即是查表，在程序中建立一个段选码表，从上到下依次存放十六进制数 0 ~ F 对应的段选码，它的地址就是段选码所对应的显示字符（变址）与段选码表的首址（基址）。要显示某个字符，只要从该字符地址中取出相应的段选码，并送到段选通道即可。该电路为共阴极 LED，段引脚 dp ~ a 与数据位 D_7 ~ D_0 对应相连，且段极（阳极）为正向驱动，所以其字符段选码与表 1-6 所列完全相同。图中 LED 的阴极（COM 端）应为低电平有效，但阴极为反向驱动，所以从左到右的位选码应是 ×8H、×4H、×2H、×1H。

假设要显示的 4 位数据已存放在数据缓冲区内，其扫描显示程序如下：

```
START:  MOV   DI, OFFSET BUFDATA   ; 指向缓冲区首址
        MOV   CL, 08H              ; 取点亮 LED1 的位码
DIS1:   MOV   AL, [DI+0]           ; AL 中为要显示的数
        MOV   BX, OFFSET  TABLE    ; 段码表首址送 BX
        XLAT                       ;[(BX)+(AL)]——→AL, 将段码取到 AL 中
        MOV   DX, PORT0            }
        OUT   DX, AL               }; 段码送到段选通道
        MOV   AL, CL               }
        MOV   DX, PORT7            }; 位选码送到位选通道
        OUT   DX, AL               }
        PUSH  CX                   ; 保存位选码
        MOV   CX, 300H             }
 DELAY: LOOP  DELAY                }; 延迟一定时间
        POP   CX                   }
        CMP   CL, 01               }; 显示扫描是否到最右边 LED4
        JZ    QUIT                 }; 是, 则已显示一遍, 故退出
```

```
        INC  DI              ；否，则指向下一位 LED
        SHR  CL，1           ；位选码右移指向下一位
        JMP  DIS1            ；显示下一位 LED
QUIT：  RET
TABLE   DB   3FH             ；0 的段选码
        DB   06H             ；1 的段选码
        DB   5BH             ；2 的段选码
        DB   4FH             ；3 的段选码
        DB   66H             ；4 的段选码
        DB   6DH             ；5 的段选码
        DB   7DH             ；6 的段选码
        DB   07H             ；7 的段选码
        DB   7FH             ；8 的段选码
        DB   6FH             ；9 的段选码
        DB   77H             ；A 的段选码
        DB   7CH             ；b 的段选码
        DB   39H             ；C 的段选码
        DB   5EH             ；d 的段选码
        DB   79H             ；E 的段选码
        DB   71H             ；F 的段选码
BUFDATA DB   4DUP（?）       ；4 个字节的缓冲区
```

三、LCD 液晶显示器

液晶显示器 LCD（Liquid Crystal Display）是一种利用液晶的扭曲/向列效应制成的新型显示器，它具有功耗极低、体积小、抗干扰能力强、价格低廉等特点，目前已广泛应用在各种显示领域，尤其在袖珍仪表和低功耗应用系统中。LCD 可分为段位式、字符式和点阵式三种。

（一）LCD 显示器结构原理

LCD 是借助外界光线照射液晶材料而实现显示的被动显示器件。液晶是一种介于液体与固体之间的热力学的中间稳定相，在一定的温度范围内既有液体的流动性和连续性，又有晶体的各向异性。

LCD 器件的结构如图 1-67 所示，在上、下两片导电玻璃电极板之间封入液晶材料，液晶分子在上、下玻璃电极上呈水平排列，但排列方向互为正交，而电极间的分子呈连续扭转过渡，从而使光的偏振方向旋转 90°。当外部入射光线通过上偏振片后形成偏振光，该偏振光通过平行排列的液晶材料后被旋转 90°，正好与下偏振片的水平偏振方向一致。因此，它能全面穿过下偏振片到达反射板，从而反射回来，使显示器件呈透明状态。若上、下电极加上一定的电压后，电极部分的液晶分子转成垂直排列，失去旋光性，致使从上偏振片入射的偏振光不被旋转，即与下偏振片的水平偏振方向垂直，因而被下偏振片吸收，无法到达反射板形成反射，所以呈现出黑色。据此，可将电极做成文字、数字或其他

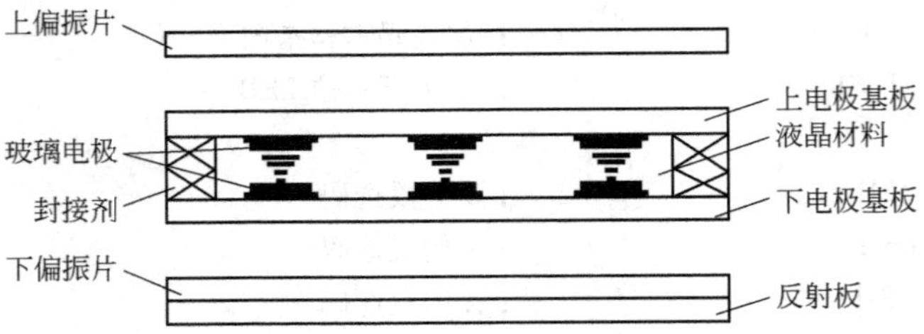

图 1-67　LCD 结构与工作原理

图形形状，通过施加电压就可以获得各种形态的黑色显示。

（二）LCD 显示器驱动方式

LCD 的驱动方式一般有直接驱动（静态驱动）和多极驱动（时分割驱动）两种方式。采用直接驱动的 LCD 电路中，显示器件只有一个背极（即下玻璃电极基板），但每个字符段都有独立的引脚；而多极驱动的 LCD 电路中，显示器具有多个背极，各字符段按点阵结构排列，这是显示字段较多时常采用的驱动方式。

现以较简单的直接驱动方式为例加以说明。图 1-68 是单个字段的驱动电路及工作波形。图中 LCD 为液晶显示字段，用 2 个平行相对的电极表示，当字段上两个电极的电压相位相同时，两电极的电位差为零，该字段不显示；当字段上两个电极的电压相位相反时，两电极的电位差为单个电极电压幅值的 2 倍，该字段呈现黑色显示。由于直流电压驱动 LCD 会使液晶产生电解和电极老化，所以要采用交流电压驱动。一般把 LCD 的背极（公共端 COM）连到一个异或门的输入端 X，LCD 的另一极连接异或门的输出端 Z，工作时 X 端加上频率固定的方波信号，当控制端 Y = “0” 时，经异或后，Z 端的电压将永远与 X

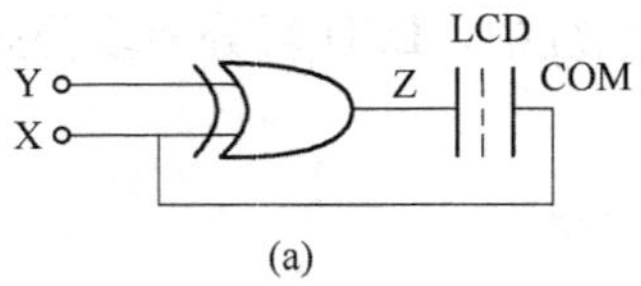

(a)

X	Y	Z
0	0	0
0	1	1
1	0	1
1	1	0

(b)

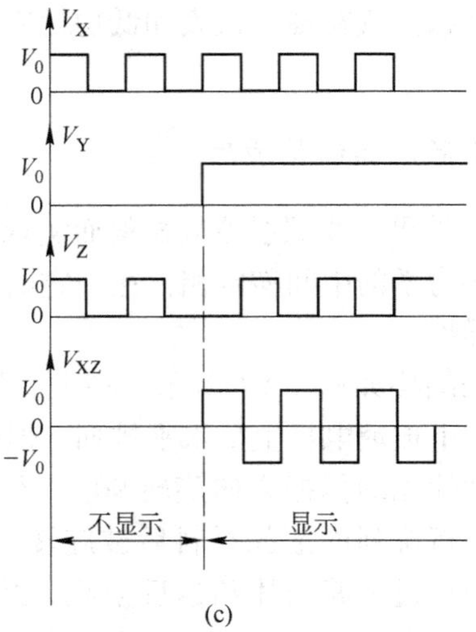

(c)

图 1-68　单段 LCD 的驱动电路及工作波形

(a) 驱动电路；(b) 真值表；(c) 驱动波形

端相同，则 LCD 极板间的电位差为零，字段消隐不显示。当控制端 Y = “1” 时，Z 端与 X 端电压反相位，则 LCD 极板间呈现反电压 V_{XY}，且为 2 倍的电压幅值，此时字段显示。可见该字段是否显示完全取决于控制端 Y。

图 1-69 为段位式 7 段 LCD 的电极配置及译码驱动电路，7 个字段的几何排列顺序与 LED 的“日”字形相同。A、B、C、D 为二进制 BCD 码的输入端，译码器的 7 段输出 a、b、c、d、e、f、g 引脚分别接 7 个字段驱动电路的控制端 Y，公共端 COM 接一定周期的方波信号。7 段 LCD 的译码及数字显示如表 1-8 所示，现以第 1 行为例加以说明。当 D、C、B、A 输入端接收到的 BCD 码为 0000 时，译码输出的 7 段 a、b、c、d、e、f、g 分别为 1111110，如图 1-68 所示，当控制端为“1”时，字段显示，因而除了 g 字段不显示外，其余 6 个字段全都显示，即显示字符 0。

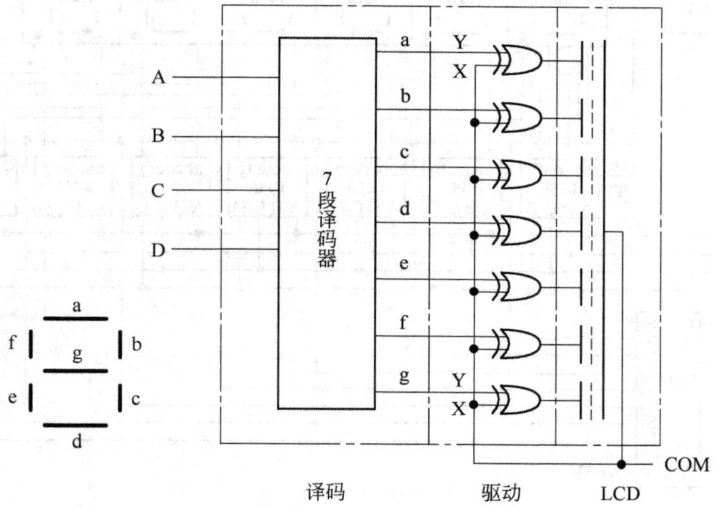

图 1-69 7 段 LCD 译码驱动电路

表 1-8 7 段 LCD 译码及数字显示

D	C	B	A	g	f	e	d	c	b	a	显示字符
0	0	0	0	0	1	1	1	1	1	1	0
0	0	0	1	0	0	0	0	1	1	0	1
0	0	1	0	1	0	1	1	0	1	1	2
0	0	1	1	1	0	0	1	1	1	1	3
0	1	0	0	1	1	0	0	1	1	0	4
0	1	0	1	1	1	0	1	1	0	1	5
0	1	1	0	1	1	1	1	1	0	1	6
0	1	1	1	0	0	0	0	1	1	1	7
1	0	0	0	1	1	1	1	1	1	1	8
1	0	0	1	1	1	0	1	1	1	1	9

（三）段位式 LCD 接口电路

1. 硬件电路

同 8 段 LED 数码管一样，段位式 LCD 与 CPU 的显示接口电路也有多种。上文的直接驱动方式，现以 6 位 LCD 静态显示电路为例。如图 1-70 所示，使用单片机的一个 8 位并行 I/O 口作为译码驱动以及 6 片 BCD7 段译码驱动器 4056、2 片 4 位液晶显示驱动器 4054、1 片 4-16 译码器 4514 和 1 片单稳多谐振荡器 4047，就组成了一个完整的 LCD 显示接口电路。

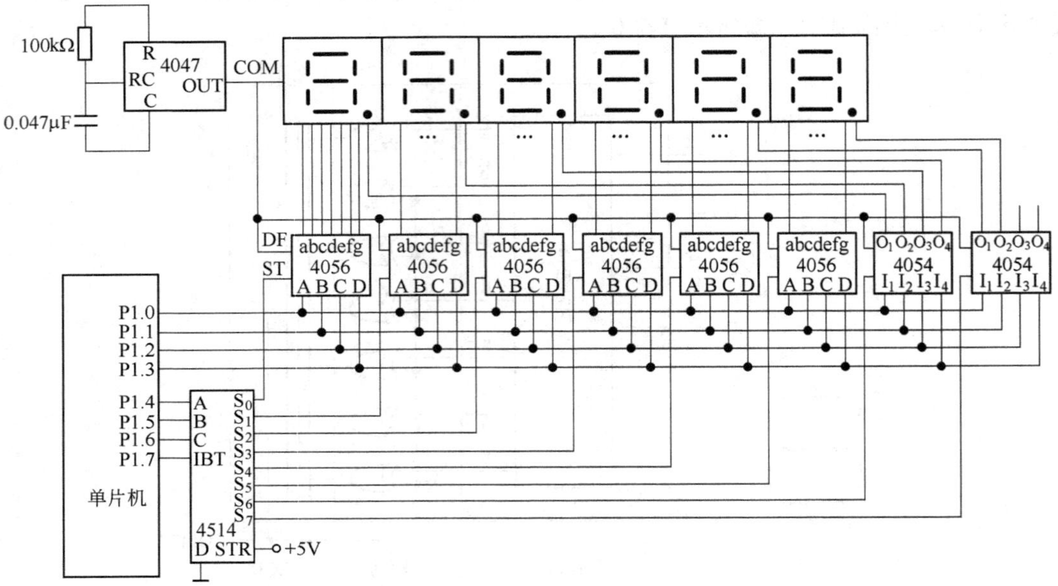

图 1-70　6 位 LCD 静态显示电路

6 个 LCD 的背极 COM 端统一由 4047 构成的振荡电路提供方波信号，7 段 a、b、c、d、e、f、g 分别由 6 个 4056 的相应段驱动。4514 虽为 4-16 译码器，本例将代码输入端 D 接地，只用代码输入端的 A、B、C，以使译码输出高电平有效的 $S_0 \sim S_7$ 引脚轮流选通 6 个 4056 和 2 个 4054，而代码输入端的 A、B、C 与单片机的 P1. 4、P1. 5、P1. 6 相连，也是高电平有效的控制输入端 IBT 与 P1. 7 连接，从而完成高电平输出的 3-8 译码功能。4056 的 4 位输入 BCD 码由单片机的 P1. 3、P1. 2、P1. 1、P1. 0 提供。这样，由单片机 P1 口的低 4 位输出 LCD 的段选码而由高 4 位输出位选码。另外，4054 为 4 位液晶显示驱动器，4 位入 4 位出，作为 6 个小数点驱动，所以需要添加 2 片 4054。

由于 4056、4054 的锁存输出功能，使该电路称为静态显示电路。为了与液晶显示的低功耗相适应，全部芯片皆选用 CMOS 器件。

2. 显示程序

设单片机内 RAM20H ~ 25H 六个单元为显示缓冲区，每个单元字节的低 4 位依次存放要显示的4位BCD码，相应的显示驱动子程序如下：

```
DISP:   MOV   R0，#20H      ；显示缓冲单元首址送R0
        MOV   R3，#00H      ；位选码（左边第1位）送R3
        MOV   R4，#06H      ；位数（6位）送R4
LOOP:   MOV   A，R3         ；位选码送A
        SWAP  A             ；位选码转为高4位
        MOV   R2，A         ；保存位选码（在高4位）
        MOV   A，@R0        ；取显示BCD码
        ORL   A，R2         ；位选码（高4位）与BCD码（低4位）组合
        ORL   A，#80H       ；ACC.7置1
        MOV   P1，A         ；输出组合码
        ANL   P1，#7FH      ；清零P1.7位
        ORL   P1，#80H      ；P1.7再置1
        INC   R3            ；指向下一位显示数
        INC   R0            ；指向下一位显示缓冲单元
        DJNZ  R4，LOOP      ；6位未显示完返回
        RET
```

如果需要显示小数点，则要给4054送显示小数点的相应数据。例如第三位要显示小数点，还需加入下列程序：

```
MOV   A，#64H      ；高位0110将选中S6，低位0100将驱动第三位小数点
ORL   A，#80H      ；ACC.7置1
MOV   P1，A        ；输出组合码
ANL   P1，#7FH     ；清零P1.7位
ORL   P1，#80H     ；P1.7再置1
```

（四）点阵式LCD接口电路

点阵式LCD不但可以显示字符，而且可以显示各种图形及汉字。把点阵式LCD与配套或选定的驱动器、控制器集成在一起，就组成点阵式图形液晶显示模块，控制器的种类很多，如日本东芝的T6963，日立的HD61880，精工的SED1330/SED1335等。现以12864点阵式LCD液晶显示模块为例加以说明。

液晶显示模块12864主要由行/列驱动器及128×64全点阵液晶显示器组成。内部含有国标一级、二级简体中文字库和128个16×8点的ASCII字符集。可以同时显示8×4个（16×16点阵）汉字和图形显示。它与CPU的接口连线可采用并行或串行两种方式。

1. 液晶模块接线原理

图1-71为液晶模块与单片机的并行连接原理图，表1-9为其引脚功能描述。

2. 液晶模块指令说明

该液晶模块控制器提供两套控制命令：显示中英文字符的基本指令与显示点阵绘图的扩充指令。当数据位D2设置为RE=0时，执行基本指令，见表1-10。

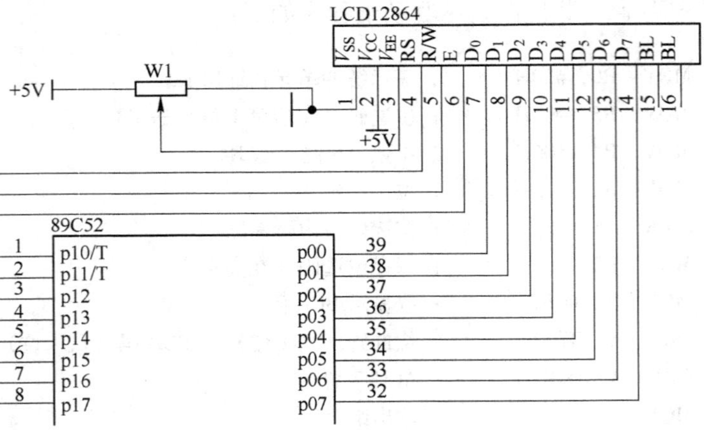

图 1-71 液晶模块与单片机并行连接原理图

表 1-9 并行接口时的引脚功能

引 脚	引脚名称	电 平	功能描述
1	V_{SS}	0V	电源地
2	V_{CC}	+5V	电源正
3	V_{EE}	0~5V	液晶显示器驱动电压，用来调整液晶显示的对比度
4	RS	H/L	RS = "H"，表示 D_7 ~ D_0 为显示数据，RS = "L"，表示 D_7 ~ D_0 为控制指令
5	R/W	H/L	R/W = "H"，E = "H"，数据被读到 D_7 ~ D_0，R/W = "L"，E = "H→L"，D_7 ~ D_0 数据被写到 IR 或 DR
6	E	H/L	使能信号
7~14	D_0 ~ D_7	H/L	数据线
15	BL_EN	H/L	背光源使能
16	BL_V_{DD}	4.2V	背光源电压

表 1-10 基本指令表

指 令	指令码										功 能
	RS	R/W	D_7	D_6	D_5	D_4	D_3	D_2	D_1	D_0	
清除显示	0	0	0	0	0	0	0	0	0	1	将 DDRAM 填满 "20H"，并且设定 DDRAM 的地址计数器（AC）到 "00H"
地址归位	0	0	0	0	0	0	0	0	1	X	设定 DDRAM 的地址计数器（AC）到 "00H"，并且将游标移到开头原点位置；这个指令不改变 DDRAM 的内容
显示状态开/关	0	0	0	0	0	0	1	D	C	B	D=1：整体显示 ON；C=1：游标 ON；B=1：游标位置反白允许
进入点设定	0	0	0	0	0	0	0	1	I/D	S	指定在数据的读取与写入时，设定游标的移动方向及指定显示的移位
游标或显示移位控制	0	0	0	0	0	1	S/C	R/L	X	X	设定游标的移动与显示的移位控制位；这个指令不改变 DDRAM 的内容
功能设定	0	0	0	0	1	DL	X	RE	X	X	DL=0/1：4/8 位数据；RE=1：扩充指令操作；RE=0：基本指令操作

续表 1-10

指令	指令码										功能
	RS	R/W	D_7	D_6	D_5	D_4	D_3	D_2	D_1	D_0	
设定 CGRAM 地址	0	0	0	1	AC5	AC4	AC3	AC2	AC1	AC0	设定 CGRAM 地址
设定 DDRAM 地址	0	0	1	0	AC5	AC4	AC3	AC2	AC1	AC0	设定 DDRAM 地址。第一行：80H-87H；第二行：90H-97H；第三行：88H-8FH；第四行：98H-9FH
读取忙标志和地址	0	1	BF	AC6	AC5	AC4	AC3	AC2	AC1	AC0	读取忙标志（BF）可以确认内部动作是否完成，同时可以读出地址计数器（AC）的值
写数据到 RAM	1	0	数据								将数据 D_7 ~ D_0 写入到内部的 RAM（DDRAM/CGRAM/IRAM/GRAM）
读出 RAM 的值	1	1	数据								从内部 RAM 读取数据 D_7 ~ D_0（DDRAM/CGRAM/IRAM/GRAM）

3. 软件初始化

通常，在使用液晶时，首先按要求进行初始化（具体应根据有关的产品说明进行相应调整）。图 1-72 为软件初始化框图，上电后延时一段时间；进行液晶模块的功能设置（需

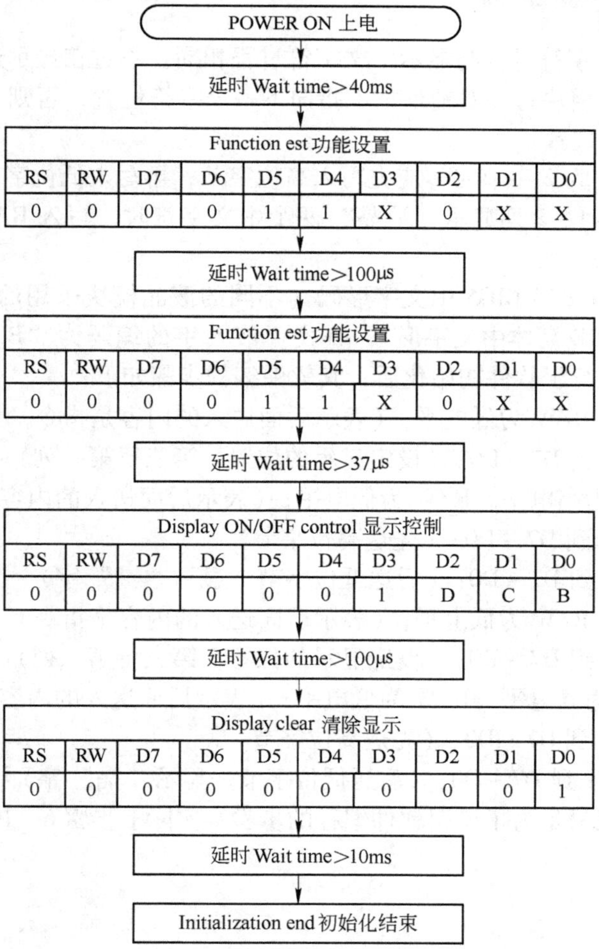

图 1-72 软件初始化框图

进行两次)，如根据基本指令表设定其功能为 DL（D_4）=1，则选用并行 8 位操作，RE（D_2）=0，则选用基本指令操作；适当延时后，进行显示状态操作，通过 D、C、B 参数的选择，使整体显示开或关、光标开或关；然后清除所有显示；延时后初始化结束。接下来进行应用编程。

4. 应用举例

液晶字符显示的 RAM 地址与 32 个字符显示区域有着一一对应的关系，其对应关系如表 1-11 所示，应注意其排列类似于隔行扫描。

表 1-11　显示区域 DDRAM 地址

80H	81H	82H	83H	84H	85H	86H	87H
90H	91H	92H	93H	94H	95H	96H	97H
88H	89H	8AH	8BH	8CH	8DH	8EH	8FH
98H	99H	9AH	9BH	9CH	9DH	9EH	9FH

使用时还应注意以下三点：

（1）要在某一个位置显示中文字符时，应先设定显示字符位置，即先设定显示地址，再写入中文字符编码。

（2）显示 ASCII 字符过程与显示中文字符过程相同。不过在显示连续字符时，只须设定一次显示地址，由模块自动对地址加 1 指向下一个字符位置，否则，显示的字符中将会有一个空 ASCII 字符位置。

（3）当字符编码为 2 字节时，应先写入高位字节，再写入低位字节。

例如在第 3 行第 1、2 列显示“液晶”两个中文字符时，写入 RAM 的地址应为 88H，89H。具体过程如下：

首先，应根据 ST7920-BIG5 中文字形码（不同的液晶模块采用的字库编码可能不同，如有的使用 ST7920-GB 简体中文字形），查找“液”字的编码为“B247”，“晶”字的编码为“B4B9”，在进行了软件初始化后，其软件编程步骤如下：

步骤 1：令 RS，R/W 为低电平；（表示后面送入的内容是指令）

步骤 2：送 88H 到 D7～D0；（设定显示的位置，第三行第一列）

步骤 3：令 RS 为高电平，R/W 为低电平；（表示后面送入的内容是数据）

步骤 4：送 B2H 到 D7～D0；（先送高位字节）

步骤 5：送 47H 到 D7～D0；（后送低位字节，显示“液”字）

步骤 6：令 RS，R/W 为低电平；（表示后面送入的内容是指令）

步骤 7：送 89H 到 D7～D0；（设定显示的位置，第三行第二列）

步骤 8：令 RS 为高电平，R/W 为低电平；（表示后面送入的内容是数据）

步骤 9：送 B4H 到 D7～D0；（先送高位字节）

步骤 10：送 B9H 到 D7～D0；（后送低位字节，显示“晶”字）

当然，上述过程只是为了说明软件编程的步骤，实际上步骤 6～10 同步骤 1～5，可以采用循环方式。

四、图形显示器

除了小型控制装置采用数字显示的 LED 和 LCD 外，大中规模的计算机控制系统中，图形显示器已是必不可少的一种人机界面方式，它能一目了然地展示出图形、数据和事件等各种信息，以便操作者直观形象地监视和操作工业生产过程。

这种方式的硬件接口技术十分成熟，其显示器及其控制电路已成为计算机控制的一种基本配置，而软件设计一般是借助于工控组态软件或高级语言如 VB、VC 等来完成的。

（一）图形显示器概述

常用的图形显示器有两种：CRT 显示器和 TFT 平面显示器。

1. CRT 显示器

阴极射线管 CRT（Cathod Ray Tube）显示器由一个图形监视器和相应的控制电路组成。在工业计算机中，插入一块 VGA/TVGA 图形控制板即可实现功能很强的图像显示功能。目前，CRT 显示方式因其硬件技术成熟、软件支持丰富、价格比较低廉而成为计算机控制系统中应用最多的一种图形显示技术，可以满足大部分工业控制现场的一般性需要。

当用户要求显示系统的分辨率很高，或者要求显示速度很快时，一般的 VGA/TVGA 板就难以满足要求。这时，可以换用高性能的智能图形控制板和高分辨率的图形终端。智能控制板上含有图形显示控制器 GDC，它不同于 VGA/TVGA 用软件作图，而是直接接收微处理器送来的图形命令并完成硬件作图任务。它具有丰富的画图命令：如点、线、矩形、多边形、圆、弧以及区域填充、拷贝、剪裁等操作。画图命令可直接使用 *X-Y* 坐标，画图和填充的速度也大为提高，还有窗口功能等。由于智能图形终端的价格较高，一般只用于专门的使用场合。

CRT 的缺点是体积与功耗大，易受振动和冲击，容易受射线辐射、磁场干扰，因此在恶劣工况下须采用特殊加固和屏蔽措施。

2. TFT 显示器

近年来发展起来的新型薄膜晶体管 TFT（Thin Film Transistor）LCD 技术已开始应用到新型的工业控制机中。这种 TFT 平面显示技术具有如下显著的特点：

（1）体积小，耗电省，如最薄的壁挂式机型厚度仅为 5cm（2in）；

（2）可靠性高，寿命长，不易受振动、冲击和射线的干扰影响；

（3）显示颜色 256 种基色，可扩展至 25600 种组合。

（二）图形显示画面

采用图形显示器和键盘作人机接口终端，可以直观形象地监视和操作工业生产过程。所设计出的显示画面，既要反映出整个生产的工艺流程，又要便于单元操作控制；既要有实时动态数据，又要有历史记忆功能。从而使得一台图形显示终端完全替代传统的仪表盘及其盘面上的调节器、指示仪、记录仪、报警仪、模拟屏以及开关按钮、指示灯等。

早期的系统设计者是用汇编语言来编写画面程序的，后来多采用功能强大的高级语言，现在的控制厂商陆续推出了人机对话式的系统组态软件，诸如美国的 Intouch、Fix 和德国的 Wincc，国内的组态王、力控、MCGS 和 Controx 等。利用这些专用组态软件可以方便地组态成各种需要的显示画面。

常用的显示画面有总貌画面、分组画面、点画面、流程图画面、趋势曲线画面、报警显示画面、操作指导画面等等。

1. 总貌画面

当被控量或控制回路较多时，操作员要逐个地监视判断各过程参数是否正常，并据此对控制回路进行操作是很困难的。为此，在总貌显示画面上用颜色、闪光或音响来最大限度地显示出多个控制回路的运行状态。

图 1-73 给出一个中央空调控制系统的总貌画面，用棒状图表示控制回路的偏差，用小方块指示控制回路的报警状态，每个棒状图或方块的颜色表示一个工位点（参数），一般 8 个工位点为一组，每幅画面可显示约 40 个组、320 个点。如此，就有可能把整个大型控制系统的几百个参数集中显示在一、二个画面上。

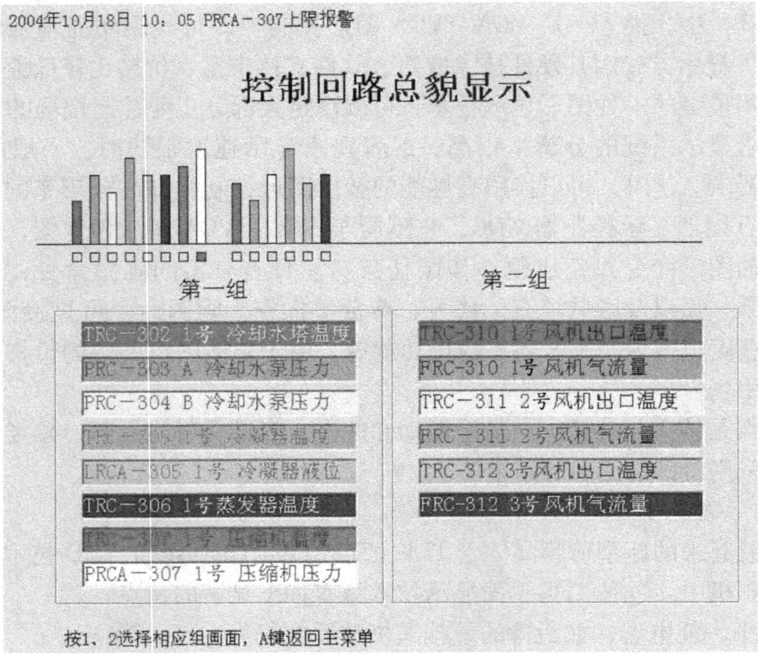

图 1-73 中央空调控制系统的总貌画面

2. 分组画面

总貌显示画面中的每一组即 8 个工位点，对应一幅分组画面，如图 1-74 所示。以棒状图或方块方式同时显示 8 个 PID 控制回路或开关状态；用数字、光柱表示被控量 PV、给定值 SP、偏差量 DV 和控制量 OUT；用文字表示回路的工位号或名称以及运行状态，如自动 AUT、手动 MAN、串级 CAS 等。

在分组画面上，操作员可对控制回路进行必要的操作，如改变 SP、OUT、AUT、MAN 等。此时，操作员可把每个显示回路当作一台虚拟的仪表调节器来操作，所以分组画面也称为控制画面。

3. 点画面

分组显示画面中的每一个工位点，对应一幅点显示画面，如图 1-75 所示。以棒状图、曲线、文字三种方式显示该 PID 控制回路的各种参数，如被控量 PV、给定值 SP、偏差量 DV 和控制量 OUT、比例带 P、积分时间 I、微分时间 D 等；并用 PV、SP 和 OUT 三条趋势

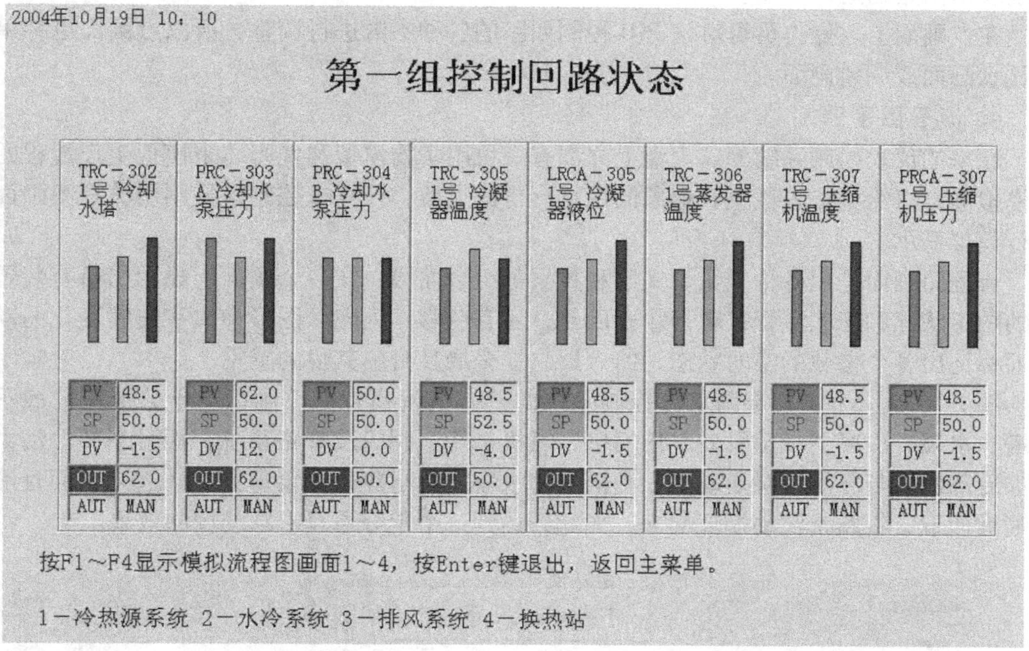

图 1-74　分组画面

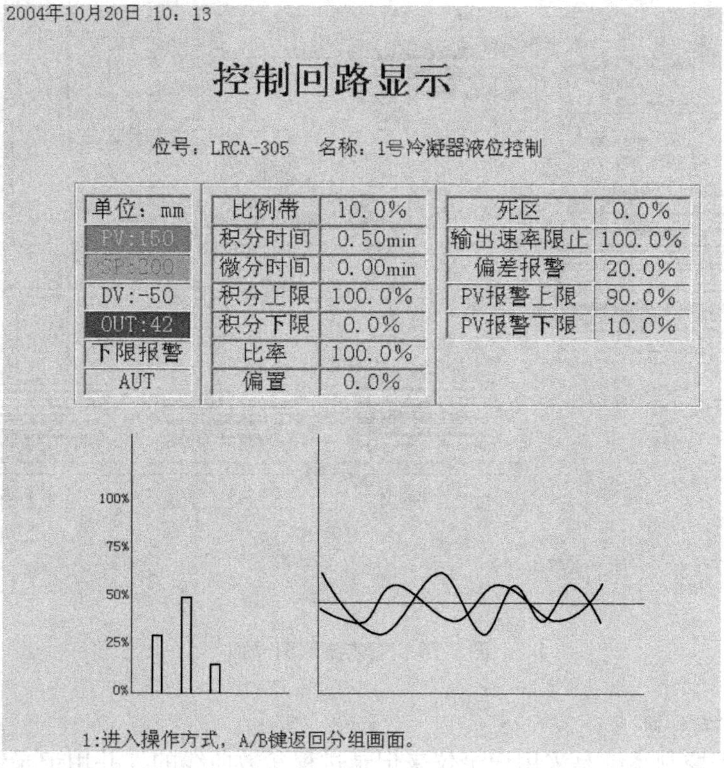

图 1-75　点画面

曲线表示回路的运行状态。

在点画面上，操作员可对该 PID 控制回路的各种参数进行调整，所以点画面也称单回路显示画面或调整画面。

4. 流程图画面

原来的仪表控制系统的仪表盘上方都有一块用实物模型和发光体来模拟生产流程的大型模拟屏，以给操作人员直观形象的视觉。与此类似，计算机控制系统则用流程图画面来进行模拟显示。

流程图画面是用各种图素、文字和数据等组合而成，在一个画面上显示出所有装置回路的图示状况和工艺流程；除静止画面外，还有色彩、闪光、图形和文字连续变化的动态画面标记出各个参数的实时状态，给人以总揽全局且身临其境的感觉。

图 1-76 为一个中央空调水冷控制系统的工艺流程模拟图。画面上十分形象地展示出水塔、水泵、冷凝器、蒸发器、压缩机、风机盘管、阀门及管路系统，而且当某个动力设备如冷却水塔与冷却水泵启动时，画面上的水塔电机与冷却水泵即刻旋转起来，而且冷却水喷淋而下、管路水流动循环起来。如此，达到一个十分逼真形象的控制效果。

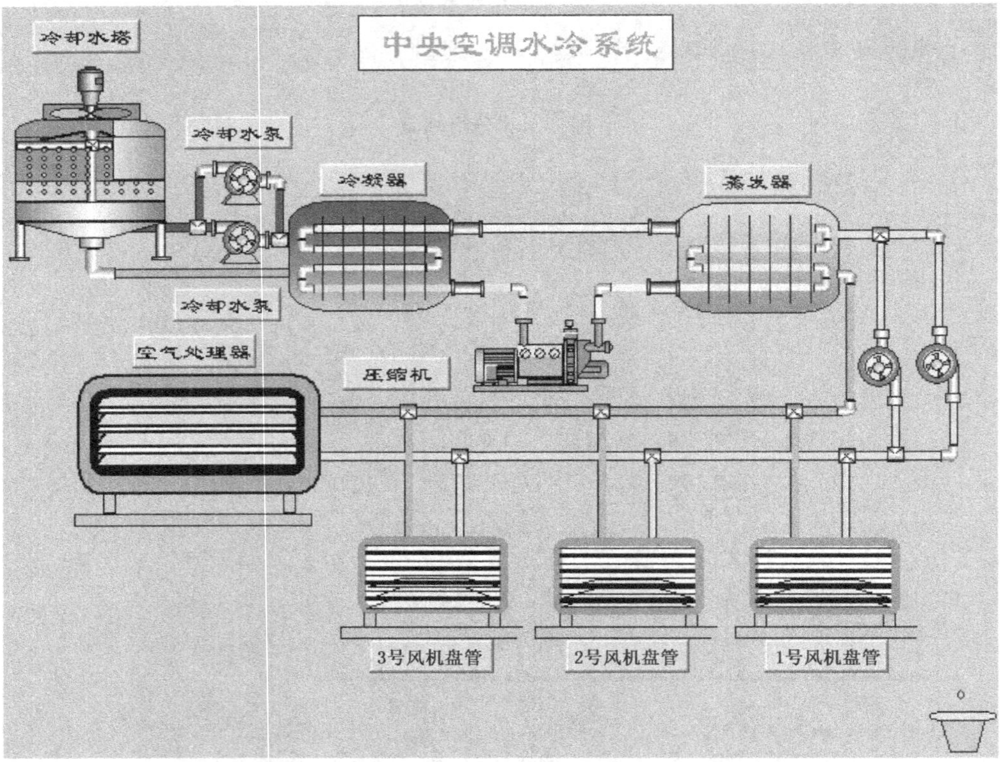

图 1-76　工艺流程图画面

5. 趋势曲线画面

一般的仪表控制系统是采用记录仪来记录过程参数曲线的，并用记录纸保存历史数据曲线。而计算机控制系统则用趋势显示画面来描述过程参数曲线，并将数据存入磁盘保存。趋势显示包括实时趋势记录和历史趋势记录两种，将实时趋势曲线存入磁盘后，当需要时再调出来就成为历史趋势记录，如图 1-77 所示。

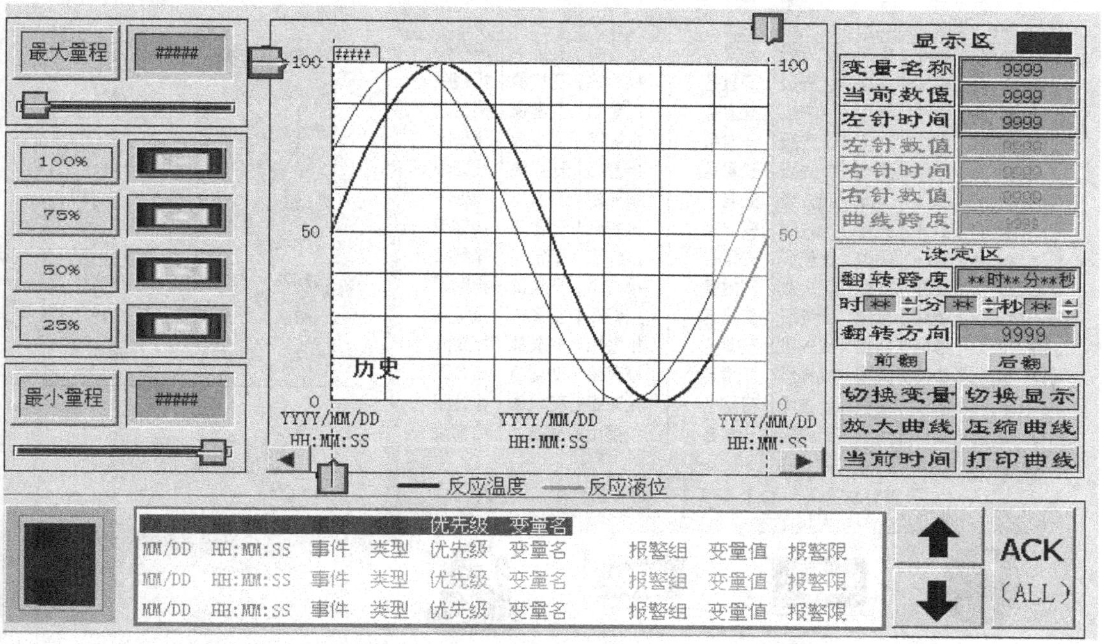

图 1-77 趋势曲线画面

图 1-77 中给出了直角坐标下的两条参数曲线：横坐标表示时间，单位是年月日时分秒；纵坐标表示参数值，单位是百分数；工艺过程的温度参数用深色（或红颜色）代表，液位参数用浅色（或绿颜色）代表。一般数据采样周期和趋势记录时间可由设计者根据需要适当调定。

6. 报警显示画面

报警画面上显示发生报警的时间、事件、类型、优先级、变量名等，如图 1-78 所示。该幅画面上一般可显示若干个报警点，最新发生的报警点显示在首行，以下按时间顺序显示。根据报警的等级可以分别用闪光、蜂鸣器和电铃来提醒操作人员。

另外，还有一些实时数据等其他列表显示画面，其格式大致同报警显示画面。

7. 操作指导画面

为了安全方便地操作，设计者按操作顺序预先将各项操作指令存入计算机，实际操作时，再以操作指导画面形式显示出来，用以指导操作。如果出现误操作，计算机会拒绝接收并显示出错误标志，从而保证了安全操作。

五、触摸屏

（一）触摸屏概述

1. 触摸屏简介

触控屏（Touch panel）又称为触控面板，是个可接收触头等输入讯号的感应式液晶显

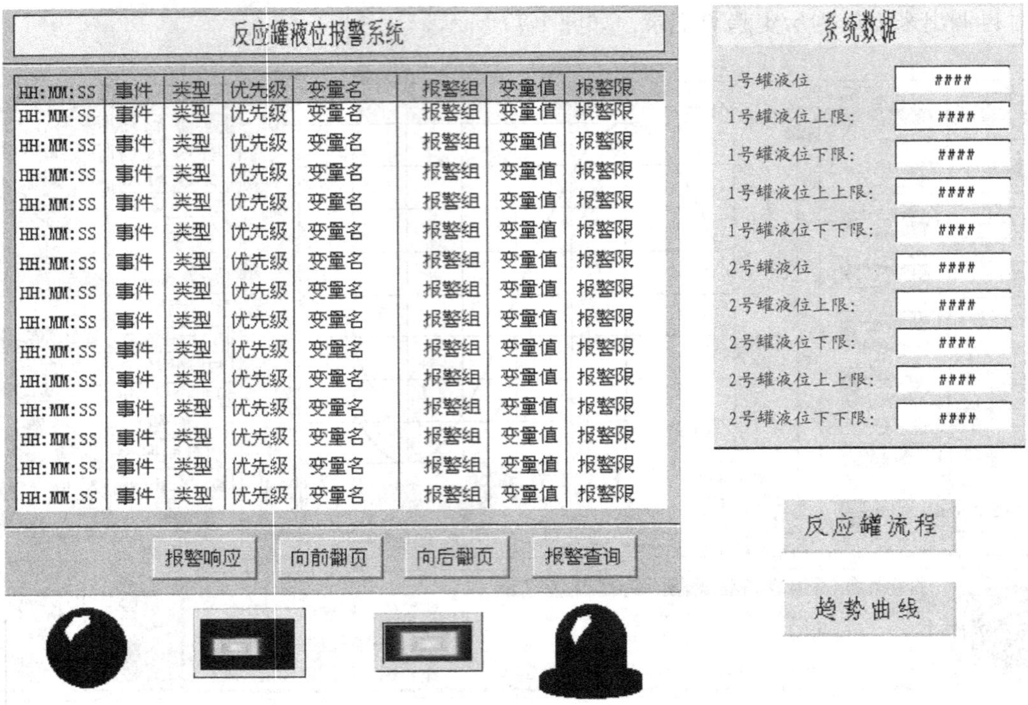

图 1-78　报警显示画面

示装置，当接触了屏幕上的图形按钮时，屏幕上的触觉反馈系统可根据预先编程的程序驱动各种连接装置，可用以取代机械式的按钮面板，并借由液晶显示画面制造出生动的影音效果。

随着多媒体信息查询的与日俱增，人们越来越多地谈到触摸屏，因为触摸屏不仅适用于中国多媒体信息查询的国情，而且触摸屏具有坚固耐用、反应速度快、节省空间、易于交流等许多优点。利用这种技术，用户只要用手指轻轻地碰计算机显示屏上的图符或文字就能实现对主机操作，从而使人机交互更为直截了当，这种技术大大方便了那些不懂电脑操作的用户。

电力系统要求实时监控系统的运行状态，在事故诊断中甚至要求查看过去几个月来系统的运行数据作为分析判断的依据，传统的显示界面如数码管、液晶屏无论在显示、操作、调试、数据存储上都存在自身的缺陷，而触摸屏在这一方面就显示出了强大的优势。

触摸屏作为一种新型的人机界面，从一出现就备受关注，它的简单易用，强大的功能及优异的稳定性使它非常适合用于工业环境。触摸屏不但可以完全替代一般的显示仪表、信号指示灯、操作按钮、转换开关、数码输入，其独树一帜的三维动画、实时刷新的动态图表、丰富详实的数据记录、图文并茂的制作画面使它具备了当前流行的 Windows 显示界面。

2. 触摸屏原理

触摸屏附着在显示器的表面，与显示器相配合使用，如果能测量出触摸点在屏幕上的坐标位置，则可根据显示屏上对应坐标点的显示内容或图符获知触摸者的意图。工作时，用手指或其他物体触摸安装在显示器前端的触摸屏，所触摸的位置（以坐标形式）由触摸屏控制器检测，从而确定输入的信息。触摸屏由触摸检测部件和触摸屏控制器组成；触摸检测部件安装在显示器屏幕前面，用于检测用户触摸位置，接受后送触摸屏控制器；而触摸屏控制器的主要作用是从触摸点检测装置上接收触摸信息，并将它转换成触点坐标，并通过接口（如 RS-232 串行口）送到 CPU，它同时能接收 CPU 发来的命令并加以执行。

（二）触摸屏分类

按照触摸屏的工作原理和传输信息的介质，我们把触摸屏分为四种，它们分别为电阻式、电容感应式、红外线式以及表面声波式。红外线技术触摸屏价格低廉，但其外框易碎，容易产生光干扰，曲面情况下失真；电容技术触摸屏设计构思合理，但其图像失真问题很难得到根本解决；电阻技术触摸屏的定位准确，但其价格颇高，且怕刮易损；表面声波触摸屏解决了以往触摸屏的各种缺陷，清晰不容易被损坏，适于各种场合，缺点是屏幕表面如果有水滴和尘土会使触摸屏变得迟钝，甚至不工作。我们把触摸屏分为四种，它们分别为电阻式、电容感应式、红外线式以及表面声波式。

1. 电阻式触摸屏

电阻式触摸屏是一种传感器，它将矩形区域中触摸点（X，Y）的物理位置转换为代表 X 坐标和 Y 坐标的电压。很多 LCD 模块都采用了电阻式触摸屏，这种屏幕可以用四线、五线、七线或八线来产生屏幕偏置电压，同时读回触摸点的电压。电阻式触摸屏基本上是薄膜加上玻璃的结构，薄膜和玻璃相邻的一面上均涂有 ITO（纳米铟锡金属氧化物）涂层，ITO 具有很好的导电性和透明性。当触摸操作时，薄膜下层的 ITO 会接触到玻璃上层的 ITO，经由感应器传出相应的电信号，经过转换电路送到处理器，通过运算转化为屏幕上的 X、Y 值，而完成点选的动作，并呈现在屏幕上。

四线电阻屏　四线电阻模拟量技术的两层透明金属层工作时每层均增加 5V 恒定电压；一个竖直方向，一个水平方向。总共需四根电缆。

特点：

（1）高解析度，高速传输反应；

（2）表面经硬度处理，以减少擦伤、刮伤，并经过了防化学处理；

（3）具有光面及雾面处理；

（4）一次校正，稳定性高，永不漂移。

五线电阻屏　五线电阻技术触摸屏的基层把两个方向的电压场透过精密电阻网络都加在玻璃的导电工作面上，可以简单地理解为两个方向的电压场分时工作加在同一工作面上，面外层镍金导电层仅仅用来当作纯导体，有触摸后，分时检测内层 ITO 接触点扩轴和 y 轴电压值，测得触摸点的位置。五线电阻触摸屏内层 ITO 需 4 条引线，外层只作导体，仅仅一条，触摸屏的引出线共有 5 条。

特点：

（1）解析度高，高速传输反应；

（2）表面硬度高，可减少擦伤、刮伤，表面并经过了防化学处理；

（3）同点接触 3000 万次尚可使用；

(4) 导电玻璃为基材的介质;

(5) 一次校正，稳定性高，永不漂移;

(6) 五线电阻触摸屏有高价位和对环境要求高的缺点。

电阻式触摸屏的优缺点 电阻式触摸屏的优点是它的屏和控制系统都比较便宜，反应灵敏度也很好，而且不管是四线电阻触摸屏还是五线电阻触摸屏，它们都是一种对外界完全隔离的工作环境，不怕灰尘和水汽，能适应各种恶劣的环境。它可以用任何物体来触摸，稳定性能较好。缺点是电阻触摸屏的外层薄膜容易被划伤导致触摸屏不可用，多层结构会导致很大的光损失，对于手持设备通常需要加大背光源来弥补透光性不好的问题，但这样也会增加电池的消耗。

2. 电容式触摸屏

电容式触摸屏的构造主要是在玻璃屏幕上镀一层透明的薄膜导体层，再在导体层外加上一块保护玻璃，双玻璃设计能彻底保护导体层及感应器。

电容式触摸屏在触摸屏四边均镀上狭长的电极，在导电体内形成一个低电压交流电场。在触摸屏幕时，由于人体电场，手指与导体层间会形成一个耦合电容，四边电极发出的电流会流向触点，而电流强弱与手指到电极的距离成正比，位于触摸屏幕后的控制器便会计算电流的比例及强弱，准确算出触摸点的位置。电容触摸屏的双玻璃不但能保护导体及感应器，更有效地防止外在环境因素对触摸屏造成影响，就算屏幕沾有污秽、尘埃或油渍，电容式触摸屏依然能准确算出触摸位置。

电容式触摸屏是在玻璃表面贴上一层透明的特殊金属导电物质。当手指触摸在金属层上时，触点的电容就会发生变化，使得与之相连的振荡器频率发生变化，通过测量频率变化可以确定触摸位置获得信息。由于电容随温度、湿度或接地情况的不同而变化，故其稳定性较差，往往会产生漂移现象。该种触摸屏适用于系统开发的调试阶段。

3. 表面声波触摸屏

表面声波是一种沿介质表面传播的机械波。该种触摸屏由触摸屏、声波发生器、反射器和声波接收器组成，其中声波发生器能发送一种高频声波跨越屏幕表面，当手指触及屏幕时，触点上的声波即被阻止，由此确定坐标位置。表面声波触摸屏不受温度、湿度等环境因素影响，分辨率极高，有极好的防刮性，寿命长（5000 万次无故障）；透光率高（92%），能保持清晰透亮的图像质量；没有漂移，只需安装时一次校正；有第三轴（即压力轴）响应，最适合公共场所使用。

表面声波触摸屏的触摸屏部分可以是一块平面、球面或是柱面的玻璃平板，安装在 CRT、LED、LCD 或是等离子显示器屏幕的前面。这块玻璃平板只是一块纯粹的强化玻璃，区别于其他触摸屏技术的是它没有任何贴膜和覆盖层。玻璃屏的左上角和右下角各固定了竖直和水平方向的超声波发射换能器，右上角则固定了两个相应的超声波接收换能器。玻璃屏的四个周边则刻有 45°角由疏到密间隔非常精密的反射条纹。

4. 红外线触摸屏

通过红外线发射与接收感测元件在透明介质上形成红外线探测网，利用触摸体阻隔红外线的工作方式进行坐标点测定工作的技术。安装简单，只需在显示器上加上光点距框架，无需在屏幕表面加上涂层或接驳控制器。光点距架框的四边排列了红外线发射管及接收管，在屏幕表面形成一个红外线网。以手指触摸屏幕某一点，便会挡住经过该位置的横竖两条红外线，计算机便可即时算出触摸点位置。因为红外触摸屏不受电流、电压和静电干扰，所以适宜某些恶劣的环境条件。其主要优点是价格低廉、安装方便、不需要卡或其他任何控制器，可以用在各档次的计算机上。不过，由于只是在普通屏幕上增加了框架，在使用过程中框架四周的红外线发射管及接收管很容易损坏；且外界光线变化会影响红外线触摸屏的准确度，不适宜放置于户外。

（三）迪文液晶

1. DMT64480S104_12WT 触摸屏

特性　型号：DMT64480S104_12WT。

内核：M600。

显示色彩：65K 色 TFT HMI。

尺寸：10.4 英寸（26.4cm）。

分辨率（像素）：640×480。

工作温度：－20～＋70℃

电气特性　电源输出电压/V：12～26；典型值：12。

电流/mA（典型值）：背光开：780；背光关：110。

输入电压：$V_{CC}=12V$。

可选择的操作模式：可用键盘也可用触摸屏操作。可以直接接收触摸屏的位置坐标值；也可直接接收触摸屏的触摸键值，只需通过 PC 设置并下载触控/键控配置文件，即可轻松获取键值及触摸屏动作效果。

图形界面操作：智能显示终端都是基于图形界面操作，图形界面开发与软硬件开发同时进行，大大地缩短开发周期，节约成本。

多控制器选择：所有 PC、单片机、PLC、DSP、ARM 等，MCU 只需具有串口，即可与终端连接、控制。连接方式简单，终端既可 TTL/CMOS 电平工作，亦可 RS232 电平工作，并且部分终端支持 USB 下载图片，波特率达 921600bps，下载图片速度更快，操作更方便。

用户接口　接口引脚见表 1-12。

表 1-12　HMI 接口引脚

引脚名称	引脚编号	引脚类型	说　明
V_{CC}	1	P	供电电源输入
BUSY	2	O	串口缓冲区满信号指示
DOUT	3	O	串口输出
DIN	4	I	串口输入
GND	5	P	公共地

注：I 为 INPUT；O 为 OUTPUT；P 为 POWER。

接口　串口模式：全双工异步串口（UART），8N1 模式，波特率 1200～115200bps。

触摸屏支持：支持 4 线电阻触摸屏。

实时时钟支持：支持 2000～2099 年的阳历和农历实时时钟。

存储空间　字库空间：32MB，60 个字库；支持 GBK（简体）、BIG5（繁体）、SJIS（日文）、HANGUL（韩文）、UNICODE 文本编码标准，支持用户自行设计字库。

图片存储空间：96MB（最多存储 153 幅全屏图片）

用户串口访问存储器空间（RMA）：最大 32MB，和图片存储器空间重叠。

2. 触摸屏指令

触摸屏支持指令见表 1-13。

表 1-13　支持指令列表

类　别	指　令	指 令 参 数	说　明
握　手	0x00	无	查看配置和版本信息
显示参数配置	0x40	Fcolor + Bcolor	设置调色板
	0x41	D_X(0x00-0x7F) + D_Y(0x00-0x7F)	设置字符显示间距
	0x42	X + Y	取色到背景色调色板
	0x43	X + Y	取色到前景色调色板
	0x44	Mode + X + Y + Wide(0x01-0x1F) + Height(0x01-0x1F)	设置光标显示模式
文本显示	0x53	X + Y + String	8×8 点阵 ASCII 字符
	0x54		16×16 点阵 GBK 扩展码字符串显示
	0x55		32×32 点阵 GB2312 内码字符串显示
	0x6E		12×12 点阵 GBK 扩展码字符串显示
	0x6F		24×24 点阵 GB2312 内码字符串显示
	0x98	X + Y + Lib_ID + C_mode + C_dot + Fcolor + Bcolor + String	任意点阵,任意编码字符串显示
置　点	0x50	(x,y)0 + (x,y)1 + … + (x,y)n	背景色置多个点(删除点)
	0x51		前景色置多个点
	0x74	X + Ys + Ye + Bcolor + (y,Fcolor)1 + … + (y,Fcolor)n	动态曲线快速置点
	0x72	Address(H:M:L) + Data_word0 + … + Data_wordn	直接显存操作
线段或多边形	0x56	(x,y)0 + (x,y)1 + … + (x,y)n	把指定点用前景色线段连接(显示多边形)
	0x5D		把指定点用背景色线段连接(删除多边形)
	0x75	X + Y + Height_max + Height0 + Height1 + … + Heightn	快速显示连续的同底垂直线段(频谱)
	0x76	X + X_dis(0x00-0xFF) + Y0 + Y1 + … + Yn	快速显示折线图(Xi = X + i * X_dis, Yi = Yi)
圆弧和圆域	0x57	(Type,x,y,r)0 + (Type,x,y,r)1 + … + (Type,x,y,r)n	反色/显示多个圆弧或圆域

续表 1-13

类 别	指 令	指 令 参 数	说 明
矩形框	0x59	(xs,yz,xe,ye)0 + (xs,yz,xe,ye)1 + … + (xs,yz,xe,ye)n	前景色显示多个矩形框(显示矩形框)
	0x69		背景色显示多个矩形框(删除矩形框)
区 域	0x64	X + Y + Color	操作指定区域填充
	0x52	无	清屏
	0x5A	(xs,yz,xe,ye)0 + (xs,yz,xe,ye)1 + … + (xs,yz,xe,ye)n	多个指令区域清除
	0x5B		多个指令区域填充
	0x5C		多个指令区域反色
	0x60	(xs,yz,xe,ye,n)0 + (xs,yz,xe,ye,n)1 + … + (xs,yz,xe,ye,n)n	多个指令区域左环移
	0x61		多个指令区域右环移
	0x62		多个指令区域左移
	0x63		多个指令区域右移
图片图标显示	0x70	Picture_ID	显示一幅全屏图像
	0x7B	Picture_ID	显示一幅全屏图像并计算累加和
	0x71	Picture_ID + Xs + Ys + Xe + Ye + X + Y	从保存在终端的一幅图片剪切一部分显示(背景显示)
	0x9C	Picture_ID + Xs + Ys + Xe + Ye + X + Y	从保存在终端的一幅图片剪切一部分显示(背景不显示),自动恢复当前图片背景
	0x9D	Picture_ID + Xs + Ys + Xe + Ye + X + Y	从保存在终端的一幅图片剪切一部分显示(背景不显示)
	0xE2	Picture_ID	将当前显示画面保存到终端中
	0x99	(x,y,Icon_ID)0 + (x,y,Icon_ID)1 + … + (x,y,Icon_ID)n/无	用户自定义图标显示
动画支持	0x9A	0xFF/Pack_ID	关闭/打开自动执行用户预先设置的指令组
暂存缓冲区操作	0xC0	Address(H:L) + Data_word0 + … + Data_wordn	写数据到暂存缓冲区
	0xC1	0x01 + Address + Pixel_Number(H:L)	显示暂存缓冲区预置的数据点
		0x02 + Address + Line_Number(H:L)	显示暂存缓冲区预置的数据线
		0x03 + Address + X + Y + Line_Number + D_x + Dis_x + K_y + Color	使用暂存缓冲区的数据点连线(曲线动态缩放)
		0x04 + Addr1 + X + Y + Line_Number + 0x01 + Dis_x + Color1 + Addr0 + Color0	使用暂存缓冲区的数据点高速无闪烁连线(示波器)
		0x05 + Address + X + Y + Line_Number + D_x + Dis_x + M_y + D_y + Color	使用暂存缓冲区的数据缩放显示折线图
		0x06 + Address + X + Y + Line_Number + D_x + Dis_x + M_y + D_y + Color + Ymin + Ymax	使用暂存缓冲区的数据缩放显示窗口限制双向折线图
		0x10 + Address + Frame_Number	使用暂存缓冲区缓冲指令实现同步显示
	0xC2	<Address> + <Data_length>	从暂存缓冲区回读数据

续表 1-13

类 别	指 令	指 令 参 数	说 明
数据库操作	0xF2	0xF2 + 0xF2 + 0x5A + 0xA5 + Lib_ID	修改字库
	0x90	0x55 + 0xAA + 0x5A + 0xA5 + Address(H:MH:ML:L) + Data	写数据到用户数据库(32MB)
	0x91	Address + Read_Length(H:L)	从用户数据库读数据(32MB)
触摸屏操作	0x72	Touch_X + Touch_Y	触摸屏松开后,最后一次数据上传(可0xE0指令设置关闭)
	0x73		触摸屏按下后,数据上传(可0xE0指令设置只传一次)
	0xE4	0x55 + 0xAA + 0x5A + 0xA5	触摸屏校准
	0x78	Touch_Code	触控界面自动切换模式下,预设键码自动上传
	0x79		
蜂鸣器控制	0x79	BZ_time	蜂鸣器鸣叫一声(10 × Bz_time mS)
背光控制	0x5E	无或0x55 + 0xAA + 0x5A + 0xA5 + V_ON + V_OFF + ON_TIME	关闭背光或设置触控(键控)背光模式
	0x5F	无或 PWM_T(0x00-0x3F)	打开背光或 PWM 方式调节背光亮度
时钟操作	0x9B	0x5A、0x5B(读取)/0x00(关闭)/0xFF + M + TM + Color + X + Y(打开)	启用/关闭时钟自动叠加显示;读取当前时钟
	0xE7	0x55 + 0xAA + 0x5A + 0xA5 + YY:MM:DD:HH:MM:SS	设置时钟
参数配置	0xE0	0x55 + 0xAA + 0x5A + 0xA5 + Panel_Set + Bode_Set + Para1	配置用户串口速率、触摸屏数据上传格式、背光控制模式
实用算法	0xB0	下发:0x01 + PY_Code 应答:0x01 + HZ_num + String	基于一级字库的拼音输入法
		下发:0x02 + A + B + C + D 应答:0x02 + E + F	计算(A × B + C)/D,E 是 4 字节商,F 是 2 字节余数
		下发:0x03 + Data_Pack0 应答:0x03 + Data_Pack1	无符号整数(2 字节)数组排序
		下发:0x04 + PY_Code 应答:0x04 + HZ_num + String	基于 GBK 的拼音输入法
配置文件操作(简易 OS)	Pic_Now + (xs,yz,xe,ye) + P_next + P_cut + Touch_Code		触摸界面自动切换(0x1E 字库文件)
	Pic_Now + 0x00:K_Code + Pnext + P_cut + Touch_Code		触控界面的自动切换(0x1B 字库文件)
	Delay + Length + Command		自动指令的播放(0x1C 字库文件)
	Pic_ID + (xs,yz,xe,ye)		图标字符定义(0x1D 字库文件)
	Command_Length + Command + String		用户预设的触控上传指令(0x1A 字库文件)

指令集说明：

迪文 HMI 所有指令或者数据都是 16 进制（HEX）格式，对于字形（2 字节）数据，采用 MSB 方式传送，即高字节在前。数据帧结构如表 1-14 所示。

表 1-14 HIM 数据帧结构

数据块	举 例	说 明
1	0xAA	帧头，固定为 0xAA
2	0x55	指令
3	0x01	数据，最多为 249 字节
4	0xCC0x330xC30x3C	帧尾（帧结束符）

HMI 终端主要显示文本，数据，曲线等功能，使用内部标准指令，将程序模块化、简单化，不但节省开发时间，还便于用户修改与维护。举两个指令加以说明：

（1）全屏清屏（0x52）：

Tx：AA 52 CC 33 C3 3C

Rx：无

使用背景色（0x40 指令设定）把全屏填充（清屏）。

（2）文本显示指令（标准字库显示）：

Tx：AA <CMD> <X> <Y> <String> CC 33 C3 3C

Rx：无

说明：

<CMD>

0x53：显示 8 * 8 点阵 ASCII 字符串；

0x54：显示 16 * 16 点阵的扩展码汉字字符串（ASCII 字符以半角 8 * 16 点阵显示）；

0x55：显示 32 * 32 点阵的内码汉字字符串（ASCII 字符以半角 16 * 32 点阵显示）；

0x6E：显示 12 * 12 点阵的扩展码汉字字符串（ASCII 字符以半角 6 * 12 点阵显示）；

0x6F：显示 24 * 24 点阵的内码汉字字符串（ASCII 字符以半角 12 * 24 点阵显示）；

<X> <Y> 显示字符串的起始位置（第一个字符左上角坐标位置）

<String> 要显示的字符串

C 环境下的编程举例：

```
void send_byte(unsignedcharf)//向串口发送一个字节
{
    TI =0;
    SBUF =f;
    while(TI = =0)
    {;}
    TI =0;
}
```

```
void send_word(unsignedinti)//向串口发送一个字
{
    unsigned char x,y;
    x = i/256;
    send_byte(x);
    y = i%256;
    send_byte(y);
}

void end()//帧结束符
{
    send_byte(0xCC);
    send_byte(0x33);
    send_byte(0xC3);
    send_byte(0x3C);
}
void prints(int x,int y,unsigned char *s,unsigned char font)// *s 发送字符串内容,font 为字体
{
    send_byte(0xAA);
    send_byte(font);//选择点阵字体
    send_word(x);//x 轴坐标
    send_word(y);//y 轴坐标
    while( *s)
      {
        send_byte( *s);
        s ++;
      }
     end();//发送帧结束符
}
```

例:

```
Prints(0,0,"你好!",0x54); //在坐标 (0, 0 的位置上显示 16 * 16 点阵的字符串"你好!")
```

（四）触摸屏操作软件

1. 触摸屏界面制作

带触摸屏的迪文 HMI，为了减少用户的代码量，可以通过预先下载配置文件到 HMI 中，并把 HMI 配置为触控界面自动切换模式来实现触控界面的用户“免干预”。

制作界面：

（1）格式要求：JPG、BPM；

（2）制作软件：Photoshop、ACDsee 等工具均可；

（3）分辨率：640 ×480 以上

（4）制作技巧：

1）同一界面做两个样式，以实现按钮动态效果；

2）当界面的按钮数量不多时，可以适当地把按钮做大点，不仅点击起来舒服点，而且界面整体也比较协调；

3）当界面的按钮数量较多时，适当地把按钮的布局调宽点，避免由于太密集造成的误操作。

安排界面切换流程（生成配置文件）。可以使用专用触摸屏配置软件，软件主界面如图 1-79 所示。

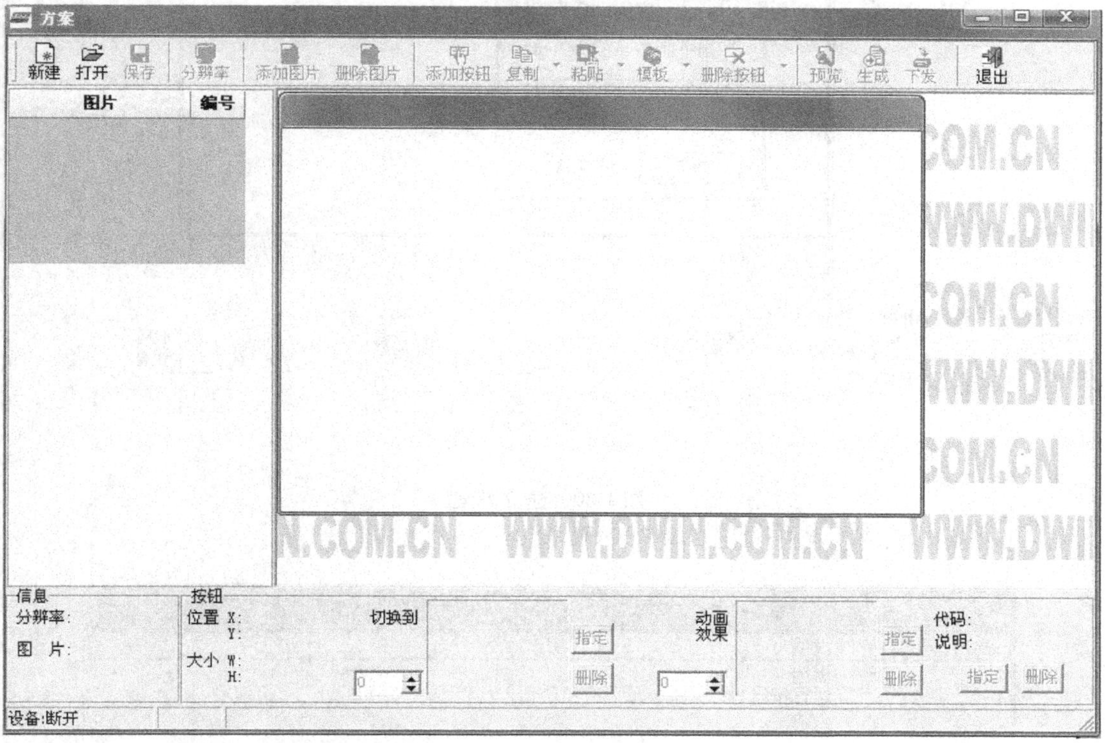

图 1-79　配置软件主界面

点击 新建 按钮，建立一个方案，输入方案名称及位置，将分辨率设为 640 * 480。确定后以 . dmc 为后缀的新方案即被建立，如图 1-80 所示。

点击 添加图片 添加所需要的图片，添加完毕后，可以设置预想的方案，如编号 0 为主界面，点击 添加按钮，将按钮边框扩大到理想位置，拖到“运行”，然后对其进行设置，命令代码指定为 1，说明可写解释当前按钮（方便查找），即运行按钮，添加、确定后即可，如图 1-81 所示。设置完毕后即可按 生成 按钮，即在文件夹内生成 . bin 文件，如图 1-82 所示。然后可以点击 预览 按钮，以查看触摸界面按钮是否按预设的流程进行。最后通过串口调试助理，把 . bin 文件下载到液晶终端。

下载界面、配置文件：

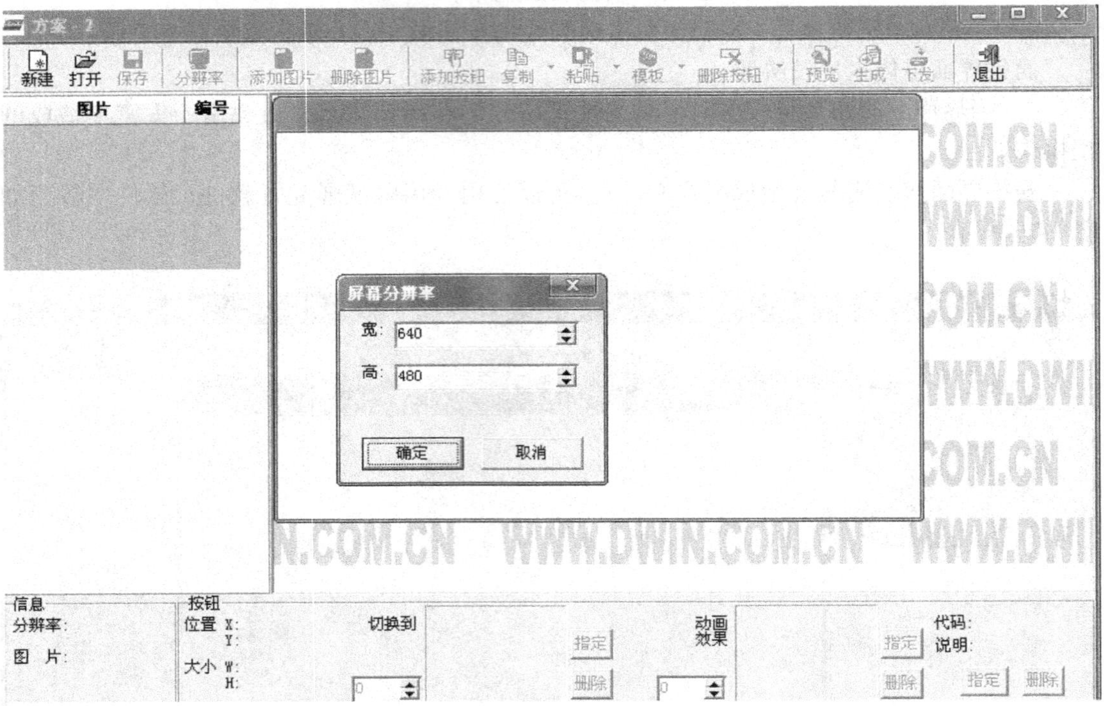

图 1-80　建立方案

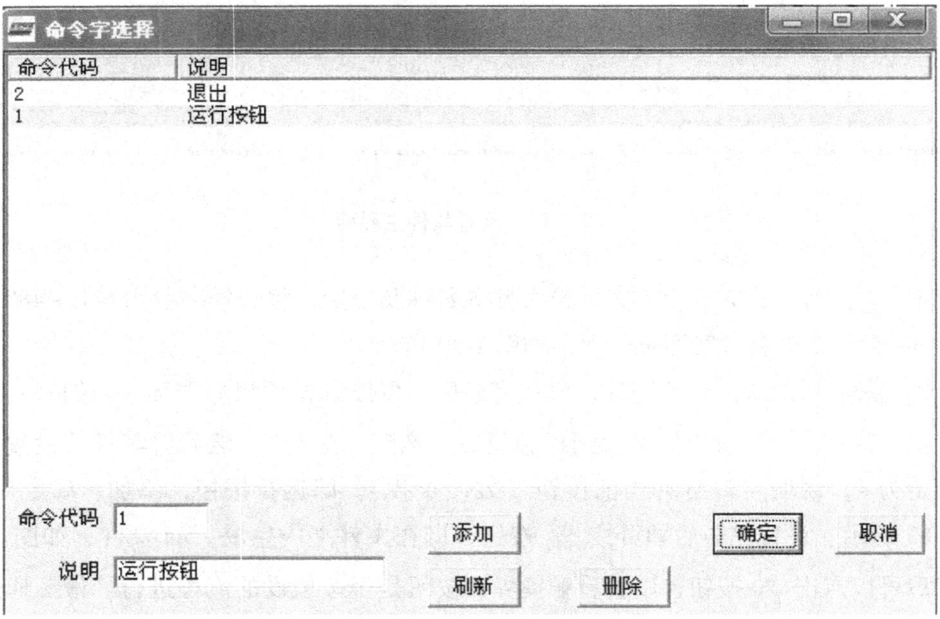

图 1-81　命令字选择

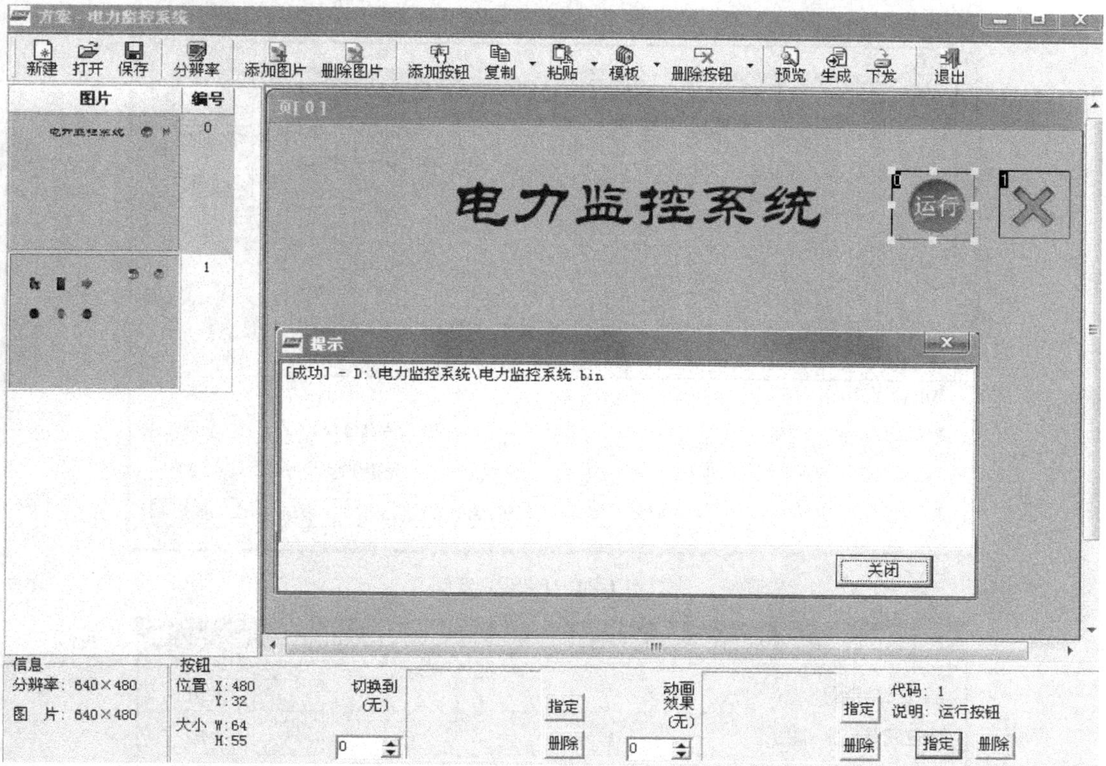

图 1-82　生成 . bin 文件

(1) 将电脑与液晶终端以串口方式连接好，打开串口调试助理，将分辨率调制 640×480，然后打开串口，如图 1-83 所示，最好先进行握手，以查看是否连接成功，并可查看本液晶的显示配置等信息。

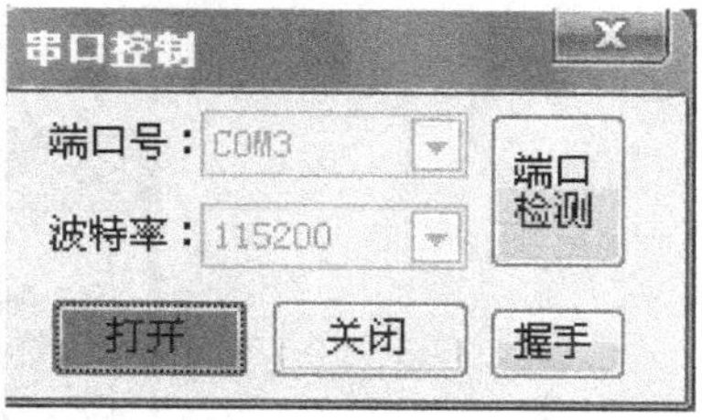

图 1-83　设置串口

(2) 把对应界面下载到终端的 0、1 位置。然后下发图片，如图 1-84 所示（注：位置要与制作配置文件时的图片位置相同）。

(3) 配置文件下发，将生成的 . bin 文件下发到液晶，如图 1-85 所示。

(4) 最后更改终端为触控模式，将第三项勾上，即工作模式配置（0xE0），如图 1-86 所示。

2. 触摸屏程序编写

触摸屏是根据获取坐标点位置来进行语句判断。

触摸键码自动上传指令（0x78）。

如果用户启用了触控、键控界面处理功能（0xE0 指令设置），并启用了触控、键控键码回传功能，则当点击有效的触控区域或按键时，HMI 会自动上传用户预先设置的 2 字节触、键控键码（0x1E、0x1B 配置文件定义）。

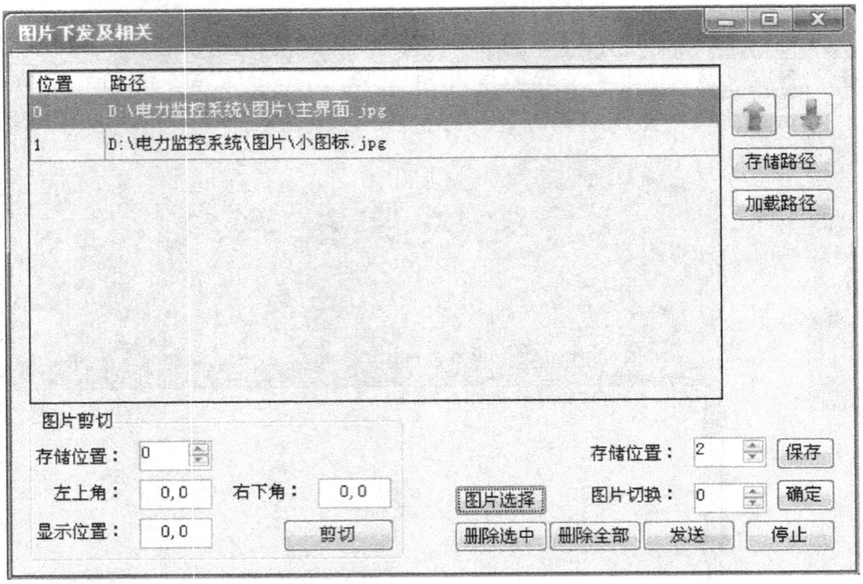

图 1-84　图片下发

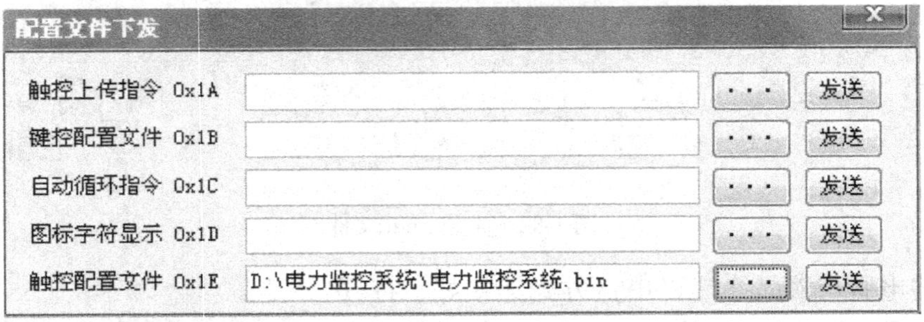

图 1-85　配置文件下发

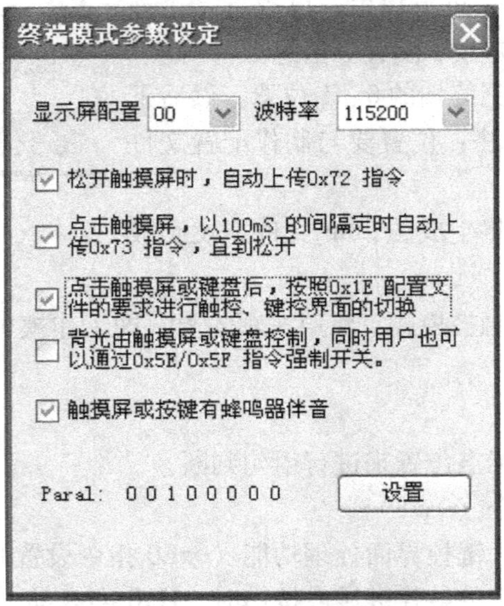

图 1-86　终端模式参数设定

Tx：无

Rx：AA78 < Touch-Code > CC 33 C3 3C

说明：

< Touch-Code > 为用户预先设置的键码。

串口触摸屏返回键码子程序：

```
voidUART_Interrupt( void) interrupt4//串口，触摸屏返回键码
{
if( RI = =1)
{
    RI =0;
    RE[ mmm] = SBUF;
    mmm ++ ;
  if( mmm > =8)
  {
    mmm =0;
  }

if( ( RE[ 0] = =0xaa) &&( RE[ 1] = =0x78) &&( RE[ 4] = =0xcc) &&( RE[ 5] = =0x33) &&( RE[ 6] = =
0xc3) &&
    ( RE[ 7] = =0x3c) )
    //返回的键码是 16 位 RE[2]-高 8 位,RE[3]-低 8 位
    {
    HIM_KEY = RE[ 3] ;//键码值
    }
  }
}
```

最后可以根据串口传的数据 HIM_KEY，进行判断，然后在主程序里编写程序。

例如：按下 

按钮，显示 

按钮，即可用剪裁图片命令

运行按钮在图片编号 0，坐标位置（485，30，540，85）

停止按钮在图片编号 1，坐标位置（530，40，60，100）

主程序里做判断

```
if( HIM_KEY = =1)//运行的键码为 1，当按下“运行按钮”时，就会显示“停止按钮”图标
{
  cut_picture( 1,530,40,60,100,485,30) ;
//将小图标的图片 1，位置为左上角（530，40）后下角（60，100）的图片剪切复制到当前图片 0
位置
//( 485,30) 的坐标位置上
  HIM_KEY =0;
```

```
}
void cut_picture (unsigned char a,unsigned int x1,unsigned int y1,unsigned int x2,unsigned int y2,unsigned
                int x,unsigned int y)
{
    send_byte(0xAA);
    send_byte(0x71);
    send_byte(a);//剪裁图片位置
    send_word(x1);//剪裁图片左上角位置
    send_word(y1);
    send_word(x2);//剪裁图片右下角位置
    send_word(y2);
    send_word(x);//当前图片左上角位置
    send_word(y);
    end();
}
```

小　　结

本章介绍了微机保护装置的结构组成。它是由模拟量输入输出回路、数字量输入输出回路和人机接口电路等组成的。

模拟量输入回路是把模拟输入量转变成计算机可以接受的数字信号，一般是由信号调理、多路模拟开关、前置放大器、采样保持器、A/D 转换器及其接口电路组成。模拟量输出回路是把计算机处理后的数字信号转换成模拟量电压或电流信号，一般是由接口电路、D/A 转换器和电压/电流变换器等组成。

数字量输入回路是把生产过程中的数字信号转换成计算机易于接受的形式，而数字量输出回路是把计算机输出的微弱数字信号转换成能对生产过程进行控制的数字驱动信号。为保证微机保护系统可靠工作，数字量输入输出回路中均需采取光电耦合隔离技术。

人机接口电路是指微机保护系统中与操作人员进行信息交换的常规输入设备和输出设备，其作用是输入数据与命令，查询与监视系统的状态与结果。键盘是一种最常用的输入设备，键盘接口电路可分为非编码键盘和编码键盘两种方式；显示装置是一种常用输出设备，主要有 LED、LCD、图形显示终端和触摸屏几种类型。

习　　题

1-1　分析说明图 1-1 微机测控系统的硬件组成及其作用。

1-2　画图说明模拟量输入通道的功能、各组成部分及其作用?

1-3　分析说明 8 路模拟开关 CD4051 的结构原理图，结合真值表设计出两个 CD4051 扩展为一个 8 路双端模拟开关的示意图。

1-4　分析图 1-10 采样保持器的原理电路及工作过程。

1-5　试分析图 1-17、图 1-18ADC0809 接口电路的启动、转换、查询或定时读入数据的工作过程。比较说明这两种接口电路在硬软件上的异同点。

1-6　画图说明模拟量输出通道的功能、各组成部分及其作用。

1-7　结合图 1-28 分析说明由 DAC0832 组成的单缓冲接口电路的工作过程，编写完成一次 D/A 转换的接口程序。

1-8　分析说明光耦隔离器的两种特性及其隔离电磁干扰的作用机理。

1-9　结合图 1-40，简述信号调理电路的构成及其各元器件的作用。

1-10　对比分析说明三极管输出驱动与继电器输出驱动电路的异同点。

1-11　对比分析说明晶闸管输出驱动与固态继电器输出驱动电路的异同点。

1-12　简述键盘的两种类型及其特点。

1-13　对比分析说明图 1-53 与图 1-55 两种键盘接口电路的异同。

1-14　结合图 1-56，分析说明矩阵式键盘电路的逐行零扫描法的工作过程。

1-15　以 4 位 LED 为例，说明 LED 的静态显示原理及其显示效果、特点及适用场合。

1-16　以 4 位 LED 为例，说明 LED 的动态显示原理及其显示效果、特点及适用场合。

1-17　LCD 液晶显示器有哪几种类型？简述其作用。

1-18　结合图 1-68、图 1-69，分析说明 7 段 LCD 液晶显示器的译码驱动电路。

1-19　目前触摸屏可分成哪几种？

第二章　数字信号处理基础

微型计算机是对数字量进行运算处理的设备。微机保护装置对于通过硬件电路从电力系统中取到的电压、电流等模拟量并不能直接运算处理，而首先以一定的时间间隔采样这些模拟量，然后通过模/数转换装置将模拟量转换成微机能接受的数字量，再对数字量进行运算和判断。这个由模拟量到数字量的过程就是对信号数字化处理的过程。本章首先介绍数字化处理过程中相关的基本概念，以及采样过程中必须遵守的定律，即采样定理。

电力系统在故障起始瞬间，电压和电流信号中含有衰减的直流分量和复杂的谐波成分。目前，绝大多数保护装置的原理是建立在反映正弦基波或某些整数次谐波基础上的，所以在微机保护中，对模数转换后得到的数字信号进行分析运算和判断之前，一般要先经过数字滤波，以取得信号中的有用分量去掉无用分量。在前一章硬件系统中提到的设置在采样前的模拟低通滤波器只是为了防止频率混叠，它的截止频率一般都是很高的。采用数字滤波器还可以抑制数据采集系统引入的各种噪声，例如模数转换的整量化噪声，电压形成回路中各中间变换器的励磁电流造成的波形失真等。另外，也有一些保护在原理上需要利用某些谐波分量，例如，变压器差动保护需要利用二次谐波作为制动量以躲过变压器励磁涌流的影响。当然，对于采用具有滤波功能算法的微机保护装置，可不用数字滤波器。

在数字信号处理领域，虽然对数字滤波器的研究已有完整的理论体系和成熟的设计方法。但由于电力系统信号具有自身的特点，有些方法并不是完全适用的。针对电力系统中各种故障信号的特点，又导出了许多具有针对性的新的数字滤波器。本章将讨论在电力系统微机保护中的数字信号处理基础知识，包括离散信号、离散系统、差分方程、Z 变换、采样定理和各种数字滤波器原理及设计方法。

第一节　数字信号和离散系统的基本概念

一、连续信号和离散信号

我们所认识的实际物理系统中的量，多数是在时间上连续的量，一般称为连续信号或模拟信号，用连续函数 $f(t)$ 表示。

当一个模拟信号 $f(t)$ 经过采样开关采样后，转化为时间上离散、幅值上连续的信号，称为离散的模拟信号 $f(kT)$，再经过数字处理，则转换为一串在时间和量值上均为离散的数列，这种信号称为离散信号或数字信号。模拟信号经采样转化为离散的模拟信号的过程称为采样过程。其数字处理后的离散信号为在采样时刻（0，T_s，$2T_s$，…，kT_s，…）的一连串脉冲输出信号 $f(0)$，$f(T_s)$，…，$f(kT_s)$，…。其中采样间隔时间 T_s 称为采样周期。

采样过程及离散信号波形如图 2-1 所示。图中假设采样开关为理想采样开关，其闭合时间 $T_c\to 0$，其输出为一个脉冲序列 $f(t)$，用数字形式表示为

$$
\begin{aligned}
f^*(t) &= \sum_{k=0}^{\infty} f(kT_s)\delta(t-kT_s) \\
&= f(0)\delta(t) + f(T_s)\delta(t-T_s) + \\
&\quad f(2T_s)\delta(t-2T_s) + \cdots + \\
&\quad f(kT_s)\delta(t-kT_s) + \cdots
\end{aligned} \tag{2-1}
$$

式中　$f(t)$——输出脉冲序列；

$f(kT_s)$——数值序列，为 $f(t)$ 在 kT_s 时刻函数值；

$\delta(t-kT_s)$——发生在 $t=kT_s$ 时刻的单位脉冲函数。

单位脉冲函数的数学定义为：

$$
\delta(t-kT) = \begin{cases} \infty & (t = kT) \\ 0 & (t \neq kT) \end{cases} \tag{2-2}
$$

$f^*(t)$ 的物理意义可以认为：在每个采样时刻 kT_s，采样器输出一个脉冲，这个脉冲的强度为 $f(kT_s)$。

有时，把经采样得到的脉冲序列 $f(0)$，$f(T_s)$，…，$f(kT_s)$，…，简写为 $f(0)$，$f(1)$，…，$f(k)$，…。

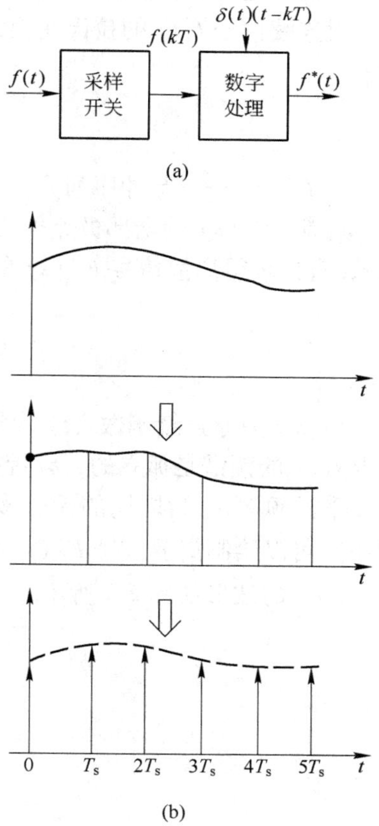

图 2-1　采样过程的离散信号波形

(a)采样过程；(b)离散信号波形

二、采样定理

在微机保护系统中，首先把连续信号 $f(t)$ 变换成离散信号，即脉冲序列 $f(t)$，再进行数据处理。那么，在信号变换过程中就存在一个信息在采样过程中不丢失并能不失真地反映连续信号 $f(t)$ 的变化规律的问题。香农采样定理就给出了微机采样过程中信号不失真所需要的最低采样频率，这个定理解决了采样周期 T_s 选择的理论依据。

香农采样定理：

如果对一个具有有限频谱的连续信号 $f(t)$ 进行连续采样，为了使采样信号 $f(t)$ 能反映连续信号 $f(t)$ 的变化规律，则采样频率必须满足下式：

$$
\omega_s \geqslant 2\omega_{max} \tag{2-3}
$$

才能使 $f^*(t)$ 无失真地复现原来的连续信号 $f(t)$。

上式中，$\omega_{max}=2\pi f_{max}$ 为连续信号 $f(t)$ 的最高角频率，$\omega_s = 2\pi f_s = \dfrac{2\pi}{T_s}$ 为采样角频率。

由式（2-3）可知，采样周期

$$
T_s \leqslant \frac{1}{2f_{max}} \tag{2-4}
$$

下面对定理进行简要证明：

设连续信号 $f(t)$ 的拉氏变换为 $F(s)$，则离散信号 $f(t)$ 的拉普拉斯变换为：

$$F^*(s) = \frac{1}{T}\sum_{k=-\infty}^{+\infty} F(s + jk\omega_s) \tag{2-5}$$

式中　$F^*(s)$——脉冲序列 $f^*(t)$ 的拉普拉斯变换（简称拉氏变换）。

通常，$F^*(s)$ 的全部极点均位于 $[s]$ 平面的左半部。因此，可以用 $j\omega$ 代替式中的复变量 s，直接求得离散信号 $F^*(s)$ 的傅里叶变换。即

$$F^*(j\omega) = \frac{1}{T}\sum_{k=-\infty}^{+\infty} F(j\omega + jk\omega_s) \tag{2-6}$$

$F(j\omega)$ 为原连续函数 $f(t)$ 的频谱，$F^*(j\omega)$ 为脉冲序列 $f^*(t)$ 的频谱。一般来说，连续函数 $f(t)$ 的频谱是孤立的，频带宽度是有限的，上限频率值为 ω_{max}，而离散函数 $f^*(t)$ 具有以采样频率 ω_s 为周期的无穷多个频谱（高频分量是由采样开关动作引起的）。根据式(2-6) 可以绘制离散信号 $F^*(t)$ 的频谱 $|F^*(j\omega)|$ 及连续函数 $f(t)$ 的频谱 $|F(j\omega)|$，其中 $\omega_s > 2\omega_{max}$ 的波形如图 2-2 所示。

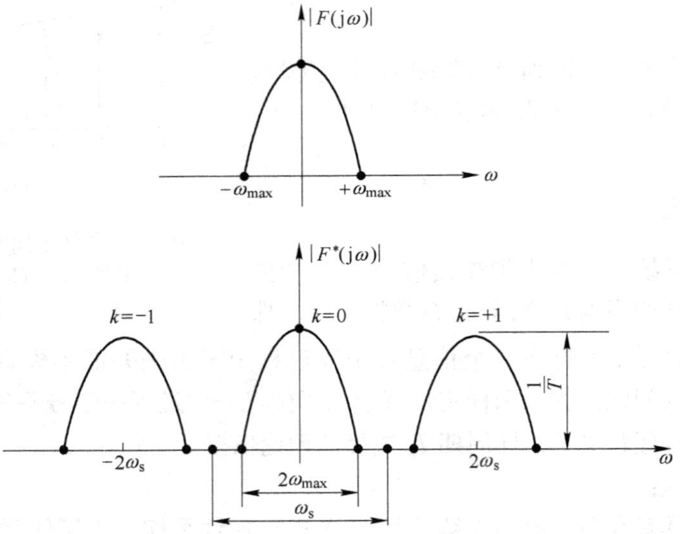

图 2-2　$\omega_s \geqslant 2\omega_{max}$ 的离散频谱

由图 2-2 可知，采样频率大于连续频谱的最高频率 ω_{max} 的两倍时，离散信号 $f(t)$ 的频谱 $|F(j\omega)|$ 是由无穷多个孤立的离散频谱所组成的，频谱之间没有发生重叠现象，其中，与 $k=0$ 对应的便是采样前原连续信号 $f(t)$ 的频谱，只是幅值是原来的 $1/T$。其他 $|k| \geqslant 1$ 对应的各项频谱，都是由于采样而产生的高频频谱分量。

对于 $\omega_s < 2\omega_{max}$ 的情况，离散信号 $f^*(t)$ 的频谱 $|F^*(j\omega)|$ 不再由孤立频谱构成，而是由一种与原连续信号 $f(t)$ 的频谱 $|F^*(j\omega)|$ 毫不相似的混叠频谱构成，采样信号丢失了原连续信号的信息，如图 2-3 所示。

从图 2-3 可以明显地看到，为使与 $k=0$ 对应的原连续信号频谱不再发生畸变，必须使采样频率 ω_s 足够高，以拉开离散频谱 $|F^*(j\omega)|$ 各项之间的距离，使其彼此之间不再相互混叠，因此，采样频率必须满足 $\omega_s \geqslant 2\omega_{max}$ 的条件，定理得到证明。

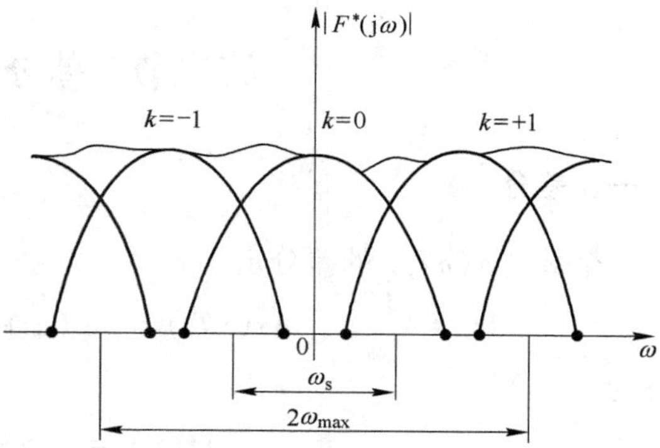

图 2-3　$\omega_s < 2\omega_{max}$ 的离散频谱

根据采样定理可知，对纯正弦信号采样时，其采样周期 $T_s \leqslant 1/2f_{max}$，即在一个周期内至少采样两次时，才能不失真地反映原连续信号 $f(t)$ 的变化规律，如图 2-4 所示。

当然，T_s 越小，即在一个周期内采样次数越多，$f^*(t)$ 越能真实完全地反映 $f(t)$ 的变化规律。但在实际的微机保护系统中，T_s 还受到微机运算速度等因素的限制，而且对于复杂功能的微机保护装置，CPU 不可能将所有的时间都用来采样，而是要完成很多其他功能子程序，所以，T_s 并不是无限小，通常要在满足采样定理的前提下，根据实际微机保护装置的速度要求确定。

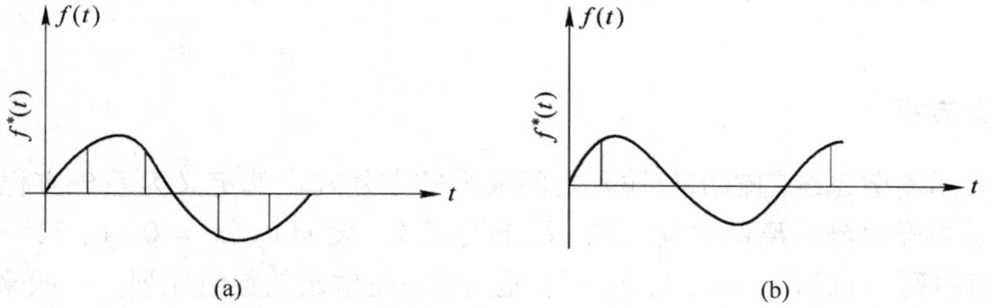

图 2-4　对纯正弦信号的采样
(a) $T_s < 1/2f_{max}$；(b) $T_s > 1/2f_{max}$

三、离散系统

当系统的部分或全部信号为离散信号时，该系统称为离散系统。微机保护系统就属于离散系统。

要研究和设计微机保护这类离散系统，首先应当解决它的数学模型建立和数学分析工具问题。微机保护一般把从现场采样到的模拟量转换为数字量输入到微机系统中，称之为输入量。经过滤波处理和保护运算之后，输出的数字量显示出来或作用于控制保护装置动作。因此，首先需要把微机保护的输入量与输出量之间的关系描述出来。对于离散系统，它的输出量与输入量之间的关系可用差分方程来描述。但是，差分方程并不方便分析输入量与输出量的变化规律。为此，常常把离散系统中的变量经过数学变换，映射到频域和 Z 变换中进行分析。在下两节中，将详细介绍差分方程和 Z 变换。

第二节　差分及差分方程

一、差分

一个数列 $x(nT_s)$ 的差分定义为

$$\Delta x(nT_s) = x[(n+1)T_s] - x(nT_s) \tag{2-7}$$

简写为

$$\Delta x(n) = x(n+1) - x(n) \tag{2-8}$$

$\Delta x(n)$ 为一阶差分，二阶差分定义为

$$\begin{aligned}\Delta x^2(n) &= \Delta[\Delta x(n)] = \Delta[x(n+1) - x(n)] \\ &= \Delta x(n+1) - \Delta x(n) \\ &= x(n+2) - x(n+1) - x(n+1) + x(n) \\ &= x(n+2) - 2x(n+1) + x(n)\end{aligned} \tag{2-9}$$

类似可以定义 $x(n)$ 的三阶、四阶差分等。

在差分的表达式中含有若干个 $x(n+k)$ 项，k 的最大值与最小值之差就是差分的阶数。

二、差分方程

用差分表示离散系统的输出与输入之间关系的方程式，就定义为差分方程。为了书写方便，把表示采样时刻的离散时间关系 kT_s 缩写成 k。设 $x(k)(k=0, 1, 2, \cdots)$ 是离散系统输入的数值序列。$y(k)(k=0, 1, 2, \cdots)$ 是离散系统输出的数值序列。一般来说，离散系统在某一时刻 k 输出的数值序列 $y(k)$ 不仅取决于本时刻的输入值 $x(k)$，而且与过去时刻的采样输入 $x(k-1)$，$x(k-2)$，$\cdots$ 有关，还与该时刻以前的输出值 $y(k-1)$，$y(k-2)$，$\cdots$ 有关，则差分方程的数学表达式为

$$\begin{aligned}&y(k) + a_1 y(k-1) + a_2 y(k-2) + \cdots + a_n y(k-n) \\ &= b_0 x(k) + b_1 x(k-1) + b_2 x(k-2) + \cdots + b_m x(k-m)\end{aligned}$$

上式也可表示为

$$y(k) = -\sum_{i=1}^{n} a_n y(k-i) + \sum_{j=0}^{m} b_m x(k-j) \tag{2-10}$$

式（2-10）就是一个 n 阶线性常系数差分方程。它在数学上代表一个离散系统，而且差分方程很容易用计算机软件程序进行计算。差分定义有前向差分和后向差分，可以证明，前向差分变换有可能产生不稳定极点。因此，本书采用后向差分变换。

三、差分方程的求取

线性差分方程是研究离散系统的数学工具，它不仅可以描述离散系统，而且通过差分方程的求解，可以分析设计离散系统。差分方程有与微分方程类似的古典解法和数学变换

解法。

（一）古典解法

线性差分方程的一般形式为

$$y(k)+\sum_{i=1}^{n}a_n y(k-i)=\sum_{j=0}^{m}b_m x(k-j) \tag{2-11}$$

上式称为线性非齐次差分方程。

当输入 $x(k)=0(k=0,1,2,\cdots,n)$ 时，它称为 n 阶的齐次线性方程，表达式为

$$y(k)+a_1y(k-1)+a_2y(k-2)+\cdots+a_ny(k-n)=0 \tag{2-12}$$

要满足齐次差分方程，则通解的形式由 $A\alpha^k$ 的一些项所组成。所以，$y(k)=A\alpha^k$ 应满足式（2-12）。即

$$A\alpha^k+a_1A\alpha^{k-1}+a_2A\alpha^{k-2}+\cdots+a_nA\alpha^{k-n}=0 \tag{2-13}$$

故

$$A\alpha^k(1+a_1\alpha^{-1}+a_2\alpha^{-2}+\cdots+a_n\alpha^{-n})=0$$

因为，$A\alpha^k\neq 0$，所以，可用 $A\alpha^k$ 除式（2-14）两边，再用 α^n 乘式（2-14）两边，则有

$$\alpha^n+a_1\alpha^{n-1}+a_2\alpha^{n-2}+\cdots+a_n=0 \tag{2-14}$$

式（2-14）就称为齐次差分方程式（2-12）的特征方程式。求解它可以得到 α_1，α_2，$\cdots$，α_n 共 n 个根，则式（2-12）的通解可求。若特征方程式中的根都是单根 α_i，$i=1$，2，$\cdots$，n，则齐次差分方程式（2-12）的通解为

$$y(k)=A_1\alpha^k+A_2\alpha_2^k+\cdots+A_n\alpha_n^k=\sum_{i=1}^{n}A_i\alpha_i^k \tag{2-15}$$

式（2-15）中的系数 A_i 由初始条件决定。

如果差分方程的非齐次项不为零，那么差分方程的全解包括通解和特解两部分。它的特解求法与微分方程一样，是用试探法，这种古典解法十分麻烦。

微分方程的求解除了古典解法外，还有拉氏变换法。类似地，差分方程也可以用 Z 变换来求解。

（二）迭代法

若已知离散系统的差分方程、输入序列和输出序列的初值，则可以利用递推关系，在计算机上一步一步地迭代算出系统输出序列。

例 2-1　已知离散系统的差分方程：

$$c(k)=r(k)+3c(k-1)-2c(k-2)$$

输入序列 $r(k)=1$，初始条件 $c(0)=0$，$c(1)=1$。试用迭代法求出输出序列 $c(k)$，$k=0$，1，2，3，4，5。

解：根据初始条件及递推关系，得

$$c(0)=0$$

$c(1)=1$

$c(2)=r(2)+3c(1)-2c(0)=1+3=4$

$c(3)=r(3)+3c(2)-2c(1)=1+3\times4-2\times1=11$

$c(4)=r(4)+3c(3)-2c(2)=1+3\times11-2\times4=26$

$c(5)=r(5)+3c(4)-2c(3)=1+3\times26-2\times11=57$

由例2-1可见，采用迭代法可以方便地解出输出序列有限项的幅值，但是并不易找到输出序列随输入序列变化的规律，不易求出输出序列的闭式表达式，不方便分析和设计系统。

为了方便直观地分析微机保护系统的输出信号变化规律，常常将在时域中表示的电力系统的变量 $x(t)$ 变换到 Z 域中进行分析，即将 $x(t)$ 进行 Z 变换。由此，求解差分方程可以用 Z 变换的方法。

第三节 Z 变换

连续信号系统常常采用拉氏变换的数学处理手段进行分析和设计。与此相似，线性离散系统分析时，常采用 Z 变换的数学处理工具。Z 变换实际上是从拉氏变换直接引申出来的一种变换方法。

一、Z 变换

设连续时间函数 $f(t)$ 可以进行拉氏变换，其拉氏变换为 $F(s)$。连续时间函数 $f(t)$ 经采样周期为 T 的采样开关后，变成离散的脉冲序列函数 $f^*(t)$：

$$f^*(t)=f(t)\sum_{k=0}^{\infty}\delta(t-kT)=\sum_{k=0}^{\infty}f(kT)\delta(t-kT) \tag{2-16}$$

则由拉氏变换定义知，离散信号 $f^*(t)$ 的拉氏变换为

$$F^*(s)=\sum_{k=0}^{\infty}f(kT)e^{-skT} \tag{2-17}$$

式中，各项均含有 e^{-skT} 因子。为便于计算，定义一个新变量 $z=e^{sT}$，其中，T 为采样周期，Z 是复数平面上定义的一个复变量，通常称为 Z 变换算子。

由式（2-17）可得，以 z 为自变量的函数 $F(z)$ 为

$$F(z)=\sum_{k=0}^{\infty}f(kT)z^{-k} \tag{2-18}$$

若上式级数收敛，则称 $F(z)$ 为离散函数 $f^*(t)$ 的 Z 变换，记为 $Z[f^*(t)]=F(z)$。

应当指出，在 Z 变换过程中，由于仅仅考虑的是连续时间函数 $f(t)$ 经采样开关瞬间的采样值。所以，上式只能表征连续时间函数 $f(t)$ 在采样时刻上的特性，而不能反映两个采样时刻之间的特性。习惯上，称 $F(z)$ 是 $f(t)$ 的 Z 变换，意味着 $f(t)$ 经过采样之后，成为离散时间函数 $f^*(t)$ 再 Z 变换。从这个意义上说，连续时间函数 $f(t)$ 与相应的离散时间函数 $f^*(t)$ 具有相同的 Z 变换，即

$$Z[f(t)] = Z[f^*(t)] = F(z) = \sum_{k=0}^{\infty} f(kT)z^{-k} \tag{2-19}$$

二、Z 变换的求取

求离散函数 Z 变换的方法有很多，本书只介绍常用的三种。

(一) 级数求和法

根据 Z 变换的定义，将 $f(z)$ 展开

$$\begin{aligned} F(z) &= \sum_{k=0}^{\infty} f(kT)z^{-k} \\ &= f(0) + f(T)z^{-1} + f(2T)z^{-2} + \cdots + f(kT)z^{-k} + \cdots \end{aligned} \tag{2-20}$$

上式是离散时间函数 Z 变换的一种无穷级数表达式。当已知各采样时刻 $kT(k=0, 1, 2, \cdots)$ 的采样值 $f(kT)$ 时，就可求得 $F(z)$ 的级数展开式，通常，对于常用函数的 Z 变换，应写成级数的闭合形式。

例 2-2　求函数 $f(t) = 1(t)$ 的 Z 变换。

解　在所有采样时刻 $f(kT) = 1(k = 0, 1, 2, \cdots)$

$$\begin{aligned} F(z) &= \sum_{k=0}^{\infty} f(kT)z^{-k} = 1 + 1 \times z^{-1} + 1 \times z^{-2} + \cdots + 1 \times z^{-k} + \cdots \\ &= \frac{1}{1 - z^{-1}} = \frac{z}{z-1}(|z^{-1}| < 1) \end{aligned} \tag{2-21}$$

此时等比级数收敛，可写成闭合形式。

例 2-3　求时延函数 $f(t) = \mathrm{e}^{-at}$ 的 Z 变换。

解　当 $t = kT$ 时，$f(kT) = \mathrm{e}^{-akT}$

$$\begin{aligned} F(z) &= \sum_{k=0}^{\infty} f(kT)z^{-k} = 1 + \mathrm{e}^{-aT} \times z^{-1} + e^{-2aT} \times z^{-2} + \cdots + e^{-kaT} \times z^{-k} + \cdots \\ &= \frac{1}{1 - z^{-1}\mathrm{e}^{-aT}} = \frac{z}{z - \mathrm{e}^{-aT}} \quad (|z^{-1}| < \mathrm{e}^{-aT}) \end{aligned} \tag{2-22}$$

由上述例子可知：通过级数求和法求取已知函数 Z 变换，只有当 $f(kT)$ 为特殊表达式时，才能将 $F(z)$ 写成级数的闭合形式；一般的 $f(kT)$ 表达式，不易求得 $F(z)$ 的闭合形式。但 $F(z)$ 的无穷级数形式具有鲜明的物理含义，本身包含着时间概念，可由函数 Z 变换的无穷级数形式清楚地看出原连续函数采样脉冲序列的分布情况。$F(z)$ 的更一般的求取方法是下面将要介绍的部分分式法。

(二) 部分分式法

部分分式法是利用连续时间函数 $f(t)$ 的拉氏变换 $F(s)$ 与 $F(z)$ 的对应关系（详见附录 1），求取 $F(z)$ 闭合形式的一种方法。首先将 $f(t)$ 的拉氏变换 $F(s)$ 展成部分分式的形式，即

$$F(s) = \sum_{i=1}^{n} \frac{A_i}{s - p_i} \tag{2-23}$$

式中，p_i 为 $F(s)$ 的极点；A_i 为常系数。

$\frac{A_i}{s-p_i}$对应的时间函数为 $A_i e^{p_i t}$，其 Z 变换为 $A_i \frac{z}{z-e^{p_iT}}$。可见，$f(t)$ 的 Z 变换为

$$F(z) = \sum_{i=1}^{n} A_i \frac{z}{z - e^{p_iT}} \tag{2-24}$$

利用部分分式法求函数的 Z 变换步骤：先求出已知连续函数 $f(t)$ 的拉普拉斯变换 $F(s)$，然后将有理分式函数 $F(s)$ 展开成部分分式之和的形式，最后求出（或查表给出）每一项相应的 Z 变换。

例 2-4　求 $F(s) = \frac{a}{s(s+a)}$ 的 Z 变换。

解　将 $F(s)$ 按它的极点展开成部分分式为

$$F(s) = \frac{a}{s(s+a)} = \frac{1}{s} - \frac{1}{s+a} \tag{2-25}$$

查附表得：$\frac{1}{s}$的 Z 变换为$\frac{z}{z-1}$；$\frac{1}{s+a}$的 Z 变换为$\frac{z}{z-e^{-aT}}$。于是 $F(s)$ 的 Z 变换为

$$F(z) = \frac{z}{z-1} - \frac{z}{z-e^{-aT}} = \frac{z(1-e^{-aT})}{(z-1)(z-e^{-aT})}$$

$$= \frac{z(1-e^{-aT})}{z^2 - (1+e^{-aT})z + e^{-aT}} \tag{2-26}$$

例 2-5　求 $f(t) = \sin\omega t$ 的 Z 变换。

解
$$F(s) = \frac{\omega}{s^2+\omega^2} = \frac{\frac{1}{2j}}{s-j\omega} + \frac{-\frac{1}{2j}}{s+j\omega}$$

因为$\frac{A_i}{s \pm j\omega}$的原函数为 $A_i e^{p_i t}$，其 Z 变换为$\frac{A_i}{1-z^{-1}e^{\pm j\omega T}}$，所以

$$F(z) = \frac{\frac{1}{2j}}{1-z^{-1}e^{+j\omega T}} + \frac{-\frac{1}{2j}}{1-z^{-1}e^{-j\omega T}}$$

$$= \frac{(\sin\omega T)z^{-1}}{1-(2\cos\omega T)z^{-1}+z^{-2}}$$

$$= \frac{z\sin\omega T}{z^2-(2\cos\omega T)z+1} \tag{2-27}$$

（三）留数计算法

当 $F(s)$ 的部分分式表达式不是变换表中常见的几种函数形式，或者 $F(s)$ 难以方便地展成部分分式之和的形式时，应用部分分式法也受到限制。这时，可以借助数学留数计算

法求得 $F(z)$ 。

已知连续信号 $f(t)$ 的拉普拉斯变换 $F(s)$ ，可以令 $F(s)$ 的分母等于零，求解出 $F(s)$ 的全部极点 s_i，则 $F(z)$ 等于

$$F(z) = \sum_{i=1}^{n} \underset{s=s_i}{\mathrm{Res}}\left[F(s)\frac{z}{z-\mathrm{e}^{T_s}}\right] \tag{2-28}$$

函数 $F(s)\frac{z}{z-\mathrm{e}^{T_s}}$ 在极点 s_i 处的留数计算法如下。

（1）若 s_i 为单极点，则

$$\mathrm{Res}\left[F(s)\frac{z}{z-\mathrm{e}^{T_s}}\right]_{s\to s_i} = \lim_{s\to s_i}\left[(s-s_i)F(s)\frac{z}{z-\mathrm{e}^{T_s}}\right] \tag{2-29}$$

（2）若 s_i 为 r_i 重极点，则

$$\mathrm{Res}\left[F(s)\frac{z}{z-\mathrm{e}^{T_s}}\right]_{s\to s_i} = \frac{1}{(r_i-1)!}\lim_{s\to s_i}\frac{\mathrm{d}^{r_i-1}\left[(s-s_i)^{r_i}F(s)\frac{z}{z-\mathrm{e}^{T_s}}\right]}{\mathrm{d}s^{r_i-1}} \tag{2-30}$$

例 2-6 已知 $F(s) = \frac{a}{s(s+a)}$，试用留数计算法求 $F(z)$ 。

解 令 $F(s)$ 的分母等于零，解出两个单极点 $s_1=0$，$s_2=-a$。两个留数计算如下：

$$\begin{aligned}
F(z) &= \sum_{i=1}^{2} \underset{s=s_i}{\mathrm{Res}}\left[F(s)\frac{z}{z-\mathrm{e}^{T_s}}\right] \\
&= \underset{s=s_1=0}{\mathrm{Res}}\left[\frac{a}{s(s+a)}\frac{z}{z-\mathrm{e}^{T_s}}\right] + \underset{s=s_2=-a}{\mathrm{Res}}\left[\frac{a}{s(s+a)}\frac{z}{z-\mathrm{e}^{T_s}}\right] \\
&= \lim_{s\to 0}\left[s\frac{a}{s(s+a)}\frac{z}{z-\mathrm{e}^{T_s}}\right] + \lim_{s\to -a}\left[(s+a)\frac{a}{s(s+a)}\frac{z}{z-\mathrm{e}^{T_s}}\right] \\
&= \frac{z}{z-1} - \frac{z}{z-\mathrm{e}^{-aT}} \\
&= \frac{z(1-\mathrm{e}^{-aT})}{(z-1)(z-\mathrm{e}^{-aT})}
\end{aligned} \tag{2-31}$$

例 2-7 已知 $f(t) = t(t\geqslant 0)$，求 $f(t)$ 的 Z 变换 $F(z)$ 。

解
$$F(s) = L[t] = \frac{1}{s^2}$$

$F(s)$ 有一个两重的极点，即 $s=0$，$r=2$，则

$$\begin{aligned}
F(z) &= \frac{1}{(2-1)!}\lim_{s\to 0}\frac{\mathrm{d}}{\mathrm{d}s}\left[s^2\frac{1}{s^2}\frac{z}{z-\mathrm{e}^{T_s}}\right] \\
&= \lim_{s\to 0}\frac{\mathrm{d}}{\mathrm{d}s}\left[\frac{z}{z-\mathrm{e}^{T_s}}\right] \\
&= \frac{Tz}{(z-1)^2}
\end{aligned} \tag{2-32}$$

三、Z 变换的性质（基本定理）

Z 变换是拉氏变换的变形，因此，Z 变换具有一些与拉氏变换性质相似的性质，使得它的应用变得简单和方便。

（一）线性定理

若 $Z[f_1(t)] = F_1(z)$，$Z[f_2(t)] = F_2(z)$，a，b 为任意常数，则有

$$Z[af_1(t) \pm bf_2(t)] = aF_1(z) \pm bF_2(z) \tag{2-33}$$

证明：根据 Z 变换的定义

$$\begin{aligned} Z[af_1(t) \pm bf_2(t)] &= \sum_{k=0}^{\infty}[af_1(kT) \pm bf_2(kT)]z^{-k} \\ &= a\sum_{k=0}^{\infty}f_1(kT)z^{-k} \pm b\sum_{k=0}^{\infty}f_2(kT)z^{-k} \\ &= aF_1(z) \pm bF_2(z) \end{aligned} \tag{2-34}$$

（二）滞后定理(负偏移定理)

设连续时间函数在 $t<0$ 时，$f(t) = 0$，且具有 Z 变换 $Z[f(t)] = F(z)$，则滞后定理表示如下

$$Z[f(t-nT)] = z^{-n}F(z) \tag{2-35}$$

上式说明，当连续时间函数 $f(t)$ 在时间上产生 n 个采样周期的滞后时，其相应的 Z 变换需要乘上 z^{-n}。

证明：由于 Z 变换只在采样时刻上有效，将 $t=kT$ 代入 $f(t-nT)$ 中，根据 Z 变换定义得

$$Z[f(t-nT)] = \sum_{k=0}^{\infty}f(kT-nT)z^{-k}$$

将上式展开，由于 $t<0$ 时，$f(t) = 0$，所以有

$$f(-T) = f(-2T) = \cdots = f(-nT) = 0$$

$$\begin{aligned} Z[f(t-nT)] &= f(0)z^{-n} + f(T)z^{-(n-1)} + \cdots + f(kT)z^{-(n-k)} + \cdots \\ &= z^{-n}[f(0) + f(T)z^{-1} + \cdots + f(kT)z^{-k} + \cdots] \\ &= z^{-n}F(z) \end{aligned} \tag{2-36}$$

（三）超前定理(正偏移定理)

设连续时间函数 $f(t)$ 的 Z 变换为 $F(z)$，则 $f(t+nT)$ 的 Z 变换为

$$\begin{aligned} Z[f(t+nT)] &= z^n[F(z) - \sum_{k=0}^{n-1}f(kT)z^{-k}] \\ &= z^nF(z) - z^nf(0) - z^{n-1}f(T) - z^{n-2}f(2T) - \cdots - zf[(n-1)T] \end{aligned} \tag{2-37}$$

证明：根据 Z 变换的定义

$$
\begin{aligned}
Z[f(t+nT)] &= \sum_{k=0}^{\infty} f(kT+nT)z^{-k} \\
&= z^{n}\sum_{k=0}^{\infty} f(kT+nT)z^{-(k+n)} \\
&= z^{n}\Big[\sum_{k=0}^{\infty} f(nT)z^{-n} - \sum_{k=0}^{n-1} f(kT)z^{-k}\Big] \\
&= z^{n}\Big[F(z) - \sum_{k=0}^{n-1} f(kT)z^{-k}\Big] \qquad (2\text{-}38)
\end{aligned}
$$

（四）初值定理

如果连续时间函数 $f(t)$ 的 Z 变换为 $F(z)$，并且极限 $\lim\limits_{x\to\infty}F(z)$ 存在，则 $f(t)$ 的初值 $f(0)$ 为

$$
f(0) = \lim_{t\to 0} f(t) = \lim_{z\to\infty} F(z) \qquad (2\text{-}39)
$$

式中，当 $t<0$ 时，$f(0)=0$。

证明：根据 Z 变换定义

$$
F(z) = \sum_{k=0}^{\infty} f(kT)z^{-k} = f(0) + f(T)z^{-1} + f(2T)z^{-2} + \cdots + f(kT)z^{-k} + \cdots
$$

在上式中，当 $z\to\infty$ 时，除第一项 $f(0)$ 外，其余各项均为零，定理得证。

（五）终值定理

如果连续时间函数 $f(t)$ 的 Z 变换为 $F(z)$，而 $F(z)$ 在圆心位于 Z 平面原点的单位圆上，没有二重极点或高阶极点，并且在单位圆外也没有极点，则 $f(t)$ 的终值为

$$
\lim_{x\to\infty} f(t) = \lim_{k\to\infty} f(kT) = \lim_{z\to 1}[(z-1)F(z)] \qquad (2\text{-}40)
$$

证明：根据 Z 变换定义

$$
F(z) = Z[f(t)] = \sum_{k=0}^{\infty} f(kT)z^{-k}
$$

再根据超前定理

$$
Z[f(k+1)T] = zF(z) - zf(0) = \sum_{k=0}^{\infty} f[(k+1)T]z^{-k}
$$

因此有

$$
\begin{aligned}
zF(z) - zf(0) - F(z) &= (z-1)F(z) - Zf(0) \\
&= \sum_{k=0}^{\infty} f[(k+1)T]z^{-k} - \sum_{k=0}^{\infty} f(kT)z^{-k} \qquad (2\text{-}41)
\end{aligned}
$$

由此得到

$$(z-1)F(z)=zf(0)+\sum_{k=0}^{\infty}[f(k+1)T-f(kT)]z^{-k} \tag{2-42}$$

由于假定 $F(z)$ 是稳定的（即在单位圆外面没有极点），当 $z\to 1$ 时，得到

$$\lim_{z\to 1}[(z-1)F(z)]=f(0)+f(\infty)-f(0)=f(\infty)$$

定理得证。

（六）复域微分定理

若连续时间函数 $f(t)$ 的 Z 变换为 $F(z)$，则

$$Z[tf(t)]=-Tz\frac{\mathrm{d}F(z)}{\mathrm{d}z} \tag{2-43}$$

证明：由 Z 变换定义

$$F(z)=\sum_{k=0}^{\infty}f(kT)z^{-k}$$

上式两端对 Z 求导得

$$\frac{\mathrm{d}F(z)}{\mathrm{d}z}=\sum_{k=0}^{\infty}f(kT)\frac{\mathrm{d}z^{-k}}{\mathrm{d}z}=\sum_{k=0}^{\infty}-kf(kT)z^{-k-1} \tag{2-44}$$

对上式整理有

$$-Tz\cdot\frac{\mathrm{d}F(z)}{\mathrm{d}z}=\sum_{k=0}^{\infty}kTf(kT)z^{-k}=Z[tf(t)] \tag{2-45}$$

四、Z 反变换

与拉普拉斯反变换类似，Z 反变换可表示为 $Z^{-1}[F(z)]=f(kT)$。下面介绍三种常用的 Z 反变换法。

（一）综合除法

这种方法是用 $F(z)$ 的分母除分子，求出按 z^{-1} 升幂排列的幂级数展开式，然后用反变换求出相应的采样函数的脉冲序列。

$$F(z)=\frac{b_0+b_1z^{-1}+b_2z^{-2}+\cdots+b_mz^{-m}}{1+a_1z^{-1}+a_2z^{-2}+\cdots+a_nz^{-n}}(m\leqslant n) \tag{2-46}$$

式中，a_j，b_j 均为常系数。通过对上式直接做综合除法，得到按 z^{-1} 升幂排列的幂级数展开式为

$$F(z)=f_0+f_1z^{-1}+f_2z^{-2}+\cdots+f_kz^{-k}+\cdots=\sum_{k=0}^{\infty}f_kz^{-k} \tag{2-47}$$

如果得到的无穷级数是收敛的，则按 Z 变换定义可知式中的系数 $f_k(k=0, 1, \cdots)$ 就是采样脉冲序列 $f^*(t)$ 的脉冲强度 $f(kT)$。因此，可直接列出 $f^*(t)$ 的脉冲序列表达式

$$f^*(t)=\sum_{k=0}^{\infty}f(kT)\delta(t-kT) \tag{2-48}$$

上式就是所要求的通过 Z 反变换得到的离散信号 $f^*(t)$。

求解时应注意：

（1）在进行综合除法之前，必须先将 $F(z)$ 的分子、分母多项式按 z 的降幂形式排列。

（2）实际应用中，常常只需计算有限的几项就够了。因此，用这种方法计算 $f^*(t)$ 最简便，这是该方法的优点之一。

（3）要从一组 $f(kT)$ 值中求出通项表达式，一般是比较困难的。

例 2-8 已知 $F(z)=\dfrac{2z^2-0.5z}{z^2-0.5z-0.5}$，试用幂级数法求 $F(z)$ 的 Z 反变换。

解 用综合除法得到

$$F(z)=2+0.5z^{-1}+1.25z^{-2}+0.875z^{-3}+\cdots$$

因为

$$f^*(t)=Z^{-1}[F(z)]=\sum_{K=0}^{\infty}f(kT)\delta(t-kT)$$

又因为 $f(0)=2, f(T)=0.5, f(2T)=1.25, f(3T)=0.875$，所以有

$$f^*(t)=2+0.5\delta(t-T)+1.25\delta(t-2T)+0.875\delta(t-3T)+\cdots$$

（二）部分分式展开法

Z 变换表中，所有 Z 变换函数 $F(z)$ 在其分子上都普遍含有因子 z，所以求 Z 反变换时可将 $\dfrac{F(z)}{z}$ 展开为部分分式，然后将所得结果的每一项都乘以 z，即得 $F(z)$ 的部分分式展开式。

例 2-9 设 $F(z)=\dfrac{(1-e^{-at})z}{(z-1)(z-e^{-at})}$，试求 $f(kT)$。

解

$$\frac{F(z)}{z}=\frac{(1-e^{-at})}{(z-1)(z-e^{-at})}=\frac{A}{z-1}+\frac{B}{z-e^{-at}}$$

经计算有 $A=1$，$B=-1$，所以有

$$\frac{F(z)}{z}=\frac{1}{z-1}-\frac{1}{z-e^{-at}}$$

则

$$F(z)=\frac{z}{z-1}-\frac{z}{z-e^{-at}}$$

查 Z 变化表得

$$f(kT)=1-e^{-at}(k=0,1,2,\cdots)$$

（三）留数计算法

根据 Z 变换定义有

$$F(z)=\sum_{k=0}^{\infty}f(kT)z^{-k}$$

根据柯西留数定理有

$$f(kT)=\sum_{i=1}^{n}\mathrm{Res}[F(z)z^{k-1}]_{z\to z_i} \tag{2-49}$$

式中，$\mathrm{Res}[F(z)z^{k-1}]_{z\to z_i}$ 表示 $F(z)z^{k-1}$ 在极点 z_i 处的留数。

关于函数 $F(z)z^{k-1}$ 在极点处的留数计算方法如下：

（1）若 z_i 为单极点，则

$$\mathrm{Res}[F(z)z^{k-1}]_{z\to z_i}=\lim_{z\to z_i}[(z-z_i)F(z)z^{k-1}] \tag{2-50}$$

（2）若 z_i 为 r_i 重极点，则

$$\mathrm{Res}[F(z)z^{k-1}]_{z\to z_i}=\frac{1}{(r_i-1)!}\lim_{z\to z_i}\frac{\mathrm{d}^{r_i-1}[(z-z_i)^{r_i}F(z)z^{k-1}]}{\mathrm{d}z^{r_i-1}} \tag{2-51}$$

例 2-10 已知函数 $F(z)=\dfrac{z+0.5}{z^2+3z+2}$，试用留数法求其 Z 反变换。

解 因为函数 $F(z)z^{k-1}=\dfrac{(z+0.5)z^{k-1}}{(z+1)(z+2)}$，有 $z_1=-1$，$z_2=-2$ 两个极点，极点处的留数

$$\mathrm{Res}\left[\frac{(z+0.5)z^{k-1}}{z(z+1)(z+2)}\right]_{z\to -1}=\lim_{z\to -1}\left[\frac{(z+1)(z+0.5)z^{k}}{z(z+1)(z+2)}\right]=0.5(-1)^k$$

$$\mathrm{Res}\left[\frac{(z+0.5)z^{k-1}}{z(z+1)(z+2)}\right]_{z\to -2}=\lim_{z\to -2}\left[\frac{(z+2)(z+0.5)z^{k}}{z(z+1)(z+2)}\right]=-0.75(-2)^k$$

所以有

$$f(kT)=0.5(-1)^k-0.75(-2)^k$$

相应的函数为

$$f^*(t)=\sum_{K=0}^{\infty}f(kT)\delta(t-kT)$$

五、Z 变换法求解差分方程

求解差分方程常用的方法有迭代法和 Z 变换法。迭代法非常简单，可见例 2-1，缺点是难以得到输出信号的闭式表达式。Z 变换法求解差分方程的实质是利用 Z 变换的实数位移定理，将差分方程化为以 z 为变量的代数方程，然后进行 Z 反变换，求出各采样时刻的响应。Z 变换法的具体步骤是：

（1）对差分方程进行 Z 变换；

（2）求出方程中输出量的 Z 变换 $C(z)$；

（3）求 $C(z)$ 的 Z 反变换，得差分方程的解 $c(k)$。

例 2-11 用 Z 变换法解二阶差分方程

$$c(k+2)+3c(k+1)+2c(k)=0,\ c=0,\ c(1)=1$$

解 对方程两端进行 Z 变换，得

$$C(z)-z^2c(0)-zc(1)+3zC(z)-3zc(0)+2C(z)=0$$

$$(z^2+3z+2)C(z)=c(0)z^2+[c(1)+3c(0)]z$$

代入初始条件，得

$$(z^2+3z+2)C(z)=z$$

$$C(z)=\frac{z}{z^2+3z+2}=\frac{z}{z+1}-\frac{z}{z+2} \tag{2-52}$$

得

$$c(k)=(-1)^k-(-2)^k$$

$$c^*(t)=\delta(t-T)-3\delta(t-2T)+7\delta(t-3T)-15\delta(t-4T)+\cdots \tag{2-53}$$

第四节　数字滤波器的主要性能指标和分类

一、数字滤波器的优点

对微机保护而言，有两种可选择的滤波方案。一种是传统的模拟滤波器，一种是数字滤波器。目前，在微机保护中通常采用数字滤波器，因为它同模拟滤波器相比具有下述优点：

（1）滤波精度高。在数字滤波器中增加字长很容易提高精度。

（2）性能稳定。模拟滤波器中各元件受温度变化，元件老化等因素影响大，而数字滤波器的参数受环境温度影响很小。

（3）灵活性高。如果要改变数字滤波器的性能，只要改变存储器中的程序就可得到不同特性的滤波器，而模拟滤波器改变性能却十分麻烦。

（4）便于分时复用。若采用模拟滤波器则必须每个通道装设一个滤波器，而一个数字滤波器通过分时调用程序，可以完成多个通道的滤波任务。

二、数字滤波器的主要性能指标

（一）频域特性

滤波器的差分方程经 Z 变换后得到转移函数 $H(z)$，令 $z=e^{j\omega T_s}$，就得到滤波器的频率响应

$$H(z)\big|_{z=e^{j\omega T_s}}=H(e^{j\omega T_s})=\left|H(e^{j\omega T_s})\right|e^{j\varphi(\omega T_s)} \tag{2-54}$$

式中，$\omega=2\pi f$，T_s 为采样周期。

定义频率响应的幅值 $|H(e^{j\omega T_s})|$ 为幅频特性，频率响应的相角 $\varphi(\omega T_s)$ 为相频特性。

对多数微机保护来说，只用到基波或某次谐波，因此最关心的是幅频特性。进行相位比较时，只要参加比相的各量采用相同的滤波器，其相对相位总是不变的，因此，极少考虑滤波器的相频特性。对幅频特性的要求是阻带衰减大，过渡带下降陡，对高次谐波等干扰分量幅值衰减大，通带不能太窄，以保证系统频率发生波动（尤其在故障状态）时有足够的增益。当数字滤波器做到特性跟随系统频率时（可调参数），也可用通带较尖锐的特性。

（二）时延和计算量

首先介绍时间窗和数据窗两个概念。

时间窗：一个实时数字滤波器通常在每一个采样间隔中计算一次，一个数字滤波器运算时所用到的最早的一个采样到最晚一个采样之间的时间跨度，定义为时间窗，记作 T_w。

数据窗：当 T_w 是 T_s 整数倍时，数据窗定义为 $D_s = T_w/T_s + 1$。

1. 时延

滤波器时延的定义为输入信号发生跃变时刻起到滤波器获得稳态输出之间的时间，记作 τ_c。

时延反映了滤波器本身的过滤过程，所以又称为暂态时延。数字滤波器的时延 τ_c 与滤波器的结构有关。对于后面提到的有限冲激响应滤波器（FIR），通常把滤波器的时间窗作为时延，即 $\tau_c = T_w$；对于无限冲激响应数字滤波器（IIR），其时延有两种确定途径：

（1）实验法，考虑一个典型的或者更严重的输入信号通过离线计算确定，或者动态模型试验在线计算来确定；

（2）误差法，在计算中设定一个误差性能指标 ε，用从输入信号跃变开始直到连续两次计算结果小于 ε 时的时间跨度确定 τ_c。误差性能指标可选择为幅值差、阻抗差等。这时 τ_c 不再是一个常数，随实时输入信号而变。

2. 计算量

数字滤波器的计算量通常用乘除法次数来表示，这是因为在微机上加减法运算的时间微不足道，而乘除法所用时间远远大于加减法的运算时间。因此，尽量避免或减少乘除法运算次数，对降低计算量是十分重要的。

对于线性数字滤波器，大部分是输入量或输出量与定系数相乘除，可以从以下几个方面考虑：

（1）系数尽可能取整数或 2 的整数次方，可便于用移位和加减法来代替乘法。

（2）相同系数尽可能多，这样提出公因子后，先作加减后作乘法以减少乘法次数。

（3）将系数近似为几个 2 的整数次方之和，再用移位和加减法代替乘法，例如 $\sqrt{3} \approx 2 - \frac{1}{4} - \frac{1}{64}$，$\sqrt{2} \approx 1 + \frac{1}{2} - \frac{1}{16} - \frac{1}{64} - \frac{1}{128}$ 等。

三、数字滤波器的分类

数字滤波器的分类方法很多。按频率特性可划分为：高通滤波器、低通滤波器、带通滤波器、带阻滤波器等。如图 2-5 所示。

按脉冲响应时间的不同可分为：

（1）无限长脉冲响应滤波器（IIR）。IIR 滤波器的脉冲响应 $h(n)$ 包括无限个采样值，$h(n)$ 在 $n_1 \leqslant n \leqslant \infty$ 区间内有无限个不等于零的采样值。

（2）有限长脉冲响应滤波器（FIR）：FIR 滤波器的脉冲响应 $h(n)$，在 $n_1 \leqslant n \leqslant n_2$ 区间内有有限个采样点，n_1 和 n_2 是两个有限值。

按其运算结构不同可分为：

（1）非递归型数字滤波器。非递归型数字滤波器的现行输出只与现行输入和有限个前

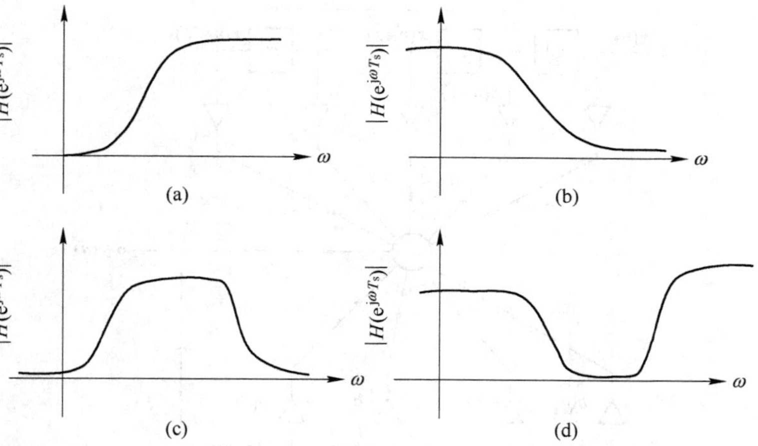

图 2-5 滤波器的幅频特性

（a）高通滤波器；（b）低通滤波器；（c）带通滤波器；（d）带阻滤波器

行输入有关，而与前行输出无关，只含有前馈通路而无反馈通路，如图 2-6 所示。

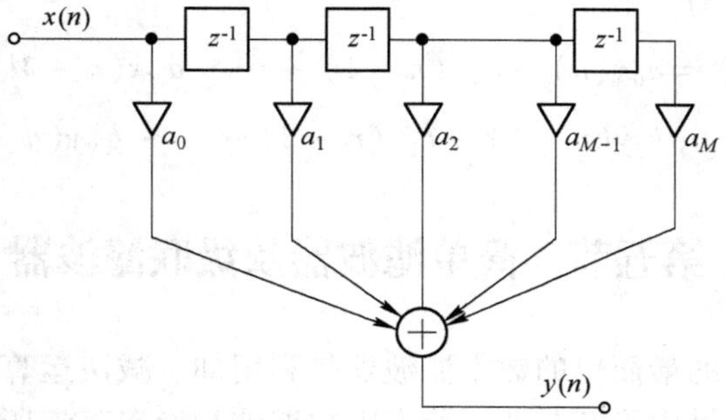

图 2-6 非递归型数字滤波器框图

一般数字滤波器的差分方程表达式为

$$y(n)+b_1y(n-1)+b_2y(n-2)+\cdots+b_Ny(n-N)$$

$$=a_0x(n)+a_1x(n-1)+\cdots+a_Mx(n-M) \tag{2-55}$$

其转移函数为

$$H(z)=\frac{Y(z)}{X(z)}=\frac{a_0+a_1z^{-1}+\cdots+a_Mz^{-M}}{1+b_1z^{-1}+\cdots+b_Nz^{-N}} \tag{2-56}$$

非递归型数字滤波器的差分方程特点是式（2-25）中所有系数 b 均为零。

其差分方程表达式为

$$y(n)=a_0x(n)+a_1x(n-1)+\cdots+a_Mx(n-M)$$

（2）递归型数字滤波器。其现行输出不仅与现行输入和前行输入有关，而且还与前行输出有关，如图 2-7 所示。

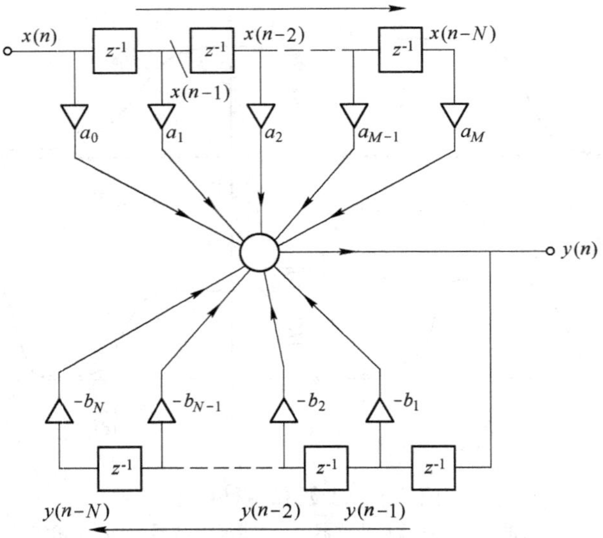

图 2-7　递归型数字滤波器框图

其差分方程表达式为

$$y(n)=a_0x(n)+a_1x(n-1)+\cdots+a_Mx(n-M)-b_1y(n-1)-b_2y(n-2)-\cdots-b_Ny(n-N)$$

第五节　简单滤波器及级联滤波器

在微机保护中使用的最简单的数字滤波器是利用加、减法运算构成的线性滤波器。这种滤波器是假定输入信号由稳态基波、稳态整次谐波和稳态直流所组成，即不考虑暂态过程和其他高频成分，显然，这样考虑的计算结果是粗糙的，但由于这种滤波器只对相隔若干个周期的信号进行加减运算，不做乘除运算，最大限度地减少了计算量。

简单滤波器一般用于速度较低的保护中，例如过负荷保护、过电流和一些后备保护，这类保护的输入信号在一定时延后，衰减已很缓慢，可以认为已进入稳态过程。另外，在中、低压网络中，发生故障后多数情况是整次数谐波占有绝对优势。所以这种简单滤波器多用于中、低压网络的慢速保护中。

简单滤波单元的基本形式有以下四种：减法滤波器、加法滤波器、积分滤波器、加减法滤波器。

一、减法滤波器（差分滤波器）

$$y(n)=x(n)-x(n-k) \tag{2-57}$$

将上式进行 Z 变换，得

$$Y(z)=X(z)(1-z^{-k})$$

则其转移函数为

$$H(z)=\frac{Y(z)}{X(z)}=1-z^{-k} \tag{2-58}$$

将 $z=e^{j\omega T_s}$ 代入上式，得其幅频特性为

$$|H(e^{j\omega T_s})|=|1-e^{-jk\omega T_s}|=2\left|\sin\frac{k\omega T_s}{2}\right| \tag{2-59}$$

式中，$\omega=2\pi f$，f 为输入信号频率；T_s 为采样周期，与采样频率 f_s 的关系为 $f_s=1/T_s$。通常要求 f_s 为基波频率 f_1 的整数倍，可令 $f_s=Nf_1$，$N=1$，2，…，即每基频周期内有 N 点采样。欲消除 m 次谐波，确定参数 k 值，则应当使 $\omega=m\omega_1$（ω_1 为基波角频率，$\omega_1=2\pi f_1$）时 $|H(e^{j\omega T_s})|=0$ 即

$$2\left|\sin\frac{k\omega}{2f_s}\right|=0,2\left|\sin\frac{k2\pi f_1 m}{2f_s}\right|=0$$

则有 $k\pi f_1 mT_s=p\pi \quad p=0，1，2，\cdots$ 故

$$k=\frac{p}{mT_s f_1}=\frac{pf_s}{mf_1}=p\frac{N}{m} \tag{2-60}$$

若已知 k 值，便可求出滤除谐波的次数为

$$m=\frac{p}{kT_s f_1}=\frac{pf_s}{kf_1}=p\frac{N}{k} \tag{2-61}$$

由上式可见，$p=0$ 时必然有 $m=0$，所以无论 f_s、k 取何值，直流分量总能被滤除掉。另外，N/k 的整数倍的谐波都将被滤除掉，其幅频特性如图 2-8 所示。

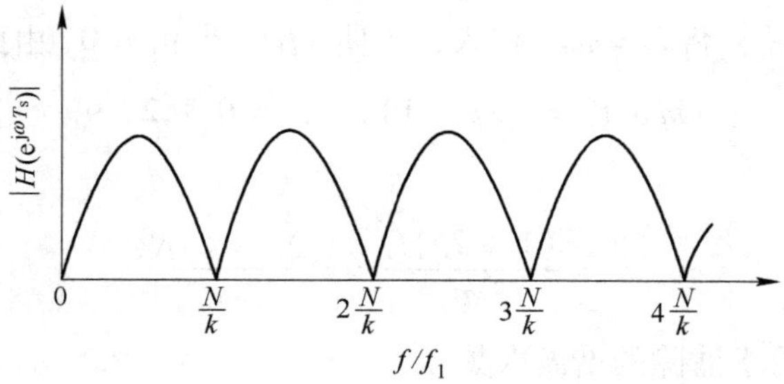

图 2-8　减法滤波器的幅频特性

下面举例说明，如已知采样频率为 $f_s=600$Hz，基波频率 $f_1=50$Hz，代入式（2-60）中，可得 $k=\frac{12p}{m}$。

（1）若要消除偶次谐波，取 $m=2p$（$p=0，1，2，\cdots$）代入得 $k=6$，故可消去直流成分及 2、4、6…等偶次谐波。

滤波器的差分方程为

$$y(n)=x(n)-x(n-6)$$

上述差分方程的软件程序实现如下（见图 2-9）：暂存第 n 次及其前 $6T_s$ 时刻的采样值

$x(n)$ 和$x(n-6)$，做减法即得滤波后的采样值 $y(n)=x(n)-x(n-6)$。

（2）若要消除三次谐波及其整数倍的谐波，则可取 $m=3p$，得 $k=4$。

滤波器的差分方程为

$$y(n)=x(n)-x(n-4)$$

（3）若要消除工频分量及直流和所有整数次谐波分量，则可取 $m=p$，$k=12$。在电力系统稳态时，该滤波器无输出；在系统发生故障后的一个基波周期内，该滤波器只输出故障分量，所以可用来实现启动元件，选相元件及其他利用故障分量原理构成的保护。

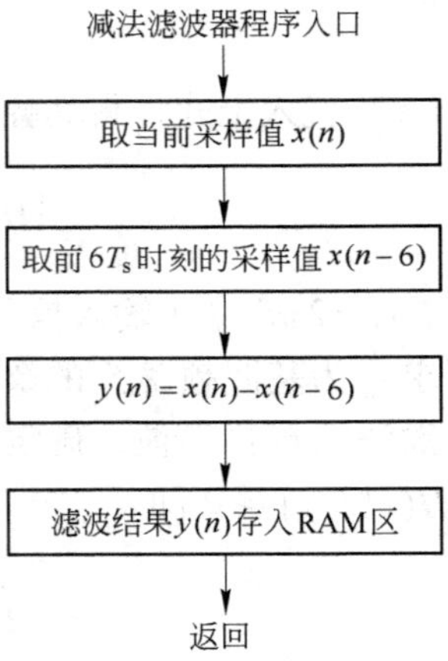

图 2-9　减法滤波器的软件框图

二、加法滤波器

加法滤波器的差分方程为

$$y(n)=x(n)+x(n-k) \tag{2-62}$$

对上式进行 Z 变换，得

$$H(z)=1+z^{-k} \tag{2-63}$$

其幅频特性为

$$\left|H(\mathrm{e}^{\mathrm{j}\omega T_s})\right|=2\left|\cos\frac{k\omega T_s}{2}\right| \tag{2-64}$$

若要消除 m 次谐波，将 $\omega=m\omega_1$ 代入，应使 $\left|H(\mathrm{e}^{\mathrm{j}\omega T_s})\right|=0$，由此可得

$$km\omega_1 T_s=(2p+1)\pi \quad p=0,1,2,\cdots$$

故

$$k=\frac{(1+2p)f_s}{2mf_1}=\frac{(2p+1)N}{2m} \tag{2-65}$$

若已知 k 参数，可求滤除的谐波次数

$$m=\frac{(2p+1)}{2}\frac{N}{k} \tag{2-66}$$

加法滤波器的幅频特性，如图 2-10 所示。

例如，已知采样频率 $f_s=600\text{Hz}$，基波 $f_1=50\text{Hz}$，则 $N=f_s/f_1=12$，代入式（2-65），得 $k=6(2p+1)/m$。

（1）若要消除 1、3、5…等奇次谐波，可令 $m=2p+1$，得 $k=6$，这种滤波器也不输出基波分量。

（2）若要消除 3、9、15…等次谐波，可令 $m=3(2p+1)$，可得 $k=2$。

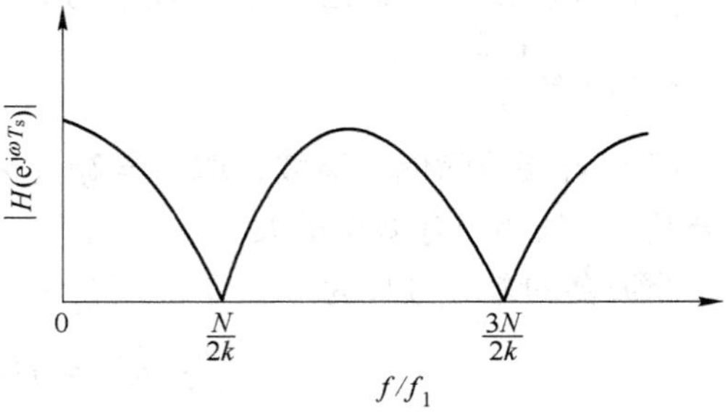

图 2-10　加法滤波器的幅频特性

三、积分滤波器

积分滤波器的特点是进行连加运算，差分方程为

$$y(n) = x(n) + x(n-1) + x(n-2) + \cdots + x(n-k) \tag{2-67}$$

对上式进行 Z 变换，可得

$$H(z) = 1 + z^{-1} + z^{-2} + \cdots + z^{-k} = \frac{1 - z^{-(k+1)}}{1 - z^{-1}} \tag{2-68}$$

其幅频特性为

$$|H(e^{j\omega T_s})| = \left| \frac{\sin\dfrac{(k+1)\omega T_s}{2}}{\sin\dfrac{\omega T_s}{2}} \right| \tag{2-69}$$

若要消除 m 次谐波，将 $\omega = m\omega_1$ 代入上式，使 $|H(e^{j\omega T_s})| = 0$，可得

$$\frac{(k+1)m\omega_1 T_s}{2} = p\pi,\ p = 0,1,2,\cdots \tag{2-70}$$

由于 $p=0$，则 $m=0$，但不能使式（2-69）为零，所以不论 f_s、k 取何值，都不能滤出直流分量。由式（2-70）得

$$k = \frac{2p\pi}{m\omega_1 T_s} - 1 \tag{2-71}$$

当已知参数 k 值，可推出滤波器能滤出的谐波分量次数

$$m = \frac{pf_s}{(k+1)f_1} = p\frac{N}{k+1} \tag{2-72}$$

可见积分滤波器能滤除 $N/(k+1)$ 整数倍的所有谐波，其幅频特性，如图 2-11 所示。

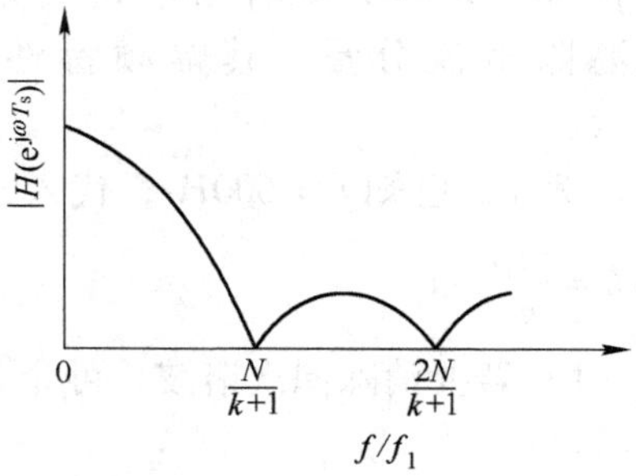

图 2-11　积分滤波器的幅频特性

例如，已知采样频率 $f_s = 600\text{Hz}$，代入式（2-71）得 $k = \frac{12p}{m} - 1$。

（1）若要消除偶次谐波，可令 $m = 2p$，可得 $k = 5$。

（2）若要消除 3 的整数倍谐波，令 $m = 3p$，可得 $k = 3$，滤波器的差分方程为

$$y(n) = x(n) + x(n-1) + x(n-2) + x(n-3)$$

微机软件程序实现时，要取当次采样值 $x(n)$ 及其前 $3T_s$ 时刻的各采样值 $x(n-1)$，$x(n-2)$，$x(n-3)$ 之后，做累加和，得滤波结果

$$y(n) = \sum_{k=0}^{3} x(n-k)$$

四、加减法滤波器

加减法滤波器的特点是进行加减交替运算，其差分方程为

$$y(n) = x(n) - x(n-1) + x(n-2) + \cdots + (-1)^k x(n-k) \tag{2-73}$$

对上式进行 Z 变换，得

$$H(z) = 1 - z^{-1} + z^{-2} + \cdots + (-1)^k z^{-k} = \frac{1 + (-1)^k z^{-(k+1)}}{1 + z^{-1}} \tag{2-74}$$

下面分别对 k 取奇数与偶数时的情况进行讨论。

（1）k 取奇数。其幅频特性为

$$|H(e^{j\omega T_s})| = \left| \frac{\sin \frac{(k+1)\omega T_s}{2}}{\cos \frac{\omega T_s}{2}} \right| \tag{2-75}$$

若要消除 m 次谐波，将 $\omega = m\omega_1$ 代入上式，并令其为零，则有

$$\frac{(k+1)m\omega_1 T_s}{2} = p\pi,\ p = 0,\ 1,\ 2,\ \cdots$$

$$k = \frac{2p\pi f_s}{m\omega_1} - 1 \tag{2-76}$$

若已知 k，可得

$$m = \frac{2p\pi f_s}{(k+1)\omega_1} = \frac{pf_s}{(k+1)f_1} = p\frac{N}{k+1} \tag{2-77}$$

该滤波器可滤除 $N/(k+1)$ 整数倍次谐波。当 $p=0$，$m=0$，此时无论 k、f_s 取何值，都能滤除直流分量，其幅频特性如图 2-12 所示。

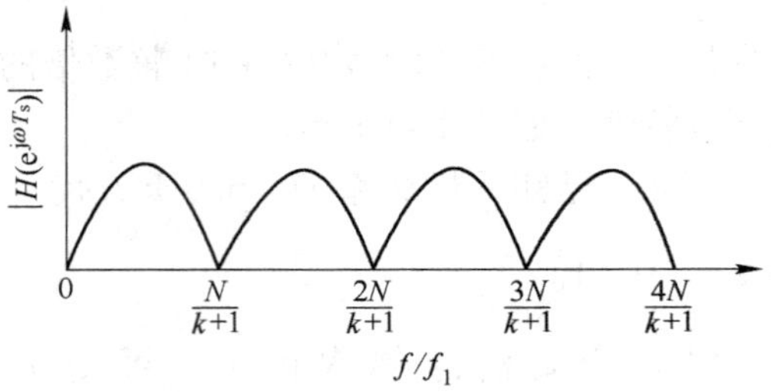

图 2-12　加减法滤波器的幅频特性（k 为奇数）

例如，已知 $f_s = 600\text{Hz}$，代入式（2-76），得 $k = \frac{12p}{m} - 1$。

1）若要消除偶次谐波，可令 $m = 2p$，得 $k = 5$。

2）若要消除 3 的整数倍谐波，令 $m = 3p$，可得 $k = 3$。

（2）k 取偶数。其幅频特性为

$$|H(e^{j\omega T_s})| = \left| \frac{\cos \frac{(k+1)\omega T_s}{2}}{\cos \frac{\omega T_s}{2}} \right| \tag{2-78}$$

若要消除 m 次谐波，将 $\omega = m\omega_1$ 代入上式并令其为零，则有 $(k+1)m\omega_1 T_s = (2p+1)\pi$，$p = 0, 1, 2, \cdots$

$$k = \frac{\left(p + \frac{1}{2}\right)f_s}{mf_1} - 1 \tag{2-79}$$

若已知 k 值，可得

$$m = \frac{\left(p + \frac{1}{2}\right)f_s}{(k+1)f_1} = \frac{(2p+1)N}{2(k+1)} \tag{2-80}$$

显然，该滤波器不能消除直流分量，可滤除 $N/2(k+1)$ 的整数倍次谐波，其幅频特性如图 2-13 所示。

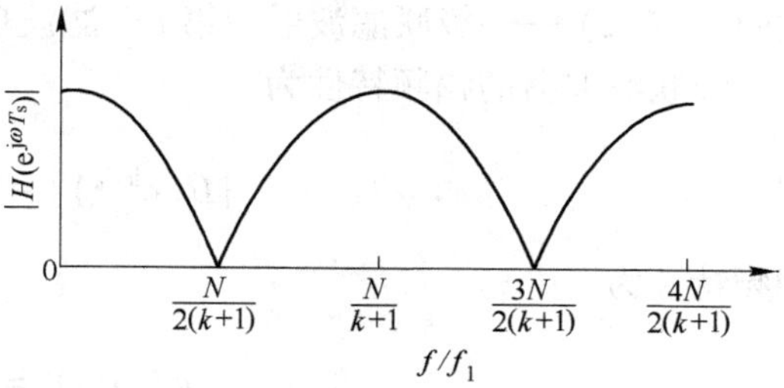

图 2-13　加减法滤波器的幅频特性（k 为偶数）

例如，已知 $f_s = 600\text{Hz}$，代入式（2-80）得 $k = \frac{6(2p+1)}{m} - 1$。

若要消除 2、6、10…等次谐波，令 $m = 4p + 2$，可得 $k = 2$。

综上所述，上述几种简单滤波器（或称简单滤波单元）有下述共同特点。

（1）运算简单。除不需要进行乘法运算外，加减法运算量也很小。加法、减法滤波单元只需一次加减运算，其他三种滤波单元的加减次数也不多于 2 次。如以积分滤波器为例，根据其差分方程或转移函数，可重新构造递推计算式

$$y(n) = y(n-1) + x(n) - x(n-k-1) \tag{2-81}$$

同理，对于加减法滤波单元也可得到递推计算式。

当 k 为奇数时，有

$$y(n) = x(n) - x(n-k-1) - y(n-1) \tag{2-82}$$

当 k 为偶数时，有

$$y(n) = x(n) + x(n-k-1) - y(n-1) \tag{2-83}$$

（2）梳状频谱。在幅频特性上出现一些较大的旁瓣。简单滤波器只能对事先考虑滤除的那些谐波（m 次谐波）可完全抑制，而对其他次谐波的滤波效果较差，称之为“频率泄漏”。并且，当系统频率发生波动时，会出现较大的误差。系统故障情况时往往伴随有频率变化，对此应有足够的注意。

（3）时延 τ_c 反比于 m。滤除的谐波次数 m 越低（直流除外），时延 τ_c 越长，呈反比变化。

（4）有限冲激响应。这些滤波器都只有零点没有极点，故没有稳定性问题。

五、简单滤波单元的组合

简单滤波单元虽然计算量很小，性能却难以满足要求。即使输入信号只有直流分量和整次谐波分量，每种滤波单元可滤除的谐波成分也很有限。为了使滤波器的性能满足要求，可以把具有不同特性的滤波单元级联起来，以得到预期的滤波特性。

级联类似于模拟滤波器的串联，即把前一滤波单元的输出作为后一滤波单元的输入。一个由 m 个简单的滤波单元组成的级联滤波器的转移函数可表示为

$$H(z) = \prod_{i=1}^{m} H_i(z) \tag{2-84}$$

式中 $H_i(z)$ ——级联滤波器中第 i 个滤波单元的转移函数。

级联滤波器的幅频特性为

$$|H(\mathrm{e}^{\mathrm{j}\omega T_s})| = \prod_{i=1}^{m} |H_i(\mathrm{e}^{\mathrm{j}\omega T_s})| \tag{2-85}$$

相频特性为

$$\varphi(\omega T_s) = \sum_{i=1}^{m} \varphi_i(\omega T_s) \tag{2-86}$$

时延特性为

$$\tau_c = \sum_{i=1}^{m} \tau_{ci} \tag{2-87}$$

这种单元级联滤波器，完全因袭了前述单元滤波器的几个主要特点，但它在性能上较简单滤波器有了较大的改善。当然它仍不能同时彻底地滤除直流分量和所有的整次谐波分量。实际上，这并不重要，重要的是要对所有高频成分均有足够大的衰减，这正是级联滤波器可能做到的。只要级联结构和采样频率选择合理，这种级联滤波器就可以得到相当好的梳状带通特性，下面举例加以说明。

例 2-12 设采样频率 $f_s = 600\text{Hz}$，要求完全滤除直流分量及 2、3、4、6 次谐波分量。

解 用两个减法滤波单元和两个积分滤波单元共同组成 4 个单元的级联滤波器

$$H_1(z) = (1 - z^{-2})$$

$$H_2(z) = (1 - z^{-6})$$

$$H_3(z) = (1 + z^{-1} + z^{-2})$$

$$H_4(z) = (1 + z^{-1} + z^{-2} + z^{-3})$$

减法滤波单元 $H_1(z)$ 和 $H_2(z)$ 可滤除 2、4、6 次谐波，而两个积分滤波单元可滤除 3、4、6 次谐波，并使频率响应的高频部分大大降低，幅频特性如图 2-14 所示。

例 2-13 有一个 50Hz 基频带通滤波器，分别由下列滤波单元级联组成：

减法滤波器 $H_1(z) = (1 - z^{-6})$

第一个积分滤波器 $H_2(z) = \sum_{k=0}^{7} z^{-k}$

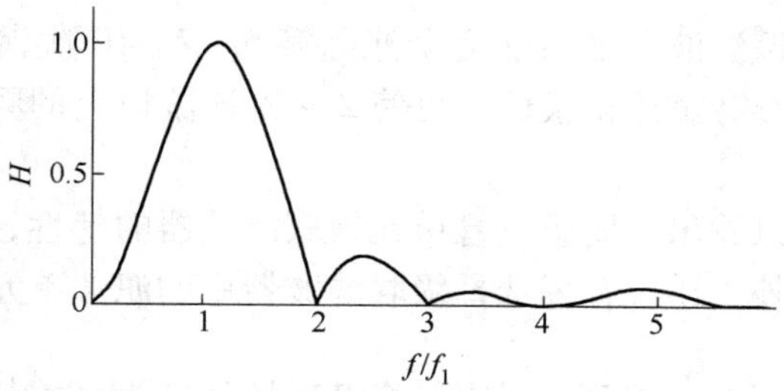

图 2-14　例 2-12 级联滤波器的幅频特性

第二个积分滤波器　　　　　$H_3(z) = \sum_{k=0}^{9} z^{-k}$

根据其幅频特性（见图 2-15）试分析该滤波器能完全滤除多少次谐波，已知采样频率 $f_s = 1200\text{Hz}$。

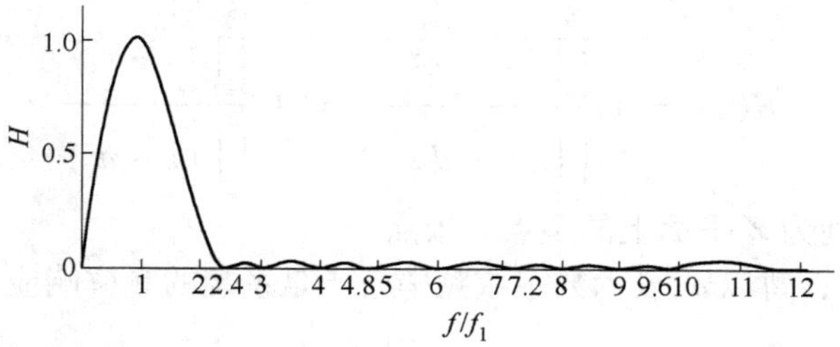

图 2-15　例 2-13 滤波器的幅频特性

解　滤波器的转移函数

$$\begin{aligned} H(z) &= H_1(z)H_2(z)H_3(z) \\ &= (1 - z^{-6})(1 - z^{-8})(1 - z^{-10})/(1 - z^{-1})^2 \end{aligned}$$

其幅频特性为

$$|H(e^{j\omega T_s})| = 2\left|\sin\frac{6\pi f}{f_s}\sin\frac{8\pi f}{f_s}\sin\frac{10\pi f}{f_s}/\sin^2\left(\frac{\pi f}{f_s}\right)\right|$$

当采样频率 $f_s = 1200\text{Hz}$ 时，则 $f_s = 24f_1$，$T_s = \frac{1}{24f_1}$，上式可写成

$$|H(e^{j\omega T_s})| = 2\left|\sin\frac{m\pi}{4}\sin\frac{m\pi}{3}\sin\frac{m\pi}{2.4}/\sin^2\left(\frac{m\pi}{24}\right)\right|$$

幅频特性如图 2-15 所示。

当 $m = 4p$，$p = 0, 1, 2, \cdots$时，减法滤波器 $H_1(z)$ 可滤除直流分量及第 4、8、12…次谐波。

当 $m = 3p$，$p = 0, 1, 2, \cdots$时，第一个积分滤波器 $H_2(z)$ 可滤除第 3、6、9…次谐波。

同理，当 $m = 2.4p$，$p = 0, 1, 2, \cdots$时，第二个积分滤波器 $H_3(z)$ 可滤除 2.4、4.8、

7.2、9.6、…次谐波分量。

从幅频特性可见，该滤波器虽不能完全滤除第5、7、10次谐波分量，但由于积分滤波器的作用，将整个高频旁瓣压得很低，可使2.4次谐波以上的频率响应大大衰减，具有较好的滤波效果。

从以上两个例子可以看出，要想改善单元级联滤波器的特性，通常都要提高采样频率和加长数据窗，除此之外，还应合理选择级联滤波器中的滤波单元。

第六节 用零、极点配置法设计数字滤波器

除了用基本滤波单元组成级联滤波器外，在微机保护中用得较多的就是用零、极点配置法设计的数字滤波器。它是通过直接在 Z 平面上合理地设置零点和极点，以得到合乎要求的频率响应特性和时延特性。

一、零、极点对系统频率响应的影响

N 阶数字滤波器的转移函数一般表达式为

$$H(z) = A\frac{\prod_{i=1}^{N}(1 - c_i z^{-1})}{\prod_{i=1}^{N}(1 - d_i z^{-1})} = A\frac{\prod_{i=1}^{N}(z - c_i)}{\prod_{i=1}^{N}(z - d_i)} \tag{2-88}$$

式中 c_i，d_i——分别为 Z 平面上的零点、极点。

下面为表达方便，暂以 ω' 表示数字域频率，于是系统的频率响应为

$$H(e^{j\omega'}) = A\frac{\prod_{i=1}^{N}(e^{j\omega'} - c_i)}{\prod_{i=1}^{N}(e^{j\omega'} - d_i)}$$

在 Z 平面上，$(e^{j\omega'} - c_i)$ 可以用由零点 c_i 指向单位圆上 $e^{j\omega'}$ 点（A 点）的向量 $\boldsymbol{C}_i$ 来表示，同样，$(e^{j\omega'} - d_i)$ 也可用由极点 d_i 指向 $e^{j\omega'}$ 点的向量 $\boldsymbol{D}_i$ 来表示，如图2-16所示。称 $\boldsymbol{C}_i$ 为零向量，$\boldsymbol{D}_i$ 为极向量。

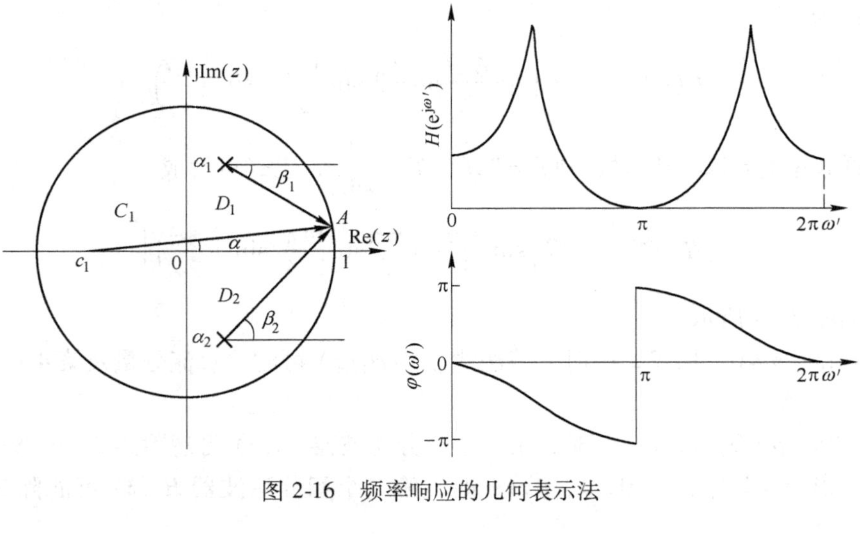

图2-16 频率响应的几何表示法

因此，

$$H(e^{j\omega'}) = A\frac{\prod_{i=1}^{N}\boldsymbol{C}_i}{\prod_{i=1}^{N}\boldsymbol{D}_i} = A\frac{\prod_{i=1}^{N}C_i e^{j\alpha_i}}{\prod_{i=1}^{N}D_i e^{j\beta_i}} \tag{2-89}$$

式中，$\boldsymbol{C}_i = C_i e^{j\alpha_i}$，$\boldsymbol{D}_i = D_i e^{j\beta_i}$，分别为 $\boldsymbol{C}_i$、$\boldsymbol{D}_i$ 向量的极坐标表示形式，C_i、D_i 为向量的幅值，α_i、β_i 分别为向量的幅角。

于是，得到数字滤波器的幅频特性

$$|H(e^{j\omega'})| = A\frac{\prod_{i=1}^{N}C_i}{\prod_{i=1}^{N}D_i} \tag{2-90}$$

相频特性

$$\varphi(\omega') = \sum_{i=1}^{N}\alpha_i - \sum_{i=1}^{N}\beta_i \tag{2-91}$$

当频率 ω' 由 0 到 2π 时，这些向量的终端点沿单位圆反时针方向旋转一圈，从而可以估算整个系统的频率响应。图 2-16 表示了两个极点，一个零点的系统以及它的频率响应，这个频率响应用几何法很容易得到。

由式（2-90）和式（2-91）也容易看出零、极点位置对系统频率响应的影响。

极点的影响：当极点 d_i 越靠近单位圆上 $e^{j\omega'}$ 点时，极向量的幅值 D_i 就越短。当极点 d_i 落在 $e^{j\omega'}$ 点上时，$D_i = 0$，则 $|H(e^{j\omega'})| \to \infty$，这相当于在该频率处出现无耗谐振（$Q = \infty$）。当极点越出单位圆时，系统不稳定，这是人们所不希望的。

零点的影响：与极点相反，c_i 越接近 $e^{j\omega}$ 点，$|H(e^{j\omega'})|$ 就越小。当 c_i 正好落在 $e^{j\omega'}$ 点上时，$|H(e^{j\omega'})| \to 0$，亦即在零点所在频率上出现传输零点，该频率信号完全被滤除掉。零点也可在单位圆以外，不受稳定性约束。

二、零、极点配置方法

由于滤波器的差分方程系数必须为实数，故 $H(z)$ 的零点或极点必须共轭成对，即零、极点在正（负）实轴上，成为 Z 平面上的共轭复数。为了保持滤波系统的稳定，极点的极径 r（极点到原点的距离）必须小于 1。零点的极径虽不受此限制，但为使衰减最大，常把零点设置在单位圆上，即极径等于 1。根据零、极点对频率响应的影响，可以对零、极点如下配置：在单位圆内 $d = re^{\pm j\omega_0'}$ 处设置一对共轭极点时，频率响应在 ω_0 处将有一峰值。当 r 越接近 1，即极点越接近单位圆，峰值就越尖锐。相反，在单位圆上，即 $c = e^{\pm j\omega_1'}$ 处设置一个零点，频率响应就会在 ω_1' 处出现传输零点，即实现陷波。其频率响应曲线如图 2-17 所示。如果特性尚未达到要求，可以再移动零、极点，作几次调整后就可以获得一些简单要求的滤波特性。这种零、极点累试的方法，一般用来设计要求简单且阶数不高的滤波器。

为了合理地设置零、极点，必须首先弄清楚在 Z 平面单位圆上各次谐波对应的位置。在 Z 平面单位圆 $z = e^{j\omega'}$ 上，显然有 $-\pi \leqslant \omega \leqslant \pi$ 将数字域频率 ω' 与模拟域频率的关系 $\omega' =$

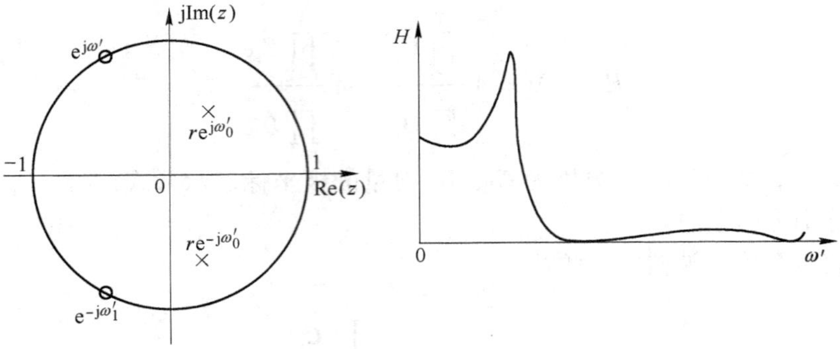

图 2-17 简单零、极点的频率响应

$2\pi fT_s=\omega T_s$ 代入上式，则 $-\pi\leqslant 2\pi fT_s\leqslant\pi$，即

$$-\frac{\pi}{T_s}\leqslant\omega\leqslant\frac{\pi}{T_s} \tag{2-92}$$

因$\frac{\pi}{T_s}=\pi f_s=\pi f_1 N=\omega_1\frac{N}{2}$，其中 ω_1 为基波频率，$N=f_s/f_1$，N 一般为正整数，则

$$-\omega_1\frac{N}{2}\leqslant\omega\leqslant\omega_1\frac{N}{2} \tag{2-93}$$

上式说明，对于每基频周期有 N 点采样的情况，将 Z 平面单位圆等分为 N 份，每一份对应频率间隔为 ω_1，若不考虑频率 ω 的周期重复，那么上半圆对应正频率，即

$$0\leqslant\omega\leqslant\omega_1\frac{N}{2} \tag{2-94}$$

令 $\omega=k\omega_1$，即令 k 为谐波次数（k 可以不为整数），则有

$$0\leqslant k\leqslant\frac{N}{2} \tag{2-95}$$

因而 k 次谐波在单位圆上所对应的位置为 $e^{jk\omega_1T_s}$，故可以在这个位置设置零、极点。

当需要抑制 k 次谐波时，应在 $re^{jk\omega_1T_s}(r>0)$ 处设置零点。为使转移函数的系数为实数，应设置一对共轭零点，故有下列转移函数

$$\begin{aligned}H_k(z)&=(1-re^{jk\omega_1T_s}z^{-1})(1-re^{-jk\omega_1T_s}z^{-1})\\&=1-2r\cos(k\omega_1T_s)z^{-1}+r^2z^{-2}\end{aligned} \tag{2-96}$$

若希望完全滤除 k 次谐波，可令 $r=1$，这时零点位于单位圆上。

当零点位于正实轴上（$z=1$）和负实轴上（$z=-1$）时，有

$$H_0(z)=1-rz^{-1} \tag{2-97}$$

$$H_{\frac{N}{2}}(z)=1+rz^{-1} \tag{2-98}$$

式中，$H_0(z)$ 和 $H_{\frac{N}{2}}(z)$ 可分别滤除直流分量和$\frac{N}{2}$次谐波。这是两个只有单实根的特殊情况，若设置多个零点，转移函数可表示为

$$H(z) = H_{k_1}(z)H_{k_2}(z)\cdots \tag{2-99}$$

可以将上述滤波器看作是一阶基本滤波单元的级联，则基本滤波单元的转移函数的一般表达式为

$$H_i(z) = (1 - re^{\pm jk_i\omega_1 T_s}z^{-1}) \tag{2-100}$$

当 $k_i = 0$ 时，得到式（2-97）；当 $k_i = \frac{N}{2}$时，得到式（2-98）；当$0 \leqslant k_i \leqslant \frac{N}{2}$时，因零点为一对共轭复数，其转移函数为

$$\begin{aligned} H_{k_i}(z) &= 1 - 2r\cos(k\omega_1 T_s)z^{-1} + r^2z^{-2} \\ &= 1 - 2r\cos\left(k\frac{2\pi}{N}\right)z^{-1} + r^2z^{-2} \end{aligned} \tag{2-101}$$

极点的设置方法与上述类似，只要对式（2-96）求倒数即可，为保持滤波系统稳定，在设置极点时，应取 $r < 1$。

三、全零点滤波器

在转移函数中只含有零点而无极点的滤波器称为全零点滤波器。当信号的采样频率 f_s 选定后，若在要滤除的信号频率所对应的 Z 平面单位圆上均设置一个零点，即可消除各次谐波分量而保留需要的频率分量。

（1）当需滤除直流和$\frac{N}{2}$次谐波分量时，在 Z 平面上设置一对 $z = \pm 1$ 零点，则转移函数

$$H_0(z) = A_0(1 - z^{-2})$$

（2）当需滤除 $k = m$ 次谐波时，需要设置一对共轭零点 $e^{\pm jk\omega_1 T_s}$，则转移函数

$$H_m(z) = \left[1 - 2\cos\left(k\frac{2\pi}{N}\right)z^{-1} + z^{-2}\right]$$

例 2-14　为谐波制动式变压器差动保护设计两个全零点滤波器，假定 $N = 12$。

第一个为基波滤波器，要求保留基波，完全滤除直流和其他各整数次谐波。

第二个为二次谐波滤波器，要求保留二次谐波，完全滤除直流、基波和其他各整数次谐波。设滤波器使被保留的谐波输出增益为 A_B 和 A_S。

解　基波滤波器的转移函数为

$$\begin{aligned} H_B(z) &= A_B(1 - z^{-1})\left[1 - 2\cos\left(\frac{2\pi}{12}2\right)z^{-1} + z^{-2}\right]\left[1 - 2\cos\left(\frac{\pi}{6}3\right)z^{-1} + z^{-2}\right] \\ &\quad \left[1 - 2\cos\left(\frac{\pi}{6}4\right)z^{-1} + z^{-2}\right]\left[1 - 2\cos\left(\frac{\pi}{6}5\right)z^{-1} + z^{-2}\right](1 + z^{-1}) \\ &= A_B(1 + z^{-1} - z^{-6} - z^{-8})(1 + \sqrt{3}z^{-1} + z^{-2}) \end{aligned}$$

上式没有完全展开，把它看作为两个滤波器的级联。同理可得二次谐波滤波器的转移

函数为

$$H_S(z) = A_S(1 - z^{-3} + z^{-6} - z^{-9})(1 + z^{-1})$$

为了降低滤波器的阶次，当一些较高次谐波分量很弱时，允许省去对应次谐波的一对零点，使滤波器的转移函数简化。

本题中，如果允许在基波滤波器中省去对应第5次谐波的一对零点，在二次谐波滤波器中省去对应第6次谐波的一对零点，两个滤波器的转移函数可分别简化为

$$H_B(z) = A_B(1 + z^{-2} - z^{-6} - z^{-8})$$

$$H_S(z) = A_S(1 - z^{-3} + z^{-6} - z^{-9})$$

图2-18为简化后的两个滤波器的幅频特性。其相应的差分方程为

$$y_B(n) = A_B[x(n) + x(n-2) - x(n-6) - x(n-8)]$$

$$y_S(n) = A_S[x(n) - x(n-3) + x(n-6) - x(n-9)]$$

在微机保护软件程序中，每次采样 $x(n)$ 值后，取出 $9T_s$ 采样间隔前的各次采样值 $x(n-1)$，$x(n-2)$，…，$x(n-9)$，根据以上两式，易计算出滤波值 $y_B(n)$ 和 $y_S(n)$。

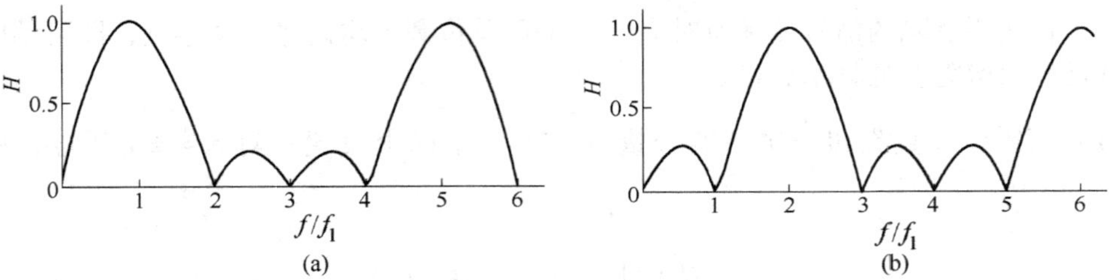

图2-18　例2-14中简化滤波器的幅频特性

(a)基波滤波器幅频特性；(b)二次谐波滤波器幅频特性

第七节　滤波器运算结构形式的选择

滤波器按其运算结构不同可分为递归型和非递归型。非递归型滤波器的当前输出 $y(n)$ 只是过去和当前输入的函数，而与过去的输出值无关。而递归型滤波器的过去输出对现在输出有直接影响。

具有同一转移函数的滤波器可能有两种不同的运算结构形式。例如，本章第三节介绍的积分滤波单元和加减法滤波单元可以用非递归型结构实现，如式（2-67）和式（2-73），也可以用递归型结构实现，如式（2-81）、式（2-82）、式（2-83）。

递归型滤波器，由于其输出既反映输入值又反映以前的输出值。因此，它有记忆作用，能够反映历史数据的变化，且计算量一般较非递归型计算量小很多。

继电保护是实时数据处理系统，数据采集系统按照采样速率源源不断地向微机输入数据，处理的速度必须要能跟上实时采样节拍，否则将造成数据积压无法工作。就这一点来

说，用递归型较好，因为它的运算量要小很多。考虑电力系统是一个三相系统，计算的量很多，用非递归滤波器可能在两个相邻采样间隔内完不成必须完成的运算工作。

因继电保护是实时系统，要求保护能够快速对被保护对象的故障作出响应。就这一点来说，用非递归型好。因为它是有限冲激响应的，而且它的设计比较灵活，易于在频率特性和冲激响应之间，也就是滤波效果和响应时间之间作出权衡。还有，许多复杂保护装置由于种种原因，设有启动元件。例如距离保护设有振荡闭锁启动元件，距离工段的测量元件只在启动元件动作后才允许投入工作。这样距离保护的阻抗计算可以在启动元件动作后才开始，这时采用非递归型就显出了其优点，因为它不需要历史数据，可以在启动元件动作后取用故障后的数据进行计算，并且也可以不要求在一个采样间隔内完成一次阻抗计算。如果用递归型滤波器，即使正常时不要求阻抗计算，滤波器也必须对所有的量进行不间断的滤波计算，否则一旦启动元件启动，无法取得启动元件动作前的输出值。

在微机保护中，选择哪一种形式的滤波器，在很大程度上取决于其应用场合对滤波器的要求，这里仅能提供一些应当考虑的因素。

小　结

微型计算机能识别的信号是数字信号。因此，微机保护装置对于从电力系统中取到的电压、电流等模拟量必须首先经过采样过程和模数转换，把连续变化的模拟信号处理成为离散信号后，才能进行保护的运算和判断。

在采样过程中，为了使采样信号能不失真地复现原来的连续信号，即采样信号 $f^*(t)$ 能反映连续信号 $f(t)$ 的变化规律，采样频率必须满足

$$\omega_s \geqslant 2\omega_{max}\left(或\ T_s \leqslant \frac{1}{2f_{max}}\right)$$

式中，$\omega_{max}=2\pi f_{max}$ 为连续信号 $f(t)$ 的最高角频率。

含有离散信号的系统称为离散系统，微机保护系统也是离散系统。离散系统的数学模型有：

(1) 差分方程；

(2) 差分方程经 Z 变换后得到的转移函数。

电力系统在故障起始瞬间电压和电流信号中含有衰减的直流分量和复杂的谐波成分，因此对于采用不具有滤波功能算法的保护装置，需要对采样信号首先进行滤波。因为数字滤波器与模拟滤波器比较具有滤波精度高、性能稳定、灵活性高、便于分时复用等优点，在微机保护中普遍采用数字滤波器。

衡量数字滤波器的性能指标主要有：幅频特性、时延和计算量。

微机保护中最简单的数字滤波单元有：减法滤波器、加法滤波器、积分滤波器、加减法滤波器。因为它们只对相隔若干个周期的采样值进行加减运算，所以最大限度地减少了计算量。但每种滤波单元只对某一预定频率的谐波（m 次）成分能完全滤除，对其他次谐波的滤波效果较差，存在频率泄漏。把几个简单滤波单元级联起来，构成级联滤波器，可以获得较理想的滤波效果。

除了上述级联滤波器外，在微机保护中用得较多的还有用零、极点配置法设计的数字滤波器。它通过直接在 Z 平面上合理地设置零点、极点，以得到合乎要求的频率响应特性和时延特性。

滤波器按其运算结构不同可分为递归型和非递归型。非递归型滤波器的当前输出 $y(n)$ 只是过去和当前输入的函数，与过去的输出值无关，非递归型滤波器的实时性较好，能够满足微机保护的快速性要求。递归型滤波器的输出不仅与过去和现在的输入有关，还与过去输出量有关。因此，它有记忆作用，能够反映历史数据的变化，且计算量较非递归型小很多。具有同一转移函数的滤波器，可能有两种不同的运算结构形式。在微机保护中，选择哪一种形式主要依其应用场合对滤波器的不同要求而决定。

习　题

2-1　连续信号和离散信号有何区别？

2-2　为什么采样过程中的采样频率要根据采样定理来选择？

2-3　电力系统微机保护中为什么要采用数字滤波器，它与模拟滤波器比较有何优点？

2-4　什么是差分滤波器和积分滤波器，要消除 3、5 次谐波采用什么样的滤波器？

2-5　设 $f_s=600\text{Hz}$，设计一个减法滤波器，滤掉直流分量及 2、4、6、8…等偶次谐波，写出其差分方程表达式及滤波子程序框图。

2-6　设 $f_s=1200\text{Hz}$，设计一个减法滤波器，滤掉直流及 1、3、5、7…等奇次谐波，写出差分方程表达式。

2-7　设 $f_s=600\text{Hz}$，设计一个加法滤波器，滤掉 3、9、15 等次谐波，写出其差分方程。

2-8　用零、极点配置法设计一个滤除直流分量的数字滤波器，写出差分方程。

第三章　微机保护的算法

电力系统的微机保护是采用微型计算机对电力系统中的各种电气量进行采样，通过软件程序对采样数据进行运算、分析和判断，以实现各种保护功能的一种保护形式，因此说微机保护是用数学运算方法实现故障测量、分析和判断的。微机保护中的一个基本问题就是寻找适当的离散运算方法来实现一定的保护功能，从而使运算结果的精确度能满足工程要求而计算耗时又尽可能短，达到既判断准确，又动作迅速、可靠的效果。近 20 多年来，国内外的继电保护工作者围绕这个问题作了大量的研究，提出了许多适合于微机保护的计算方法。

微机保护的算法可分为两大类。一类是把输入量的若干点采样值按照一定的数学式进行计算，得到某些电参数的量值，然后将它与定值进行比较、判断的算法。该算法能充分利用微机的数值计算特点，可实现许多常规继电保护无法实现的功能。例如微机距离保护，它的动作特性的形状可以非常灵活，不像常规距离保护的动作特性形状决定于一定的动作方程。此外，它还可以根据阻抗计算值中的电抗分量推算出短路点距离，起到测距的作用等。另一类是直接模仿模拟型保护的实现方法，根据继电保护的功能或继电器的动作特性拟定的算法。这一类算法的计算量略有减少，但由于计算机所特有的数字处理和逻辑运算功能，可以使保护的性能有明显提高。

保护算法是微机保护研究的重点，不同功能的微机保护，主要是因其软件算法而异。分析和评价各种不同算法优劣的标准是精度和速度。精度即保护根据输入量判断电力系统故障或不正常运行状态的准确程度。而速度包括两个方面：一是算法所要求的采样点数（或称数据窗长度）；二是算法的计算工作量。精度和速度又总是矛盾的，若要计算精确则往往要利用更多的采样点和进行更多的计算工作量。所以研究算法的实质是如何在速度和精度两方面进行权衡。还须指出，有些算法本身具有数字滤波的功能，有些算法则需对输入量先滤波后再计算。因此，评价算法时，还要考虑它对数字滤波的要求。

第一节　输入量为正弦函数的算法

当假定输入量（采样的电压、电流信号）为正弦量时，可以利用正弦函数的一系列特性，根据若干个采样值计算出电压、电流的幅值、相位以及功率和测量阻抗等量值，然后进行比较、判断，以完成一系列保护功能。

因这种算法是建立在假定电压和电流波形为正弦函数的基础上，故只有基波正弦量是有效信号，其他非周期分量和谐波分量都认为是干扰或噪声。但在电力系统发生故障时，往往是在基波的基础上叠加有衰减的非周期分量和各种高频分量。因此，要求微机保护装置对输入的电流、电压信号进行预处理，即尽可能地滤掉非周期分量和高频分量之后，才能采用此类算法运算，否则，计算结果将出现较大的误差。

一、采样值积算法

采样值积算法是利用采样值的乘积来计算电流、电压、阻抗的幅值和相角等电流参数的方法。该算法的特点是计算判断的时间较短，一般小于 $T/2$。因这种算法是利用 2 ~ 3 个采样值推算出整个曲线情况，所以属于曲线拟合法。

（一）两采样值积算法

以电压为例，设 u_1 和 u_2 分别为两个相隔为 Δt 时刻电压的采样值，即

$$u_1 = U_m \sin(\omega t_n + \theta_{0u}) = \sqrt{2}U\sin\theta_{1u} \tag{3-1}$$

$$u_2 = U_m \sin[\omega(t_n + \Delta t) + \theta_{0u}] = \sqrt{2}U\sin(\theta_{1u} + \omega\Delta t) \tag{3-2}$$

式中　ω——角频率；
U_m——电压幅值；
U——电压有效值；
θ_{0u}——电压初相角；
θ_{1u}——t_n 采样时刻的相角，可为任意值，$\theta_{1u} = \omega t_n + \theta_{0u}$。

将式（3-2）展开并将式（3-1）代入，消去 θ_{1u} 相得

$$\begin{aligned} u_2 &= \sqrt{2}U\sin(\theta_{1u} + \omega\Delta t) \\ &= \sqrt{2}U\sin\theta_{1u}\cos(\omega\Delta t) + \sqrt{2}U\cos\theta_{1u}\sin(\omega\Delta t) \\ &= u_1\cos(\omega\Delta t) + \sqrt{2}U\sin(\omega\Delta t)\sqrt{1 - \frac{u_1^2}{(\sqrt{2}U)^2}} \\ &= u_1\cos(\omega\Delta t) + \sin(\omega\Delta t)\sqrt{2U^2 - u_1^2} \end{aligned} \tag{3-3}$$

将式（3-3）整理就可得到

$$2U^2 = \frac{u_1^2 + u_2^2 - 2u_1u_2\cos(\omega\Delta t)}{\sin^2(\omega\Delta t)} \tag{3-4}$$

若设 i_1 和 i_2 分别为相隔 Δt 时刻电流的采样值，同理可得

$$2I^2 = \frac{i_1^2 + i_2^2 - 2i_1i_2\cos(\omega\Delta t)}{\sin^2(\omega\Delta t)} \tag{3-5}$$

由于 Δt 是预先选定的常数，所以 $\sin(\omega\Delta t)$、$\cos(\omega\Delta t)$ 都是常数。只要送进相隔 Δt 的两个时刻的采样值，便可按式（3-4）和式（3-5）算出电压和电流的有效值。Δt 可为很短的一个采样间隔，所以这种算法所需要的数据窗可以很短。但这样的运算要进行平方、乘法、除法、加减法和开平方运算，使运算时间加长，占用计算机的时间较多，因而限制了这种算法的广泛应用。如果选用 $\Delta t = T/4$，即 $\omega\Delta t = \frac{\pi}{2}$，则式（3-4）和式（3-5）可以简化为

$$2U^2 = u_1^2 + u_2^2 \tag{3-6}$$

$$2I^2 = i_1^2 + i_2^2 \tag{3-7}$$

式中，u_1 和 u_2、i_1 和 i_2 的时间间隔均为 $\pi/2$。

将式（3-1）和式（3-2）相除，并利用 u_1 和 u_2 的时间间隔为 $\pi/2$，可得

$$\tan\theta_{1u} = \frac{u_1}{u_2} \tag{3-8}$$

同理也可得

$$\tan\theta_{1I} = \frac{i_1}{i_2} \tag{3-9}$$

式中　θ_{1I}——t_n 时刻的相角。

上述关系表明，只要知道任意两个相隔 $\pi/2$ 的正弦量的瞬时值，就可以很方便地计算出该正弦量的有效值和相位。

如欲求出阻抗，可根据上述结论，得

$$Z = \frac{U}{I} = \sqrt{\frac{u_1^2 + u_2^2}{i_1^2 + i_2^2}} \tag{3-10}$$

$$\theta_Z = \theta_{1u} - \theta_{1I} = \arctan\left(\frac{u_1}{u_2}\right) - \arctan\left(\frac{i_1}{i_2}\right) \tag{3-11}$$

所以

$$\tan\theta_Z = \tan(\theta_{1u} - \theta_{1I}) = \frac{\tan\theta_{1u} - \tan\theta_{1I}}{1 + \tan\theta_{1u}\tan\theta_{1I}}$$

$$= \frac{\dfrac{u_1}{u_2} - \dfrac{i_1}{i_2}}{1 + \dfrac{u_1}{u_2} \cdot \dfrac{i_1}{i_2}} = \frac{u_1 i_2 - u_2 i_1}{u_1 i_1 + u_2 i_2} \tag{3-12}$$

或

$$\theta_Z = \arctan\left(\frac{u_1 i_2 - u_2 i_1}{u_1 i_1 + u_2 i_2}\right) \tag{3-13}$$

式（3-11）或式（3-13）中要用到反三角函数。实用上更方便的算法是求出阻抗的电阻分量和电抗分量。

将电流和电压写成复数形式

$$\dot{U} = U\cos\theta_{1u} + jU\sin\theta_{1u} = \frac{1}{\sqrt{2}}(u_2 + ju_1)$$

$$\dot{I} = I\cos\theta_{1I} + jI\sin\theta_{1I} = \frac{1}{\sqrt{2}}(i_2 + ji_1)$$

于是

$$\frac{\dot{U}}{\dot{I}} = \frac{u_2 + ju_1}{i_2 + ji_1} = j\frac{u_1 i_2 - u_2 i_1}{i_1^2 + i_2^2} + \frac{u_1 i_1 + u_2 i_2}{i_1^2 + i_2^2} \tag{3-14}$$

上式中实部即为 R，虚部则为 X，所以

$$X = \frac{u_1 i_2 - u_2 i_1}{i_1^2 + i_2^2} \tag{3-15}$$

$$R = \frac{u_1 i_1 + u_2 i_2}{i_1^2 + i_2^2} \tag{3-16}$$

上述用两个相隔 $\pi/2$ 的采样值的算法所需的时间为 1/4 周期，对 50Hz 的工频来说为 5ms。而用任意两点相乘采样值算法所需的时间为一个采样周期，但算式较复杂。如采用专用硬件乘法器，则这种算法的应用可以获得较大的改善。这种算法本身对采样频率无特殊要求，但需先经过数字滤波。

（二）三采样值乘积算法

三采样值乘积算法是利用 3 个连续的等时间间隔 Δt 的采样值，通过适当的组合消去 ωt 项以求出采样值的幅值和相位的方法。设电压和电流为

$$u = \sqrt{2}U\sin(\omega t + \varphi + \theta) = U_{\mathrm{m}}\sin(\omega t + \varphi + \theta) \tag{3-17}$$

$$i = \sqrt{2}I\sin(\omega t + \theta) = I_{\mathrm{m}}\sin(\omega t + \theta) \tag{3-18}$$

对上述波形进行采样，取任意 3 个连续采样时刻为

$$t_n,\quad t_{n-1} = t_n - \Delta t,\quad t_{n-2} = t_n - 2\Delta t$$

对应于上述 3 个时刻的电压和电流的采样值分别为：u_n、i_n，u_{n-1}、i_{n-1}，u_{n-2}、i_{n-2}，如图 3-1 所示。可表示为

$$u_{n-2} = \sqrt{2}U\sin(\omega t_n + \varphi + \theta - 2\omega\Delta t) = U_{\mathrm{m}}\sin(\omega t_n + \varphi + \theta - 2\omega\Delta t)$$

$$u_{n-1} = \sqrt{2}U\sin(\omega t_n + \varphi + \theta - \omega\Delta t) = U_{\mathrm{m}}\sin(\omega t_n + \varphi + \theta - \omega\Delta t)$$

$$u_n = \sqrt{2}U\sin(\omega t_n + \varphi + \theta) = U_{\mathrm{m}}\sin(\omega t_n + \varphi + \theta)$$

$$i_{n-2} = \sqrt{2}I\sin(\omega t_n + \theta - 2\omega\Delta t) = I_{\mathrm{m}}\sin(\omega t_n + \theta - 2\omega\Delta t)$$

$$i_{n-1} = \sqrt{2}I\sin(\omega t_n + \theta - \omega\Delta t) = I_{\mathrm{m}}\sin(\omega t_n + \theta - \omega\Delta t)$$

$$i_n = \sqrt{2}I\sin(\omega t_n + \theta) = I_{\mathrm{m}}\sin(\omega t_n + \theta)$$

上述各式经过适当组合便可消去 ωt_n 项，可得一种结果为

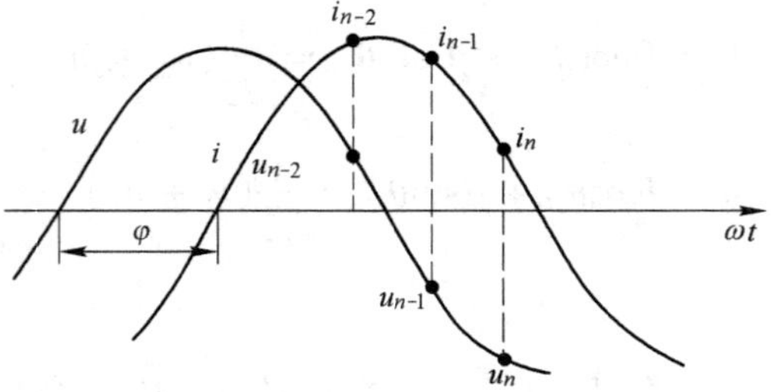

图 3-1　采样的电压和电流

$$U_{\mathrm{m}}I_{\mathrm{m}}\cos\varphi = \frac{u_{n-2}i_{n-2} - 2u_{n-1}i_{n-1}\cos2\omega\Delta t + u_n i_n}{1 - \cos2\omega\Delta t} \tag{3-19}$$

当取 $f_s = 600\text{Hz}$，$\omega\Delta t = \frac{\pi}{6}$ 时，上式变为

$$U_{\mathrm{m}}I_{\mathrm{m}}\cos\varphi = 2(u_{n-2}i_{n-2} - u_{n-1}i_{n-1} + u_n i_n) \tag{3-20}$$

为得到 U_{m} 或 I_{m}，可令 $U_{\mathrm{m}} = I_{\mathrm{m}}$、$\varphi = 0$，代入上式并改写下标，可得

$$\left.\begin{aligned} U_{\mathrm{m}}^2 &= 2(u_1^2 + u_3^2 - u_2^2) \\ I_{\mathrm{m}}^2 &= 2(i_1^2 + i_3^2 - i_2^2) \end{aligned}\right\} \tag{3-21}$$

或写成有效值 U 和 I，有

$$\left.\begin{aligned} U^2 &= u_1^2 + u_3^2 - u_2^2 \\ I^2 &= i_1^2 + i_3^2 - i_2^2 \end{aligned}\right\} \tag{3-22}$$

经推导也可得

$$R = \frac{u_1 i_1 + u_3 i_3 - u_2 i_2}{i_1^2 + i_3^2 - i_2^2} \tag{3-23}$$

$$X = \frac{u_1 i_2 - u_2 i_1}{i_1^2 + i_3^2 - i_2^2} \tag{3-24}$$

依照前述同样的方法，也可求出 Z 值和 θ_Z 值。

同是三点采样，可以有不同的计算方法，上述采样值经适当的变换也可得到

$$2U^2 = \frac{u_2^2 - u_1 u_3}{\sin^2(\omega\Delta t)} \tag{3-25}$$

$$2I^2 = \frac{i_2^2 - i_1 i_3}{\sin^2(\omega\Delta t)} \tag{3-26}$$

此种算法比前一种算法简单。由此亦可求出相角和阻抗值。

三采样值乘积算法和两采样值乘积算法相比较，三采样值乘积算法只需等待 $2\omega\Delta t = \frac{\pi}{3}$ 的时间，而两采样值算法则需等待 $\omega\frac{T}{4} = \frac{\pi}{2}$ 的时间。所以，前者的计算延时稍短一些，速度较快，其缺点是要用较多的乘除法。

二、微分法（导数法）

微分法是利用正弦函数的导数为余弦函数的特点计算正弦电压、电流的幅值等参数。

（一）一次微分法

$$u = \sqrt{2}U\sin(\omega t + \theta) \tag{3-27}$$

$$i = \sqrt{2}I\sin(\omega t - \varphi + \theta) \tag{3-28}$$

则电压和电流的导数分别为

$$u' = \omega \sqrt{2} U \cos(\omega t + \theta) \tag{3-29}$$

$$i' = \omega \sqrt{2} I \cos(\omega t - \varphi + \theta) \tag{3-30}$$

从上述两式可求出

$$2U^2 = u^2 + \left(\frac{u'}{\omega}\right)^2 \tag{3-31}$$

$$2I^2 = i^2 + \left(\frac{i'}{\omega}\right)^2 \tag{3-32}$$

也可求出阻抗和相角为

$$Z^2 = \frac{2U^2}{2I^2} = \frac{\omega^2 u^2 + u'^2}{\omega^2 i^2 + i'^2} \tag{3-33}$$

$$\theta_u = \omega t + \theta = \arctan\left(\frac{\omega u}{u'}\right) \tag{3-34}$$

$$\theta_i = \omega t - \varphi + \theta = \arctan\left(\frac{\omega i}{i'}\right) \tag{3-35}$$

$$\theta_z = \theta_u - \theta_i = \arctan\left(\frac{\omega u}{u'}\right) - \arctan\left(\frac{\omega i}{i'}\right) \tag{3-36}$$

$$X = \frac{u_1 \dfrac{i_1}{\omega} - i' \dfrac{u'}{\omega}}{i_1^2 + \left(\dfrac{i_1'}{\omega}\right)^2} \tag{3-37}$$

$$R = \frac{u_1 i_1 + \dfrac{u_1'}{\omega} \dfrac{i_1'}{\omega}}{i_1^2 + \left(\dfrac{i_1'}{\omega}\right)^2} \tag{3-38}$$

上述各式电流和电压值可通过采样获得，导数值可利用差分近似求得。可取时间 t 为两个相邻采样时刻 n 和 $n+1$ 的中点，如图 3-2 所示。则

$$i' = \frac{1}{T_s}(i_{n+1} - i_n) \tag{3-39}$$

$$u' = \frac{1}{T_s}(u_{n+1} - u_n) \tag{3-40}$$

u 和 i 分别取均值

$$i = \frac{1}{2}(i_{n+1} + i_n) \tag{3-41}$$

$$u = \frac{1}{2}(u_{n+1} + u_n) \tag{3-42}$$

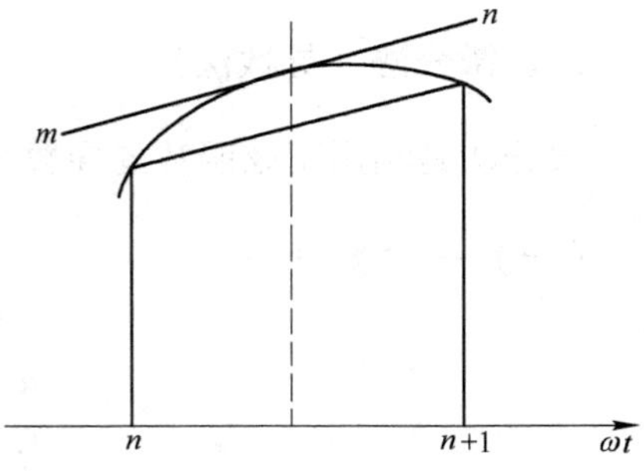

图 3-2　采样及微分求导示意图

上述算法所需要的数据窗较短，仅为一个采样间隔。但它将产生误差，一是利用差分近似求导将产生误差，二是电流、电压用平均值来替代也将产

生误差。若要消除平均值代替采样值所引起的误差，可采用在 $n-1$，n 和 $n+1$ 的 3 个连续时间时刻的采样，取 n 时刻的采样值，用 $n+1$ 和 $n-1$ 时刻的采样值来求导，上述各式可写成

$$i' = \frac{1}{2T_s}(i_{n+1} - i_{n-1}) \tag{3-43}$$

$$u' = \frac{1}{2T_s}(u_{n+1} - u_{n-1}) \tag{3-44}$$

$$i = i_n \tag{3-45}$$

$$u = u_n \tag{3-46}$$

上述求法仍不可避免由差分代替导数引起误差。下面以电压为例分析误差的大小。

令 u_{ac} 为用采样值计算时所得的电压有效值的计算值，可得

$$2u_{ac}^2 = u_n^2 + \left(\frac{u_{n+1} - u_{n-1}}{2\omega T_s}\right)^2 = 2U^2\left[\sin^2(\omega t_n) + \left(\frac{\sin\omega(t_n + T_s) - \sin\omega(t_n - T_s)}{2\omega T_s}\right)^2\right]$$

或

$$\left(\frac{u_{ac}}{U}\right)^2 = \sin^2(\omega t_n) + \cos^2(\omega t_n)\frac{\sin^2(\omega T_s)}{\omega^2 T_s^2}$$

$$= 1 - \cos^2(\omega t_n)\left[1 - \frac{\sin^2(\omega T_s)}{\omega^2 T_s}\right] \tag{3-47}$$

当 $t_n=0$ 时，此时误差最大，取 $\omega T_s = \frac{\pi}{6}$，则 $\left(\frac{u_{ac}}{U}\right)_{max} = \sqrt{1 - \left[1 - \frac{9}{\pi^2}\right]} = \frac{3}{\pi} \approx 0.955$。可见，用微分法所得的最大误差较大，约为 4.5% U，出现在零时刻。

综上所述，这一算法所引起的误差较大，并且求导也将放大高频分量。但因该算法的数据窗较短，仅为一个或两个采样间隔，且算式也不复杂，其快速性较好。对于 50Hz 的正弦量，只要采样频率高于 1000Hz，则差分近似求导引入的误差远小于 1%，是可以忽略的。

由于用差分近似求导要求较高的采样率，该算法要求数字滤波器与之配合，以便有良好的滤除高频分量的能力。

（二）二次微分法

这种算法是为了消除一次微分法受直流分量影响的缺点提出的。该算法在一次微分法基础上做了修正，采用一阶导数和二阶导数值，代替了原来的采样值和一阶导数值。

设电压和电流为

$$u = \sqrt{2}U\sin(\omega t + \theta),\ i = \sqrt{2}I\sin(\omega t - \varphi + \theta)$$

则

$$u' = \omega\sqrt{2}U\cos(\omega t + \theta)$$

$$i' = \omega\sqrt{2}I\cos(\omega t - \varphi + \theta)$$

$$u'' = -\omega^2\sqrt{2}U\sin(\omega t + \theta) \tag{3-48}$$

$$i'' = -\omega^2\sqrt{2}I\sin(\omega t - \varphi + \theta) \tag{3-49}$$

经整理得

$$2U^2 = \left(\frac{u'}{\omega}\right)^2 + \left(\frac{u''}{\omega}\right)^2 \tag{3-50}$$

$$2I^2 = \left(\frac{i'}{\omega}\right)^2 + \left(\frac{i''}{\omega}\right)^2 \tag{3-51}$$

也可求出阻抗和相角分别为

$$Z^2 = \frac{2U^2}{2I^2} = \frac{\omega^2 u'^2 + u''^2}{\omega^2 i'^2 + i''^2} \tag{3-52}$$

$$\theta_z = \arctan\left(\frac{u''}{\omega u'}\right) - \arctan\left(\frac{i''}{\omega i'}\right) \tag{3-53}$$

$$R = \frac{ui'' - u'i'}{ii'' - i'^2} \tag{3-54}$$

$$X = \frac{u'i - ui'}{ii'' - i'^2} \tag{3-55}$$

在二次微分算法中，除用一次微分以外，还用到二次微分。二次微分可用二次差分法求得如

$$i'' = \frac{1}{T_s}\left(\frac{i_{n+1} - i_n}{T_s} - \frac{i_n - i_{n-1}}{T_s}\right) = \frac{1}{T_s^2}(i_{n+1} - 2i_n + i_{n-1}) \tag{3-56}$$

这种算法显然不受恒定直流分量的影响，因为在一次和二次差分中已将其消去了。衰减的非周期分量的影响也大为削弱。但二阶求导对高次谐波的放大作用更大，所以必须采用具有良好特性的滤波器以消除高次谐波的影响。这种算法所需的数据窗为三个采样值，因此，计算速度也很快。

三、半周积分算法（面积法）

半周积分法是利用正弦量在任意半个周期内绝对值的积分为一常数 S，且积分值 S 和积分起始点的初相角 θ 无关这一特性来计算的。

以电压为例，如图 3-3 所示。任意半个周期的积分值为

$$S = \int_0^{\frac{\pi}{2}} \sqrt{2}U\left|\sin(\omega t + \theta)\right|\mathrm{d}t = \int_0^{\frac{T}{2}} \sqrt{2}U\sin\omega t\mathrm{d}t$$

$$= -\frac{\sqrt{2}}{\omega}U\cos\omega t\Big|_0^{\frac{T}{2}} = \frac{2\sqrt{2}}{\omega}U \tag{3-57}$$

从而得出 $U = \dfrac{S\omega}{2\sqrt{2}}$。

式（3-57）的积分值（面积）可用梯形法近似求出，如图 3-3 所示。

$$S \approx \left[\frac{1}{2}|u_0| + \sum_{k=1}^{\frac{N}{2}-1}|u_k| + \frac{1}{2}|u_{\frac{N}{2}}|\right]T_s \tag{3-58}$$

式中 u_k——第 k 次采样值；

N——一个周期的采样点数；

u_0——$k=0$ 时的采样值；

$u_{\frac{N}{2}}$——$k=\frac{N}{2}$时的采样值。

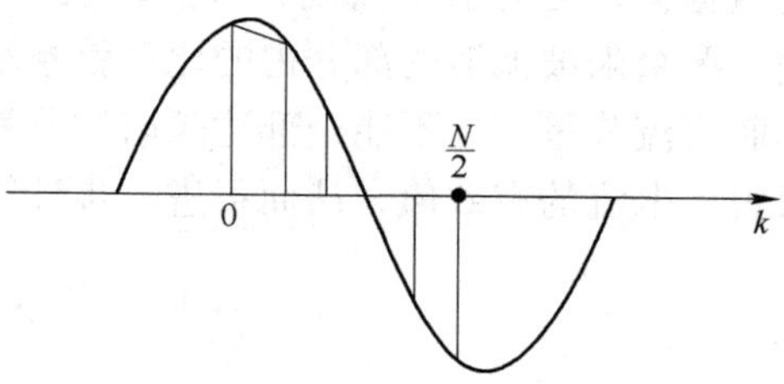

图 3-3 用梯形法近似计算半周期积分值

积分值也可用矩形法近似求得 $S \approx \sum_{k=1}^{\frac{N}{2}} |u_k| T_s$。

在保护中为计算简便，常用半个周期内的采样值累加求和代替积分。即

$$S \approx \sum_{k=1}^{\frac{N}{2}} |u_k|$$

或写成

$$S = U_m \sum_{k=1}^{\frac{N}{2}} |\sin[\theta + \omega(k-1)T_s]|$$

令

$$k(\theta) = \sum_{k=1}^{\frac{N}{2}} |\sin[\theta + \omega(k-1)T_s]| \tag{3-59}$$

则有

$$S = k(\theta) U_m$$

式中 N——一个周期内的采样点数；

u_k——第 k 个采样值；

T_s——采样周期。

用采样值求和代替积分，总要带来误差，此误差由 $k(\theta)$式决定，因为 $k(\theta)$不是一个常数。当一周内采样点数不变，$k(\theta)$的值只与 θ 有关。设半周期内采样点数 $N/2=6$，$\omega T_s=30°$，则 $k(\theta)$随初相角 θ 的变化如表 3-1 所示。

表 3-1 $k(\theta)$随初相角 θ 的变化值

θ	0°	5°	10°	15°	20°	25°	30°
$k(\theta)$	3.732	3.81	3.85	3.864	3.85	3.81	3.732

由表可见，$\theta=15°$时 $k(\theta)$值最大。

$$\Delta k(\theta) = \frac{3.864-3.732}{3.732} = 3.5\%$$

现取表中 $k(\theta)$的平均值为标准，即 $k(\theta)_{av}=\frac{1}{2}(3.732+3.864)=3.798$。此时按式(3-59)计算的相对误差最大值为 ±1.8%。若每半周采样点数 $N/2=10$，$\omega T_s=18°$，则 $k(\theta)$计算的相对误差最大值降低为 ±0.62%。

虽然这种算法误差较大，但其运算量极小，可以用非常简单的硬件来实现，也可用软件程序实现。对于一些要求不高的电流、电压保护可以采用这种算法。半周积分算法所需

的数据窗长度为半个周期，显然较长。在半周积分过程中，谐波中的部分正负半周相抵消，剩余未被抵消的部分占的比重就减小了。因此，该算法也有一定的滤波作用，但不能抑制直流分量，也不能全部滤除谐波分量，仍需与数字滤波器配合使用。用上述方法同样可得到电流的有效值，从而可进一步计算阻抗的绝对值。如下式

$$Z = \frac{U_m}{I_m} = \frac{U}{I} \tag{3-60}$$

第二节　输入量为周期函数的算法

前一节所述的算法是按输入量为正弦函数考虑的，实际的电力系统在故障状态下输入量不是纯正弦函数，而是直流分量、基波和各高次谐波的合成量。因此，若采用前一节介绍的算法，则要求预先进行严格的滤波。滤波和算法总的计算时间和计算容量就比较大。本节所要讲述的算法是将输入信号看作周期函数，或者可以近似地作为周期函数处理。

当信号是周期函数时，它可以被分解为一个函数序列之和，即级数。微机保护中常用的有傅氏级数（傅里叶级数）和沃尔什函数。傅氏级数是将周期函数分解为正弦和余弦函数，最适合于微机保护计算基波分量和倍频分量。沃尔什函数由于其只有 ±1 和 0 进行运算，避免了很多乘、除法运算，从而受到重视，但它最后也将结果转换为傅氏级数的系数。上述两种函数都是正交函数，可以很方便地利用正交函数的性质来提取其某一频率的分量。因此，这两种方法也称为正交函数法。

一、傅氏级数算法

设一个输入信号是周期函数，就可按下式展开成傅氏级数形式

$$x(t) = \sum_{n=0}^{\infty} [b_n \cos n\omega_1 t + a_n \sin n\omega_1 t] \tag{3-61}$$

式中，$n=0, 1, 2, \cdots$；a_n 和 b_n 分别为各次分量的正弦和余弦项的幅值，其中，b_0 为直流分量的值，a_1 和 b_1 分别为基波分量的正、余弦项的幅值。

$$a_1 = \frac{2}{T}\int_0^T x(t)\sin\omega_1 t\mathrm{d}t \tag{3-62}$$

$$b_1 = \frac{2}{T}\int_0^T x(t)\cos\omega_1 t\mathrm{d}t \tag{3-63}$$

于是，$x_1(t)$中的基波分量为

$$x_1(t) = a_1\sin\omega_1 t + b_1\cos\omega_1 t$$

经三角变换可写为

$$x_1(t) = X_m\sin(\omega_1 t + \theta_1) = \sqrt{2}X\sin(\omega_1 t + \theta_1) \tag{3-64}$$

式中，$X_m = \sqrt{2}X$ 为基波分量的幅值，X 为有效值，θ_1 为基波分量的相角。对应关系如下

$$X_m^2 = 2X^2 = a_1^2 + b_1^2 \tag{3-65}$$

$$\tan\theta_1 = \frac{b_1}{a_1} \tag{3-66}$$

将 $\sin(\omega_1 t+\theta_1)$用三角和公式展开，得到 X 和 θ_1 同 a_1、b_1 之间的关系

$$a_1 = \sqrt{2}X\cos\theta_1,\ b_1 = \sqrt{2}X\sin\theta_1$$

在计算机计算时，式（3-61）、式（3-62）的积分可以用梯形法近似计算。设采样周期 $T_s=2\pi/N$，N 为一个基波周期的采样点数，x_k 为第 k 次采样值（$k=0,1,\cdots,N$），在 $0\sim2\pi$一个基波周期内对函数 $f(t)=x(t)\sin\omega_1 t$ 积分用梯形的面积和近似，如图 3-4 所示，有

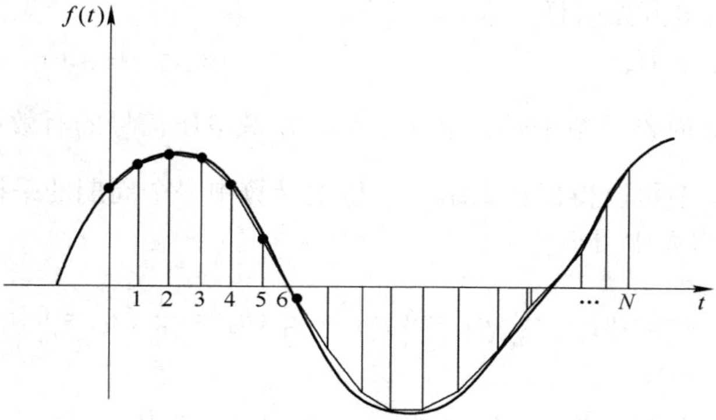

图 3-4　梯形法求 $f(t)$的积分

$$S = \frac{1}{2}\frac{2\pi}{N}\left[0 + x_1\sin\frac{2\pi}{N} + x_1\sin\frac{2\pi}{N} + x_2\sin\frac{4\pi}{N} + \cdots + x_{N-1}\sin\frac{2\pi}{N}(n-1) + x_N\sin\frac{2\pi}{N}N\right]$$

$$= \frac{2\pi}{N}\left[\sum_{k=1}^{N-1} x_k\sin\left(\frac{2\pi}{N}\cdot k\right)\right]$$

所以，a_1 的表达式为

$$a_1 = \frac{2}{T}\int_0^T x(t)\sin\omega_1 t\mathrm{d}t = \frac{2}{2\pi}\frac{2\pi}{N}\left[\sum_{k=1}^{N-1} x_k\sin\left(\frac{2\pi}{N}k\right)\right]$$

$$= \frac{1}{N}\left[2\sum_{k=1}^{N-1} x_k\sin\left(\frac{2\pi}{N}\cdot k\right)\right] \tag{3-67}$$

同理，可求出 b_1 的值

$$b_1 = \frac{1}{N}\left[x_0 + 2\sum_{k=1}^{N-1} x_k\cos\left(k\cdot\frac{2\pi}{N}\right) + x_N\right] \tag{3-68}$$

在有些微机保护装置中，需要用到谐波分量，可将式（3-67）和式（3-68）改为下列表达式，即可求出任意次谐波的幅值和相位

$$a_n = \frac{1}{N}\left[2\sum_{k=1}^{N-1} x_k\sin\left(n\frac{2\pi}{N}\cdot k\right)\right] \tag{3-69}$$

$$b_n = \frac{1}{N}\left[x_0 + 2\sum_{k=1}^{N-1} x_k\cos\left(n\frac{2\pi}{N}\cdot k\right) + x_N\right] \tag{3-70}$$

式中 n——谐波次数；

x_k——第 k 次采样值。

在计算机进行实时计算时，每隔一个 T_s 就对信号采样一次，即每隔一个 T_s 就出现一个新的采样值 x_k。因此，实时计算时，一般需要在每出现一个新的采样值后就计算一次，采样时刻不同，a_1、b_1 和初相角显然要改变，但有效值是不变化的，下面举例说明。

例 3-1 如图 3-5 所示为一周期电压信号 $u(t)$ 波形，$t=0$ 时刻对应坐标原点。设：

（1）从 $\omega t=0$ 时刻开始采样，求 a_1、b_1、θ_1 及电压信号的有效值 U；

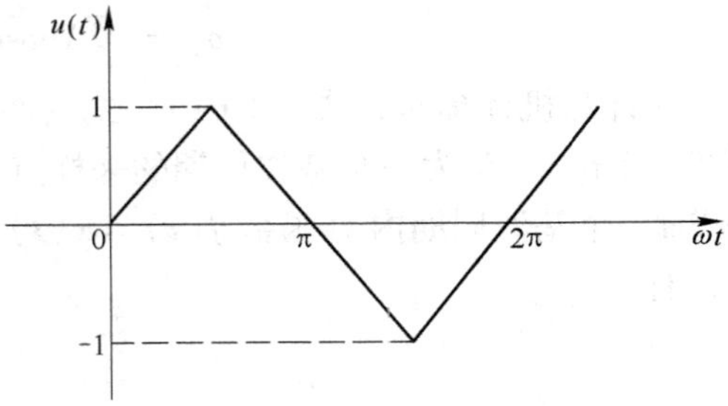

图 3-5 例 3-1 中 $u(t)$ 信号图形

（2）从 $\omega t=\frac{2}{3}\pi$ 时刻开始采样，求 a_1、b_1、θ_1 及电压信号的有效值 U；

（3）从以上计算中可以得出什么结论（以上计算中一个周期的采样点数为 $N=12$）。

解 （1）从图 3-5 中可得

$$u_0=0,u_1=\frac{1}{3},u_2=\frac{2}{3},u_3=1,u_4=\frac{2}{3},u_5=\frac{1}{3},u_6=0,u_7=-\frac{1}{3},$$

$$u_8=-\frac{2}{3},u_9=-1,u_{10}=-\frac{2}{3},u_{11}=-\frac{1}{3},u_{12}=0$$

将上述数值代入式（3-67）和式（3-68）中得

$$\begin{aligned}
a_1&=\frac{1}{N}\left[2\sum_{k=1}^{N-1}u_k\sin\left(\frac{2\pi}{N}k\right)\right]\\
&=\frac{2}{12}\left[\frac{1}{3}\sin\frac{\pi}{6}+\frac{2}{3}\sin\frac{\pi}{3}+1\sin\frac{\pi}{2}+\frac{2}{3}\sin\frac{2\pi}{3}+\right.\\
&\quad\frac{1}{3}\sin\frac{5\pi}{6}+0\sin\pi+\left(-\frac{1}{3}\right)\sin\frac{7\pi}{6}+\left(-\frac{2}{3}\right)\sin\frac{4\pi}{3}+\\
&\quad\left.(-1)\sin\frac{3\pi}{2}+\left(-\frac{2}{3}\right)\sin\frac{5\pi}{3}+\left(-\frac{1}{3}\right)\sin\frac{11\pi}{6}\right]\\
&=\frac{1}{6}\left[\frac{1}{3}\times\frac{1}{2}+\frac{2}{3}\times\frac{\sqrt{3}}{2}+1\times1+\frac{2}{3}\times\frac{\sqrt{3}}{2}+\frac{1}{3}\times\frac{1}{2}+0+\right.\\
&\quad\left.\frac{1}{3}\times\frac{1}{2}+\frac{2}{3}\times\frac{\sqrt{3}}{2}+1\times1+\frac{2}{3}\times\frac{\sqrt{3}}{2}+\frac{1}{3}\times\frac{1}{2}\right]\\
&=\frac{2}{9}(2+\sqrt{3})
\end{aligned}$$

$$\begin{aligned}
b_1&=\frac{1}{N}\left[u_0+2\sum_{k=1}^{N-1}u_k\cos\left(\frac{2\pi}{N}k\right)+u_N\right]\\
&=\frac{1}{12}\left[0+2\left(\frac{1}{3}\cos\frac{\pi}{6}+\frac{2}{3}\cos\frac{\pi}{3}+1\cos\frac{\pi}{2}+\frac{2}{3}\cos\frac{2\pi}{3}+\right.\right.
\end{aligned}$$

$$\frac{1}{3}\cos\frac{5\pi}{6}+0\cos\pi-\frac{1}{3}\cos\frac{7\pi}{6}-\frac{2}{3}\cos\frac{4\pi}{3}-\cos\frac{2\pi}{3}-$$

$$\left.\left.\frac{2}{3}\cos\frac{5\pi}{3}-\frac{1}{3}\cos\frac{11\pi}{6}\right)+0\right]$$

$$=0$$

所以，有

$$2U^2=a_1^2+b_1^2=\left[\frac{2}{9}(2+\sqrt{3})\right]^2$$

$$U=\frac{1}{9}(2\sqrt{2}+\sqrt{6})$$

$$\tan\theta_1=b_1/a_1=0$$

得

$$\theta_1=0$$

（2）根据图形可知从$\frac{2}{3}\pi$开始采样时，有

$$u_0=\frac{2}{3},\ u_1=\frac{1}{3},\ u_2=0,\ u_3=-\frac{1}{3},\ u_4=-\frac{2}{3},\ u_5=-1,\ u_6=-\frac{2}{3}$$

$$u_7=-\frac{1}{3},\ u_8=0,\ u_9=\frac{1}{3},\ u_{10}=\frac{2}{3},\ u_{11}=1,\ u_{12}=\frac{2}{3}$$

将上述数值代入式（3-67）和式（3-68）得

$$a_1=\frac{1}{N}\left[2\sum_{k=1}^{N-1}u_k\sin\left(\frac{2\pi}{N}k\right)\right]$$

$$=\frac{2}{12}\left[\frac{1}{3}\sin\frac{\pi}{6}+0\sin\frac{\pi}{3}+\left(-\frac{1}{3}\right)\sin\frac{\pi}{2}+\left(-\frac{2}{3}\right)\sin\frac{2\pi}{3}+\right.$$

$$(-1)\sin\frac{5\pi}{6}+\left(-\frac{2}{3}\right)\sin\pi+\left(-\frac{1}{3}\right)\sin\frac{7\pi}{6}+0\sin\frac{4\pi}{3}+$$

$$\left.\frac{1}{3}\sin\frac{3\pi}{2}+\frac{2}{3}\sin\frac{5\pi}{3}+1\sin\frac{11\pi}{6}\right]$$

$$=-\frac{1}{9}(2+\sqrt{3})$$

$$b_1=\frac{1}{N}\left[u_0+2\sum_{k=1}^{N-1}u_k\cos\left(\frac{2\pi}{N}k\right)+u_N\right]$$

$$=\frac{1}{9}(3+2\sqrt{3})$$

因此，有

$$2U^2=a_1^2+b_1^2=\left[-\frac{1}{9}(2+\sqrt{3})\right]^2+\left[\frac{1}{9}(3+2\sqrt{3})\right]^2$$

$$U=\frac{1}{9}(2\sqrt{2}+\sqrt{6})$$

$$\tan\theta_1 = \frac{b_1}{a_1} = \frac{\frac{1}{9}(3+2\sqrt{3})}{-\frac{1}{9}(2+\sqrt{3})} = -\sqrt{3}$$

因 a_1 为负，b_1 为正，所以 θ_1 为第二象限角，得 $\theta_1 = \frac{2}{3}\pi$。

(3) 从以上计算可得出结论：当采样时刻发生变化时，a_1、b_1、θ_1 均发生改变，但有效值不变。

由于用离散值累加和代替连续积分，上述结果也要产生误差。因为计算要用到全部 N 个采样值，所以，计算必须在系统发生故障后第 N 个采样值出现时才是准确的，在此之前，N 个采样值中有一部分是故障前的数值，一部分是故障后的数值，这就使计算结果不是真正故障时的电量值。

从式 (3-67)、式 (3-68) 及式 (3-69)、式 (3-70) 不难看出，采用傅氏算法计算信号中的一个频率分量，其需 $2N$ 次乘法和 $2(N-1)$ 次加法，计算量相当大。因此，人们考虑了多种手段以减少运算量，提高计算速度。下面介绍一种递推算式，使 a_n、b_n 计算简化。

设信号 $x(t)$ 每周期采样点数为 N，采样间隔 $T_s = \frac{2\pi}{N}$，则在一个基波周期后的 $t = mT_s$ $(m > N)$ 采样时刻的计算值为

$$a_n(m) = \frac{2}{N}\sum_{i=1}^{N} x(i+m-N)\sin\left[\frac{2\pi}{N}n(i+m-N)\right] \tag{3-71}$$

$$b_n(m) = \frac{2}{N}\sum_{i=1}^{N} x(i+m-N)\cos\left[\frac{2\pi}{N}n(i+m-N)\right] \tag{3-72}$$

式中 $a_n(m)$，$b_n(m)$——分别为第 n 次谐波分量在 $t = mT_s$ 采样时刻计算的正、余弦项的幅值；

$x(i+m-N)$——为 $t = (m-N+i)T_s(i = 1 \cdots N)$ 时刻的采样值。

以上两式与 $t = (m-1)T_s$ 采样值的计算公式只差 $x(m-N)$ 和 $x(m)$ 两项。据此，可有下列递推公式

$$a_n(m) = a_n(m-1) + \frac{2}{N}[x(m) - x(m-N)]\sin\left(\frac{2\pi}{N}nm\right) \tag{3-73}$$

$$b_n(m) = b_n(m-1) + \frac{2}{N}[x(m) - x(m-N)]\cos\left(\frac{2\pi}{N}nm\right) \tag{3-74}$$

以上两式可在采样一个完整基波周期后（N 个采样点以后），即 $t = mT_s(m > N)$ 时存在计算值 $a_n(m-1)$ 和 $b_n(m-1)$ 后应用。以上两式称为傅氏递推算式，其运算只需 2 次乘法和 4 次加减法，且与 N 选取无关，极大地减少了运算量，而且不需任何简化，因此，具有广泛的使用价值。

傅氏算法本身具有较强的滤波作用，它能把基波与各次谐波分开，能完全滤掉各种整次谐波和纯直流分量，对高频分量和按指数衰减的非周期分量所包含的低频分量也有一定的抑制作用。这种算法的数据窗为一个基波周期。可见，它是用较长计算时间来取得良好

的滤波效果和计算准确度的。

二、沃尔什函数法

用傅氏级数算法要做多次乘法、平方和开方运算。众所周知，用微机实现乘法运算的速度要比加减法慢得多，所以，目前除研究简化和加快傅氏算法外，还研究采用沃尔什函数的算法，因它用乘、除法很少，在一定程度上能减少算法中的乘、除、平方和开方的次数。

沃尔什函数也是一种正交函数，它由方波和类方波函数组成，其幅值只有 ±1，如图 3-6 所示。一条周期性的曲线，可以分解为无穷项的各阶沃尔什函数之和，即

$$f(t) = \sum_{k=0}^{\infty} W_k Wal(k,t) \tag{3-75}$$

其中

$$W_k = \frac{1}{T}\int_0^T f(t)\, Wal(k,t)\,\mathrm{d}t \quad (k = 1,2,\cdots) \tag{3-76}$$

在微机保护中需要计算待测信号中正弦函数分量的幅值和相位，因此，需要找到正弦、余弦函数的傅氏级数与沃尔什函数之间的关系。

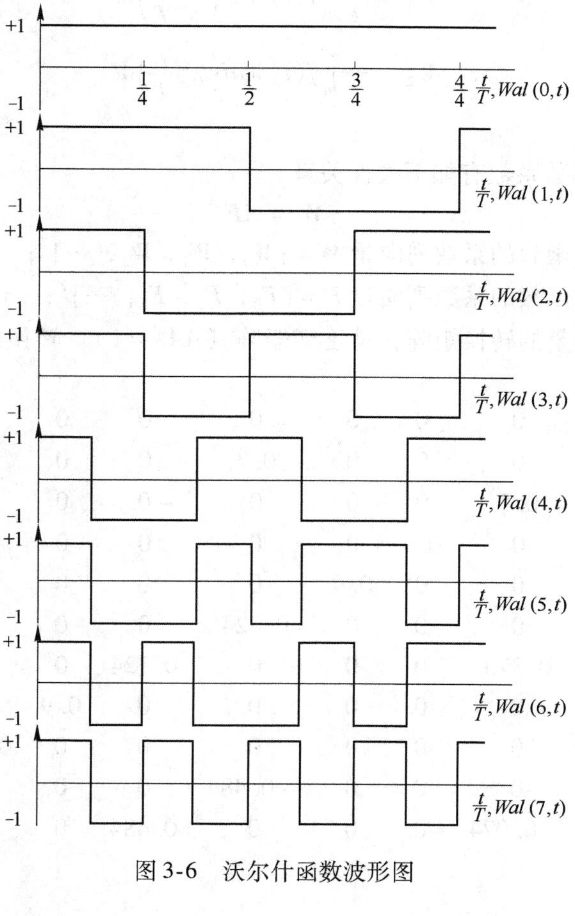

图 3-6　沃尔什函数波形图

一个周期函数的傅氏级数为

$$f(t)=F_0+\sqrt{2}F_1\sin\omega t+\sqrt{2}F_2\cos\omega t+\sqrt{2}F_3\sin2\omega t+\sqrt{2}F_4\cos2\omega t+\cdots \tag{3-77}$$

对沃尔什函数来说，有

$$f(t)=W_0+W_1Wal(1,t)+W_2Wal(2,t)+W_3Wal(3,t)+W_4Wal(4,t)+\cdots \tag{3-78}$$

系数

$$F_0=\frac{1}{T_0}\int_0^T f(t)\mathrm{d}t$$

$$F_1=\frac{\sqrt{2}}{T}\int_0^T f(t)\sin\omega t\mathrm{d}t$$

$$F_2=\frac{\sqrt{2}}{T}\int_0^T f(t)\cos\omega t\mathrm{d}t$$

$$\vdots$$

而

$$W_0=\frac{1}{T}\int_0^T f(t)Wal\left(0,\frac{t}{T}\right)\mathrm{d}t$$

$$W_1=\frac{1}{T}\int_0^T f(t)Wal\left(1,\frac{t}{T}\right)\mathrm{d}t$$

$$W_2=\frac{1}{T}\int_0^T f(t)Wal\left(2,\frac{t}{T}\right)\mathrm{d}t$$

$$\vdots$$

研究证明，两函数系数有如下线性关系

$$\boldsymbol{W}=\boldsymbol{A}\boldsymbol{F} \tag{3-79}$$

式中 $\boldsymbol{W}$——沃尔什函数的系数列向量 $\boldsymbol{W}=[W_0,\ W_1,\ W_2,\ \cdots]^T$；

$\boldsymbol{F}$——正余弦函数的系数列向量 $\boldsymbol{F}=[F_0,\ F_1,\ F_2,\ \cdots]^T$；

$\boldsymbol{A}$——两列向量的转换矩阵，是正交矩阵（$\boldsymbol{AA}^T=1$）。转换矩阵 $\boldsymbol{A}$ 的前 11 项的数值为：

$$\boldsymbol{A}=\begin{bmatrix}
1 & 0 & 0 & 0 & 0 & 0 & 0 & 0 & 0 & 0 & 0\\
0 & 0.9 & 0 & 0 & 0 & 0.3 & 0 & 0 & 0 & 0.18 & 0\\
0 & 0 & 0.9 & 0 & 0 & 0 & -0.3 & 0 & 0 & 0 & 0.18\\
0 & 0 & 0 & 0.9 & 0 & 0 & 0 & 0 & 0 & 0 & 0\\
0 & 0 & 0 & 0 & 0.9 & 0 & 0 & 0 & 0 & 0 & 0\\
0 & -0.373 & 0 & 0 & 0 & 0.724 & 0 & 0 & 0 & 0.435 & 0\\
0 & 0 & 0.373 & 0 & 0 & 0 & 0.724 & 0 & 0 & 0 & -0.435\\
0 & 0 & 0 & 0 & 0 & 0 & 0 & 0.9 & 0 & 0 & 0\\
0 & 0 & 0 & 0 & 0 & 0 & 0 & 0 & 0.9 & 0 & 0\\
0 & -0.074 & 0 & 0 & 0 & -0.484 & 0 & 0 & 0 & 0.65 & 0\\
0 & 0 & -0.074 & 0 & 0 & 0 & 0.484 & 0 & 0 & 0 & 0.65
\end{bmatrix} \tag{3-80}$$

$\boldsymbol{W}$ 和 $\boldsymbol{F}$ 都是无穷级数，实际计算时只能取其前面的若干项，而略去以后各项。

如果要计算基波分量，即 $f(t)=\sqrt{2}F_1\sin\omega t+\sqrt{2}F_2\cos\omega t$，此正弦基波函数的沃尔什函数系数可由式（3-79）、式（3-80）得 $W_1=0.9F_1$，$W_5=-0.373F_1$，$W_9=-0.074F_1$，$W_2=0.9F_2$，$W_6=0.373F_2$，$W_{10}=0.074F_2$。

为求出正、余弦函数系数 F_1 和 F_2，可由式（3-79）求逆得

$$\boldsymbol{F}=\boldsymbol{A}^{-1}\boldsymbol{W}=\boldsymbol{A}^{T}\boldsymbol{W} \tag{3-81}$$

因此，有

$$\left.\begin{aligned} F_1 &= 0.9W_1-0.373W_5-0.074W_9 \\ F_2 &= 0.9W_2-0.373W_6-0.074W_{10} \end{aligned}\right\} \tag{3-82}$$

式中的 W_1，W_2，…，W_{10}，可由式（3-76）改写成离散值计算公式，即

$$W_k=\frac{1}{k}\sum_{l=1}^{N}f(t_l)Wal\left(k,\frac{l}{N}\right) \tag{3-83}$$

式中　N——一个基波周期的采样点数；

$f(t_l)$——第 l 个采样值。

将上式代入式（3-82）中，可得基波幅值

$$F_{1\mathrm{m}}=\sqrt{2(F_1^2+F_2^2)} \tag{3-84}$$

为尽量避免乘方、开方运算，可改由式（3-75）取其前 10 项求和得 $f(t)$ 的近似式 $f_{\mathrm{s}}(t)$，有

$$f_{\mathrm{s}}(t)=\sum_{k=1}^{10}W_kWal(k,t) \tag{3-85}$$

因为 $Wal(k,t)=\pm1$，为使计算大为简化，近似表达为

$$F_{1\mathrm{m}}\approx1.0822(|W_1|+|W_2|)+0.414(|W_2|-|W_1|) \tag{3-86}$$

沃尔什函数算法的数据窗也是一个基波周期。

第三节　输入量为随机函数的算法

前一节介绍的傅氏算法及沃尔什函数算法都是将输入信号看作周期函数，将其分解为基频和整数倍频率的分量，计算精度很高，对非主频的抑制效果也很好。但当输入信号中存在非整数倍的随机高频分量时，计算结果会有很大的误差。下面介绍将输入量看作随机函数的算法。

一、最小二乘方算法

最小二乘方算法是将输入量与一个预设的含有非周期分量及某些谐波分量的函数按最小二乘方（或称最小平方误差）原理进行拟合，即让被处理的函数与预设函数尽可能逼近，其方差为最小，从而可求出输入信号中的基频及各种暂态分量的幅值和相角。

以电力系统短路电流为例，设输入暂态电流中包含有非周期分量及小于5次谐波的各整次谐波，这样，可以将一预设的电流时间函数取为：

$$i(t) = p_0 e^{-\lambda t} + \sum_{k=1}^{n} p_k \sin(k\omega_1 t + \theta_k) \tag{3-87}$$

式中 p_0——$t=0$ 时直流分量值；

p_k——第 k 次谐波分量的幅值 $k=1$，2，…，n，这里取 $n=5$；

λ——直流分量的衰减时间常数；

θ_k——第 k 次谐波的相角；

ω_1——基波角频率。

上式中的 $e^{-\lambda t}$ 可用泰勒级数展开

$$e^{-\lambda t} = 1 - \lambda t + \frac{1}{2!}(\lambda t)^2 - \frac{1}{3!}(\lambda t)^3 + \cdots \tag{3-88}$$

一般取前两项，对衰减直流分量的估值已足够精确，在实际工程计算中就可以满足精度的要求。当取前两项表示 $e^{-\lambda t}$，并将式（3-87）中的正弦项展开，则有

$$i(t) = p_0 - p_0\lambda t + \sum_{k=1}^{5} p_k \sin(k\omega_1 t)\cos\theta_k + \sum_{k=1}^{5} p_k \cos(k\omega_1 t)\sin\theta_k \tag{3-89}$$

对 $i(t)$ 的每一个采样值都应满足上式，如果取得 $i(t)$ 的 N 点采样值 $i(t_1)$、$i(t_2)$、$i(t_3)$、…、$i(t_N)$ 就得到 N 个方程，用矩阵表示为

$$\begin{pmatrix} 1 & t_1 & \sin\omega_1 t_1 & \cos\omega_1 t_1 & \cdots\sin 5\omega_1 t_1 & \cos 5\omega_1 t_1 \\ 1 & t_2 & \sin\omega_1 t_2 & \cos\omega_1 t_2 & \cdots\sin 5\omega_1 t_2 & \cos 5\omega_1 t_2 \\ \vdots & \vdots & \vdots & \vdots & \vdots & \vdots \\ 1 & t_N & \sin\omega_1 t_N & \cos\omega_1 t_N & \cdots\sin 5\omega_1 t_N & \cos 5\omega_1 t_N \end{pmatrix} \times \begin{bmatrix} p_0 \\ -p_0\lambda \\ p_1\cos\theta_1 \\ p_1\sin\theta_1 \\ \vdots \\ p_5\cos\theta_5 \\ p_5\sin\theta_5 \end{bmatrix} = \begin{bmatrix} i(t_1) \\ i(t_2) \\ \vdots \\ i(t_N) \end{bmatrix} \tag{3-90}$$

写成

$$\underset{N\times 12}{[\boldsymbol{A}]} \cdot \underset{12\times 1}{[\boldsymbol{X}]} = \underset{N\times 1}{[\boldsymbol{I}]} \tag{3-91}$$

式中，$[\boldsymbol{A}]$ 表示式（3-90）左侧第一个常系数矩阵，$[\boldsymbol{A}]$ 中的各元素可事先离线地算出来存入程序中

$$[\boldsymbol{X}] = [p_0, -p_0\lambda, p_1\cos\theta_1, \cdots, p_5\sin\theta_5]^T$$

$$[\boldsymbol{I}] = [i(t_1), i(t_2), \cdots, i(t_N)]^T$$

方程式（3-91）中 $[\boldsymbol{X}]$ 有12个未知数，则至少需要12个采样值，即 $N \geqslant 12$。如取 $N=12$，则 $[\boldsymbol{A}]$ 为常数方矩阵，可解出 $[\boldsymbol{X}]$，即

$$\underset{12\times 1}{[\boldsymbol{X}]} = \underset{12\times 12}{[\boldsymbol{A}]^{-1}} \cdot \underset{12\times 1}{[\boldsymbol{I}]} \tag{3-92}$$

但一般在应用中常取 $N>12$，扩大数据窗，增大$[I]$的量以提高精度。这时$[\boldsymbol{A}]$不是方阵，则

$$\underset{12\times 1}{[\boldsymbol{X}]} = \{[\boldsymbol{A}^T][\boldsymbol{A}]\}^{-1}[\boldsymbol{A}]^T\underset{N\times 1}{[\boldsymbol{I}]} \tag{3-93}$$

式中，$\{[\boldsymbol{A}^T][\boldsymbol{A}]\}$为方阵；$\{[\boldsymbol{A}^T][\boldsymbol{A}]\}^{-1}[\boldsymbol{A}]^T$为 $12\times N$ 矩阵。

根据式（3-93）即可求出$[\boldsymbol{X}]$向量中的所有元素。通常在实际应用中往往并不需要计算所有的未知数。如果要求计算出基波和二次谐波，则只需计算$[\boldsymbol{X}]$矩阵中第3、4、5、6行元素 $p_1\cos\theta_1$、$p_1\sin\theta_1$、$p_2\cos\theta_2$、$p_2\sin\theta_2$，则基波和二次谐波的幅值就可用下式计算

$$p_i = \sqrt{(p_i\cos\theta_i)^2 + (p_i\sin\theta_i)^2} \quad i = 1,2$$

当应用于阻抗计算时，可以将电压和电流分别代入$[\boldsymbol{I}]$中，计算出$[\boldsymbol{X}]$阵中的第3、4行元素，即可求出电流、电压的幅值为

$$U_{\mathrm{m}} = \sqrt{X_{3U}^2 + X_{4U}^2} \quad (X_{3U} = U_{\mathrm{m}}\cos\theta_{3U},\ X_{4U} = U_{\mathrm{m}}\sin\theta_{4U})$$

$$I_{\mathrm{m}} = \sqrt{X_{3I}^2 + X_{4I}^2} \quad (X_{3I} = I_{\mathrm{m}}\cos\theta_{3I},\ X_{4I} = I_{\mathrm{m}}\sin\theta_{4I})$$

从而求出保护安装处至短路点的阻抗为

$$\left.\begin{aligned} R &= \mathrm{Re}\left[\frac{U}{I}\right] = \frac{X_{3U}X_{3I} + X_{4U}X_{4I}}{X_{3I}^2 + X_{4I}^2} \\ X &= \mathrm{Im}\left[\frac{U}{I}\right] = \frac{X_{4U}X_{3I} - X_{3U}X_{4I}}{X_{3I}^2 + X_{4I}^2} \end{aligned}\right\} \tag{3-94}$$

可见，上述算法是假定输入信号是由衰减直流分量和有限项的整数倍谐波分量组成的，将输入信号最大限度地拟合于这一函数模型，并将拟合过程中剩余的部分作为误差量，使其均方值减小到最小。因此，该算法也存在误差。

实际应用中，最小二乘方算法可以任意选择拟合预设函数的模型，因此，可以消除输入信号中任意需要消除的暂态分量，只需在预设模型中包括这些分量即可。因而，该算法可能获得很好的滤波性能和很高的精度。但预设的模型越复杂，精度越高，计算时间也越长。该算法的另一优点是能同时计算出输入信号中各种所需计算的分量。

二、狭窄带通滤波加正弦模型的算法

将输入信号通过狭窄带通滤波器的滤波处理，来抑制随机频率分量，使滤波后的信号中只包含选定频率的信号，由于滤波器的输出已是离散的正弦信号，可以用纯正弦函数模型的有关算法进行计算，从精度考虑，用采样值积算法较好。

狭窄带通滤波器能很好地抑制非选定频率的分量，包括衰减的直流分量中所包含的大部分成分。但由于衰减直流分量中亦含有有用的频率分量，所以理论上仍存在较小的计算误差。误差的大小与设计的频带宽度有关，带宽愈窄，误差就愈小，其收敛速度就愈慢，

设计时必须兼顾精度和计算速度两方面。

第四节　求解阻抗值算法

在电力系统继电保护中，可以通过测量被保护线路始端电压和线路电流的比值，即阻抗值来判别电力系统线路短路故障，称为距离保护。传统继电保护系统中，用来完成这一测量任务的元件称为阻抗继电器，它是距离保护装置的核心元件，接线复杂、成本高。

采用微机型继电保护，可以通过测量被保护线路始端电压和线路电流值，方便地用软件算法计算出阻抗值，再通过与整定值比较判断实现电力系统保护，比传统的阻抗继电器测量方便灵活很多。前面介绍的各种算法，都可以进行阻抗值计算。计算方法灵活多样，可以在算出电压、电流的有效值和相位后再计算电阻和电抗，也可以利用电压、电流的计算公式直接导出阻抗或电感的计算公式。此外，还有一种将输电线路简化为 $R-L$ 物理模型的阻抗算法，称为解微分方程法。该算法根据 $R-L$ 物理模型列写出微分方程，求解方程得出阻抗值。本节介绍上述几种应用广泛的求解阻抗值的算法。

一、输入量为正弦函数的求解阻抗值算法

单电源供电的电力网络中，因电压电流畸变相对较小，可以假定输入量（采样电压电流信号）为正弦量。因此，可采用本章第一节的算法直接求出阻抗值 Z 和阻抗角 θ_Z，用来距离保护故障的判别。

（一）两采样值计算法

根据采样间隔 Δt 时刻的电压值 u_1 和 u_2，及对应时刻的电流值 i_1 和 i_2，应用公式(3-15)和式（3-16）直接求出阻抗值的实部 R 和虚部 X。

（二）三采样值乘积算法

利用3个连续的等时间间隔 Δt 的采样值，一般取 $\omega\Delta t=\frac{\pi}{6}$等特殊值，应用公式(3-23)和式（3-24）求出线路阻抗值的实部 R 和虚部 X，也可求出阻抗值 Z 和阻抗角 θ_Z。此算法的等待时间在 $\omega\Delta t=\frac{\pi}{6}$时为 $2\omega\Delta t=\frac{\pi}{3}$，延时缩短，算法的速度提高。

（三）微分法（导数法）

当需要进一步缩短算法的数据窗，即对算法的快速性要求较高，而对误差要求不苛刻的情况下，可以利用微分法进一步提高算法的速度。采用公式（3-37）、式（3-38）或式(3-54)、式（3-55），可以把数据窗缩短为一个或两个采样间隔（采样周期），算式简单、快速性好。配合数字滤波器之后，可以满足距离保护的要求。

二、差分法

假设被保护线路由电阻和电感组成，线路中的分布电容可以忽略，于是在故障条件下

有如下微分方程成立

$$u = Ri + L\frac{\mathrm{d}i}{\mathrm{d}t} \tag{3-95}$$

式中　u，i——分别为保护安装处的电压、电流；

R，L——分别为故障点至保护安装处线路的正序电阻和电感。

式（3-95）中的 u、i 和 $\mathrm{d}i/\mathrm{d}t$ 均可测量或计算出来，未知数为 R、L。若在两个不同时刻分别测量 u、i 和 $\mathrm{d}i/\mathrm{d}t$，可得如下两个独立方程

$$u_1 = Ri_1 + Li_1', \ u_2 = Ri_2 + Li_2'$$

式中　i_1'，i_2'——分别表示 $\mathrm{d}i_1/\mathrm{d}t$、$\mathrm{d}i_2/\mathrm{d}t$。

联立解以上两式即可求得两个未知数 R 和 L：

$$L = \frac{u_1 i_2 - u_2 i_1}{i_2 i_1' - i_1 i_2'} \tag{3-96}$$

$$R = \frac{u_2 i_1' - u_1 i_2'}{i_2 i_1' - i_1 i_2'} \tag{3-97}$$

式中，u_1，i_1，u_2，i_2 都是已知的采样值，在微机计算处理时，i_1' 和 i_2' 可用差分近似计算。最简单的方法是取 t_1 和 t_2 分别为两个相邻采样时刻的中间值，i_1' 和 i_2' 取差分值，而 u_1，i_1，u_2，i_2 取相邻两个采样值的平均值，如图 3-7 所示。

$$i_1 = \frac{i_n + i_{n+1}}{2}, \ i_2 = \frac{i_{n+1} + i_{n+2}}{2}$$

$$u_1 = \frac{u_n + u_{n+1}}{2}, \ u_2 = \frac{u_{n+1} + u_{n+2}}{2}$$

$$i_1' = \frac{i_{n+1} - i_n}{T_s}, \ i_1' = \frac{i_{n+1} - i_n}{T_s}$$

式中　$T_s = t_{n+1} - t_n = t_{n+2} - t_{n+1}$ 为采样间隔。

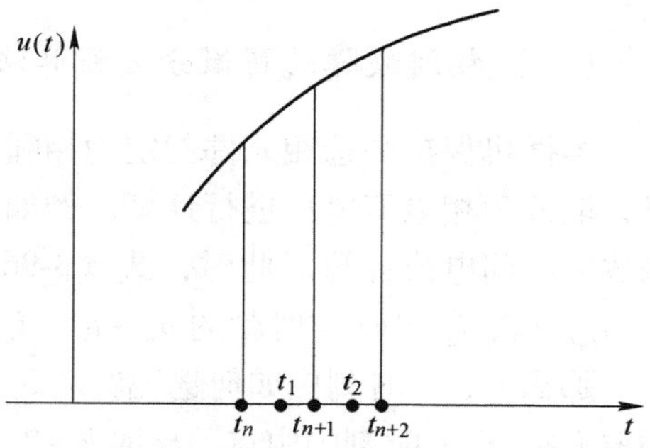

图 3-7　用差分近似求导

由上式可知，差分法只需连续 3 个采样值的数据窗即可求得 R 和 L，计算速度也很快。而且对比微分法算式注意到，算式(3-96)、式(3-97)中不含 ω，即该算法不受采样电压、电流量频率波动影响。但是，用差分代替微分仍将引起误差，降低了计算精度。

三、积分法

除了上述解法以外，还可将式（3-95）分别在两个不同的时间段内积分而得到两个独立的方程

$$\int_{t_1}^{t_2} u\mathrm{d}t = R\int_{t_1}^{t_2} i\mathrm{d}t + L\int_{t_1}^{t_2} \mathrm{d}i \tag{3-98}$$

$$\int_{t_3}^{t_4} u\mathrm{d}t = R\int_{t_3}^{t_4} i\mathrm{d}t + L\int_{t_3}^{t_4} \mathrm{d}i \tag{3-99}$$

如果各积分值都可求得，则可将上述两式联立求解，直接求得 R 和 L 值。

计算机处理各项积分值时，可用梯形法求出，表示为

$$\left.\begin{aligned}\frac{u_2+u_1}{2}T_s &= R\frac{i_2+i_1}{2}T_s + L(i_2-i_1)\\ \frac{u_4+u_3}{2}T_s &= R\frac{i_4+i_3}{2}T_s + L(i_4-i_3)\end{aligned}\right\} \tag{3-100}$$

这里可取 $t_2-t_1=t_4-t_3=T_s$，所以，只要取得 4 个或 3 个电流、电压的采样值就可算出 R 和 L 值。

由于采用了梯形积分法，这就要求采样频率大于工频频率，否则将产生较大的误差。另一方面，在长输电线路上突然短路时，由于线路的分布参数及串联补偿电容的影响，使得短路初瞬间的电压电流值含有各种高次和低次谐波。当谐波频率接近采样频率时，梯形积分法也会带来很大误差。此外，由于电流互感器铁芯的影响，二次电流的非周期分量与一次电流有较大的畸变，对积分计算也有一定的影响。

解微分方程算法可以不必滤除非周期分量，因而算法的总时窗较短，另外，它不受电网频率变化的影响。这些突出的优点使它在线路距离保护中得到广泛应用。

四、阻抗元件

在微机距离保护中，计算阻抗是根据故障类型选择不同的计算方法（故障分类详见第四章），一般分为三种情况计算。

（一）相间故障的解微分方程算法

当微机保护的选相元件判定为相间故障（包括三相短路、两相短路、两相接地短路）时，取故障相电流电压进行计算。例如选相元件判定为 AB 两相短路，则取故障相间电压和故障相间电流计算。此时，式（3-96）、式（3-97）中的 u_1、i_1 应取 t_1 时刻的 u_a-u_b、i_a-i_b；u_2、i_2 应取 t_2 时刻的 u_a-u_b、i_a-i_b。

那么 t_1、t_2 时刻应如何选呢？取 3 个不同的采样时刻分别为 k、$k+1$、$k+2$，则 t_1 时刻取 $k+1$ 至 k 时刻的中点，t_2 取 $k+2$ 至 $k+1$ 时刻的中点。于是

$$\left.\begin{aligned}u_1 &= \frac{u_{k+1}+u_k}{2},\ u_2=\frac{u_{k+2}+u_{k+1}}{2}\\ i_1 &= \frac{i_{k+1}+i_k}{2},\ i_2=\frac{i_{k+2}+i_{k+1}}{2}\end{aligned}\right\} \tag{3-101}$$

$$i_1' = \frac{i_{k+1}-i_k}{T_s},\ i_2'=\frac{i_{k+2}-i_{k+1}}{T_s} \tag{3-102}$$

式中，i_k、i_{k+1}、i_{k+2}分别为经过数字滤波器后得出的 k、$k+1$、$k+2$ 时刻的电流采样值；u_k、u_{k+1}、u_{k+2}分别为经过滤波器后得出的 k、$k+1$、$k+2$ 时刻的电压采样值。

该算法所用数据窗较短，计算速度快，但精度稍差。在考虑近处故障（线路保护第一段保护范围 70% 以内故障）时采用此方法，以加速保护动作速度。

（二）单相接地故障的解微分方程算法

当选相元件判定为单相接地故障且确定了故障相时，取故障相参数计算 R 和 L 值。以

A 相接地为例，可写出如下微分方程

$$\left.\begin{aligned} u_{a_1} &= R(i_{a_1} + k_R 3i_{01}) + L\frac{\mathrm{d}(i_{a_1} + k_L 3i_{01})}{\mathrm{d}t_1} \\ u_{a_2} &= R(i_{a_2} + k_R 3i_{01}) + L\frac{\mathrm{d}(i_{a_2} + k_L 3i_{02})}{\mathrm{d}t_2} \end{aligned}\right\} \tag{3-103}$$

式中　k_R，k_L——分别为零序电阻、零序电抗的补偿系数，$k_R = \dfrac{R_0 - R_1}{3R_1}$，$k_L = \dfrac{L_0 - L_1}{3L_1}$。

上式中的 u_{a_1}、u_{a_2}、i_{a_1}、i_{a_2} 分别用相邻两个采样值的平均值代入。t_1、t_2 时刻的选取与相间故障时的选取方法一样。即

$$\left.\begin{aligned} i_{a_1} &= \frac{i_{a\cdot k+1} + i_{a\cdot k}}{2}, \quad i_{a_2} = \frac{i_{a\cdot k+2} + i_{a\cdot k+1}}{2} \\ u_{a_1} &= \frac{u_{a\cdot k+1} + u_{a\cdot k}}{2}, \quad u_{a_2} = \frac{u_{a\cdot k+2} + u_{a\cdot k+1}}{2} \\ i_{01} &= \frac{i_{0\cdot k+1} + i_{0\cdot k}}{2}, \quad i_{02} = \frac{i_{0\cdot k+2} + i_{0\cdot k+1}}{2} \end{aligned}\right\} \tag{3-104}$$

上式中的导数计算如下，分别用 D_1 和 D_2 表示

$$D_1 = \frac{\mathrm{d}(i_{a_1} + k_L 3i_{01})}{\mathrm{d}t_1} = \frac{i_{a\cdot k+1} - i_{a\cdot k}}{T_s} + \frac{3k_L(i_{0\cdot k+1} - i_{0\cdot k})}{T_s} \tag{3-105}$$

$$D_2 = \frac{\mathrm{d}(i_{a_2} + k_L 3i_{02})}{\mathrm{d}t_2} = \frac{i_{a\cdot k+2} - i_{a\cdot k+1}}{T_s} + \frac{3k_L(i_{0\cdot k+2} - i_{0\cdot k+1})}{T_s} \tag{3-106}$$

令 $u_{a_1} = u_1$，$u_{a_2} = u_2$，$i_{a_1} + k_R \cdot 3i_{01} = i_1$，$i_{a_2} + k_R \cdot 3i_{02} = i_2$，根据式（3-96）、式（3-97）有

$$L = \frac{u_1 i_2 - u_2 i_1}{i_2 D_1 - i_1 D_2} \tag{3-107}$$

$$R = \frac{u_2 D_1 - u_1 D_2}{i_2 D_1 - i_1 D_2} \tag{3-108}$$

同样，k、$k+1$、$k+2$ 三点的采样值应当是数字滤波后的值。

（三）高阻接地故障的算法

电力系统发生单相接地故障时，有时不是金属性短路，而是在故障点经较大的过渡电阻 R_g 短路。这时，R_g 中流过的电流是故障点的电流 i_g，因此保护安装处的电压就不只是短路电流在线路阻抗上的压降，还包括短路电流在过渡电阻 R_g 上所产生的电压。设 A 相经 R_g 接地短路，则其微分方程为

$$u_{a_1} = R(i_{a_1} + k_R 3i_{01}) + L\frac{\mathrm{d}(i_{a_1} + k_L 3i_{01})}{\mathrm{d}t_1} + i_{g1}R_g$$

$$u_{a_2} = R(i_{a_2} + k_R 3i_{02}) + L\frac{\mathrm{d}(i_{a_2} + k_L 3i_{02})}{\mathrm{d}t_2} + i_{g2}R_g \tag{3-109}$$

式（3-109）中的 i_{g_1} 和 i_{g_2} 分别为 t_1、t_2 时刻过渡电阻中所流过的电流，它也是一个未知数，显然直接联立求解不能算出 R 和 L，这时可采用下面的方法计算。

首先将式（3-109）改写成如下形式

$$u_{a_1}=L\left[\frac{\mathrm{d}(i_{a1}+3k_Li_{01})}{\mathrm{d}t_1}+\frac{R}{L}(i_{a1}+k_R3i_{01})\right]+i_{g1}R_g$$

$$u_{a_2}=L\left[\frac{\mathrm{d}(i_{a2}+3k_Li_{02})}{\mathrm{d}t_2}+\frac{R}{L}(i_{a2}+k_R3i_{02})\right]+i_{g2}R_g$$

令
$$D_1=\frac{\mathrm{d}(i_{a_1}+3k_Li_{01})}{\mathrm{d}t_1}+\frac{R}{L}(i_{a_1}+k_R3i_{01}) \tag{3-110}$$

$$D_2=\frac{\mathrm{d}(i_{a_2}+3k_Li_{02})}{\mathrm{d}t_2}+\frac{R}{L}(i_{a_2}+k_R3i_{02}) \tag{3-111}$$

则可写成
$$\left.\begin{aligned}u_{a_1}&=LD_1+i_{g_1}R_g\\u_{a_2}&=LD_2+i_{g_2}R_g\end{aligned}\right\} \tag{3-112}$$

上式中的 i_g 为故障点两侧零序电流之和，在本侧采样无法获得另一侧零序电流采样值，可采用如下两方法近似代替 i_g。

（1）用本侧零序电流代替 i_g。i_g 为故障点两侧零序电流之和，如果故障点两侧零序阻抗角相等，则本侧零序电流与 i_g 同相位，大小相差一个比例系数。这样，可以用本侧电流 i_{g_m} 代替 i_g，把式（3-112）写成如下形式

$$\left.\begin{aligned}u_{a_1}&=LD_1+i_{gm_1}R_g\\u_{a_2}&=LD_2+i_{gm_2}R_g\end{aligned}\right\} \tag{3-113}$$

根据此式就可以求出 L 和 R_g，将求出的 L 和 R_g 代入（3-109）可求出 R。

（2）用保护安装侧 i_a-i_0 代替 i_g。A 相接地时，$i_a=i_{a_1}+i_{a0}+i_{a_2}$，式中 i_{a_1}、i_{a_2}、i_{a0} 为 A 相正序、负序、零序电流，所以 $i_a-i_{a0}=i_{a_1}+i_{a_2}$，也就相当于用保护安装处的正序电流和负序电流之和代替 i_g。而正序电流和负序电流之和在单相接地故障时与零序电流同相位，因此，这种代替也是可行的。

以上两种代替计算方法在故障点两侧零序阻抗不等时都会使计算的 L 和 R 有一定误差，但后者的计算误差小于前者。

在距离保护软件中，判断为单相接地故障时首先用前面介绍的单相接地故障的解微分方程算法计算 R 和 X，一般当计算的 $R>X/2$ 时，改用高阻接地故障算法。

第五节　保护功能算法

前几节介绍的几种算法，都是根据若干采样值数列计算出有关电压电流的幅值、相位及阻抗等基本电参数，然后再根据不同的保护原理所对应的动作判据进行判断来实现保护功能的。本节讨论不经电压、电流幅值、相位等电参数中间计算环节，而是根据继电保护的功能或继电器的动作特性，直接用采样数据进行保护功能判断的算法。

一、移相算法

已知电量 $a=A\sin\omega t$，欲将其移相 θ 角，求 $a_\theta=kA\sin(\omega t+\theta)$ 的算法。设第 n 个和第 $n+k$ 个采样值分别为

$$\left.\begin{aligned} a_n &= A\sin\omega t \\ a_{n+k} &= A\sin(\omega t+k\omega T_s) \end{aligned}\right\} \tag{3-114}$$

则

$$\begin{aligned} a_\theta &= a_{n+k}-a_n = A\sin(\omega t+k\omega T_s)-A\sin\omega t \\ &= KA\sin(\omega t+\theta) \end{aligned} \tag{3-115}$$

式中，$K=-\sqrt{2-2\cos\omega T_s}$；$\theta=\tan^{-1}\dfrac{\sin k\omega T_s}{1-\cos k\omega T_s}$。

当取 $k=1$，$\omega T_s=\omega\Delta t=30°$ 时，有 $K=\sqrt{2-2\cos30°}\approx0.517$，$\theta=75°$，则 $a_\theta=0.517A\sin(\omega t+75°)$，$a_\theta$ 为将原 a 移相 $75°$ 角的电量。

二、负序分量算法

微机保护中常用到负序分量，下面列出两种负序分量的计算方法。

方法一：

已知计算负序分量的基本公式为

$$\dot{u}_{2a}=\frac{1}{3}(\dot{u}_a+\dot{u}_b e^{-j\frac{2}{3}\pi}+\dot{u}_c e^{j\frac{2}{3}\pi}) \tag{3-116}$$

根据前述移相算法，可得到式（3-116）在离散情况下的形式为

$$u_{2a}(k)=\frac{1}{3}\left[u_a(k)+u_b\left(k-\frac{N}{3}\right)+u_c\left(k-\frac{2}{3}N\right)\right] \tag{3-117}$$

式中 N——一个工频周期内的采样点数。

若 $N=12$，$N/3$ 对应 $4T_s$，$2N/3$ 对应 $8T_s$，故

$$u_{2a}(k)=\frac{1}{3}[u_a(k)+u_b(k-4)+u_c(k-8)] \tag{3-118}$$

此时数据窗为$\left(\dfrac{2}{3}N+1\right)$，当 $N=12$ 时，$\left(\dfrac{2}{3}N+1\right)=9$，数据窗为 $9T_s$。

方法二：把式（3-116）改写为

$$\dot{u}_{2a}=\frac{1}{3}(\dot{u}_a+\dot{u}_b e^{-j\frac{2}{3}\pi}-\dot{u}_c e^{-j\frac{\pi}{3}})$$

故

$$u_{2a}(k)=\frac{1}{3}\left[u_a(k)+u_b\left(k-\frac{N}{3}\right)-u_c\left(k-\frac{N}{6}\right)\right] \tag{3-119}$$

上式数据窗成为 $5T_s$。

通过上述两种算法均可以容易地求出负序分量。

三、继电器特性算法

上一节介绍了几种求解阻抗值的距离保护软件算法，思路都是把保护分为计算和判断两步。根据若干电压和电流采样值计算出线路阻抗值或阻抗角，然后再与线路距离保护的整定值比较判别，来实现保护功能。

本节介绍的阻抗继电器算法是根据传统继电保护中阻抗继电器的动作特征，用电压和电流等电量信号采样值直接判断，实现线路保护的计算和判断合为一体的保护功能算法。

（一）全阻抗继电器

在图3-8中，当d点短路时，理论上讲，距离保护中阻抗继电器的测量阻抗Z_d是通过保护线路安装处的电压与流过保护的电流计算出来的，即

$$Z_d = \frac{\dot{u}_B}{\dot{I}_{BC}}$$

式中，$\dot{u}_B$、$\dot{I}_{BC}$分别为保护安装处母线电压和流过保护的电流。

为计算方便，以保护安装处B点为复平面原点作一复平面，将测量阻抗Z_d和整定阻抗Z_{ZD}在复平面上表示为如图3-9所示。测量阻抗Z_d与整定阻抗Z_{ZD}比较，可判别系统短路BC故障，甚至可判断故障点的距离（被保护线路的最大阻抗值为Z_{AB}）。

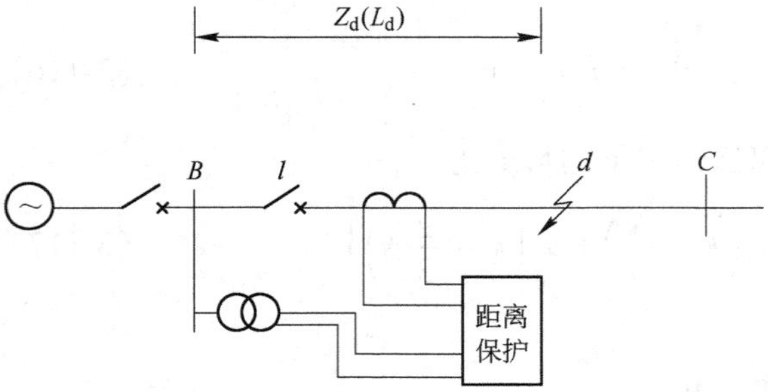

图3-8　系统接线

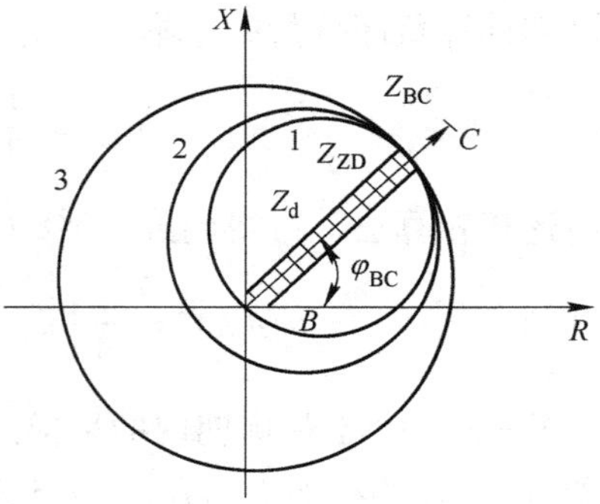

图3-9　被保护线路的测量阻抗及动作特性

工程上，阻抗继电器的电压和电流测量值都取自电压互感器和电流互感器的二次侧，实际的测量阻抗$\mathbf{Z}_J = \frac{\dot{u}_J}{\dot{I}_J} = \frac{\dot{u}_B/n_{TV}}{\dot{I}_{BC}/n_{TA}}$，故由于电压互感器和电流互感器的误差很有可能使二次侧的测量阻抗$Z_J = Z_d \frac{n_{TV}}{n_{TA}}$的相位偏离$Z_d$的相位角$\varphi_{BC}$，从而使$Z_J$不在动作区内，保护将拒绝动作。为解决这个问题，通常把阻抗继电器的动作区扩大，如图3-9所示，其中，图3-9中1为方向阻抗继电器的动作特性，图3-9中2为偏移阻抗继电器的特性，图3-9中3为全阻抗继电器的特性。

全阻抗继电器特性是以B点（保护安装处）为圆心，以整定阻抗Z_{ZD}为半径的一个圆。圆内为动作区，圆外为不动作区。其判别算法：当测量阻抗$Z_J \leq Z_{ZD}$时继电器动作；

当测量阻抗 $Z_J > Z_{ZD}$时，继电器不动作。这种全阻抗继电器不论测量阻抗的阻抗角 φ_J 多大，只依据阻抗值 Z_d 就可判别。由于这种特性是以原点为圆心而作的圆，继电器在第一象限与第二象限的动作区一样大，即正方向和反方向的动作范围一样大，故它没有方向性，因此得名全阻抗继电器。所以，在距离保护中若用它做阻抗继电器必须加装方向元件。

电力系统微机保护中，全阻抗继电器算法实现有两种方式，幅值比较方式和相位比较方式。

1. 幅值比较方式

如图 3-10 所示，当测量阻抗 Z_J 位于圆内时，继电器能够启动，其启动的条件可用阻抗的幅值来表示，即

$$|Z_J| \leqslant |Z_{ZD}| \tag{3-120}$$

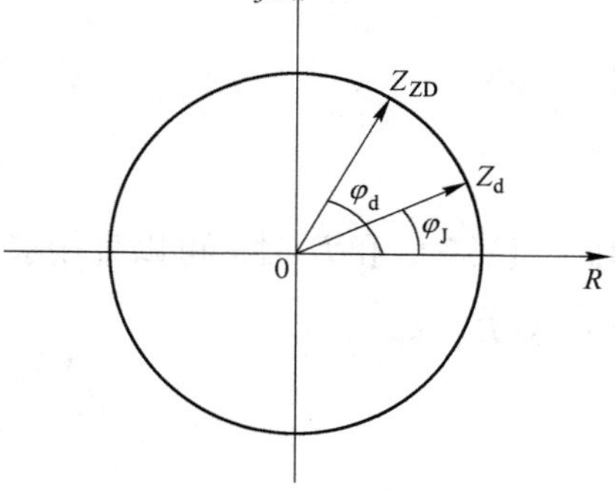

图 3-10　幅值比较型

将上式两端乘以电流 $\dot{I}_J$，即可得到比较其幅值的两个电压分别为

$$\dot{A} = \dot{I}_J Z_J = \dot{U}_J,\ \dot{B} = \dot{I}_J Z_{ZD}$$

则继电器的电压幅值比的动作方程为

$$|\dot{B}| \leqslant \dot{A} \quad \text{或} \quad |\dot{U}_J| \leqslant \dot{I}_J Z_{ZD}$$

上式可以看作两个电压幅值比较，式中$|\dot{I}_J Z_{ZD}|$表示电流在某一个恒定阻抗 Z_{ZD}上的电压降落，可利用硬件电抗互感器或其他补偿装置获得。此算法软件硬件结合，仅需测量出两个电压量，测量阻抗 $\dot{Z}_J$ 的幅值和恒定阻抗 Z_{ZD}上的电压幅值，就可根据动作方程判断继电器动作否，算法的快速性很好。

2. 相位比较方式

如图 3-11 所示。当测量阻抗 Z_J 位于圆周上时，$Z_{ZD} - Z_J$ 超前于 $Z_{ZD} + Z_J$ 的角度 $\theta = 90°$；而当 Z_J 位于圆内时，$Z_{ZD} - Z_J$ 超前于 $Z_{ZD} + Z_J$ 的角度 $\theta < 90°$；而当 Z_J 位于圆外时，$\theta > 90°$。因此，阻抗继电器的启动条件可表示为：

$$-90° \leqslant \arg \frac{Z_{ZD} - Z_J}{Z_{ZD} + Z_J} \leqslant 90° \tag{3-121}$$

将上式中比较相位的两个量均乘以电流 $\dot{I}_J$，即可得到比较其相位的两个电压分别为

$$\dot{C} = \dot{I}_J Z_{ZD} + \dot{U}_J$$

$$\dot{D} = \dot{I}_J Z_{ZD} - \dot{U}_J$$

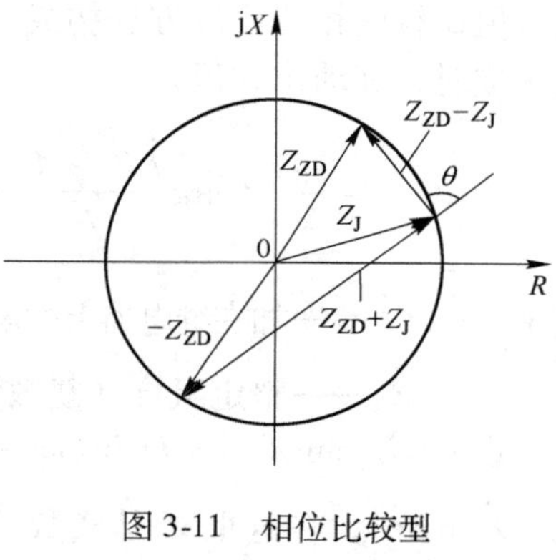

图 3-11　相位比较型

因此继电器的动作条件又可写为

$$-90° \leqslant \arg\frac{\dot{D}}{\dot{C}} \leqslant 90° \quad \text{或} \quad -90° \leqslant \frac{\dot{I}_J Z_{ZD} - \dot{U}_J}{\dot{I}_J Z_{ZD} + \dot{U}_J} \leqslant 90° \tag{3-122}$$

电压的幅值比较和相位比较的关系符合下式

$$\dot{A} = \dot{D} + \dot{C}$$

$$\dot{B} = \dot{D} - \dot{C}$$

因此，已知 $\dot{C}$ 和 $\dot{D}$ 时，可以直接求出 $\dot{A}$ 和 $\dot{B}$。当然，若已知 $\dot{A}$ 和 $\dot{B}$，也可以利用上式求出 $\dot{C}$ 和 $\dot{D}$，即

$$\dot{C} = \frac{1}{2}(\dot{A} - \dot{B})$$

$$\dot{D} = \frac{1}{2}(\dot{A} + \dot{B})$$

这种转换关系可用图 3-12 说明。图中 θ 为 $\dot{D}$ 超前 $\dot{C}$ 的相位角。需要说明，这种关系说明只适用于同频率的正弦交流量。对短路暂态过程中出现的非周期分量和谐波分量，以上转换关系显然是不成立的。

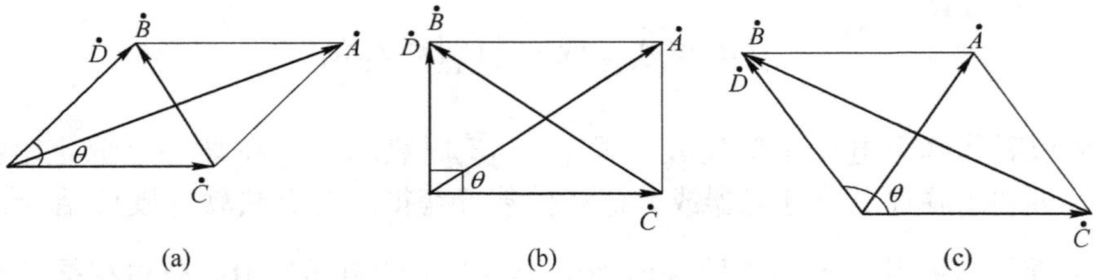

图 3-12　相位比较和幅值比较转换关系

(a) $\theta < 90° \Leftrightarrow |\dot{A}| > |\dot{B}|$；(b) $\theta = 90° \Leftrightarrow |\dot{A}| = |\dot{B}|$；(c) $\theta > 90° \Leftrightarrow |\dot{A}| < |\dot{B}|$

（二）方向阻抗继电器

方向阻抗继电器的特性是在 R-X 平面上通过坐标原点的圆，如图 3-13 所示。它可由绝对值比较或相位比较方法构成，当按相位比较方法构成时，其动作方程为

$$-\frac{\pi}{2} < \arg\frac{\dot{I}\dot{Z}_s - \dot{U}}{\dot{U}} < \frac{\pi}{2} \tag{3-123}$$

式中　$\dot{U}$，$\dot{I}$——加在继电器上的电压和电流(复数)；

$\dot{Z}_s$——整定阻抗（复数）。

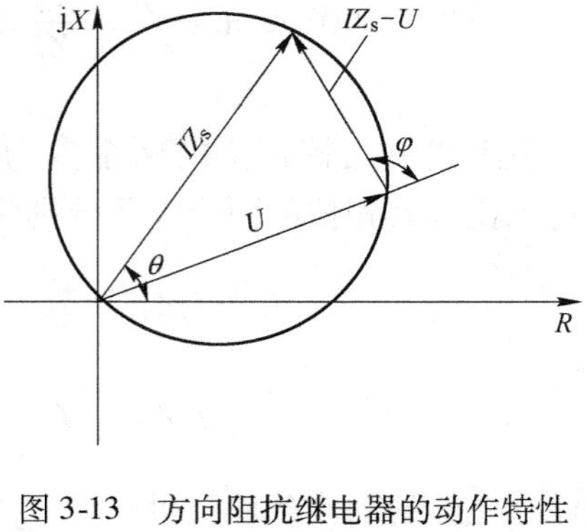

图 3-13　方向阻抗继电器的动作特性

设 $u = U_m \sin\omega t$，$i = I_m \sin(\omega t - \theta)$，取电流为基准，$\dot{Z}_s = Ze^{j\theta}$，在这里 Z 是实数，它表示整定阻抗

的大小。于是，$\dot{I}Z_s = Z\dot{I}e^{j\theta} = Z\dot{I}_\theta$，$\dot{I}_\theta$ 为电流 $\dot{I}$ 前移相位 θ，可由式（3-115）求得。

现在以三采样值乘积算法为例构成方向阻抗继电器，设电压和电流的任意 3 个连续采样值为 u_{n-2}，u_{n-1}，u_n 和 i_{n-2}，i_{n-1}，i_n，向前移 θ 相位的电流为 $i_{\theta \cdot n-2}$，$i_{\theta \cdot n-1}$，$i_{\theta \cdot n}$；用 i_θ 乘整定阻抗 Z 得到 $Z \cdot i_\theta$，再与 u 相减便可得到 $Zi_\theta - u$。

由动作方程可知，当 $Zi_\theta - u$ 与 u 的相位差 φ 在 90° ~ －90°之间时，方向阻抗继电器动作，这一动作条件即

$$(Zi_\theta - u)u\cos\varphi > 0$$

由式（3-20）可写出方向阻抗继电器的算法（$f_s = 600\text{Hz}$，$\omega\Delta t = 30°$）为

$$(Zi_{\theta \cdot n-2} - u_{n-2})u_{n-2} - (Zi_{\theta \cdot n-1} - u_{n-1})u_{n-1} + (Zi_{\theta \cdot n} - u_n)u_n > k_0 \tag{3-124}$$

式中 k_0——检测电平。

（三）偏移特性阻抗继电器

偏移特性阻抗继电器特性的动作条件为

$$(Z_1 i_\theta - u)(u + Z_2 i_\theta)\cos\varphi > 0 \tag{3-125}$$

式中 Z_1，Z_2——偏移特性阻抗继电器的正向和反向整定阻抗的大小。

由式（3-20）同样可写出偏移特性阻抗继电器的算法（$f_s = 600\text{Hz}$，$\omega\Delta t = 30°$）为

$$\begin{aligned}&(Z_1 i_{\theta \cdot n-2} - u_{n-2}) \cdot (u_{n-2} + Z_2 i_{\theta \cdot n-2}) - (Z_1 i_{\theta \cdot n-1} - u_{n-1}) \cdot \\ &(u_{n-1} + Z_2 i_{\theta \cdot n-1}) + (Z_1 i_{\theta \cdot n} - u_n) \cdot (u_n + Z_2 i_{\theta \cdot n}) > k_0\end{aligned} \tag{3-126}$$

（四）电流差动继电器

电流差动原理广泛用于发电机、变压器、母线及线路保护中。已知差动继电器动作条件为

$$I_D^2 - kI_T^2 > k_0 \tag{3-127}$$

式中 I_D——动作电流；
I_T——制动电流；
k——制动系数；
k_0——继电器整定值。

设输电线路（被保护设备）M 端和 N 端电流分别为

$$\left.\begin{aligned}i_M &= I_M \sin\omega t \\ i_N &= I_N \sin(\omega t - \theta)\end{aligned}\right\} \tag{3-128}$$

采用三采样值积算法，设在任意 3 个连续采样时刻 t_{k-2}，t_{k-1}，t_k 采样，由动作条件有

$$\left.\begin{aligned}I_D^2 &= (i_{M \cdot k-2} + i_{N \cdot k-2})^2 - (i_{M \cdot k-1} + i_{N \cdot k-1})^2 + (i_{M \cdot k} + i_{N \cdot k})^2 \\ I_T^2 &= (i_{M \cdot k-2} - i_{N \cdot k-2})^2 - (i_{M \cdot k-1} - i_{N \cdot k-1})^2 + (i_{M \cdot k} - i_{N \cdot k})^2\end{aligned}\right\} \tag{3-129}$$

将式（3-128）代入式（3-129）中，化简可得

$$I_{\mathrm{D}}^2 = \frac{I_M^2}{2} + \frac{I_N^2}{2} + I_M I_N \cos\theta = \left(\frac{i_M + i_N}{\sqrt{2}}\right)^2$$

$$I_{\mathrm{T}}^2 = \frac{I_{\mathrm{M}}^2}{2} + \frac{I_{\mathrm{N}}^2}{2} - I_{\mathrm{M}} I_{\mathrm{N}} \cos\theta = \left(\frac{i_{\mathrm{M}} - i_{\mathrm{N}}}{\sqrt{2}}\right)^2$$

如采用两采样值积算法，当 $\omega\Delta t = 90°$（$f_s = 200\text{Hz}$）时，由式（3-6）和式（3-7）可写出

$$\left.\begin{aligned} 2I_{\mathrm{D}}^2 &= (i_{M\cdot k} + i_{N\cdot k})^2 + (i_{M\cdot k-1} + i_{N\cdot k-1})^2 \\ 2I_T^2 &= (i_{M\cdot k} - i_{N\cdot k})^2 + (i_{M\cdot k-1} - i_{N\cdot k-1})^2 \end{aligned}\right\} \tag{3-130}$$

若差动继电器动作条件为 $I_{\mathrm{D}} - k(I_{\mathrm{M}} + I_{\mathrm{N}}) > K_0$，采用半周积分法，取 $\omega\Delta t = 30°$时，由式（3-58）、式（3-59）可有

$$\left.\begin{aligned} I_M &= \sum_{k=j-5}^{j} \frac{|i_{M\cdot k}|}{3.798} \\ I_N &= \sum_{k=j-5}^{j} \frac{|i_{N\cdot k}|}{3.798} \\ I_D &= \sum_{k=j-5}^{j} \frac{|i_{M\cdot k} + i_{N\cdot k}|}{3.798} \end{aligned}\right\} \tag{3-131}$$

式中 3.798——$k(\theta)$的平均值$[(3.732 + 3.864)/2 = 3.798]$。

四、相电流突变量算法

微机保护中常采用相电流突变量作为启动元件。相电流突变量为

$$\Delta i_k = i_k - i_{k-N} \tag{3-132}$$

式中 i_k——kT_s 时刻的采样值；

N—— 一个工频周期的采样点数，若 $T_s = 1\text{ms}$，则一个工频周期采样点数 $N = 20$；

i_{k-N}——i_k 前 $NT_s = 20\text{ms}$ 时刻的采样值；

Δi_k——kT_s 采样时刻的电流突变量。

电流突变量采样值如图 3-14 所示。系统正常运行时，负荷虽有变化，但不会在一个工频周期（20ms）内有很大的变化，故两采样值 i_k 与 i_{k-N}应接近相等，即 $\Delta i_k \approx 0$。

当某一时刻发生短路故障时，故障相电流突然增大，如图 3-14 中虚线所示。采样值 i_k 突然增大很多，其中包含有负荷分量，与 i_{k-N}作差后，得到的 Δi_k 中不包含负荷分量，仅为短路时的故障分量电流，$\Delta i_k \neq 0$，使启动元件动作。但是，系统正常运行时，当电网频率波动偏离 50Hz 时，i_k 与 i_{k-N}将不是同一相角的电流值，将会产生较大的不平衡电流，致使启动元件误动作。为消除因电网频率波动引起的不平

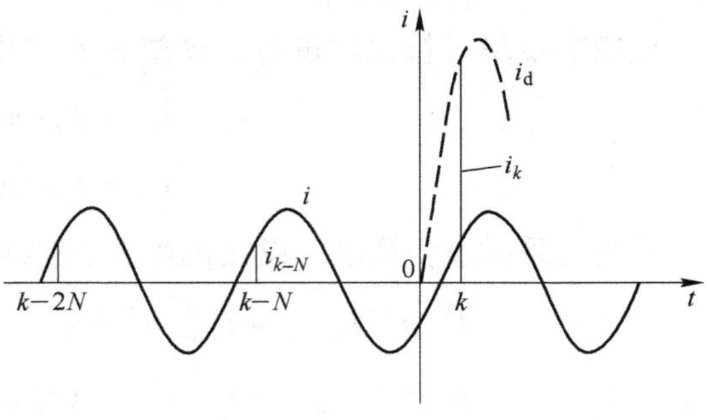

图 3-14 电流突变量启动元件原理示意图

衡电流，相电流突变量按下式计算

$$\Delta i_k = |(i_k - i_{k-N}) - (i_{k-N} - i_{k-2N})| \tag{3-133}$$

式中，$(i_k - i_{k-N})$ 和 $(i_{k-N} - i_{k-2N})$ 两相中的不平衡电流相抵消，防止了启动元件的误动作。为提高抗干扰能力，避免突变量元件误动作，可在连续几次计算 Δi_k 都超过定值时，元件才动作。

以上几节介绍了几种典型的微机保护算法，下面归纳一下前面提到的几种算法的选择和应用范围。

输入信号为正弦函数的一类算法，由于算法本身所需的数据窗很短，计算量很小，因此，常可用于输入信号中暂态分量很小或计算精度要求不高的保护中，如直接应用于低压网络的电流、电压后备保护中，或者配合一些简单的差分滤波器以削弱电流中衰减的直流分量作电流速断保护，加速出口故障时的切除时间。也可作为复杂保护的启动元件的算法，如距离保护的电流启动元件。若将这类算法用于复杂保护，则需要对输入信号进行滤波处理，这样将使计算的总时间加长，计算量加大。

傅氏算法、沃尔什函数法、最小二乘方算法和解微分方程算法都可用于线路阻抗计算中，各有其特点。一般在采用傅氏算法时需要考虑衰减直流分量造成的计算误差，应有适当的补偿措施。沃尔什函数法当只计算基波或某次谐波分量时速度较傅氏算法快，若同时计算多个分量，计算量也很大。应用最小二乘方算法，在设计选择拟合函数模型时要在精度和速度两方面合理地权衡，否则可能造成精度很高，但响应速度很慢、计算量太大等不可取的局面。

解微分方程算法一般不宜单独应用于分布电容不可忽略的较长线路，但若将它配以适当的数字滤波器而构成高压长距离输电线路的距离保护，还是能得到满意效果的。需要指出，解微分方程算法只能用于计算阻抗，因此，多用于线路保护中，而傅氏算法、沃尔什函数法、最小二乘方算法还常应用于元件保护（如发电机、变压器的差动保护）、后备电流电压保护以及一些相序分量组成的保护中。

继电器特性算法是已知某种继电器的动作特性，用采样值直接得到继电器动作方程的算法。它对实现某种继电器特性更有针对性。保护功能的其他算法也是针对某一保护功能而设计的算法，更具有特殊性。以上几类算法各有其特点和适用范围，选择哪种算法需根据应用场合、对保护功能的要求以及硬件配置来具体确定的。

小　结

电力系统微机保护算法是用数学运算方法实现故障量的测量，分析和判断的方法。微机保护算法可分为两大类：一类是根据采样值进行一定数学运算，得到反映故障特点的电气量值，之后进行比较、判断的方法。另一类是根据继电保护的功能或继电器的动作特性直接用采样数据进行功能判断的算法。

当对输入信号进行滤波处理后，可以认为滤波后的采样值为正弦函数，利用正弦函数的一系列特性，根据若干个采样值计算电压电流的幅值、相位、阻抗等量值，称此法为输入信号为正弦函数模型的算法。它包括两采样值或三采样值乘积算法、微分法（导数法）、半周积分算法等。这一类算法的特点是数据窗很短，算法本身的计算量小，计算速度快。但若考虑滤波过程，则滤波和算法总的计算时间和计算容量就比较大，且精度不高，适合于输入信号中暂态分量不丰富或计算精度要求不高的保护或复杂保护的启动元件的算法。

当我们假定输入信号是周期函数时，可以将它们分解为一个函数序列之和，即级数。微机保护中常用的就是傅氏级数和沃尔什函数。傅氏级数是将周期函数分解为正弦和余弦函数，沃尔什函数是将周期函数分解为方波和类方波函数。两种算法都能将采样值分解为基波分量和倍频分量，计算得到它们的幅值、相角和阻抗，具有较强的滤波作用，计算精度较高，但计算所用的数据窗较长。

实际的电力系统的电压电流等采样值不仅包含直流分量、基波和固定频率的谐波分量，还包含有随机频率的高频分量。当输入信号为随机函数时，最常用的方法是最小二乘曲线拟合法。这种方法是将输入量与一个预设的含有非周期分量及某些谐波分量的函数按最小二乘方原理进行拟合，从而求出输入信号中基波及各谐波分量的幅值、相角的方法。该方法可能获得良好的滤波性能和很高的精度，但预设的拟合函数越复杂，精度越高，计算时间就越长。还可采用狭窄带通滤波器加正弦函数算法来处理随机函数型的输入信号。

以上几种算法都属于微机保护的第一类算法。其共性就是都要根据输入信号计算基本电参数，然后再进行保护分析和判断，来实现保护功能。

第二类算法即保护功能算法，则省去基本电参数计算这一中间环节，根据继电保护功能或继电器动作特性，直接用输入采样值完成保护的分析和判断。这类算法能实现某种继电器的动作特性，因此，更具有独特性和保护功能的针对性。

分析和评价各种算法主要是从计算速度、计算精度和滤波功能这 3 个方面来衡量。

习　题

3-1　两点采样值乘积算法、三采样值乘积算法、半周积分法和一阶导数法、二阶导数法的数据窗长度各为多少？

3-2　半周积分算法的依据是什么，如何采用半周积分算法求有效值？

3-3　两采样值积算法和三采样值积算法比较，哪种算法速度更快些，为什么？

3-4　什么是傅氏算法，该算法具有什么特点？

3-5　什么是解微分方程算法，解微分方程算法主要为了计算什么？

3-6　已知被采样函数为 $i(t)=10\sin\omega t$，一周期内采样点数 $N=12$，画出采样输出波形，并用半周积分法求出 I_m。

3-7　如何评价微机保护算法？

3-8　如图 3-5 所示电压波形，试求出 5 次谐波的有效值和相位，$\omega t=0$ 时开始采样。

3-9　如何用三采样值积算法实现方向阻抗继电器？

3-10　在相电流突变量启动元件中，如何消除因电网频率波动引起的不平衡电流？

第四章　输电线路微机保护

在电力系统中，输电线路应装设什么类型的保护与它所处的电网结构、电网的电压等级及所反映的线路上的故障类型有关。本章根据输电线路不同类型的故障介绍输电线路发生相间短路时的电流电压保护、接地短路的电流电压保护、距离保护的微机实现原理，保护的整定计算及保护的实现方式。

第一节　输电线路相间短路的电流、电压保护

电网正常运行时，输电线路上流过正常的负荷电流，母线电压约为额定电压；发生各种相间短路时，总伴随着故障相电流的增大和电压的降低。根据这一特征，微机保护可以通过电流、电压的变化判断输电线路的各种相间短路故障。当故障线路上的电流大于某一“设定值”或保护安装处母线电压小于某一“设定值”时，保护将跳开故障线路上的断路器而将故障线路断电。这就是电流电压保护的作用原理。“设定值”就是电流、电压保护的动作电流或动作电压，它是能使电流保护动作的最小电流和使电压保护动作的最大电压，称之为保护整定值，通常用 I_{DZ} 和 U_{DZ} 表示。

单侧电源网络相间短路电流保护是根据单侧电源网络相间短路电流的变化，在尽可能短的时间内对输电线路的短路事件和故障点作出判断，并有选择性地切除距离故障点最近的断路器，将停电范围控制在最小的电流保护。此保护不但要求作为线路相间短路的主保护，还可通过与相邻保护元件间的整定参数（如动作电流、动作时限等）的准确配合，作为相邻被保护元件的后备保护。

为保证迅速、可靠而有选择性地切除故障，线路相间短路的电流保护一般采用几种电流保护的组合形式构成一整套保护，本节介绍一种常用的微机实现的组合保护形式即三种电流保护的配合保护，称为三段式电流保护：第Ⅰ段——无时限电流速断保护或无时限电流电压连锁速断保护；第Ⅱ段——带时限电流速断保护或带时限电流电压连锁速断保护；第Ⅲ段——定时限过电流保护或低电压启动过电流保护。

一、无时限的电流速断保护（电流Ⅰ段保护）

无时限电流速断保护依靠动作电流来保证其选择性，即被保护线路外部短路时流过该保护的电流总小于其动作电流，不能动作；而只有在内部短路时流过保护的电流才有可能大于其动作电流，使保护装置在短时间内“迅速”动作，以切断系统中的故障设备或输电线路。故无时限电流速断保护不必外加延时元件即可保证保护的选择性。无时限电流速断保护是一种即时判断和动作的电流保护，其速动性最好。在使用时需要通过选择运行方式、动作电流、保护范围来对其参数进行准确的计算和整定，以保证其可靠性、选择性、速动性和灵敏性。

无时限电流速断保护的灵敏度是通过保护范围的大小来衡量的，即它所保护的线路长度的百分数来表示。保护在不同运行方式下和不同短路类型时，保护的灵敏度即保护范围各不相同。应采用最不利情况下保护的保护范围来校验保护的灵敏度，一般要求保护范围不小于线路全长的15%。

下面，以图4-1单侧电源网络中输电线路AB上所装的电流保护为例来分析电流保护的原理。为反映全线路上的故障电流，设AB线路上的电流保护装于线路始端母线A处，如图称为电流保护1。显然电流保护1要可靠动作，它的动作值I_{DZ}必须选择小于或等于保护范围内可能出现的最小短路电流。

在图4-1(a)中，假设AB线路上d_1处发生三相短路，则线路上流过的短路电流为

$$I_d^{(3)} = \frac{E_f}{Z_s + Z_d}$$

式中 E_f——电源系统相电势；

Z_s——电源系统阻抗；

Z_d——故障点到保护安装处之间的阻抗。

由上式计算可知，当系统（电压）一定时，流过电流保护的短路电流与系统阻抗Z_s、短路点的位置（Z_d）及短路类型有关。而系统阻抗Z_s决定于系统的运行方式。对于一套保护装置来说，当系统采用某种运行方式，使得发生故障时通过该保护装置的短路电流为最大，此时的运行方式称为最大运行方式；反之，称为系统的最小运行方式。当系统运行在最大运行方式下Z_s取最小值$Z_{s.min}$；当系统运行在最小运行方式下Z_s取最大值$Z_{s.max}$。

在最大运行方式下三相短路时，通过保护装置的短路电流最大；而在最小运行方式下两相短路时，通过保护装置的短路电流最小。将这两种情况下AB和BC线路上短路电流随故障点位置变化的曲线画于图4-1(b)中。图中曲线1为$I_{d.max}^{(3)}=f(L_d)$曲线；曲线2为$I_{d.min}^{(2)}=f(L_d)$曲线。显然，当系统运行在其他运行方式下发生任何类型的短路时，$I_d=f(L_d)$曲线位于曲线1和2之间。

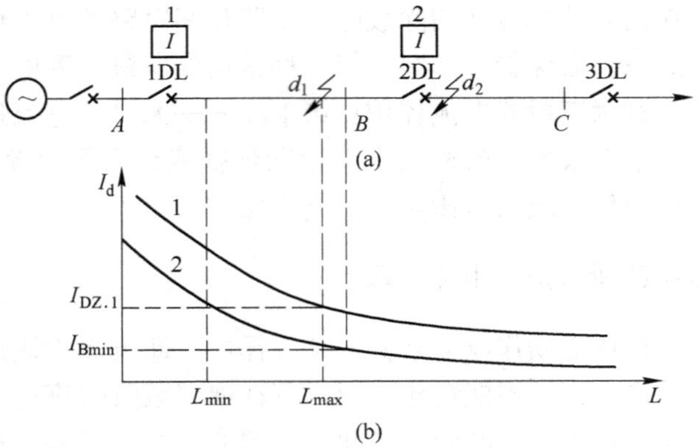

图4-1 无时限电流速断保护特性分析

对AB线路上A母线处所装的电流保护，为保证速动性希望能快速切除AB全线故障。而由图可知，AB线路上可能出现的最小短路电流是AB下路末端B母线处发生两相短路时

的短路电流 $I_{B.min}^{(2)}$，则 $I_{B.min}^{(2)}$应大于或等于其动作值 I_{DZ}，即

$$I_{B.min}^{(2)} \geqslant I_{DZ}$$

$I_{B.min}^{(2)}$为母线 B 在最小运行方式下发生两相短路时的最小短路电流。

但由图 4-1(b)中的曲线可知，在系统最大运行方式下 BC 线路靠近 B 母线处发生短路时，由于短路电流大于 $I_{B.min}^{(2)}$，使装于 AB 线路上的电流保护 1 在 BC 线路始端故障时可能误动作而失去选择性。按照选择性的要求，AB 线路上的电流保护的动作值必须满足

$$I_{DZ} \geqslant I_{B.max}^{(3)}$$

又为了使电流保护能区分所保护线路的末端和下一条相邻线路的始端故障，通常取

$$I_{DZ} > I_{B.max}^{(3)}$$

考虑到微机保护信号预处理系统可能产生的误差，取

$$I_{DZ} = K_K I_{B.max}^{(3)} \tag{4-1}$$

式中　K_K——可靠系数，$K_K \geqslant 1.3$；

$I_{B.max}^{(3)}$——B 母线处在系统最大运行方式下发生三相短路时的短路电流。

按式（4-1）整定电流保护以后，装于母线 A 处的电流保护 1 就可保证选择性了。如果不计保护装置本身和断路器的动作时间，则保护可以无延时动作，故称此套电流保护为无时限电流速断保护，或称电流 I 段保护。它的动作值取值原则可概括为：按躲过本线路末端发生短路时的最大短路电流整定。为了与后面电流保护参数相区别，保护 1 电流 I 段的动作值常表示为 $I_{DZ.1}^{I}$。保护动作时限表示为 $t_1^{I} = 0s$。

它的灵敏度校验一般检验保护的最小保护范围，即

$$K_{lm,1}^{I} = \frac{L_{min}}{L_{AB}} \times 100\% \geqslant (15\% \sim 20\%) \tag{4-2}$$

式中，L_{min}为电流速断保护的最小保护范围长度；L_{AB}为被保护线路长度。

在图 4-1(b)中，动作值是一条直线，且与曲线 1 和曲线 2 都交于一点，显然交点对应的线路长度分别为系统在最小运行方式下保护的最小保护范围 L_{min}和系统在最大运行方式下保护的最大保护范围 L_{max}。可见，电流 I 段保护的保护范围随系统运行方式的变化而变化。当系统运行方式变化较大时，最小运行方式下，它可能无保护范围，且它不能保护线路全长，保护范围受系统运行方式变化的影响。无时限电流速断保护的优点就是简单可靠，动作迅速。

无时限电流速断保护的灵敏系数是用其最小保护范围来衡量的，《规程》规定，最大保护范围不应该小于线路全长的 50%，最小保护范围不应该小于线路全长的 15% ~20%。

二、限时的电流速断保护（电流Ⅱ段保护）

由于无时限电流速断保护不能保护线路的全长，当被保护线路末端附近短路时，必须由其他的保护来切除。为此，可增加一套带时限的电流速断保护，用以切除无时限电流速断保护范围以外的短路故障，并作为无时限电流速断保护的后备保护。为了满足速动性的要求，保护的动作时间应该尽可能短。这种带时限的电流速断保护，称为限时电流速断

保护。

在单侧电源网络相间短路的电流保护中，由无时限电流速断保护构成电流保护的第Ⅰ段，限时电流速断保护构成电流保护的第Ⅱ段。这样，线路上的电流保护第Ⅰ段和第Ⅱ段共同构成整个被保护线路的主保护，它能以尽可能快的速度，可靠并有选择性地切除本线路上任意一处故障。

为避免相邻线路 *BC* 始端 *d* 点发生故障时，电流保护可能动作跳开 1DL 而失去选择性的情况发生，加装电流速断保护 2。若要限时电流速断保护能够保护线路全长，其保护范围必然要延伸到相邻线路，为保证选择性，必须给限时电流速断保护增加一定的时限。若使这套电流保护启动以后经一个延时 Δt 再作用于出口跳闸，则当 *d* 点发生故障时，由装于 *B* 母线处的电流速断保护 2 首先动作跳开 2DL，而装于保护 1 处的带有延时 Δt 的电流保护不会误动，这就保证了选择性，称这套电流保护为限时的电流速断保护，也叫电流Ⅱ段保护，如图 4-2 所示。此时限既能保证选择性，又能满足速动性的要求，即尽可能短。鉴于此，可首先考虑使它的保护范围不超出下一条线路速断保护的保护范围，而动作时限则比下一条线路的速断保护高出一个时间段。同时为保证速动性，Δt 不宜过长，一般选择为 0.3～0.5s。

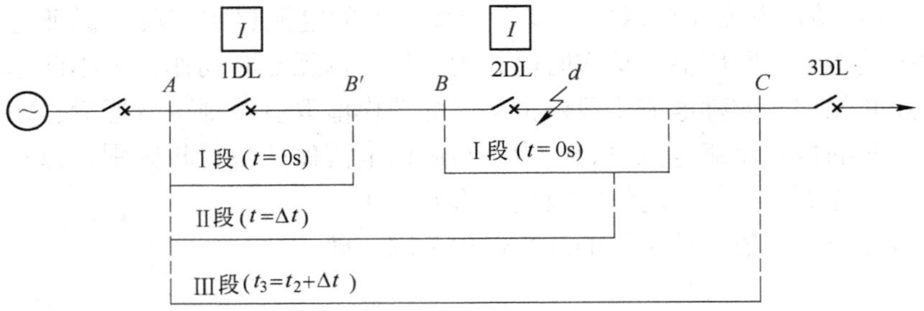

图 4-2　三段式电流保护范围及时限

带时限电流速断保护电流测量元件的整定值遵循原则：

第一，在任何情况下，带时限电流速断保护均能保护本线路全长（包括本线路末端），为此，保护范围必须延伸至相邻的下一线路，以保证保护在有各种误差的情况下仍能保护线路的全长；

第二，为了保证在相邻的下一线路出口处短路时保护的选择性，本线路的带时限电流速断保护在动作时间和动作电流两个方面均必须和相邻线路的无时限电流速断保护配合。

由图 4-2 可见，装于 1DL 处的电流Ⅱ段的保护范围只要不超出于 2DL 处电流Ⅰ段的保护范围即可保证选择性。亦即只要取

$$I_{DZ.1}^{\mathrm{II}} \geq I_{DZ.2}^{\mathrm{I}}$$

式中　$I_{DZ.1}^{\mathrm{II}}$——装于断路器 1DL 处的电流Ⅱ段保护的动作值；

$I_{DZ.2}^{\mathrm{I}}$——装于断路器 2DL 处的电流Ⅰ段保护的动作值。

取可靠系数 $K_K^{\mathrm{II}} \geq 1.1$，则

$$I_{DZ.1}^{\mathrm{II}} = K_K^{\mathrm{II}} I_{DZ.2}^{\mathrm{I}} \tag{4-3}$$

即电流Ⅱ段保护的整定值按躲过下一条相邻线路电流Ⅰ段的动作值整定，时限

$$t_1^{\mathrm{II}} = t_2^{\mathrm{I}} + \Delta t = \Delta t$$

式中　t_1^{II}——保护 1 的电流Ⅱ段的动作时间；

t_2^{I}——保护 2 的电流Ⅰ段的动作时间。

保护 1 的电流Ⅱ段保护的灵敏系数为

$$K_{lm.1}^{\mathrm{II}} = \frac{I_{B.min}^{(2)}}{I_{DZ.1}^{\mathrm{II}}} \tag{4-4}$$

要求满足：对 50km 以上、20～50km、20km 以下的线路，K_{lm}^{II}分别不小于 1.3、1.4、1.5。

AB 线路上装设了电流Ⅰ段和电流Ⅱ段保护后，全线故障在 0.3～0.5s 便可得以切除，且对电流Ⅰ段范围内的故障实现了保护的双重性。这对低网络中的线路基本能满足“四性”的要求。

三、定时限的过电流保护（电流Ⅲ段保护）

以上所讲的无时限电流速断保护和限时电流速断保护的动作电流，都是按照躲过线路中某点的短路电流整定的。虽然无时限电流速断保护可瞬时切除故障线路，但它只能保护线路全长的一部分，限时电流速断保护虽然可以较小的时限切除线路全长上任意一点的故障，但它不能做相邻线路故障的后备。

为此，可增加定时限过电流保护作为相邻线路故障的后备保护。顾名思义，定时限过电流保护是一种时限固定的过电流保护，也叫电流Ⅲ段保护。其动作电流较小，一般按躲过最大负荷电流整定，灵敏度较高。它不仅能保护本线路全长，而且还可以作为相邻线路短路故障时的远后备。即当故障设备或线路的保护或断路器因某种原因拒动时，可由相邻设备或线路的定时限过流保护装置将故障切除，其保护范围延伸到相邻线路的末端。

图 4-2 中示出了保护 1 的电流Ⅲ段保护范围。它的动作值整定时应考虑两点：

（1）按躲过线路正常运行时的最大负荷电流来整定。即

$$I_{DZ.1}^{\mathrm{III}} = \frac{K_K^{\mathrm{III}} K_{zq}}{K_f} I_{fh.AB.max} \tag{4-5}$$

（2）与相邻线路的过电流保护动作值配合。

$$I_{DZ.1}^{\mathrm{III}} = K'_K K_{fz.max} I_{DZ.2}^{\mathrm{III}} \tag{4-6}$$

式中　K_K^{III}——电流Ⅲ段可靠系数大于或等于 1.2；

K_{zq}——电动机负荷自启动系数大于或等于 1；

K_f——返回系数，取 0.85～0.95；

K'_K——配合系数，取大于或等于 1.1；

$K_{fz.max}$——最大分支系数；

$I_{fh.AB.max}$——线路 *AB* 上可能流过的最大负荷电流；

$I_{DZ.1}^{\mathrm{III}}$——装于 1DL 处的保护 1 的电流Ⅲ段动作值；

$I_{DZ.2}^{\mathrm{III}}$——装于 2DL 处的保护 2 的电流Ⅲ段动作值。

保护1的电流Ⅲ段动作值取式（4-5）和式（4-6）中较大者。

按上述方法取电流Ⅲ段动作值后，在图4-3中，当d点故障时，短路电流I_d可能使保护1、2、3、4、5的电流Ⅲ段均启动。为了使各套电流Ⅲ段保护之间保证选择性，它的时限一般按阶梯形原则来整定。即每套电流Ⅲ段的时限都应比它相邻的下一条线路的电流Ⅲ段的时限大一个时间Δt，即

$$t_2^{\mathrm{III}} = t_1^{\mathrm{III}} + \Delta t \tag{4-7}$$

图4-3是按阶梯形原则整定时限的示意图。图中过电流保护1、2、3、4、5的时限分别为

$$t_2 = t_1 + \Delta t$$
$$t_3 = t_2 + \Delta t$$
$$t_4 = t_3 + \Delta t$$
$$t_5 = t_4 + \Delta t$$

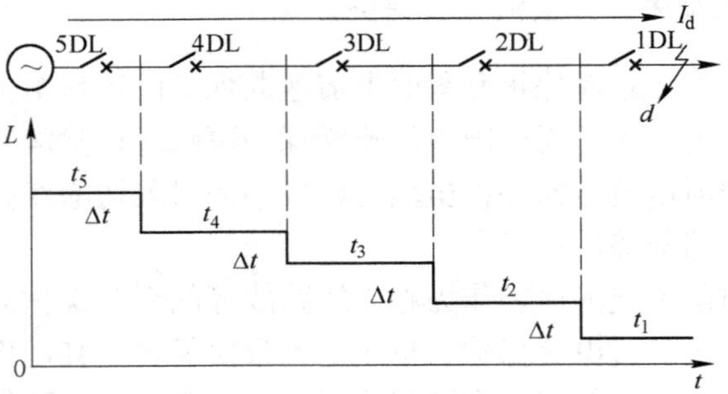

图4-3　按阶梯形原则整定时限的示意图

由图可见，电流Ⅲ段装在越靠近电源端的地方，动作时限越长；越靠近电网末端动作时限越短。这是它的缺点，故只能作后备保护使用。

当电流Ⅲ段作为本线路的近后备保护时，要求本线路末端发生短路时的最小电流的灵敏系数不小于1.5，作相邻线路的远后备保护时灵敏系数不小于1.2。即

$$K_{\mathrm{lm.1.近}}^{\mathrm{III}} = \frac{I_{\mathrm{B.min}}^{(2)}}{I_{\mathrm{DZ.1}}^{\mathrm{III}}} \geqslant 1.5 \tag{4-8}$$

$$K_{\mathrm{lm.1.远}}^{\mathrm{III}} = \frac{I_{\mathrm{C.min}}^{(2)}}{I_{\mathrm{DZ.1}}^{\mathrm{III}}} \geqslant 1.2 \tag{4-9}$$

式中，$I_{\mathrm{C.min}}^{(2)}$为系统在最小运行方式下，C母线发生两相短路时流过保护的最小短路电流。

各种过电流保护之间，还必须要求灵敏系数相互配合，即对同一故障点而言，要求越靠近故障点的保护应具有越高的灵敏系数。其实，在单侧电源辐射形成的网络接线中，越靠近电源的保护，其定值自然越大。而发生故障后，流过各保护的短路电流为同一个，所以灵敏系数相互配合的要求一般能够满足。在后备保护之间，只有当灵敏系数和动作时限都相互配合时，才能切实保证动作的选择性，尤其是在复杂的电网中，应该特别注意这

一点。

定时限过电流保护的作用是做本线路主保护的近后备，并做相邻下一线路或元件的远后备，因此它的保护范围要求超过相邻线路或元件的末端。

由于定时限过电流保护的动作值只考虑在最大负荷电流情况下保护不动作和保护能可靠返回的情况，而无时限电流速断保护和带时限电流速断保护的动作电流则必须躲过某一个短路电流，因此，电流保护第Ⅲ段的动作电流通常比电流保护第Ⅰ段和第Ⅱ段的动作电流小得多，其灵敏度比电流保护第Ⅰ、Ⅱ段更高。

当网络中某处发生短路时，从故障点至电源之间所有线路上的电流保护第Ⅲ段的电测量元件均可能动作。为了保证选择性，各线路第Ⅲ段电流保护均需增加延时元件，且各线路第Ⅲ段保护的延时必须互相配合。两相邻线路电流保护第Ⅲ段动作时间之间相差一个时间阶段的整定方式称为按阶梯原则整定。

当定时限过电流保护灵敏度不满足要求时，可采用低电压启动的过电流保护。

四、输电线路的电流电压保护

在三段式电流保护中，为了保证选择性，电流Ⅰ段动作值按最大运行方式下本线路末端三相短路时短路电流整定，当系统运行方式变化较大时，往往满足不了灵敏度的要求。为了提高灵敏度，常利用线路发生故障时，母线电压下降这一特点，采用同时判断电压的降低和电流的增大的方法来构成电流电压保护。

低电压启动的过电流保护是指在定时限过电流保护中同时采用电流测量元件和低于动作电压动作的低电压测量元件来判断线路是否发生短路故障的保护。电流元件作启动元件，电压元件作闭锁元件，构成低电压闭锁的过电流保护。

由于此保护动作时限与电流Ⅲ段一样按阶梯形原则整定，故常用作后备保护。它的电流、电压元件分别按下式整定：

$$I_{DZ}^{Ⅲ} = \frac{K_K}{K_f} I_{fh.max}$$

$$I_{DZ}^{Ⅲ} = K'_K K_{fz.max} I'^{Ⅲ}_{DZ}$$

$$U_{DZ} = 0.6 \sim 0.7 U_N$$

式中 $K_K \geqslant 1.1$，$K_f = 0.85 \sim 0.95$；

$I'^{Ⅲ}_{DZ}$——相邻线路电流Ⅲ段动作值；

U_N——保护安装处母线额定电压。

电流动作值取两式中较大者，其他符号意思与前面相同。

五、相间短路的三段式电流保护的接线方式

电力系统的电流模拟量如何接入微机保护的信号预处理系统，这就是电流保护的接线方式要解决的问题。采用不同的接线方式，输入微机保护的电流量就不同。电流保护常用的接线方式有：三相星形接线；两相星形接线；两相电流差接线。

（一）三相星形接线

指通过电流互感器将三相系统中的三相相电流引入保护装置用于测量和判断，从而

决定保护是否动作。接线图如图 4-4(a)所示。这种接线能反映每相的电流变化，故主要用于中性点直接接地系统中反映各种形式的短路。但这种接线设备多、接线复杂、投资大。

(二) 两相星形接线

指通过电流互感器将三相系统中的两相相电流引入保护装置用于测量和判断，从而决定保护是否动作。接线图如图 4-4(b)所示。一般电流互感器都装在 *A*、*C* 两相上，保护反映 *A*、*C* 两相的电流而动作。当 *B* 相发生单相接地故障时，保护将不能动作。故这种接线只能用于反映低压网络中各种形式的相间短路。

由于这种接线在微机保护中少用了处理 *B* 相电流的一系列硬件和软件，故装置在某些方面的性能较第一种好，且投资低。

(三) 两相电流差接线

指将两相电流之差接入保护进行测量和判断。此种接线也能反映这种相间故障，但灵敏性较前两种差。接线图如图 4-4(c)所示。

电流电压保护中的电压元件一般接入线电压。

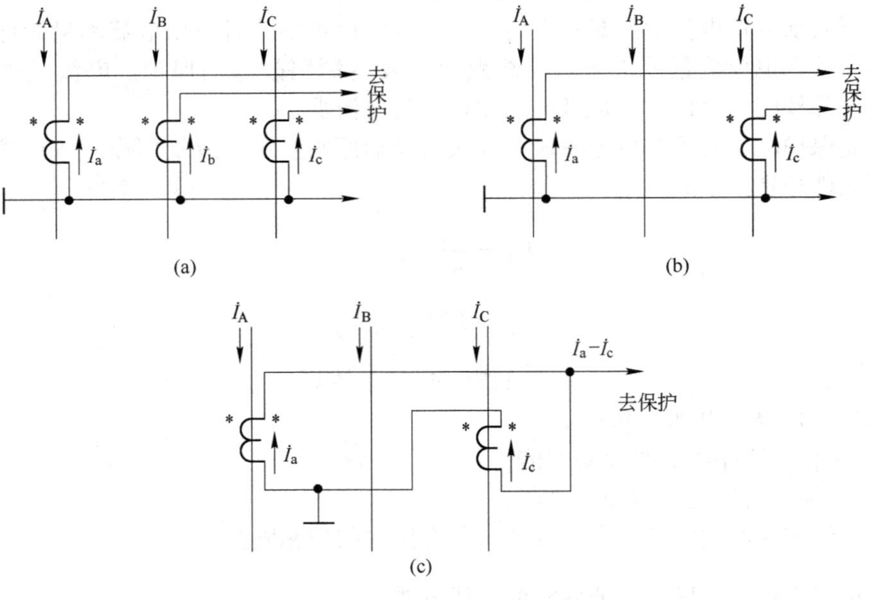

图 4-4 电流保护的接线方式

(a)三相星形接线；(b)两相星形接线；(c)两相电流差接线

六、三段式电流保护的评价

对继电保护的评价，主要是从选择性、速动性、灵敏性和可靠性四个方面出发，看其是否满足电力系统安全运行的要求，是否符合有关规程的规定。

（一）选择性

在三段式电流保护中，电流速断保护的选择性是靠动作电流来实现的；限时电流速断保护和过电流保护则是靠动作电流和动作时限来实现的。它们在35kV及以下的单侧电源辐射型电网中具有明显的选择性，但在多电源网络或单电源环网中，则只有在某些特殊情况下才能满足选择性要求。

（二）速动性

电流速断保护以保护固有动作时限动作于跳闸；限时电流速断保护动作时限一般在0.5s以内，因而动作迅速是这两种保护的优点。过电流保护动作时限较长，特别是靠近电源侧的保护动作时限可能长达几秒，这是过电流保护的主要缺点。

（三）灵敏性

电流速断保护不能保护本线路全长，且保护范围受系统运行方式的影响较大；限时电流速断保护虽然能本线路全长，但灵敏性依然要受系统运行方式的影响；过电流保护因按最大负荷电流整定，灵敏性一般能满足要求，但在长距离重负荷线路上，由于负荷电流几乎与短路电流相当，则往往难以满足要求。受系统运行方式影响大、灵敏性差是三段式电流保护的主要缺点。

（四）可靠性

由于三段式电流保护接线、调试和整定计算都较简单，不易出错，因此可靠性较高。

总之，使用一段、二段和三段而组成的阶段式电流保护，其最主要的优点就是简单、可靠，并且在一般情况下能满足快速切除故障的要求，因此在电网中特别是在35kV及以下的单侧电源辐射型电网中得到广泛的应用。其缺点是受电网的接线及电力系统运行方式变化的影响，使其灵敏性和保护范围不能满足要求。

对于电流、电压保护算法可用第三章的保护算法介绍的两点乘积或半周积分等算法得到电流、电压的幅值，再与整定值比较，判断确定保护是否动作。

第二节 输电线路相间短路的方向性电流保护

一、电流保护方向性问题的提出

单侧电源网络线路发生故障时，保护上流过的电源都是从保护安装处母线流向被保护的线路，它们动作的选择性靠电流整定值及时限的配合来保证。上一节讲的三段式电流保护都是以此为基础进行分析的。

但在实际应用中，电力系统实际上都是由很多电源组成的复杂网络。例如双侧电源网络，以上分析的三段式电流保护会因保护安装处反方向发生故障时，由对侧电源提供的短路电流引起的保护的误动作，不能满足系统运行的要求。若在原有电流保护的基础上加一个判别短路电流方向的元件，使电流保护流过正方向电流时动作，流过反方向电流时不动作，则可保证各保护之间的选择性。

二、功率方向元件的工作原理

实际应用中，因为短路电流是交流，它的方向随着时间的变化而变化，不能直接用来判断方向。但当故障点一定时，短路电流与保护安装处母线电压之间的相角是不变的，因此一般采用功率方向元件来判断短路电流的方向。

如图 4-5(a)中，当 d_1 点短路时，以保护安装处母线电压 $\dot{U}_B$ 作参考相量，则保护 2 上的电流 $\dot{I}'_1=\dot{U}_B/Z_{Bd1}$，若设 Z_{Bd1} 的阻抗角为 φ_{d1}，则 $0\leqslant\varphi_{d1}\leqslant90°$，即电流 $\dot{I}_2=I'_1$落后电压 $\dot{U}_B$ 一个锐角 φ_{d1}。短路电流 $\dot{I}'_1$虽然也流过保护 3，但方向为负，即 $\dot{I}_3=-\dot{I}'_1$。$\dot{I}_3$ 与保护安装处母线电压 $\dot{U}_B$ 之间的相角为 $180°+\varphi_{d1}$。两套保护上的电流与保护安装处母线 B 上的短路残压 $\dot{U}_B$ 间的相位角正好相差 180°，如图 4-6 所示。

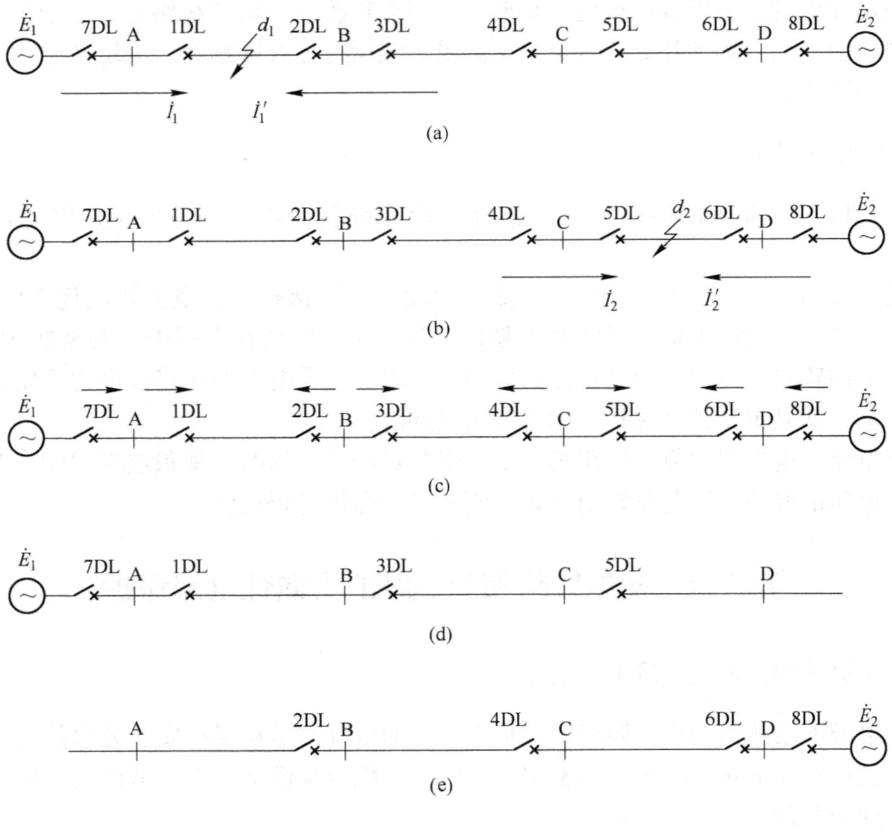

图 4-5 双侧电源网络接线及保护动作方向规定

(a) d_1 点短路时的电流分布；(b) d_2 点短路时的电流分布；(c)各保护动作方向规定；(d) $\dot{E}_1$单独作用时的网络；(e) $\dot{E}_2$单独作用时的网络

所以，保护 2 和保护 3 上的短路功率可分别表示为：

$$P_3 = U_3 I_3 \cos\varphi_3 = U_B I_3 \cos(180° + \varphi_{d1}) \quad (4\text{-}10)$$

$$P_2 = U_2 I_2 \cos\varphi_2 = U_B I_1 \cos\varphi_{d1} \quad (4\text{-}11)$$

显然，因 φ_{d1} 为线路的阻抗角，$0 < \varphi_{d1} < 90°$，所以 $P_3 < 0$，$P_2 > 0$。

若规定方向元件通过正方向功率时动作，通过负方向功率时不动作，则可保证 d_1 点短路时，保护 2 动作，而保护 3 不误动作。

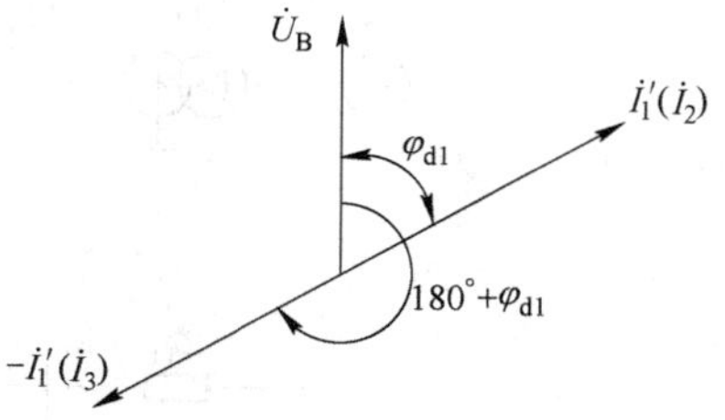

图 4-6　功率方向元件电流、电压相量图

加上方向元件后的电流保护，称为方向电流保护。此时可把图 4-5(a)所示的网络看成是两个单侧电源网络，如图 4-5(d)、(e)所示。所以，电流保护 1、3、5、7 按图 4-5(d)单侧电源网络进行整定；电流保护 2、4、6、8 按图 4-5(e)单侧电源网络进行整定。两组保护之间不要求有配合关系。

第三节　接地短路电流、电压保护

电力系统中性点工作方式分为中性点直接接地、中性点经消弧线圈接地和中性点不接地三种方式，其中后两种也称为中性点非直接接地方式。在我国，110kV 以上电压等级的电网一般采用中性点直接接地方式，66kV 以下电网一般采用中性点非直接接地方式。

当中性点直接接地系统发生一点接地故障，即构成单相接地短路时，将产生很大的故障电流，故中性点直接接地系统又称为大电流系统。根据运行统计，在这种系统中，单相接地故障占总故障的 80% ~90%，甚至更高。当采用完全星形接线方式时，利用前面介绍的相间短路电流保护也能起到单相接地短路保护的作用，但其灵敏度难以满足要求。因此，为了反映这种接地故障，还需设置专门的接地短路保护，并作用于跳闸。

中性点直接接地系统的接地保护根据该系统正常运行时没有零序电流，而发生接地故障时将出现很大的零序电流的特点，利用其零序电流构成接地保护，反应零序电流的保护装置称为零序电流保护。

一、中性点直接接地电网接地短路时零序电流保护

大电流接地系统正常运行时，无零序电压和零序电流，而当发生单相接地短路时，将出现零序电压和零序电流。图 4-7(a)所示网络发生接地短路时的零序等效网络如图 4-7(b)所示，零序电流 $\dot{I}_{K0}$ 可以看成是在故障点出现一个零序电压 $\dot{U}_{K0}$ 而产生的。对零序电流的方向采用母线流向故障点为正，零序电压的方向是线路高于大地的电压为正，如图 4-7(b)所示。

由零序等效网络图可见，中性点直接接地方式发生接地短路时零序分量有如下特点：

(1) 故障点的零序电压最高，且离故障点越远零序电压越低，而中性点的零序电压为零，如图 4-7(c)所示；

(2) 零序电流由零序电压产生，它必须经过变压器中性点构成回路，所以它只能在中

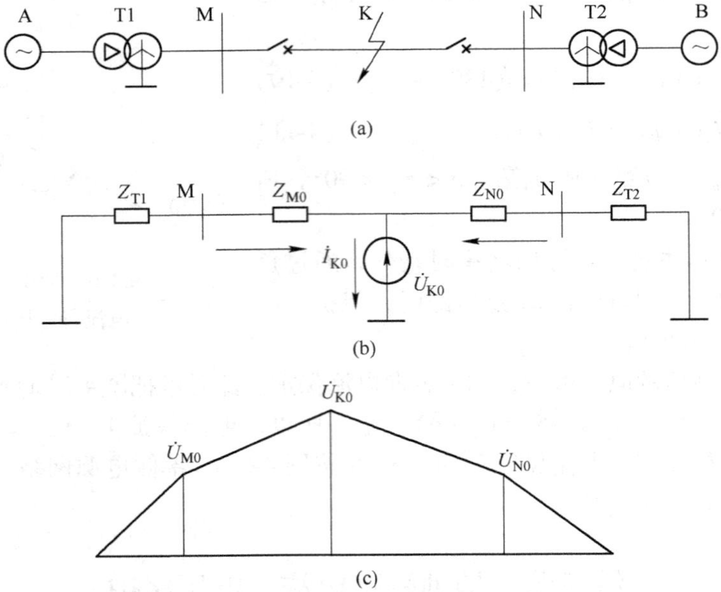

图 4-7 接地短路时的零序等效网络

(a)系统接线；(b)零序网络；(c)零序电压分布

性点接地网络中流动，而中性点非接地网络中不存在零序电流；

(3) 零序电流的分布主要决定于线路的零序阻抗和中性点接地变压器的零序阻抗及变压器接地中性点的数目和位置，而与电源的数量和位置无关。因此只要系统中性点接地数目和分布不变，即使电源运行方式变化，零序网络仍可保持不变；

(4) 故障线路零序功率的方向与正序功率的方向相反，是由线路流向母线的。

对于 110kV 以上的单电源辐射形网络，常常采用无方向的三段式零序电流保护作为接地故障的主保护及后备保护。三段式零序电流保护的动作原理和整定方式与三段式相间电流保护相似，主要区别就是零序电流保护的测量元件取的是零序电流，而不是相间短路电流。

二、零序功率方向保护的算法

在双侧或多侧电源中性点直接接地电网中，电源处变压器中性点一般至少有一台是接地的。零序电流的实际流向是故障点流向各中性点接地变压器，因此还要考虑零序电流的方向问题，加装零序功率方向元件，进行故障电流方向判断，构成零序电流方向保护。

由于在保护的正方向和反方向发生接地短路时，零序电压和零序电流的相角差是不同的，零序功率方向元件则反应于该相角差而动作。当保护正方向发生接地短路时，它动作；保护反方向发生时，它不动作。由它控制三段式零序电流保护，只有零序功率方向元件和电流元件同时动作后，才能分别按时序动作于跳闸。下面介绍零序功率方向算法步骤。

(1) 要判断零序功率的方向，首先要获得零序电流 $3\dot{I}_0$ 和零序电压 $3\dot{U}_0$。然后可用相间短路功率方向保护的算法（三点采样值乘积法）判断零序功率的方向。

零序电流 $3\dot{I}_0$ 和零序电压 $3\dot{U}_0$ 可通过图 4-8 所示接线取得。即

$$3\dot{I}_0 = \dot{I}_a + \dot{I}_b + \dot{I}_c \tag{4-12}$$

$$3\dot{U}_0 = \dot{U}_a + \dot{U}_b + \dot{U}_c \tag{4-13}$$

三相对称运行时此两式的值为 0，发生接地故障时此两式的值为 3 倍零序电流和 3 倍零序电压。

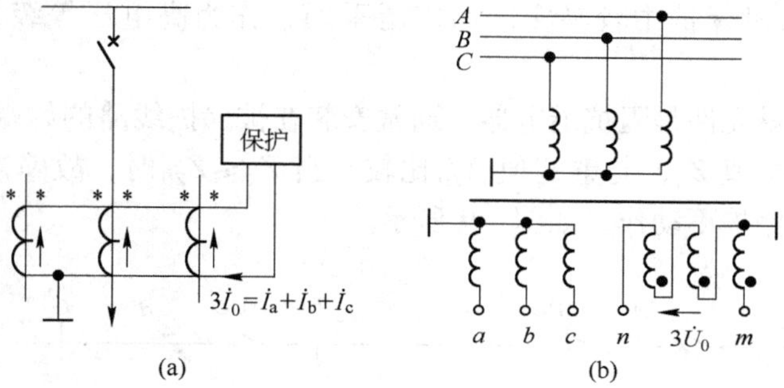

图 4-8　零序电流 $3\dot{I}_0$ 和零序电压 $3\dot{U}_0$

(a)零序电流接线；(b)零序电压接线

分析可知（请读者自己分析），相间短路功率方向保护的动作条件为 $-90° < \varphi < 90°$，即正方向发生故障时，电流和电压之间的夹角为锐角。而由上面分析知，零序功率方向元件在被保护线路正方向接地短路时，按规定的电流、电压正方向，$3\dot{I}_0$ 超前 $3\dot{U}_0$ 95°～110°，即电流和电压之间的夹角为钝角。故采用此算法时，编程软件中应取 u_1、u_2、u_3 为 $-3\dot{U}_0$ 或取 i_1、i_2、i_3 为 $-3\dot{I}_0$ 来进行计算。而在接入 $3\dot{U}_0$ 和 $3\dot{I}_0$ 时仍按正极性接入。

(2) 电流与电压比异或运算判别零序功率方向法。电流与电压比异或运算判别零序功率方向法的意义是组成一个计数器 G，其算式为

$$G = \sum_{i=1}^{\frac{N}{2}} [(-u_{0.k}) \forall (i_{0.k} - i_{0.k-1})] \tag{4-14}$$

式中，N 为一周采样点。

正向故障时，$-u_0(k)$ 和 $i_0(k) - i_0(k-1)$ 在每个采样点处的符号基本上均相同，使 $G<0$，方向元件动作。而反向故障时，两者在每个采样点处的符号基本上均相反，使 $G>0$，方向元件不动作。

需要指出的是在微机保护中，$3\dot{U}_0$ 应按正极性接入变换器，即 TV 开口三角形的极性端应与变换器的 $3\dot{U}_0$ 极性端相接。比相时，取 $-3\dot{U}_0$ 进行比相是由软件实现的。

第四节　距离保护

一、距离保护

电力系统输电线路的距离保护是根据线路的阻抗与距离成正比，短路故障时，因短路电流很大，线路的阻抗较正常运行时显著减少的原理而设计的一种保护。它反映了故障点至保护安装地点之间的距离，并根据距离的远近而确定动作时间。因不受电网接线方式及运行方式的影响，易满足35kV以上电压等级的复杂电力网络对保护的较高要求，且在微机保护中较易实现而广泛采用，作为高电压等级复杂电力网络的线路微机保护。

距离保护的测量元件是阻抗继电器，通常安装在被保护线路的始端。它的主要任务是测量被保护线路阻抗值 Z_d，与整定值 Z_{ZD} 比较，当 $Z_d \leqslant Z_{ZD}$ 时，故障点位于保护范围内，保护动作。反之，保护不动作，如图4-9所示。

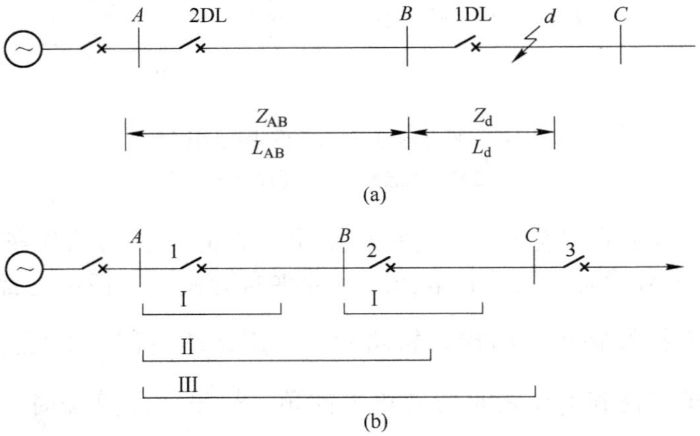

图4-9　距离保护网络接线示意图

电力系统中采用微机实现的距离保护因算法灵活多样而丰富。可以用第三章第四节求解阻抗值的算法得到线路的阻抗值和相角，与整定值比较判别线路是否故障；也可以直接采用第三章第五节的继电器特性算法，不必计算线路的阻抗值，用软件与部分硬件结合，实现阻抗继电器特性。

二、距离保护的整定计算

为了满足继电保护速动性、选择性和灵敏性的要求，目前距离保护广泛采用三短式配置原则，分别称为距离保护的Ⅰ段、Ⅱ段和Ⅲ段，且时限具有阶梯时限特性。通过微机软件算法可实现距离保护的正方向动作特性，即实现方向阻抗继电器特性。假设保护具有正方向动作特性，其各段整定计算如图4-10所示。以线路 *AB* 上距离保护为例，假设保护具有正方向动作特性，其各段整定计算如下：

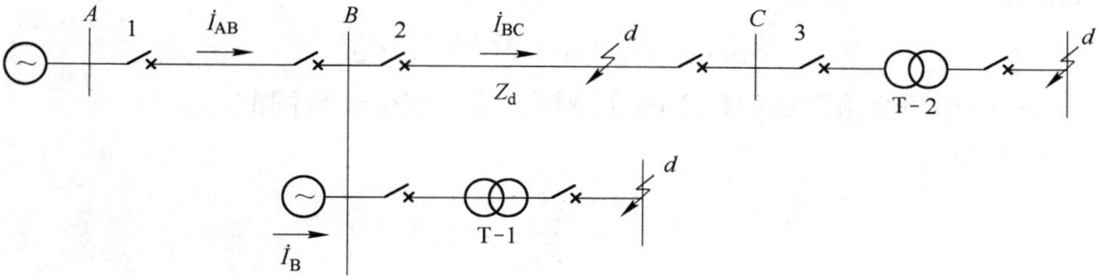

图 4-10　三段式距离保护整定计算示意图

（一）距离保护 Ⅰ 段的整定

1. 整定阻抗

（1）按躲开本线路末端相间短路整定，一般为本线路阻抗的 0.8 ~ 0.85 倍，即

$$Z_{ZD.1}^{I} = K_{K}^{I} Z_{AB} \tag{4-15}$$

式中　K_K^I——距离Ⅰ段可靠系数，取 0.8 ~ 0.85；

Z_{AB}——线路 AB 正序阻抗。

（2）若线路为单侧电源终端线路且受电端接有变压器（如图 4-10 中保护 2），则还应按躲开变压器低压侧短路（d 点）整定。

$$Z_{ZD.2}^{I} = K_{K}^{I} Z_{BC} + K_{KT}^{I} Z_{T-2} \tag{4-16}$$

式中　K_{KT}^I——距离Ⅰ段可靠系数，$K_{KT}^I \leqslant 0.7$；

Z_{T-2}——变压器 T－2 的正序等效阻抗。

计算后，取以上两式中数值较小者。

2. 时限

距离Ⅰ段是速动的，故动作时间为 $t_1^I = 0$s。

（二）距离保护 Ⅱ 段的整定

1. 整定阻抗

（1）与相邻线路相间距离Ⅰ段配合，并考虑分支系数的影响。

$$Z_{ZD.1}^{II} = K_{K}^{II} Z_{AB} + K_{K}^{\prime II} K_{fz.min} Z_{ZD.2}^{I} \tag{4-17}$$

式中　K_K^{II}，$K_K^{\prime II}$——距离Ⅱ段可靠系数，K_K^{II} 取 0.8 ~ 0.85，$K_K^{\prime II} \leqslant 0.8$；

$K_{fz.min}$——相邻下一条线路末端故障时，实际可能的最小分支系数；

$Z_{ZD.2}^I$——距离保护 2 的Ⅰ段整定值。

（2）躲过相邻变压器 T－1 低压侧短路时的整定。

$$Z_{ZD.1}^{II} = K_{K}^{II} Z_{AB} + K_{KT}^{\prime II} K_{fz.min} Z_{T-1} \tag{4-18}$$

式中，$K_{KT}^{\prime II} \leqslant 0.7$，其他参数同上。

距离保护Ⅱ段的阻抗整定值取两式中较小者。

（3）若按式（4-17）、式（4-18）整定的值不满足灵敏度要求，亦可与相邻线路相间距离Ⅱ段配合。

$$Z_{ZD.1}^{\mathrm{II}} = K_{K}^{\mathrm{II}} Z_{AB} + K'^{\mathrm{II}}_{K} K_{fz.min} Z_{ZD.2}^{\mathrm{II}} \tag{4-19}$$

式中 $Z_{ZD.2}^{\mathrm{II}}$——相邻线路距离保护2的Ⅱ段整定值，其他参数同前。

2. 灵敏度校验

$$K_{lm.1}^{\mathrm{II}} = \frac{Z_{ZD.1}^{\mathrm{II}}}{Z_{AB}} \geqslant 1.3 \tag{4-20}$$

3. 时限

当按（1）、（2）条件整定时 $t_1^{\mathrm{II}} = t_2^{\mathrm{I}} + \Delta t$；

若按（3）条件整定时 $t_1^{\mathrm{II}} = t_2^{\mathrm{II}} + \Delta t$。

（三）距离保护Ⅲ段的整定

1. 整定阻抗

（1）与相邻线路相间距离Ⅱ配合

$$Z_{ZD.1}^{\mathrm{III}} = K_{K}^{\mathrm{III}} Z_{AB} + K'^{\mathrm{III}}_{K} K_{fz.min} Z_{ZD.2}^{\mathrm{II}} \tag{4-21}$$

式中 K_{K}^{III} 取0.8～0.85，$K'^{\mathrm{III}}_{K} \leqslant 0.8$。

（2）躲过最小负荷阻抗整定

$$Z_{ZD.1}^{\mathrm{III}} = K_{K}^{\mathrm{III}} Z_{fh.min} \tag{4-22}$$

式中，$K_{K}^{\mathrm{III}} \leqslant 0.7$，$Z_{fh.min}$为线路最大过负荷情况下可能出现的最小负荷阻抗，同时还应考虑实际采用的阻抗元件的特性。

距离保护Ⅲ段的整定值取上面两式最小值作 $Z_{ZD.1}^{\mathrm{III}}$。

（3）若灵敏度不满足要求，则与相邻距离Ⅲ配合

$$Z_{ZD.1}^{\mathrm{III}} = K_{K}^{\mathrm{III}} Z_{AB} + K'^{\mathrm{III}}_{K} K_{fz.min} Z_{ZD.2}^{\mathrm{III}} \tag{4-23}$$

式中，$K_{K}^{\mathrm{III}} = 0.8 \sim 0.85$，$K'^{\mathrm{III}}_{K} \leqslant 0.8$，$Z_{ZD.2}^{\mathrm{III}}$为相邻线路距离保护2的Ⅲ段整定值。

2. 灵敏度校验

作近后备时
$$K_{lm.1}^{\mathrm{III}} = \frac{Z_{ZD.1}^{\mathrm{III}}}{Z_{AB}} \geqslant 1.3 \tag{4-24}$$

作远后备时
$$K_{lm.1}^{\mathrm{III}} = \frac{Z_{ZD.1}^{\mathrm{III}}}{Z_{AB} + K_{fz.max} Z_{BC}} \geqslant 1.2 \tag{4-25}$$

式中 $K_{fz.max}$——相邻下一条线路末端故障时，实际可能的最大分支系数；

Z_{BC}——相邻线路 BC 的正序阻抗。

3. 时限

同相间短路的电流Ⅲ段，按阶梯形原则从电网末端向电源侧整定。

$$t_1^{\mathrm{III}} = t_2^{\mathrm{III}} + \Delta t$$

式中 t_2^{III}——相邻下一条线路保护2的距离Ⅲ段动作时间。

注意：以上相间距离保护各段整定值均为系统一次侧的值，用 Z_{ZD}表示，若要计算保护二次侧的值，用 $Z_{ZD.J}$表示，则 Z_{ZD}与 $Z_{ZD.J}$的关系为

$$Z_{ZD.J}=Z_{ZD}\frac{n_{CT}}{n_{PT}}K_{jx} \tag{4-26}$$

式中　K_{jx}——接线系数，与继电器的特性及保护的接线方式有关。

例：对全阻抗继电器若采用0°接线，$K_{jx}=1$；若采用±30°接线，$K_{jx}=\sqrt{3}$。对方向阻抗继电器若采用0°接线，$K_{jx}=1$；若采用±30°接线，$K_{jx}=2$。

三、距离保护中的振荡闭锁

电力系统正常运行时，系统各电源间同步运行，各电源电势间的相位角差不变。当系统因短路切除太慢或因遭受非同期自动重合闸不成功等较大冲击时，并列运行的各电源间失去同步，系统发生振荡。此时，系统中各电源电势间的相角差发生变化，导致系统中各点的电压、电流和功率的幅值和相位都发生变化。进而阻抗继电器的测量阻抗也将随之周期性的变化。因此，可能导致分散装设在各处的距离保护，特别是Ⅰ、Ⅱ段距离保护都可能因系统振荡的影响而误动作，后果是很严重的。但通常系统振荡若干周期后，可以被拉入同步，恢复正常运行。因此，保护在系统振荡时误动作，将造成不良后果，因而是不允许的。

（一）电力系统振荡与短路故障的区别

为了区别电力系统振荡与短路两种情况，确定距离保护的对策，把两种情况下电流电压的变化特点归纳对比如下：

（1）短路时在不对称短路过程中或在三相短路开始瞬间出现负序分量。电力系统振荡时，系统的三相对称性并未破坏，因此振荡时系统中不会出现负序零序电流、电压。

（2）电力系统短路时电气量是突变的，而系统振荡时，电流电压将平滑地作周期性变化。由电力系统运行的实际经验得知，振荡周期一般为0.15～3s。

（3）短路后，短路电流和各点电压的值，当不计其衰减时是不变的；而振荡时，电流和各点电压的值均作周期性变化。当两侧电源的电势相角差$\delta=180°$时出现振荡电流的最大值，将会大大超过负荷电流，通常为负荷电流的3倍，有的可达4～5倍。振荡中心的电压变化最剧烈，当$\delta=180°$时其值为零，好像在该处发生三相短路一样。

（二）采取的措施

为防止系统振荡时距离保护误动作，一般是装设将保护“闭锁”的装置。它是使距离保护在电力系统发生振荡时自动退出工作的一种装置，称为振荡闭锁装置。

1. 对振荡闭锁装置的要求

（1）系统发生振荡而未发生故障时，应可靠将保护闭锁。

（2）系统发生短路时，不应闭锁保护。

（3）振荡过程中发生故障时，保护应能正确动作。

（4）先短路而后又发生振荡时，保护不会无选择性工作。

（5）振荡闭锁装置动作后，应尽可能快地复归，以便准备好下次动作。

2. 构成振荡闭锁装置的原理

根据电力系统振荡与短路故障时电气量变化特点与区别，振荡闭锁装置可以由下列原理构成：

（1）利用短路时出现负序分量而振荡时无负序分量的特点，他们可以构成反映 U_2 和 I_2 共同启动，I_2 启动加相电流制动，I_2+3I_0 启动等方式。

（2）利用电气量变化速度不同的原理构成。

（3）利用负序、零序电流增量构成，装置反映 $\frac{dI_2}{dt}+\frac{d(3I_0)}{dt}$。由于反映突变量，故不反映稳态负序电流和一切稳态不平衡输入。所以能较好地躲过非全相运行中出现的稳态负序电流，同时具有较高的灵敏度和较快的动作速度。装置中还增加了零序电流突变量作为辅助启动分量，可以提高接地故障时振荡闭锁启动件的灵敏度。

四、电压互感二次回路断线闭锁

电力系统正常运行，若阻抗继电器电压线圈接入的电压互感器二次回路断线，则阻抗继电器测得的 $\dot{U}_J$ 将减小或等于零，在负荷电流的作用下，Z_J 将减小或降至零。因此，距离保护可能误动。为此，在距离保护中应采用电压互感器二次回路断线闭锁装置。对电压互感器断线闭锁装置的要求：

（1）当电压回路发生各种可能使保护误动作的故障情况时，它能可靠地将保护闭锁。

（2）当被保护线路故障时，不因故障电压的畸变错误地将保护闭锁，以保证保护可靠动作。

闭锁装置应能有效地区分以上两种情况。运行经验证明，最好的区别方法就是同时检查电流回路是否也同时发生变化。

当距离保护的振荡闭锁回路采用 $I_2+3I_0\left(或\frac{dI_2}{dt}+\frac{d(3I_0)}{dt}\right)$启动时，即可利用它们兼作断线闭锁。因其简单而有效，故获得了广泛的应用。

为避免在断线的情况下发生外部故障，造成距离保护无选择性的动作，一般还需要装设单独的断线闭锁装置，以闭锁此时距离保护并发出信号。这种专用的断线闭锁装置大多是由反映断线后出现的零序电压来构成的。常用的方法有两种，一种方法是三相电压求和法，即检查三相电压之和是否与 TV 开口三角侧的电压 7V 一致，即判别 $|\dot{U}_a+\dot{U}_b+\dot{U}_c|-3U_0>7V$ 是否成立。若电压差有效值大于 7V 持续 60ms，即判断为电压互感器二次回路断线，需要闭锁此时距离保护并发出信号。这种方法同时也可反映装置内部数据采集系统的异常。另一种方法是三相失压检查，判据是三相电压有效值均低于 8V 且一相电流大于 $0.04I_{TAN}$（I_{TAN}为 TA 二次额定电流）。附加电流条件的原因是：假如电压互感器在线路上，在断路器合闸前三相均无电压，如不附加电流条件，保护将一直误判为 TV 断线。

五、电流互感器二次回路断线

电流互感器二次断线判据为 $3I_0>$ 整定值，如果持续 12s 零序电流大于整定值，判为电流互感器断线。

第五节　距离保护的应用

距离保护与电流保护相比，主要有以下特点：

（1）Ⅰ、Ⅱ段可以在任何形状的多电源网络中保证动作的选择性。

（2）阻抗继电器根据电压的降低与电流的增大而动作的，因此距离保护较电流电压保护有较高的灵敏度。其中，距离Ⅰ段的保护范围不受运动方式变化的影响而保持恒定；Ⅱ、Ⅲ段虽可能因系统运行方式的变化而影响其保护范围或灵敏度，但仍优于电流、电压保护。

（3）距离Ⅰ段对双侧电源线路，将有全线 30% ~40% 的范围以第Ⅱ段时限出口动作，因而对于一般的 220kV 及以上线路不便作为主保护，可作为相间短路故障的后备保护。

目前，微机距离保护的应用很广，线路微机保护的型号各式各样，国内具体代表性的有南京自动化设备厂生产的 WXB 型微机线路保护装置，南京南瑞继保公司生产的 LEP-900、LFP-900、RCS-978、RCS-9000 系列微机保护装置等。这些微机保护装置普遍采用多 CPU 并行工作方式，可实现多种保护功能，具有丰富灵活的人机对话功能、较高的精度和较快的速度。

本节以 WXB-11 型微机线路保护装置中的距离保护为例介绍距离保护硬件基本组成和软件工作原理，使读者对硬件基本组成和软件实现方法有一个比较具体和完整的认识。

一、保护功能

本保护装置适用于 110 ~500kV 各电压等级的输电线路，设有三段相间距离保护及三段接地保护，其中距离Ⅰ段和距离Ⅱ段作为被保护线路相间故障的主保护，距离Ⅲ段作为被保护线路相间故障的后备保护，接地距离Ⅰ段和接地距离Ⅱ段作为被保护线路接地故障的主保护。接地距离Ⅲ段作为被保护线路接地故障的后备保护。

需要说明，WXB-11 型微机线路保护装置采用了多 CPU 并行工作的结构形式，该装置还可同时完成高频保护、零序保护及综合重合闸等功能。

二、硬件组成结构

本装置采用了多单片机并行工作的硬件结构，装置配置了 4 个硬件完全相同的 CPU 插件，每个 CPU 插件通过配置不同的软件程序可独立完成一种保护功能，各保护功能之间没有依赖关系。其他插件 4 个 CPU 共用，因此本装置具有抗干扰能力强，硬件故障自检定位到插件、硬件冗余度好，精度较高，工作稳定，调试方便等优点。其硬件组成结构如图 4-11 所示。

4 个 CPU 所共用的插件有：交流变换与模数转换插件、开关量输入、输出插件、人机对话插件、跳闸与逻辑插件、告警及信号插件及逆变电源插件。

（一）CPU 插件

该插件主要包含单片机（8031）、三片 8254（8253）计数器，可擦写只读存储器 EPROM(27256)、只读存储器 E^2PROM(2817A)、并行口（8255）、随机读写存储器 RAM

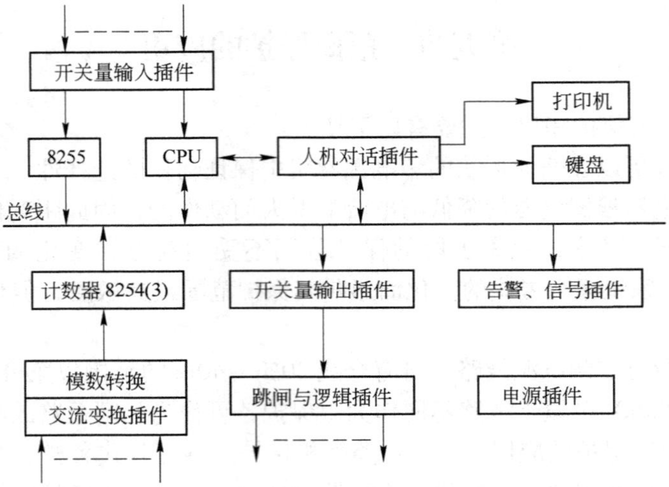

图 4-11　WXB-11 微机线路保护硬件结构示意图

(6264)等芯片。该插件的硬件框图如图 4-12 所示。

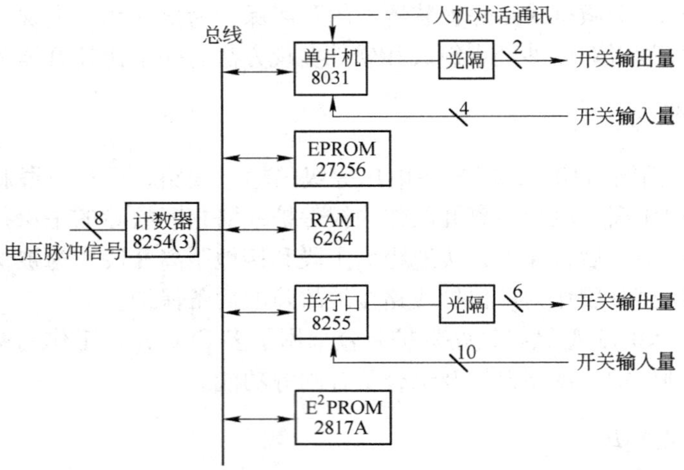

图 4-12　CUP 插件硬件框图

2—两条接线；4—四条接线；6—六条接线；8—八条接线；10—十条接线

1. 单片机 CPU（8031）

8031 芯片是 Inter 公司的 MCS-51 系列八位单片机 CPU，它是保护装置的控制中心。它控制模数转换部分把输入的采样值送到 RAM 区进行存贮，再通过数据总线从 RAM 中把数据取到 CPU 内进行数字逻辑运算，计算结果通过开关量输出插件送出。同时，它的串行口与人机对话插件进行通信，交换信息，实现人机对话功能。

2. 可编程并行输入/输出接口（8255）

8255 是一个具有 40 个引脚的可编程并行输入/输出接口芯片，3 个并行 I/O 口 A、B、C 功能完全由软件决定。在本装置中规定 A 和 C 口为输入口，B 口为输出口。外部十路开关输入量和插件内部的开关输入量均与输入口相连；输出口接六路开关输出量。

3. 计数器（8254）

8254芯片是16位的减法计数器芯片，内部有数据缓冲器，可由软件编程选择其工作方式和计数初值。

本插件中的计数器8254完成对模数转换插件中VFC变换后的电压脉冲信号进行计数的功能。它由CPU(8031)内部的定时器控制，每隔一个采样周期，CPU插件中RAM(6264)就从8254计数器内部数据缓冲器中读取数据，该数据就代表了该采样时刻的模拟量（电压或电流）的大小。CPU(8031)根据开关输入量的状态执行程序存储器EPROM(27256)中相应的程序，并不断地从数据存储区RAM(6264)中读取采样数据与程序存储器E^2PROM(2817A)中保护整定值比较、分析、计算、判断，最后，根据程序运行结果输出相应的开关输出量，送给跳闸插件和信号插件，完成规定的保护功能。

4. 其他芯片

E^2PROM(2817A)芯片为电可擦除、电可编程只读存储器，在本装置中它是用来存放保护整定值的。它可以同时固化十套整定值，用插件面板上设置的拨轮开关选择使用任一套整定值，以便适应不同运行方式或不同线路。

EPROM(27256)为可擦除只读存储器，它是用存放程序的存储器；RAM(6264)是随机存储器，用来存放从计数器8254内部数据缓冲器中读取的采样值和CPU运算中间结果的。CPU插件中还有74LS373芯片（带三态输出的8D触发器）作地址锁存器，74LS139芯片作地址译码器。

（二）交流变换与模数转换插件

交流变换的作用是把输入的模拟量变换成装置所需要的电压信号。本装置有9个模拟输入量，其中，$\dot{U}_a$、$\dot{U}_b$、$\dot{U}_c$、$3U_0$和$\dot{U}_x$这5个电压量都是通过相同的电压变换器（UV）来实现电压变换的（$\dot{U}_x$信号距离保护不采用）$\dot{I}_a$、$\dot{I}_b$、$\dot{I}_c$、$\dot{I}_N$这4个电流量是通过相同的电流变换器（UA）变换成装置所需的电压信号，如图4-13所示。图中R_1与R_2阻值相同，通过不同接线可得到两种阻值，以满足不同电流测量范围的要求。当保护装置额定电流为5A时，只接入R_2，一次侧测量范围为0.5～100A；当R_1与R_2并联时，电流回路的电流测量范围为1～200A。

本插件设有九路完全相同的电压——频率变换器VFC，分别完成上述九路模拟输入量

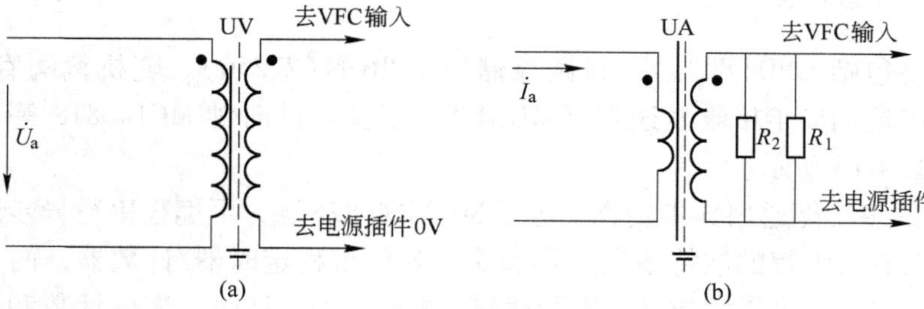

图4-13　交流变换插件原理接线图
(a)交流电压变换回路；(b)交流电流变换回路

的模数转换功能。每一路主要由 VFC(AD654)和快速光电耦合器（6N137）芯片组成，其原理图如图 4-14 所示。

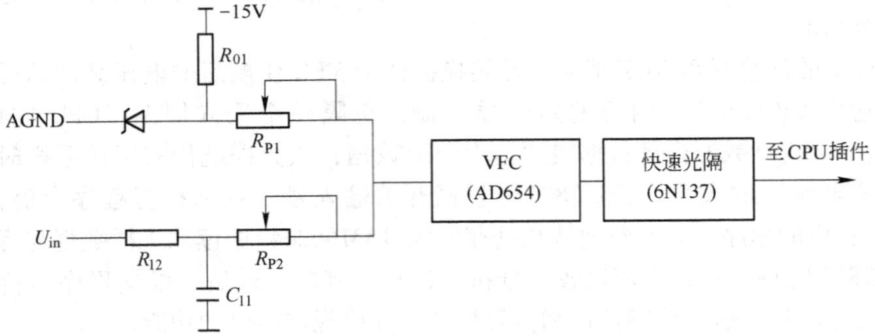

图 4-14 模数转换插件原理图

AD654 芯片是计数式 VF 型 A/D 转换器，它的作用是实现模数转换，其输出电压的振荡频率 f 正比于输入电压 U_{in} 的幅值。由于 AD654 是 0 ~ -10V 单极性输入信号，而输入的电压是 ±5V 的双极性输入信号，为了与 AD654 配合设置了一个偏置电阻 R_{01}，通过 R_{01} 获得偏置电压 -5V，把 ±5V 输入电压信号变成 0 ~ -10V 的单极性输入电压。

R_{12} 和 C_{11} 组成浪涌吸收电路，主要是防止外部干扰对微机保护的影响，R_{P2} 是调整零漂值的电阻。

6N137 芯片是快速光电耦合器，它的作用是将 AD654 芯片所用的电源（±15V）与微机电源（+5V）在电气上隔离，从而进一步抑制共模干扰，提高微机工作可靠性。

（三）开关输入量插件

外部开关输入量都是从装置外部经过端子排引入到装置里的接点，因此，需经光电隔离电路，以避免给微机引入干扰。开关输入回路如图 4-15 所示。

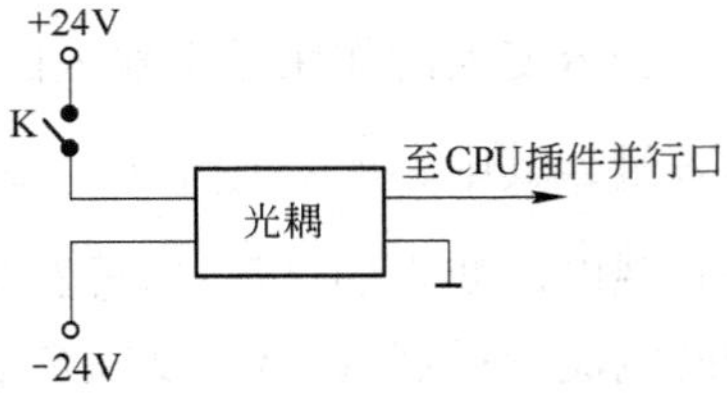

图 4-15 开关输入回路

距离保护的外部开关输入量包括手动合闸信号、重合闸启动信号、距离保护投入信号等。

（四）人机对话插件

该插件主要包括 CPU(8031)，只读存储器 EPROM(27256)、随机读写存储器 RAM(6264)，多功能通用异步接收发送器（MUART）以及硬件时钟 MC146818 等芯片，该插件硬件框图如图 4-16 所示。

图 4-16 中的多功能通用异步接收发送器 MUART(8256)为可编程串行异步通信接口芯片。它内部包括有可编程的波特率发生器和 5 个 8 位编程定时器/计数器，两个 8 位可编程的并行 I/O 端口，它可以完成异步串行通信、并行 I/O、计时、事件计数和优先的中断功能。所有这些功能通过内部的寄存器能完成程序控制。

硬件时钟电路（MC146818）芯片包含有带报时的日计时、100 年年历、周期性中断和方波发生器，还有50字节的RAM。该芯片为本装置的时钟，当装置上电后，通过键盘按一定的操作顺序将当时的年、月、日、时、分、秒送入硬件时钟存储器，以后硬件时钟自动地进行计时。该时钟芯片外部加装了干电池为备用电源，以保证停电时时钟电路仍能正常工作。

本插件的CPU(8031)具有巡检功能，通过其串行口对各CPU插件发出巡检命令，当各CPU插件均正常时应做出回答。如果某个CPU插件在预定时间内不回答，人机对话插件对该CPU插件发出复位信号，并再发巡检命令，若仍无回答，则通过光耦电路去驱动告警插件发出总告警中央信号，并点亮总告警信号灯。所以，通过人机对话插件的巡检可以方便地诊断出有故障的CPU插件。人机对话插件还配有键盘和外部打印机，可以很方便地把本装置输出的信息打印记录下来。

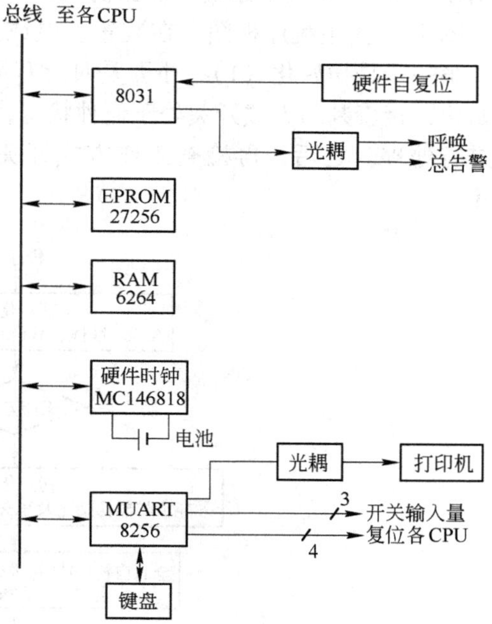

图4-16　人机对话插件硬件框图
3—三条接线；4—四条接线

告警与信号插件主要完成各保护异常报警、总告警、巡检中断告警及电源消失告警，除给出本地灯光信号外，还给出装置异常的中央信号。逆变电源插件为装置提供24V、5V、±15V四组电源。

三、软件工作原理

本装置的距离保护程序可分成三大程序模块，分别为主程序模块，采样中断服务程序模块和故障处理程序模块。3个程序模块的关系是这样的：CPU正常时执行主程序模块，主要完成初始化、保护整组复归及巡回自检等功能。在主程序的执行过程中，数据采集系统的定时器每到一个采样间隔时间T_s，发出中断，执行采样中断服务程序，控制各通道同时采样，并根据采样值初算判断相电流突变量启动元件是否动作。若没达到动作值返回主程序继续巡回自检；若达到动作值则启动元件动作，程序转向故障处理程序。在故障处理程序中完成故障相判别、阻抗计算和区段比较，发出跳闸命令等功能，之后，经过振荡闭锁程序返回主程序，进行保护整组复归，再继续巡回自检。

三大程序模块执行过程中还调动许多子程序，下面分别介绍三大程序模块的工作原理。

（一）主程序模块

首先说明程序中的标志字的含义，本保护中设置了相电流突变量启动元件DI_1，其状态用启动标志字QDB表示。QDB=1时表示启动；QDB=0时，表示复位。同时，为了防止保护区外部故障时系统振荡引起距离保护误动作，在程序中设置了振荡闭锁功能程序，用振荡闭锁标志字ZDB表示系统是否为振荡状态，ZDB=1表示系统为振荡状态，距离保护闭锁；ZDB=0表示系统为非振荡状态，距离保护投入。

图4-17为主程序框图。在装置上电或按下面板上复位键时，主程序从入口处开始执行。第一步是初始化（1），主要是对所有可编程的并行接口、堆栈、串行口、定时器进行初始化，接着判断方式开关处于何种状态，当处于调试状态时执行监控程序，即对键盘操作进行处理。之后，再检查工作方式开关，只有方式开关处于运行位置时才转回到主程序。

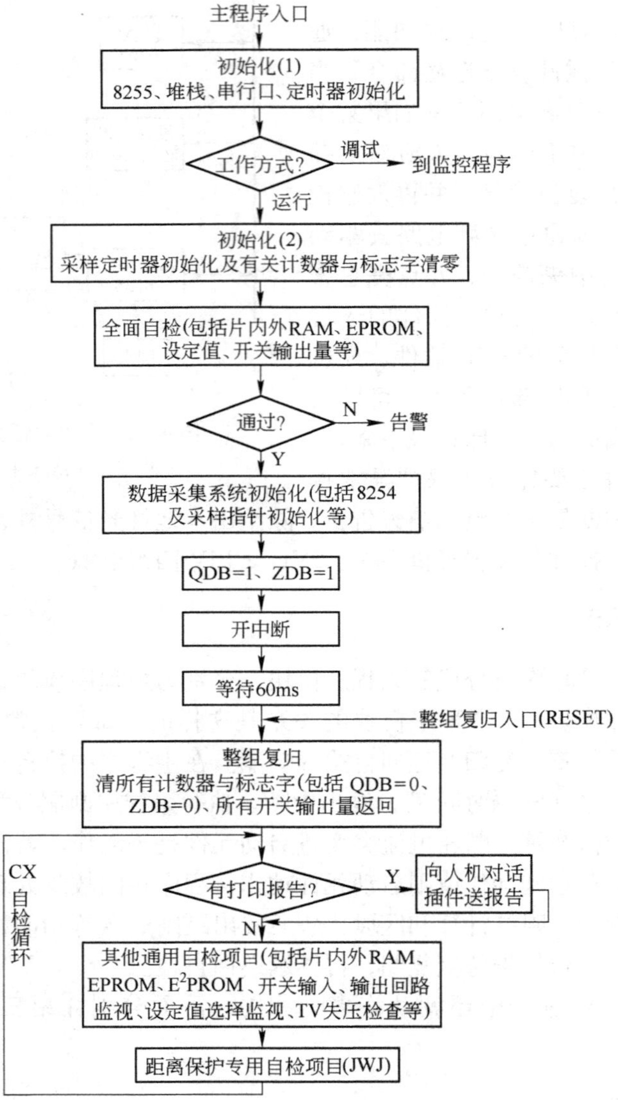

图4-17　距离保护主程序框图

当工作方式开关处于运行位置时，就执行初始化（2），主要完成数据采集系统的采样定时器初始化及有关计数器和标志字清零工作。然后对装置的硬件进行一次全面的自检，包括片内RAM，片外RAM、EPROM，各开关量输出通道等（各部分的自检方式将在第五章详细介绍）。若自检中发现硬件电路有故障则告警。自检通过后进行数据采集系统的初始化，主要包括8254计数器、采样数据寄存区地址指针初始化等。

完成数据采集系统的初始化后，将启动标志字QDB=1，振荡闭锁标志字ZDB=1，之后开放中断，允许定时器中断进入采样中断服务程序。在开放中断前，将两个标志字置1，使程序中断进入采样中断服务程序时，锁住了突变量启动元件。这是因为，在刚开放采样中断时就立即投入突变量启动元件，此时采样数据区RAM中还没有存入真正的采样数据（是随机数据）而可能造成启动元件误动作。

主程序在开中断之后，经过60ms等待（3个周波）后，进行保护整组复归，包括QDB=0、ZDB=0（即投入突变量启动元件，解除振荡闭锁）和所有开关输出量返回。

整组复归后主程序进入通用自检循环程序。首先查询打印报告标志字，查询是否有报告需打印。之后，完成其他通用自检项目，包括RAM读写检查，E^2PROM、EPROM中固化整定值和程序的检查，开关量输出回路自检，开关输入量监视，定值选择拨轮的监视及三相TV失压检查等功能（自检的方法将在第五章详细介绍）。

完成上述通用自检项目后，还要继续完成距离保护的专用自检项目。专用自检子程序框图如图4-18所示。这部分程序主要包括电流互感器二次断线判别、TV断线判别和静稳破坏检测元件程序三部分。

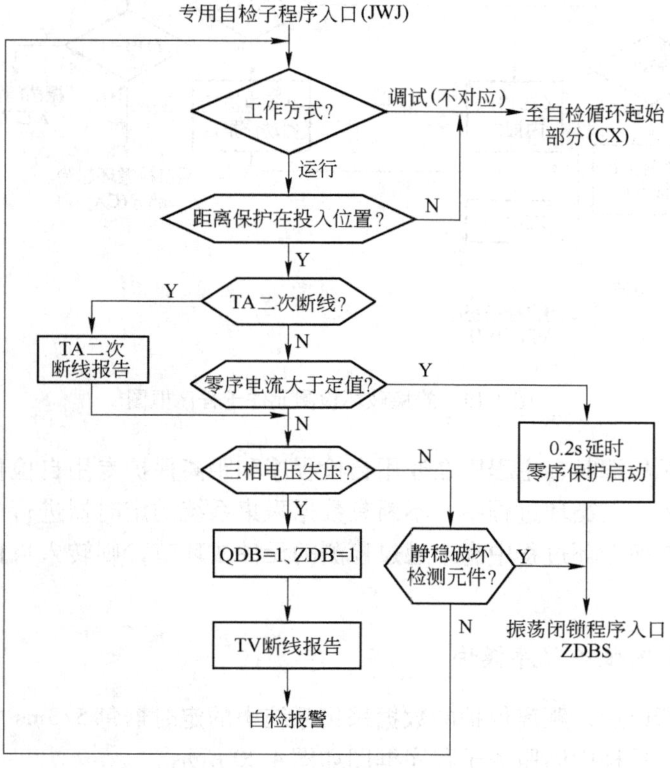

图4-18 距离保护专用自检程序框图

电流互感器二次断线判据为 $3I_0$ > 整定值，如果持续 12s 零序电流大于整定值，判为电流互感器断线。

电压互感器 TV 二次断线检查，可采用两种互相补充的检查方式，即电压求和检查和三相失压检查。

如图 4-19 静稳破坏检测元件子程序由一个反应 BC 相Ⅲ段阻抗和反映 A 相电流的按躲过最大负荷电流整定的电流元件构成，在任一元件动作后使 ZDB = 1，从而闭锁启动元件 DI_1，避免当系统振荡电流很大或振荡周期很短时导致 DI_1 误动作。如果在 30s 内阻抗和电流元件均返回，判断为静稳破坏，程序转至振荡闭锁（ZDBS）模块，待振荡停息后整组复归。如果阻抗或电流元件动作后持续 30s 不返回。判断为过负荷，准备打印报告并闭锁保护。

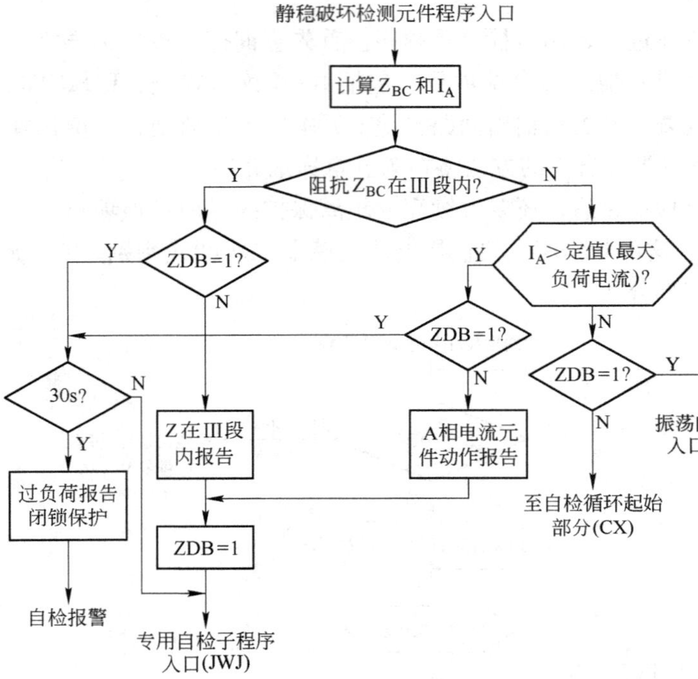

图 4-19　静稳破坏检测元件子程序框图

当保护装置无故障时，主程序在通用自检程序和距离保护专用自检程序中进行反复循环，形成自检循环。在循环过程中，不断有数据采集系统的定时器进行中断，执行采样中断服务程序。若自检循环过程中有未通过检测的元件或环节，则转入自检报警或振荡闭锁等程序。

（二）采样中断服务程序模块

当主程序中断以后，距离保护的数据采集系统中的定时器每 5/3ms 中断一次，执行采样中断服务程序。采样中断服务子程序框图如图 4-20 所示。

采样中断服务程序包括三部分内容：一是将各模拟输入量的采样值转换成数字量，然

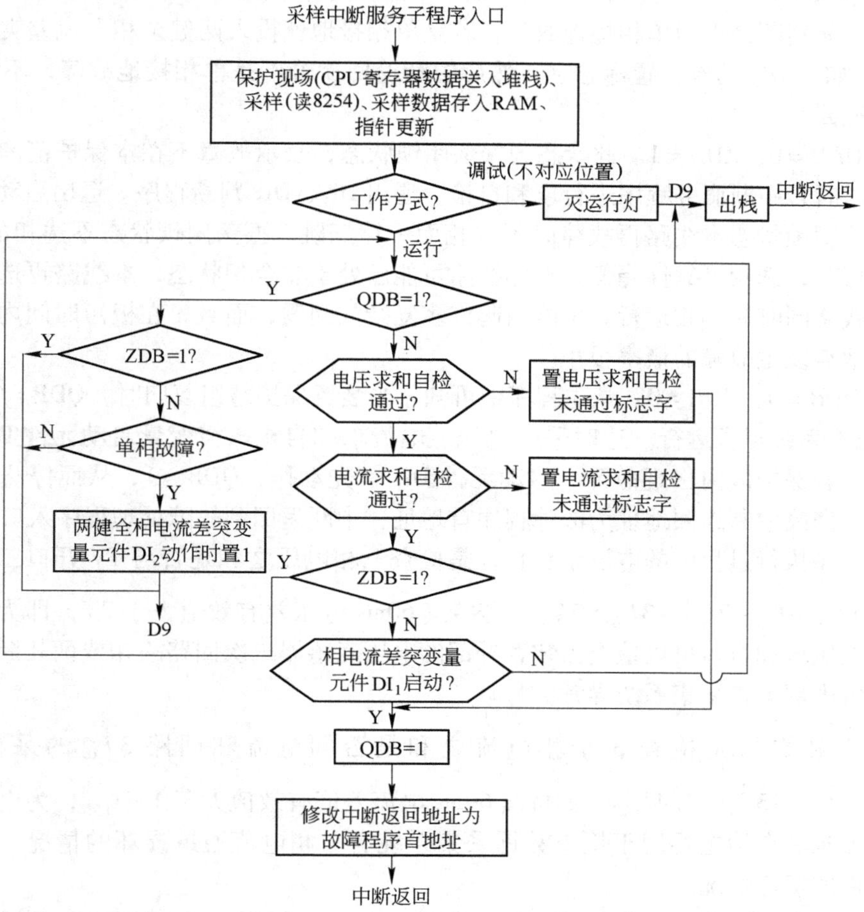

图 4-20　距离保护的采样中断服务子程序框图

后存入 RAM 区；二是进行电压和电流求和自检项目；三是保护启动元件的故障判断。本程序中设置了一个反应相电流差突变量启动元件 DI_1 和一个在非全相运行中监视两健全相相电流差的突变量启动元件 DI_2。

1. 采样中断服务程序的工作原理

当程序转入采样中断服务程序时，首先，保护现场，进行采样（读 8254）并把采样值存入 RAM 区，采样指针更新。之后，对工作方式进行判别，检查装置的工作方式开关是否在运行位置，若是调试位置（不对应状态），灭运行灯，数据出栈，之后中断返回主程序。

当装置的工作方式开关处于运行状态时，程序将对 QDB 和 ZDB 标志字进行判别，有下列四种情况：

（1）QDB = 1，ZDB = 1。从主程序中可见，此状态为刚刚开中断，采样中断服务程序工作初始时。为了使相电流差突变量启动元件不误动作，采样中断服务程序在完成采样工作之后，不进行相电流差突变量启动元件的计算和判断，直接中断返回。

（2）QDB = 1，ZDB = 0。QDB = 1 说明 DI_1 已经动作，这时 ZDB = 0，说明不是在振荡闭锁状态，需判断是否为单相接地故障，若是单相接地就投入两健全相电流差突变量启动元件 DI_2。如果 DI_2 动作，置标志字，然后中断返回；若不是单相接地故障，不投入 DI_2，直接中断返回。

（3）QDB = 0，ZDB = 1。此状态为振荡闭锁状态，表示故障不在本保护范围内或故障已切除。这时，中断服务程序进行求和自检，退出 DI_1、DI_2 判断程序。退出启动元件的原因是在振荡闭锁状态本线路再故障时不选相而一律三跳。振荡闭锁状态不选相的原因是：此时系统振荡，选相可靠性降低，相邻线路可能已处于非全相状态，本线路再选相跳闸将造成两条线路同时非全相运行，可能引起许多复杂的问题，而且，在极短时间内，连续在两个不同地点发生故障的概率很小。

（4）QDB = 0，ZDB = 0。从主程序中可知，当装置保护整组复归时，QDB = 0，ZDB = 0，这标志着系统正常运行。这时采样电压、电流求和自检、突变量启动元件 DI_1 投入工作。此时，若保护区内出现故障，启动元件 DI_1 首先动作，QDB = 1，从而停止了求和自检，同时，修改中断返回地址为故障程序首地址，中断返回到故障处理程序入口。

上述程序执行过程中的电压求和自检是检查三相电压之和是否与 TV 开口三角侧的电压一致（$|\dot{U}_a+\dot{U}_b+\dot{U}_c|-3U_0>7V$），若持续 60ms 电压差有效值大于 7V，即为电压求和未通过。电压求和自检可以检查出装置外部的电压互感器二次回路一相或两相断线，也可以反映装置内部数据采集系统异常。

电流求和自检是检查 3 个相电流之和是否同电流和回路 $3\dot{I}_0$ 的采样值相等 $|\dot{I}_a+\dot{I}_b+\dot{I}_c|-3\dot{I}_0>1.4I_{TAN}$。如持续 60ms 电流差值有效值大于 $1.4I_{TAN}$，为电流求和未通过。电流求和自检主要用于检查数据采集系统有一相电流通道损坏的情况。例如 VFC 或光耦元件的损坏情况。

以上为采样中断服务程序运行的四种情况，显然，采样中断服务程序必须在一个 T_s 时间内完成，否则将丢失数据。如系统正常运行，电压互感器及数据采集系统均没故障，中断服务程序执行完毕后，就回到主程序中被中断的断点处继续主程序的自检循环。若系统故障，启动元件动作，停止自检而开始故障处理程序。在执行故障处理程序时，定时器仍将每隔一个 T_s 发出中断请求，但在中断服务程序中，因 QDB = 1 而不再进行电压电流求和自检，也不再执行启动元件 DI_1 的程序，从而节省了 CPU 时间，加快了故障处理速度。

2. *启动元件程序的工作原理*

微机保护充分利用微机的记忆存储功能，按相电流差突变值判断距离保护是否动作，即 $\Delta i_k=|i_k-i_{k-N}|-|i_{k-N}-i_{k-2N}|$。采用上式算法不仅可以补偿频率偏离产生的不平衡电流，还可以减弱由于系统静稳破坏而引起的不平衡电流，只有在振荡周期很小时启动元件才会误动作。这就保证了静稳破坏检测元件能可靠地抢先工作。

启动元件子程序流程图如图 4-21 所示。图中 $\Delta i_a(k)$ 为按上式计算得到的当前一采样值（kT_s 时刻）的 A 相电流差突变量，KA 则为 RAM 区内某一字节，用作软件计数器，它在初始化和整组复归时被清零。图中只详细画出了 A 相部分突变量计算和判断流程，B 相和 C 相的流程和 A 相一样，三相构成“或”的关系。为了提高抗干扰能力，启动元件在相电流差突变量值累计有三次超过门槛值时才动作。

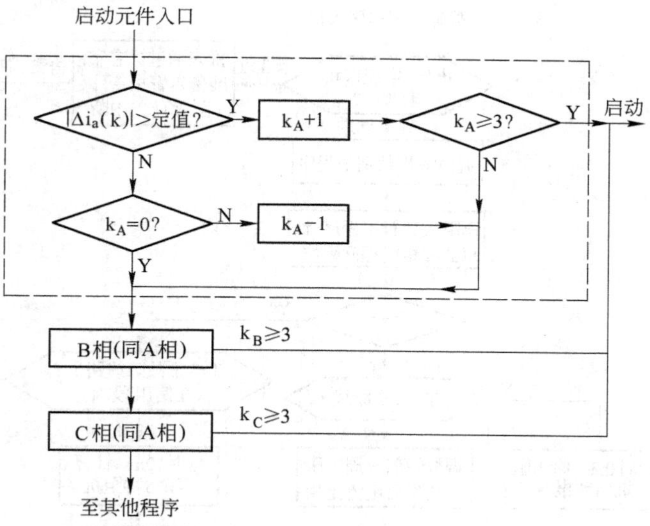

图 4-21　启动元件子程序框图

（三）故障处理程序模块

故障处理程序模块在系统正常时是不执行的，仅当系统故障使启动元件动作后，或求和自检未通过时才能执行故障处理程序。该程序主要包括故障相判别、阻抗计算及区段比较、跳闸命令输出三部分。其程序流程图如图 4-22 所示。

1. 故障处理程序工作过程

程序进入故障处理程序入口后，首先检查标志字以判定电压回路或电流回路是否有问题，若有问题发告警信号，转告警程序。若求和自检通过，则调判相子程序以判定故障的种类及相别，判定故障的种类相别的目的是为了找出阻抗计算应当取用的相别，因为只有故障相或故障相间阻抗才能反映故障点距保护安装处的距离。

判相子程序执行完成后，调阻抗计算子程序来计算故障相或故障相间阻抗，计算的结果暂存起来。然后，查询手合继电器触点是否闭合，考虑到手合时断路器三相不同时合闸，先合相有电容电流，但不一定是故障相，此时选相可能错选为先合相，因此，需要判别是否为手动合闸。如果手合闸在故障线路上可加速跳闸，手合于正常线路，保护虽可能启动，但测量阻抗在偏移阻抗Ⅲ段区外，认为线路正常，转至振荡闭锁。如果不是手动合闸，进一步判断是否为三相失压、TV 二次断线。若是 TV 二次断线，则延时 0.3s，给出阻抗启动报告，转至振荡闭锁（ZDBS）。

若 TV 二次未断线，还要判断是否为出口故障。若为保护出口故障，由于电压为零，X、R 计算值均近于零，其符号不能正确代表短路方向，所以调故障前一周电压与故障后电流进行比相，以判断故障方向。若非正方向故障，给出阻抗启动报告，延时 0.3s 后转至振荡闭锁。上述等待延时 0.3s 的目的是增加可靠性，防止保护误动作。若为正向故障，则进行区段比较，根据区段比较结果分别处理。当判断为外部故障时，转至振荡闭锁程序。若故障点在本保护区段内，发出跳闸命令，准备打印报告，延时 40ms 后判断故障相

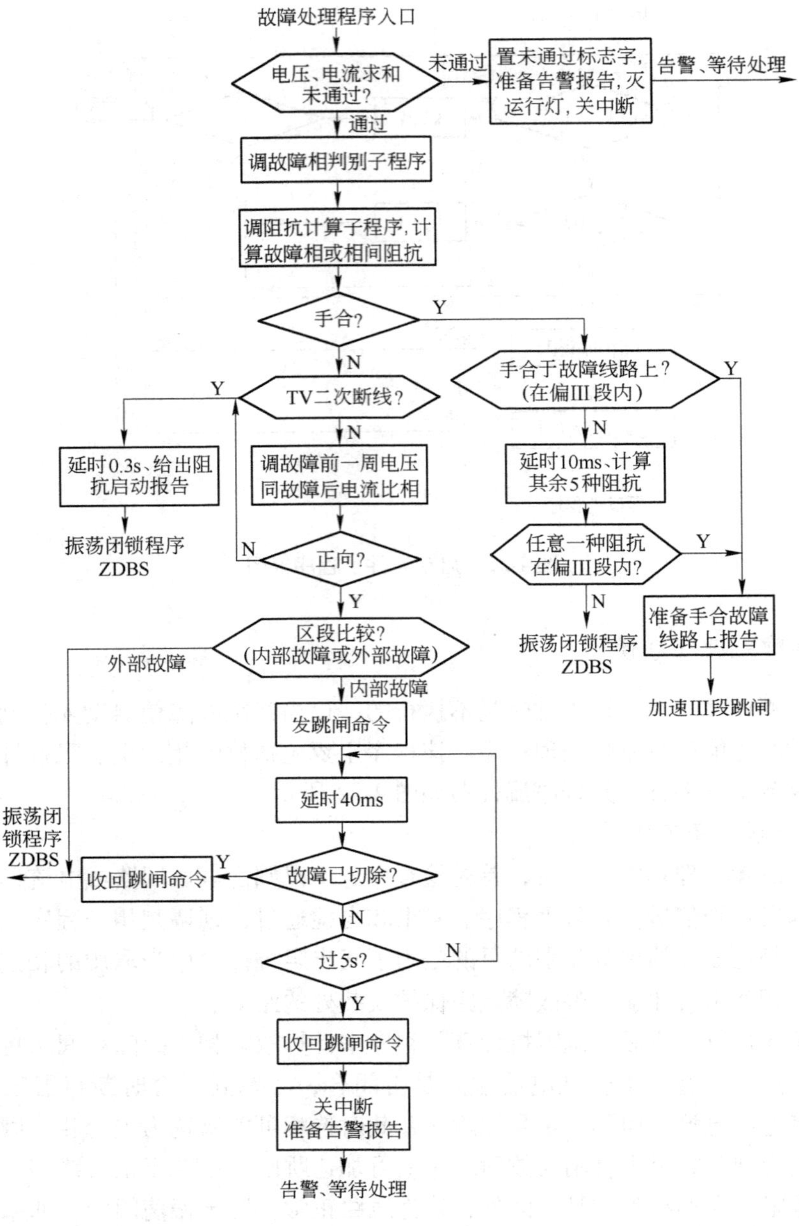

图 4-22 故障处理程序流程图

有无电流，若无电流则认为跳闸成功，收回跳闸命令，转至振荡闭锁；若延时 5s 后，故障仍不切除，收回跳闸命令，关中断，发告警命令，等待保护装置故障处理。

2. 判相子程序工作原理

判相子程序是依据各种故障类型的特征进行判别的，用来判别的电流均指突变量电流，即事故分量电流。

(1) 单相接地故障。假定系统的正序阻抗和负序阻抗相等，以 A 相接地故障为例，根据对称分量法的基本理论，不难得出 A 相接地时流过保护安装处的电流相量图如图 4-23(a)所示。两个非故障相电流可能和故障相电流相位相差 180°，也可能同相，这取决于故障点两侧系统正序和零序阻抗分配系数。

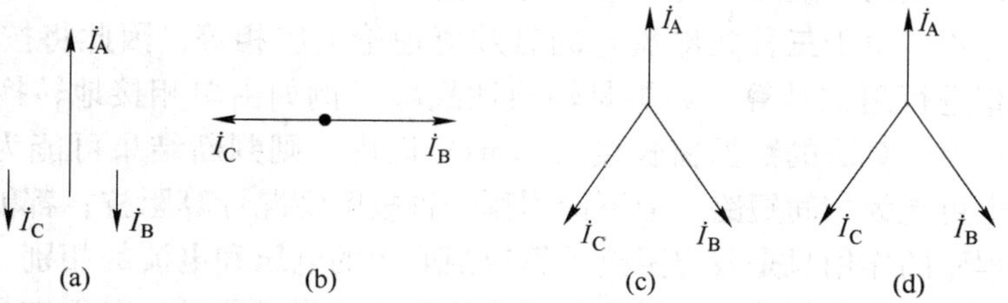

图 4-23　各种故障时短路电流的相量关系

(a)单相接地情况；(b)两相接地短路情况；(c)两相短路情况；(d)三相短路

可见，单相接地故障的特征就是两个非故障相电流之差为零。

(2) 两相接地短路。以 BC 相短路为例，相量图如图 4-23(b)所示，可见，其特征为非故障相电流为零，两个故障相电流之差为最大。

(3) 两相接地短路。以 BC 相接地短路为例，相量图如图 4-23(c)所示，此时三种相电流差中仍然是两个故障相电流之差最大。

(4) 三相短路。其相量图为图 4-23(d)，显然是 3 个相电流差的有效值均相等。

(5) 根据以上各种故障类型的特征分析，编制出判相子程序流程图如图 4-24 所示，其工作过程如下：

第一步是计算三种电流差突变量的有效值$|\dot I_A-\dot I_B|$、$|\dot I_B-\dot I_C|$和$|\dot I_C-\dot I_A|$。算法采用前一章介绍过的半周积分法，配合一个差分滤波器用以抑制非周期分量。

第二步是通过比较求出上述三种电流差突变量中的最小者。这里有三种可能，图 4-24 中仅详细示出了$|\dot I_B-\dot I_C|$最小的情况，其他两种情况可以类推。如果$|\dot I_B-\dot I_C|$最小，则先判断是否为 A 相单相接地。判断 A 相单相接地的方法是观察$|\dot I_B-\dot I_C|$是否远小于另两

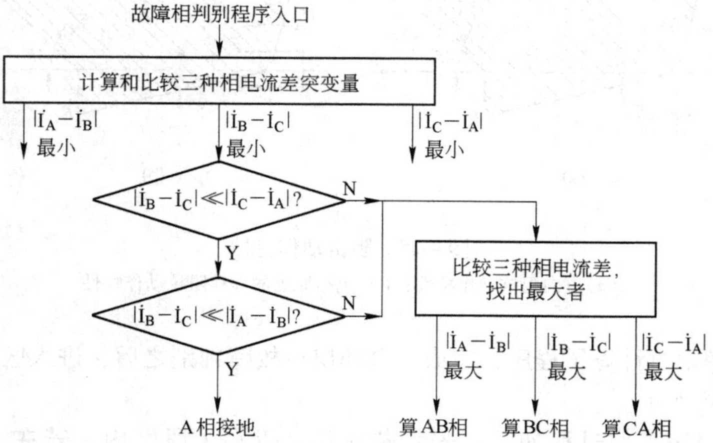

图 4-24　故障相判别子程序流程图

相电流差的有效值。

第三步是判断相间短路。如果经判断不是单相接地，那么必定是相间短路，需要找出相电流差有效值最大者，即可按这两相短路计算阻抗，因为不论是两相短路还是两相接地短路，其共同特征是两个故障相间的电流差为最大。

对于三相短路，由于三种相电流差的有效值理论上应相等，因此将按图 4-24 的流程随机地选出两相进行阻抗计算。如果是转换性故障（例如由单相接地转换成两相接地），而且转换时间在上述算法的数据窗长度（11ms）以内，则判断结果可能为先接地的那一相单相接地，也可能为相间短路，但不论用哪一种故障情况计算阻抗；都能正确反映故障距离。判相子程序的作用只是找出阻抗计算应当取用的电压和电流的相别，所以如果转换性故障在这里被判别为单相接地，只要能正确反映故障距离即可，对于它是否能准确地反映转换性故障的情况无关紧要。当然，在本装置的综合重合闸部分有相应的程序判断故障是否为转换性的，从而决定跳闸和重合闸方式。

3. 阻抗元件动作特性和区段比较

本保护采用解微分方程算法配合数字滤波器直接求出保护安装处到故障点的 X、R 值，再同整定值比较以确定是否在保护区内。

此保护的相间和接地距离阻抗动作特性均为多边形，如图 4-25 所示。可以独立整定的参数有两个 X_s 和 R_s，该特性容易满足长线路和短线路的不同要求。对短线路可以加大 R_s/X_s 值，以增强允许过渡电阻的能力，对长线路则减小 R_s/X_s 值。图 4-25 中第二、四象限的边界线均取 15°角，因为 $\tan15° = 1/4$，实现最方便。本保护在程序中除了执行图 4-25(a)所示的多边形特性外，还迭加了一个包括原点的矩形特性，如图 4-25(b)所示，二者构成“或”的关系。手动合闸和出口短路故障的判别即采用矩形偏移特性参数值判断。

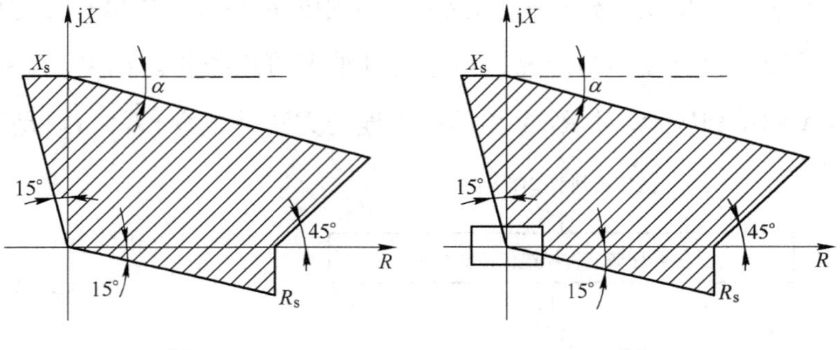

(a)　　　　(b)

图 4-25　阻抗动作特性

(a)方向阻抗动作特性；(b)包括原点的偏移阻抗动作特性

当程序调用阻抗计算子程序，完成手合和出口故障判别之后，进入区段比较程序，其流程图如图 4-26 所示。

区段比较程序工作过程如下：先判断故障是否在Ⅰ段区内，若在Ⅰ段区内立即给出Ⅰ段阻抗出口报告，然后去跳闸程序，选择故障相立即跳闸。若故障不在Ⅰ段内，

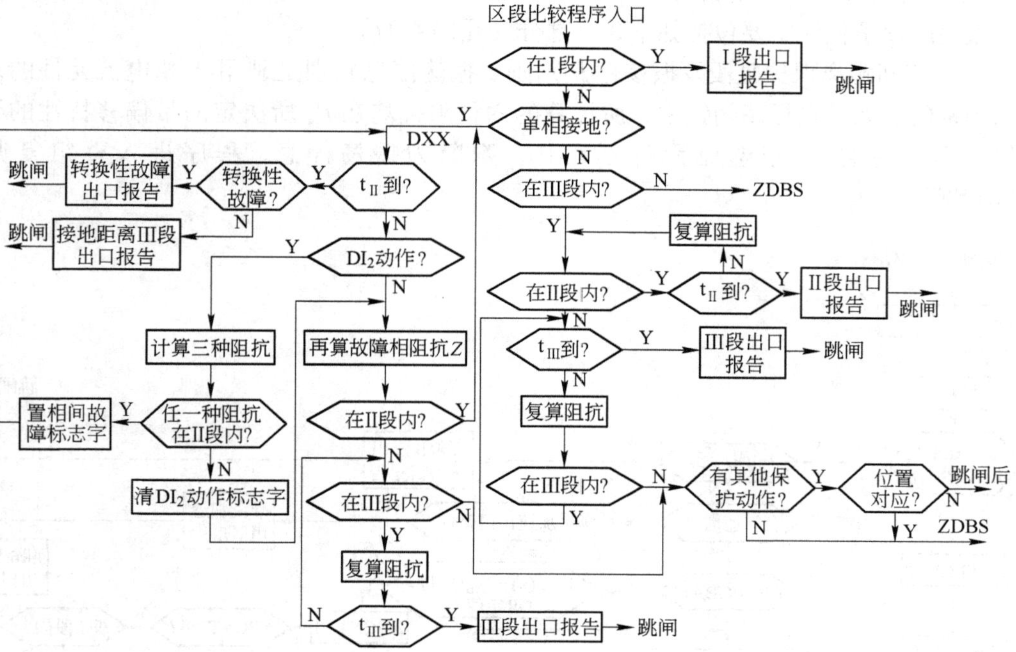

图 4-26　区段比较程序流程图

给出报告后判断是否为单相接地，若不是单相接地则判断故障是否在Ⅲ段内。若不在Ⅲ段内则去振荡闭锁程序（ZDBS）；若在Ⅲ段内，再判别是否在Ⅱ段内，若在Ⅱ段内则经 t_{II} 时间跳闸；若在Ⅲ段内不在Ⅱ段区内，则经 t_{III} 延时跳闸。在 t_{II} 或 t_{III} 延时到达之前，微机不断利用最新得到的电压和电流采样值进行故障相的阻抗计算，一旦发现测量阻抗走出动作区（表示故障已由相邻线路切除），程序就转至振荡闭锁（ZDBS）。如果故障使其他保护动作三相切除或断路器处于不对应状态，程序转至跳闸后子程序。

当程序判定为单相接地故障后，进入接地距离保护区段比较程序部分（DXX）。首先，以 t_{II} 时间延时来判断是否在Ⅱ段区内接地故障，在 t_{II} 延时过程中，程序不断监视 DI_2，若 DI_2 不动作，则以新的采样值再算故障相阻抗 Z，反复判断是否在接地Ⅱ段内。t_{II} 时间到则通过查询标志字来确定是否为转换性故障，若为转换性故障则给出接地距离Ⅱ段转换性故障出口报告，否则给出接地距离Ⅱ段出口报告。保护动作于跳闸。在 t_{II} 延时过程中，若发现 DI_2 动作，立即进入阻抗计算和判别程序段，即计算包括两个健全相在内的三种阻抗，假设 A 相接地，则计算 ZB、ZC 和 ZBC，任一种阻抗在偏Ⅱ段区内即确认为故障已发展成为相间故障，标志字置 1 后经 t_{II} 时间跳闸，否则使 DI_2 动作标志字为零。然后再去判断故障是否在Ⅲ段内，如在 t_{III} 时间内均保持在Ⅲ段内，则经 t_{III} 延时给出Ⅲ段距离保护出口报告，然后去跳闸程序。如果故障不在Ⅲ段区内，程序就查询是否有其他保护动作，若有动作则程序转至跳闸后处理程序。这说明故障在本线路已由其他保护动作切除。若无其他保护动作，断路器又处在对应状态，说明故障在相邻线路已由相邻线路保护切除，程序转至振荡闭锁（ZDBS）。

4. 振荡闭锁程序工作原理

振荡闭锁子程序主要包括如下 3 个部分（见图 4-27）：

（1）相间距离保护Ⅲ段及振荡停息判别。振荡停息判别是利用 A 相电流元件的动作状态判别的。如果在振荡闭锁中，所计算的六种阻抗均在 R_s 所决定的带偏移特性的Ⅲ段动作区外，并且 A 相电流元件不动作，判断为振荡停息，程序进入整组复归部分(RESET)。

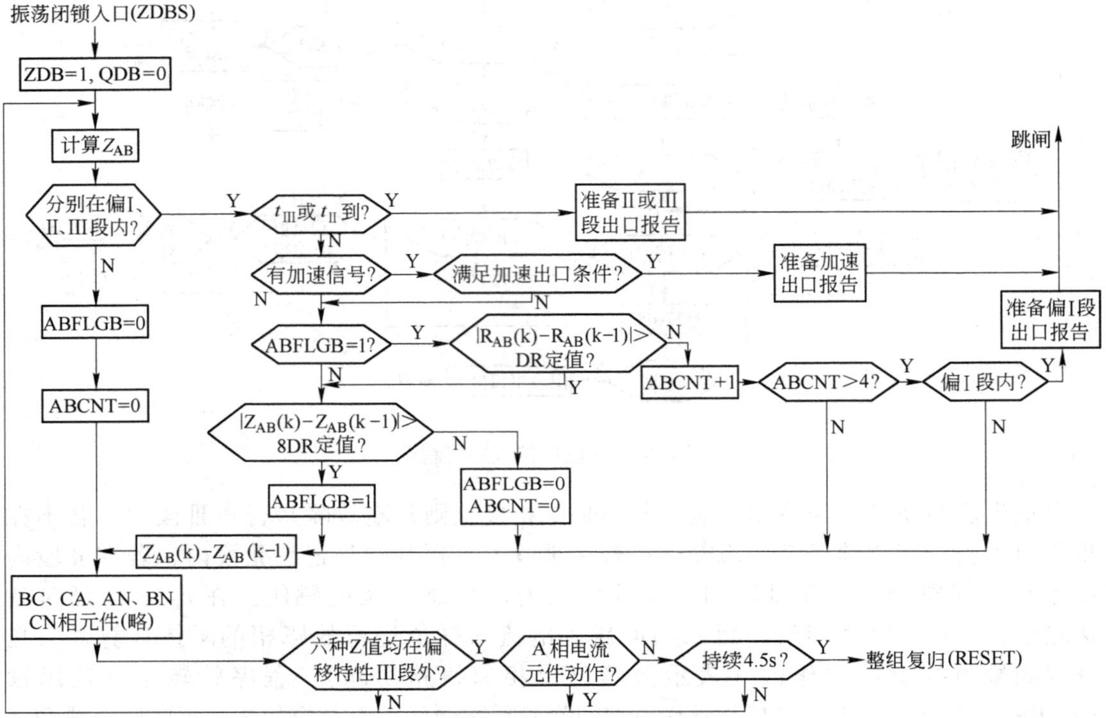

图 4-27 振荡闭锁子程序图

（2）重合闸后加速。从故障处理程序流程中可见，装置发出跳闸命令后都要经过振荡闭锁程序再整组复归，因此，重合到永久故障时保护必然处在振荡闭锁程序中，在振荡闭锁程序中完成后加速判别和处理。

（3）对振荡中再短路的故障判别和处理。如果在保护区外短路故障后，本保护振荡闭锁整组复归前再发生保护区内部故障，本装置设置了一个能够用 0.2s 的时间有效地区别振荡和短路的程序模块，用以处理振荡过程中再短路的故障情况。其原理是利用了系统振荡时保护装置的测量阻抗是不断变化的，而短路时测量阻抗将有一个突变之后不再变化这样一个特征。

图 4-28(a)示出了系统无短路而产生振荡时测量阻抗的变化情况，测量阻抗的轨迹沿曲线 1（两侧电势相等）或曲线 2、3（两侧电势幅值不等）移动，可见测量阻抗的变化是渐变的。当线路上发生短路时，测量阻抗由 Z_n 突变至 Z_K，如图 4-28(b)所示。所以用 $|Z_{AB}(k)-Z_{AB}(k-1)|>8\text{DR}$ 定值作为判据，如满足此式，则判断为短路。但当系统振荡

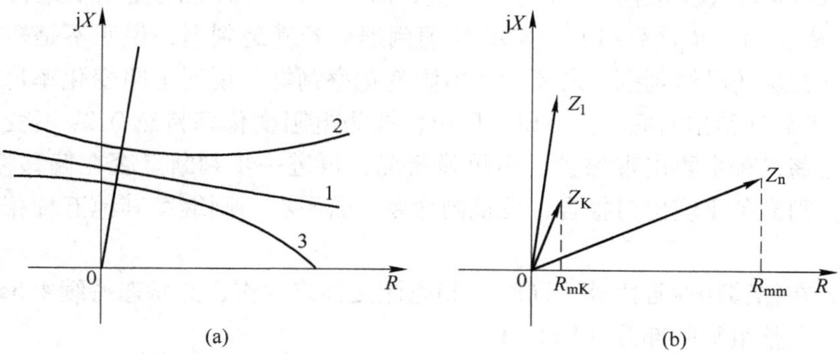

图 4-28　系统振荡和发生短路前后的测量阻抗变化情况
(a)系统无短路而产生振荡时的测量阻抗；(b)系统发生短路前后的测量阻抗

周期很短时，$|Z_{AB}(k)-Z_{AB}(k-1)|$很接近整定值。为了进一步提高鉴别振荡和短路的能力，还利用了短路时测量阻抗电阻分量先有一个突变，而后电阻分量变化率很小这一特点。当系统振荡时电阻分量的变化是连续的，所以当电阻分量变化率持续大于整定值时可判断为系统振荡，其持续时间确定为 0. 2s。

图 4-27 给出的距离保护振荡闭锁程序流程图是一个循环程序，不断计算六种相别的阻抗，图中仅详细示出了 AB 相情况。

首先介绍程序中的标志字的含义。ABFLGB 为 AB 相阻抗突变量标志字，当 ABFLGB =1 时，表示 AB 相阻抗有突变（对 BC 相则有 BCFLGB，类推 CA 相）；否则，ABFLGB 置 0。ABCNT 为在 ABFLGB =1 后，记录 R 的变化率保持基本不变的循环次数计数器，用此计数器反映 ABFLGB =1 后 R 变化率是否保证 0. 2s 基本不变。

程序进入振荡闭锁入口后，首先根据循环寄存区地址指针的指示，从刚存入的采样值往前推，取出一次阻抗计算（包括数字滤波）所需的电压，电流采样值，进行 AB 相的阻抗计算，并同偏移特性各段定值比较，如不在偏移特性Ⅲ段内，则令 ABFLGB =0 和 ABCNT =0，然后进入 BC、CA、AN、BN、CN 相的流程。如果 ZBC 和 ZCA 均在偏移特性Ⅲ段外，并且用于判断振荡停息的 A 相电流元件也不动作，则一个整定在 4. 5s 延时的计数器连续计时，程序继续回到 AB 相流程入口并不断循环。如果持续 4. 5s 六种相别阻抗的计算值均在Ⅲ段外，并且 A 相电流元件也不动作，则可以确认振荡停息，于是进行整组复归。如果在某一循环时有一种相间阻抗（假设为 AB 相）在偏移特性Ⅲ段内，从图 4-27 可见，最上部是Ⅲ段回路，如果在以后的循环中在偏移特性Ⅱ或Ⅲ段持续不返还，并且其他部分不动作，则在到达Ⅱ或Ⅲ段延时后出口。

图 4-27 中第二排是各种加速回路。如果从开关量输入回路输入加速信号，则在满足加速条件时加速出口。如果 ZAB 落在偏移特性Ⅱ或Ⅲ段的保护范围内，但没有加速信号或不满足加速出口条件，程序将继续判别振荡中是否再有保护区内短路故障。判别的过程是：首先询问 ABFLGB 标志字，如果 ABFLGB =0，说明测量阻抗没有突变量，继续判断测量阻抗是否有突变，采用$|Z_{AB}(k)-Z_{AB}(k-1)|>8DR$ 定值判据，若满足判据，使 ABFLGB =1，若不满足说明测量阻抗无突变量，使 ABFLGB =0，ABCNT =0，继续其他相阻抗的计算和判别（同 A、B 相的过程）。

若 ABFLGB = 1，说明测量阻抗有突变量，需进一步判别电阻变化率是否有较大的变化，即采用 $|R_{AB}(k)-R_{AB}(k-1)|>8DR$ 定值判据。若满足判据，说明不是短路故障，转至测量阻抗突变量的继续判别。若不满足电阻变化率判据，说明电阻变化率稳定不变，用计数器 ABCNT 累计稳定时间，当 ABCNT >4，即为电阻变化率持续 0.2s 不变，说明此时系统可能为振荡过程中再出现保护区内故障情况，再进一步判断是否在偏移特性Ⅰ段内。若在Ⅰ段内，则准备Ⅰ段出口报告，发跳闸命令；若不在，则继续其他五种相阻抗元件的判别。

当六种 Z 在偏移特性Ⅲ段外，同时 A 相电流元件未动作，此状态持续 4.5s，程序判断振荡停息，进入整组复归部分（RESET）。

小　结

输电线路发生相间短路时的保护原理与传统的继电保护的电流电压保护原理一致，根据故障相电流的增大和电压的降低这一特征而设计算法。中性点直接接地系统的接地短路的电流电压保护根据故障时零序电流的变化判断是否故障。采用微机实现的距离保护因算法灵活多样而丰富。可以求解线路的阻抗值和相角，与整定值比较判别线路是否故障；也可以直接采用阻抗继电器特性算法，不必计算线路的阻抗值，用软件与部分硬件结合，实现阻抗继电器特性。

Ⅱ型微机线路保护装置是国内具有代表性的微机线路成套保护装置。该装置配置了 4 个硬件完全相同的 CPU 插件，分别完成四种保护功能。4 个 CPU 共用交流变换与模数转换插件、开关量输入、输出插件、人机对话插件、跳闸与逻辑插件、告警及信号插件及逆变电源插件。因该装置采用了多单片机并行工作，模拟量输入、开关量输入、输出通道共享的硬件结构形式，因而具有抗干扰能力强、硬件冗余度好、速度快，硬件自检能力强等优点。距离保护是微机线路保护的一种典型的保护类型。其软件程序由主程序、采样中断服务程序和故障处理程序三大模块组成。CPU 正常执行主程序模块，依次完成初始化、保护复归及巡回自检功能。在主程序的执行过程中，数据采集系统的定时器每到一个采样间隔时间就中断主程序一次，执行采样中断服务程序模块，控制各通道采样，并进行相电流突变量启动元件的判断。若没达到动作值，程序返回主程序继续巡回自检；若启动元件动作，程序转向故障处理程序模块。在故障处理程序模块中，要完成故障相判别，阻抗计算和区段比较，发跳闸命令等功能，经振荡闭锁和保护复归，继续回到主程序巡回自检。

习　题

4-1　三段式电流保护的时限如何配合，无时限电流保护的整定值如何确定？

4-2　如何判定中性点直接接地系统的接地故障，零序电流有何特点？

4-3　零序功率方向保护的算法，请画出取得零序电流和电压的接线图。

4-4　全阻抗继电器如何实现，方向阻抗继电器的动作特性？

4-5　简述距离保护的整定方式。

4-6　WXB-Ⅱ型微机线路成套保护装置硬件由哪些插件组成，各插件的主要功能是什么？

4-7　在 WXB-Ⅱ型线路保护装置中，电力系统的模拟量是通过什么插件送到 CPU 中的，该插件的作用是什么？

4-8　微机距离保护主程序中的巡回自检主要完成哪些工作？

4-9　距离保护主程序中，电压互感器断线检查和电流互感器断线检查分别采用什么判据？

4-10　距离保护主程序中，在开中断前为什么要把 QDB 和 ZDB 两个标志字置 1？

4-11　距离保护采样中断服务程序中，若 QDB = 1，ZDB = 0 和 QDB = 0，ZDB = 0 分别执行什么启动元件程序？

4-12　距离保护软件程序中，突变量启动元件 DI_1 采用什么判据？

4-13　判相子程序是依据各种故障类型的哪些特征进行判相的？

4-14　振荡闭锁子程序利用了系统测量阻抗的什么变化特征来判别系统振荡过程中再短路的情况？

第五章　电力变压器微机保护

变压器是输送交流电时所使用的一种变电压和电流的设备，在电力系统发电、输电和配电各个环节中都要使用，是电力系统中一个非常重要的设备。因此，电力变压器保护成为继电保护中重要的一项保护，并由传统的继电保护逐步被微机型保护取代。目前，变压器微机保护的研究成果主要集中在差动保护方面。本节将以变压器差动保护为重点进行介绍，同时，还介绍微机变压器过励磁保护和过负荷后备保护的实现原理。

第一节　电力变压器微机保护的要求和实现特点

现代大型变压器的特点是容量大，电压等级高、价格昂贵、修理困难。因多数变压器安装在户外，受自然环境的影响，同时还有电力系统短路故障和连接负荷的影响，变压器在运行中可能会出现各种类型的故障和不正常运行状态。大型变压器在电力系统中的地位非常重要，一旦发生故障，可能会给电力系统的正常运行和可靠供电带来严重的后果。

一、电力变压器的故障和不正常运行状态

变压器的故障分为内部故障和外部故障。内部故障是指变压器油箱内绕组之间发生相间短路、绕组匝间短路、绕组与铁芯或引出线与外壳间的单相接地短路。外部故障是指油箱外部引出线之间发生的各种相间短路、引出线通过油箱外壳发生的单相接地短路。变压器内部故障时，短路电流产生的高温电弧不仅能烧坏绕组绝缘和铁芯，而且使绝缘材料和变压器油受热产生大量气体，导致变压器外壳破坏变形，甚至引起爆炸。因此，电力变压器发生故障时，继电保护必须尽快将其从电力系统中切除。

变压器的不正常运行状态主要指过负荷、外部短路引起的过电流、大容量变压器的过励磁。对于大容量变压器，因其铁芯额定工作磁通密度与饱和磁通密度比较接近，系统电压过低或系统频率降低时大容量变压器容易过励磁。变压器的不正常运行状态，是不安全的工作状态，要求变压器的继电保护应及时发出信号告警。

二、电力变压器微机保护的要求

为保证电力系统和变压器安全运行，对变压器的保护提出了更严格的要求。

（1）提高灵敏度。要求差动保护能灵敏动作于相间短路故障，同时，也要求灵敏动作于内部高电阻接地故障。

（2）保持高速度。接于超高压远距离输电线路的变压器，当发生内部故障时，由于谐振会产生谐波电流，可能引起谐波制动的差动保护延缓动作，需要采取有效的加速措施或寻求新原理的励磁涌流鉴别方法。

（3）有效地对付过励磁。当大型变压器短时过电压或频率降低时，励磁电流会激增。

一方面要求此时差动保护不能误动作，另一方面还要防止变压器流过很大的励磁电流而发热烧毁，需要装设满足过励磁倍数要求和具有反时限特性、并能计及热累积效应的过励磁保护。

另外，对电流互感器、电压互感器断线闭锁问题等，也需要予以处理。

三、电力变压器微机保护实现特点

计算机具有的长记忆功能和高智能的信息处理能力，为实现上述要求提供了手段。对比传统的变压器继电保护，变压器微机保护具有很多独特之处，特点如下：

（1）在差动保护中可将电流互感器二次侧电流直接差改为数字差。

采用了计算机数据采集系统，电流互感器副边不必再并接在一起，可进一步减小因变比不匹配及特性不同而引起的环流所造成的不平衡电流增大，对于多侧差动的情形，比起采用平衡线圈更为有效和合理。

（2）变压器各侧绕组中因连接组关系而引起的电流相位差可由电流互感器副边 Y/d 补偿改为数字计算补偿。

常规继电器差动保护 Y/d 变压器需将星形侧三相电流互感器副边接成三角形，三角形侧三相电流互感器副边接成星形，以保证变压器两侧同相电流相位一致。当变压器星形侧保护区发生不对称短路时，故障相和非故障相流过的电流大小悬殊，各相电流互感器工作条件可能极不相同。它们各自的工作点存在较大差异，会在三角形相连的电流互感器副边回路中引起额外的不平衡环流，导致差动回路中不平衡电流增大。对于微机差动保护，Y/d 变压器星形侧电流互感器仍然可以星形连接，而用数值计算来完成 Y/d 变换，这样便可以消除不平衡环流的影响。

（3）可采用灵活的算法来获得高速度和高灵敏度。

计算机差动保护除可继续沿用传统的差动速断和低电压加速措施外，还可通过长短数据窗算法的配合提高严重故障时的动作速度。可用工频变化量比率差动元件提高变压器内部小电流故障的检测灵敏度。变压器空载投入内部故障时，因健全相的涌流制动而使差动保护拒动的问题也可用软件算法判断得以解决，使保护的可靠性进一步提高。利用计算机长记忆功能还可方便地获取故障分量，进一步提高内部故障时的动作灵敏度。

（4）采用复杂的运算和逻辑判断可实现电流互感器和电压互感器断线的报警和闭锁。

（5）由电流互感器变比标准化带来的误差可用数字计算进行补偿。这种补偿方法较之常规继电器差动保护的补偿方法更准确，从而进一步减小了不平衡电流。

大型电力变压器一般需要装设：变压器本体保护——瓦斯保护；主保护——差动保护或电流速断保护，用以反应变压器绕组、套管跳出及引出线上的故障；后备保护——过励磁保护、过负荷保护、相间和接地阻抗保护、复合电压闭锁过流保护、零序（方向）过流保护、中性点过流保护等。因瓦斯保护属变压器本体非电量保护，保护信号一般直接作用于跳闸，并作为开关量重动于微机保护。

第二节 电力变压器的差动保护

变压器差动保护应满足以下要求：

（1）在任何情况下，当变压器内部发生短路性质的故障（包括高阻接地及匝间短路）时应快速动作于跳闸。故障变压器空载投入时，可能伴随较大的励磁涌流，亦应尽快动作。反之，当出现外部故障伴随很大的穿越电流时，应可靠不动作。

（2）无论正常时变压器发生如何形式的励磁涌流和过励磁应可靠不动作。因此，与常规继电保护类似，变压器微机差动保护的原理和算法主要可分为两部分：一部分是如何区分内、外故障，另一部分则是如何鉴别励磁涌流。

微机变压器差动保护中区分内外故障一般是借鉴传统的比率制动原理，用微机软件实现比率制动特性，从而判别变压器工作在工作区还是制动区。区分励磁涌流和内部故障则是微机变压器差动保护的难点或核心。由于励磁涌流中含有大量的二次谐波并且有明显的间断角，因此，可以构成谐波制动式的变压器差动保护。基于上述原理，早期的计算机变压器差动保护均集中在从差动电流中寻求保护制动量的方法，具体算法包括递归式带通滤波器算法、有限脉冲响应的数字滤波算法，离散傅氏变换法、沃尔什函数法，最小二乘方曲线拟合法等等。最近几年，有人提出了基于电压或磁通制动原理的差动保护算法。

本节首先介绍非制动式的差动保护的启动算法和差动速断保护整定计算，再以谐波制动式和磁通制动式算法为例，介绍变压器差动保护的基本原理。

一、启动元件（故障判别元件）

（1）判别变压器是否故障的启动算法，可采用第三章第五节的相电流突变量的故障判别算法，原理相同。

$$|i_{\varphi}(t)-2i_{\varphi}(t-T)+i_{\varphi}(t-2T)|>I_{cd} \tag{5-1}$$

式中　φ——A、B、C 三种相别；

I_{cd}——差动保护启动定值。

当某一相电流连续三次大于 I_{cd} 时判别为故障，启动保护算法。I_{cd} 按躲过变压器额定负荷下最大不平衡电流：

$$I_{cd}=K_K(K_{TA}+K_b)I_N \tag{5-2}$$

式中　K_K——可靠系数，取 2 ~ 3；

K_b——变压器分接头调节系数；

K_{TA}——电流互感器 TA 的误差系数，取 0.1；

I_N——变压器高压侧额定电流。

故障启动算法的整定值低，灵敏度高，保护区内、外故障时只要电流大于额定值就可启动保护。

（2）稳态最大电流差启动，即按躲过正常最大不平衡电流。

$$\max[|I_d|]>I_{cdmax} \tag{5-3}$$

上式左边为相电流差的最大值，I_{cdmax} 大于变压器最大不平衡电流。

$$I_{cdmax}=K_{rel}(K_{er}+\Delta U+\Delta m)I_e \tag{5-4}$$

式中　I_e——变压器二次侧额定电流；

K_{rel}——可靠系数，取 1.3 ~ 1.5；

K_{er}——电流互感器 TA 的变比误差，10P 型取 0.06，5P 型取 0.02；

ΔU——变压器调压引起的误差，取偏离额定值的最大值；

Δm——电流互感器变比未完全匹配产生的误差，取 0.05。

二、差动电流速断保护

该保护在变压器内部严重故障时可以快速跳开变压器各侧开关，因此要采用快速算法，但对于精度要求不太高。可用半周积分算法求得差电流的有效值 I_d。理想条件下，外部故障时应有 $I_d=0$，内部故障时 $I_d\neq 0$。为了防止非故障时误动作，差动电流速断保护的动作条件为：

$$I_d > I_{sd} \tag{5-5}$$

式中，保护整定值 $I_{sd}=5\sim 10I_N$，I_N 为变压器高压侧额定电流值，按照躲过变压器空载投入时的励磁涌流和外部故障时最大不平衡电流整定。当变压器发生内部严重短路故障时，差动电流急剧增加，超过整定值后保护瞬时动作。

根据微机保护的软件算法时间，该保护在变压器故障时可以在 10～20ms 内跳闸。

三、谐波制动式差动保护

差动电流速断保护为了躲过励磁涌流，整定值较高，因此灵敏度低，内部故障时可能拒动。为了使差动保护在内部短路故障时灵敏度高，外部故障时不误动，利用制动电流是解决问题的有效方法。目前，带制动特性的差动保护常见的有谐波制动式和磁通制动式差动保护。因带制动特性的差动保护具有很高的灵敏度，保证了可靠性与选择性，在大型电力变压器保护中应用广泛，一般与差动速断、TA 和 TV 断线检测配合作为主保护。带制动特性的差动保护动作时间通常在 30m 以内，为提高保护的快速性，可以配合差动速断、低压加速、记忆相电流加速等加速措施。

（一）具有折线比率制动特性的差动原理

微机变压器差动保护一般是分相差动接线，故可取一相来研究。假定变压器星形侧电流互感器已经连接成三角形以补偿相位移，变压器两侧电流互感器变比误差已由软件进行了数字计算补偿。

规定双绕组变压器的两侧分别记为Ⅰ侧和Ⅱ侧，并取各侧电流流入变压器为正方向。按照大型变压器通常采用的三段折线比率制动特性要求，其基波相量可表示成下列动作判据或算法。

$$\left.\begin{aligned} &I_d > I_{d.min} && I_r \leqslant I_{r1} \\ &I_d > K_1(I_r - I_{r1}) + I_{d.min} && I_r < I_{r1} \leqslant I_{r2} \\ &I_d > K_2(I_r - I_{r2}) + K_1(I_{r2} - I_{r1}) + I_{d.min} && I_r > I_{r2} \end{aligned}\right\} \tag{5-6}$$

式中　I_d——差动电流，$I_d=|\dot{I}_{\text{I}}+\dot{I}_{\text{II}}|$；

I_r——制动电流，$I_r=|\dot{I}_{\text{I}}-\dot{I}_{\text{II}}|$；

$I_{d.min}$——不带制动时差流最小动作电流；

K_1，K_2——分别为第一和第二段折线斜率，$K_1=\tan\alpha_1$，$K_2=\tan\alpha_2$，$K_1<K_2$；
I_{r1}，I_{r2}——分别为第一和第二折点对应的制动电流，$I_{r1}<I_{r2}$。

式（5-6）的制动特性如图 5-1 所示。

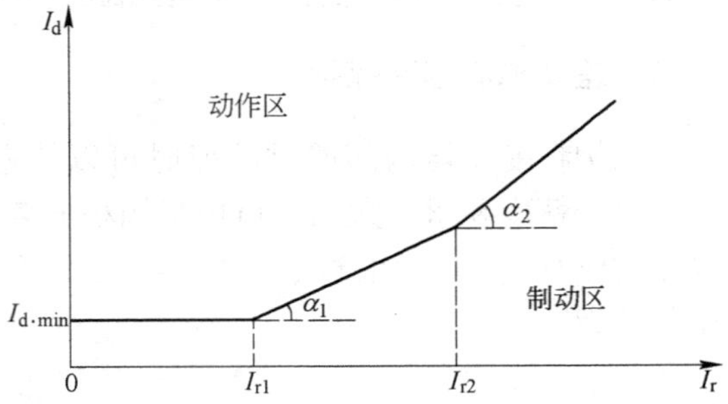

图 5-1 三段折线比率制动特性

对于三绕组变压器，第三绕组以Ⅲ表示，其差动电流为

$$I_d = |\dot{I}_{Ⅰ} + \dot{I}_{Ⅱ} + \dot{I}_{Ⅲ}| \tag{5-7}$$

制动电流的计算有两种常用方法，分别为

$$I_r = |\dot{I}_{Ⅰ}| + |\dot{I}_{Ⅱ}| + |\dot{I}_{Ⅲ}| \tag{5-8}$$

$$I_r = \max(|\dot{I}_{Ⅰ}|, |\dot{I}_{Ⅱ}|, |\dot{I}_{Ⅲ}|) \tag{5-9}$$

亦可模仿常规继电保护的做法，采用下式计算制动电流

$$I_r = |\dot{I}_{Ⅰ} - \dot{I}_{Ⅱ}| + |\dot{I}_{Ⅲ}| \tag{5-10}$$

需要指出，采用式（5-8）至式（5-10）与采用式（5-6）计算制动量所对应的 K 值不相同，应通过具体分析来确定。

（二）鉴别励磁涌流的方法

励磁涌流的鉴别方法按输入量的种类可分为：仅用差动电流二次谐波鉴别的方法；仅用端电压量鉴别的方法；同时利用差动电流和端电压量的鉴别方法。

1. 利用二次谐波电流鉴别励磁涌流的方法

因励磁涌流中含有较大的二次谐波分量，可以通过计算差动电流中的二次谐波电流与基波电流的幅值之比来判断是否存在励磁涌流。当出现励磁涌流时应有

$$\frac{I_{d2}}{I_{d1}} > K_{d2} \tag{5-11}$$

式中 I_{d1}，I_{d2}——分别为基波和二次谐波电流幅值；
K_{d2}——二次谐波制动比（可整定）。

谐波制动原理就是将二次谐波电流看成制动量，将它与比例制动量相加作为综合制动量，即相当于在式（5-6）中每一式右边都加上一项代表二次谐波的量。这种作法用微机来实现虽然可行，但因内部故障时差动电流中也会包含一些二次谐波分量，从而会对灵敏度产生不利影响，所以，微机保护中通常是先用式（5-6）判断是否在动作区，若在动作区，再用式（5-11）独立判定励磁涌流存在与否，以便决定是否闭锁差动保护。

考虑到过励磁状态下变压器差动保护也有可能出现误动这一特点，有些变压器微机差动保护还利用了过励磁电流中五次谐波分量较高这一特点，构成二次和五次谐波联合制动的差动保护。

2. 用端电压鉴别励磁涌流的方法

利用谐波电压鉴别励磁涌流的方法继承了传统的电压制动原理，即当变压器因励磁涌

流而出现严重饱和时，端电压会发生严重畸变，其中包含较大的谐波分量，可用来鉴别励磁涌流。

$$\frac{U_2}{U_1} > K_d \tag{5-12}$$

国内对该原理进行了数字仿真研究表明，它与二次谐波电流鉴别方法的原理有类似之处，但易受系统阻抗等因素的影响。还可以采用差动电流和端电压二次谐波分量同时鉴别的方法。

（三）变压器严重故障差动保护的加速方法

分析和实践表明，用二次谐波与基波电流（电压）的比值在变压器差动保护中实现涌流鉴别，只要比值选择合理，是很可靠的。但在变压器内部某些不对称故障条件下，尤其当变压器接于超高压长输电线路或附近装有无功补偿设备时，亦会在电流中产生较大的二次谐波分量，使差动保护被制动，直到二次谐波衰减后才能动作，从而延误了动作时间，这对于大型变压器来说是不允许的。为加以改进，又提出了各种加速措施来改善变压器差动保护的速动性。现有的加速措施主要有差动速断、低压加速、记忆相电流加速几种。

1. 差动速断

差动速断是当差动电流大于最大可能励磁涌流时立即出口跳闸。这种常规继电保护中的传统做法被引用到计算机差动保护中，用以提高保护的反应速度。其判据同本节前面介绍的差动速断判据。

$$I_d > K_r I_N \tag{5-13}$$

式中 I_N——额定电流；

K_r——相对于额定电流的励磁涌流倍数，可根据系统阻抗，变压器和电流互感器特性来整定，大约在 5 ~ 10 之间。

2. 低压加速

励磁涌流是因变压器铁芯严重饱和产生的，出现励磁涌流时变压器端电压比较高，据此可建立下列数据

$$U < K_u U_N \tag{5-14}$$

式中 U_N——额定电压；

K_u——加速系数，可根据不产生涌流的电压值来确定，通常取为 0.65 ~ 0.7 左右；

U——变压器端电压。

当式（5-14）满足时，取消励磁涌流判据，仅由比率制动特定决定是否跳闸。U 通常只能取自母线电压互感器，如取自变压器星形侧的母线电压互感器，这时为与三角形接线的电流互感器电流相配合，应采用相应的线电压，并且与最大差流相所对应的任一侧线电压满足式（5-14）时，便取消励磁涌流判据。

3. 记忆相电流加速

变压器的励磁涌流一般只会在空载投入和外部严重短路切除后端电压恢复过程中产生。利用计算机特有的长记忆功能记录新的扰动发生前的信息，可以确定是否需要进行励

磁涌流判据。

当一周波前的相电流 $I_{\varphi 0}$ 小于空载励磁电流时，说明变压器原先尚未投入，新的扰动有可能是变压器空载投入；当一周波前的电流 $I_{\varphi 0}$ 大于变压器最大负荷电流 I_{Lmax} 时，说明变压器外部原先存在短路故障，新的扰动有可能是外部故障切除后电压恢复过程。任一种情况都必须经励磁涌流判据来鉴别。而当不为上述两种情况时，则一定不会有励磁涌流，即当满足下述判据时取消励磁涌流判据

$$(I_{\varphi 0} > I_{\mathrm{m0}}) \cap (I_{\varphi 0} > I_{\mathrm{Lmax}}) \tag{5-15}$$

式中　$I_{\varphi 0}$——一周波前的相电流；

I_{m0}——空载励磁电流；

I_{Lmax}——变压器最大负荷电流。

（四）递归型离散傅氏级数法在谐波制动式差动保护中的应用

上述公式中基波和二次谐波等分量的计算可采用本书第三章介绍的多种算法计算，用得较多的有傅氏级数法、沃尔什函数法、最小二乘方法或全零点滤波算法。在这些算法中，递归型离散傅氏级数法具有较好的速度和精度。

递归型离散傅氏算法由非递归型傅氏算法导出。设工频一周波内采样点数为 N，输入差动电流为 $i(t)$，采样间隔为 Δt，谐波电流次数为 n，则非递归型全波傅氏算法表达为

$$\left.\begin{aligned}\mathrm{Re}[I_n] &= \frac{2}{N}\sum_{k=1}^{N} i_k\cos(nk\Delta t)\\ \mathrm{Im}[I_n] &= \frac{2}{N}\sum_{k=1}^{N} i_k\sin(nk\Delta t)\end{aligned}\right\} \tag{5-16}$$

式中　$\mathrm{Re}[I_n]$，$\mathrm{Im}[I_n]$——分别为差动电流 $i(t)$ 中 n 次谐波电流相量的实部和虚部。

考虑在第 l 个采样点处上述表达式可改写为

$$\left.\begin{aligned}\mathrm{Re}[I_n]_{(l)} &= \frac{2}{N}\sum_{k=l-N+1}^{l} i_k\cos[n(k+N-l)\Delta t]\\ \mathrm{Im}[I_n]_{(l)} &= \frac{2}{N}\sum_{k=l-N+1}^{l} i_k\sin[n(k+N-l)\Delta t]\end{aligned}\right\} \tag{5-17}$$

写成复数形式为

$$I_{n(l)} = \frac{2}{N}\sum_{k=l-N+1}^{l} i_k \mathrm{e}^{-\mathrm{j}[n(k+N-l)\Delta t]} \tag{5-18}$$

对上式两边同乘以 $\mathrm{e}^{\mathrm{j}[n(N-l)\Delta t]}$，则有

$$\hat{I}_{n(l)} = I_{n(l)}\mathrm{e}^{\mathrm{j}[n(N-l)\Delta t]} = \frac{2}{N}\sum_{k=l-N+1}^{l} i_k \mathrm{e}^{-\mathrm{j}nk\Delta t}$$

同理有

$$\hat{I}_{n(l-1)} = \frac{2}{N}\sum_{k=l-N}^{l-1} i_k \mathrm{e}^{-\mathrm{j}nk\Delta t}$$

则递归型全波傅氏算法的一般表达式为

$$\hat{I}_{n(l)} = \hat{I}_{n(l-1)} + \frac{2}{N}(i_l - i_{l-N}\mathrm{e}^{\mathrm{j}nN\Delta t})\mathrm{e}^{-\mathrm{j}nl\Delta t} \tag{5-19}$$

由于　$N\Delta t = 2\pi$，$\mathrm{e}^{\mathrm{j}nN\Delta t} = 1$，故可将上式写为

$$\hat{I}_{n(l)} = \hat{I}_{n(l-1)} + \frac{2}{N}(i_l - i_{l-N})\mathrm{e}^{-\mathrm{j}nl\Delta t} \tag{5-20}$$

式中　i_l——第 l 个采样点处差动电流的采样值；

i_{l-N}——i_l 一周波前差动电流的采样值。

在正常状态下，输入信号为纯正弦基波电流，则有 $i_l = i_{l-N}$，电流相量保持不变。

注意到实现递归型傅氏算法时，每次计算只需要一次乘法和一次加法，即可完成相量的估算，因此，这种算法的计算速度较快。当然，该算法的计算速度还与采样频率（即 N 值）有关。在同一 N 值条件下，递归型傅氏算法计算公式简单，易于实现，计算速度较其他算法快。

在实际的微机变压器差动保护计算过程中，有两种计算顺序，一种是先用采样瞬时值计算差动电流及制动电流的瞬时值，再计算基波、二次谐波（或五次谐波）分量，之后，用差动电流和制动电流基波分量进行动作区判别。当判断在动作区内时，再用二次谐波（或二、五次谐波）进行励磁涌流鉴别。另一种是先计算变压器各侧的基波、二次谐波等分量，再计算差动电流和制动电流，判别在动作区是否存在励磁涌流。上述计算过程中，也可用端电压采样瞬时值计算端电压的基波和各次谐波分量，用端电压法鉴别励磁涌流。

谐波电流制动式的差动保护算法在已投入运行的微机变压器保护中应用很多，在实用化方面相对成熟一些。

（五）谐波制动式差动保护的软件流程

下面以一个利用二次谐波电流鉴别励磁涌流，采用比率制动特性和差动速断及低电压加速的微机变压器差动保护典型方案为例，介绍其软件流程。程序中的初始化、自检等内容与前一章的距离保护相似，在此不作介绍。

首先介绍故障处理部分程序。差动保护通常在检测到差动电流或者相电流差突变量之后启动，以中断方式进入到故障处理程序入口。图 5-2 为故障处理部分程序框图。第 1 框计算差动电流值 I_{d}，第 2 框用式（5-13）判断是否满足差动速断判据。若满足便转向第 11 框进行跳闸的有关处理；若不满足则转到第 3 框计算制动电流量 I_{r}，并根据式（5-6）进行动作区段判别，即根据 I_{r} 的大小分别转至第 4、5、6 框判别是否满足相应的折线段比率制动判据，若在制动范围内，则转至 15 框作外部故障处理。外部故障处理如下：为防止干扰或内部轻微故障时偶然计算误差等原因使保护复归，设置了一个外部故障复算次数 n_{e}。在未到 n_{e} 之前，返回第 1 框继续下一采样时刻的 I_{d} 计算和判断过程，并用计数器累加外部故障复算次数，达到 n_{e} 后即断定为外部故障，由第 16 框设置区内无故障标志，中断返回，保护复归。

若通过 4、5 或 6 框判断为内部故障，先转至第 21 框进行电压互感器断线判断，以防

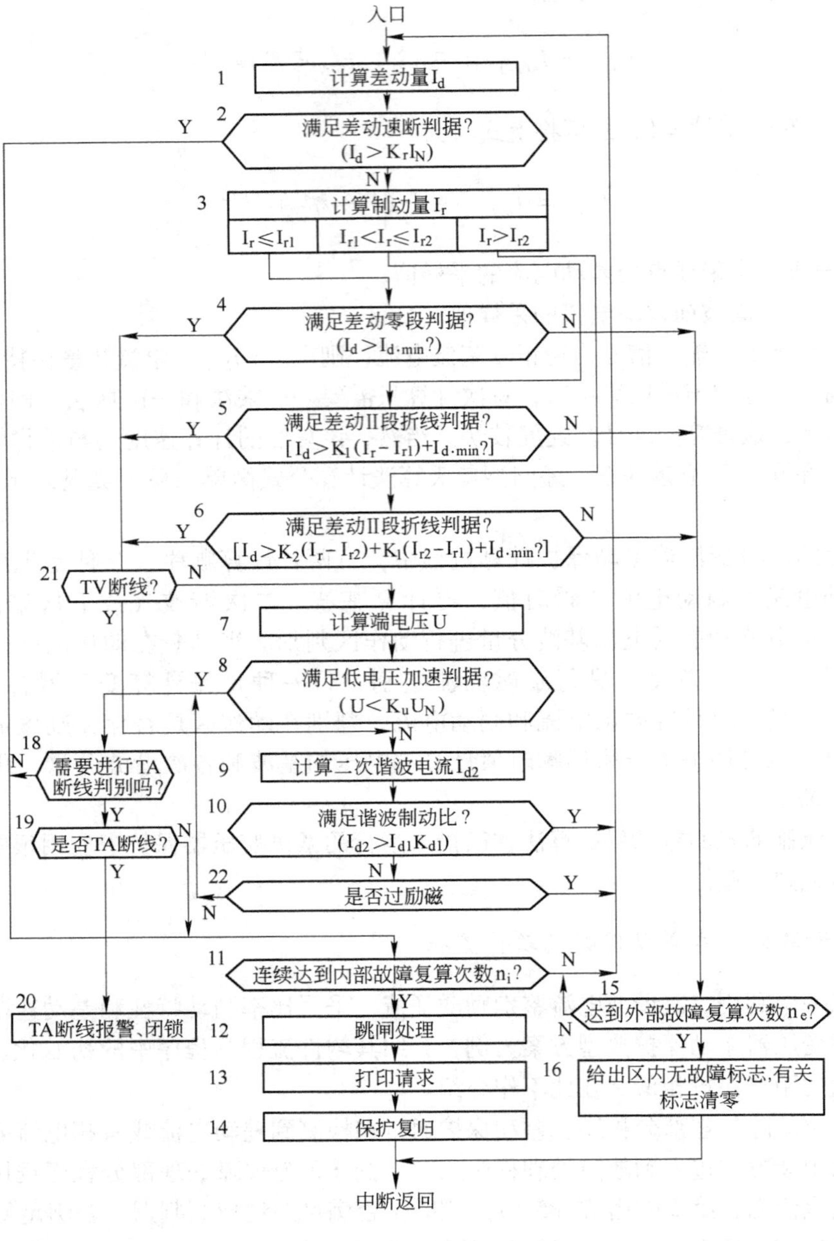

图 5-2　差动保护的故障处理程序框图

低电压加速误判断而加速跳闸。若电压互感器断线，则取消电压加速判断，直接转向励磁涌流判别；若电压互感器正常，便转至第 7 框计算端电压 U，然后在第 8 框中判断是否满足低电压加速判据。若满足，则经电流互感器断线判别转至 11 框作跳闸处理。若低电压加速判据不满足则由第 9 框进行二次谐波电流 I_{d_2} 的计算，并由第 10 框进行励磁涌流鉴别。若满足式（5-11），则有可能是励磁涌流。正如前面分析，在某些条件下，内部故障时亦可能满足式（5-11），故转回第 1 框继续计算下一采样时刻 I_d 值，重新判断，直至由式

(5-6) 判断为确实不存在内部故障，才能保护复归中断返回。若为内部故障，则随着二次谐波的衰减，最终总会满足式（5-6）而不满足式（5-11），以确保切除内部故障。但这一判断过程的延时较长，当变压器内部故障时，由于故障电流中衰减直流分量包含了各次谐波，因此，在故障开始时的前 10ms 内，谐波制动判别仍为制动状态，即鉴别为存在励磁涌流状态。故变压器差动保护的动作信号不满足加速判据时，一般只有在内部故障发生 10ms 后才能出现，延时较大。

当程序执行到第 10 框，确定了非励磁涌流之后，还要进行是否过励磁判别和电流互感器断线判别，然后才能作出内部故障判断。内部故障判断也要经过计数器累计内部故障复算次数，只有当连续计算内部故障复算次数达到 n_i 时，才断定为内部故障，发出跳闸命令。累计内部故障复算次数的作用是为了防止因干扰和偶然计算误差而造成误跳闸。若连续复算次数小于 n_i，则回到第 1 框重新计算。保护发出跳闸命令后，即请求打印，进行事故预告整理输出，保护复归，复归后中断返回。

微机保护中通常有初步的电流互感器断线判断，不过通常只需当 $I_d < I_N$ 时，才需作此判断。若零序电流连续 12s 大于整定值，则判为电流互感器断线。

与前一章介绍的距离保护方法一样，电压互感器二次断线检查有两种互相补充的检查方式：一种是电压求和检查，对每一个采样点检查 $|\dot{U}_A + \dot{U}_B + \dot{U}_C| - 3U_0 > 7V$，若连续 60ms 其差值大于 7V，则判断为电压互感器二次一相或两相断线。另一种方法是三相失压检查，判据是三相电压有效值均低于 8V，且一相电流大于 $0.04I_{TAN}$（TA 二次额定电流）。附加电流条件的原因是：假如电压互感器在线路上，在断路器合闸前三相均无电压，如不附加电流条件，保护将一直误判为 TV 断线。

四、磁通制动式差动保护

磁通制动式差动保护实质上就是利用变压器在发生励磁涌流和内部故障时具有不同的磁通特征来鉴别涌流及内部故障的方法。

磁通制动式差动保护装置分为比率制动特性的差动过流和磁通制动两部分，利用比率制动特性来区分变压器内、外部故障，利用磁通制动原理来鉴别励磁涌流和内部故障。

（一）比率制动特性的差动过流部分

比率制动特性的差动过流部分与前面介绍的谐波制动式差动保护中比率制动特性的差动过流部分原理是一致的，都是通过微机采样变压器两侧电流值，来计算差动电流和制动电流，根据不同比率段的动作方程判断是否在动作区。下面以两段折线比率制动特性为例再进一步说明其差动过流保护原理。

两段比率制动特性如图 5-3 所示，其动作判据为

$$\left.\begin{array}{ll} I_d > K_1 I_r & I_0 < I_d < I_1 \\ I_d > I_1 + K_2\left(I_r - \dfrac{I_1}{K_1}\right) & I_1 < I_d < I_2 \\ I_d > I_2 \quad （速断区） & \end{array}\right\} \tag{5-21}$$

式中 I_d——差动电流，$I_d = |\dot{I}_{\mathrm{I}} + \dot{I}_{\mathrm{II}}|$；

I_r——制动电流，$I_r = |\dot{I}_{\mathrm{I}} - \dot{I}_{\mathrm{II}}|$；

K_1，K_2——分别为第一段和第二段的斜率。

I_0，I_1，I_2 均为整定值。I_0 按躲过最大不平衡电流整定，一般取为 $0.25I_N$（I_N 为变压器额定电流）。I_1 按保证变压器内部故障有足够的灵敏度整定；通常取 $I_1=(0.5\sim1)I_N$。I_2 按躲励磁涌流最大值整定，图中取 $I_2=14I_N$。

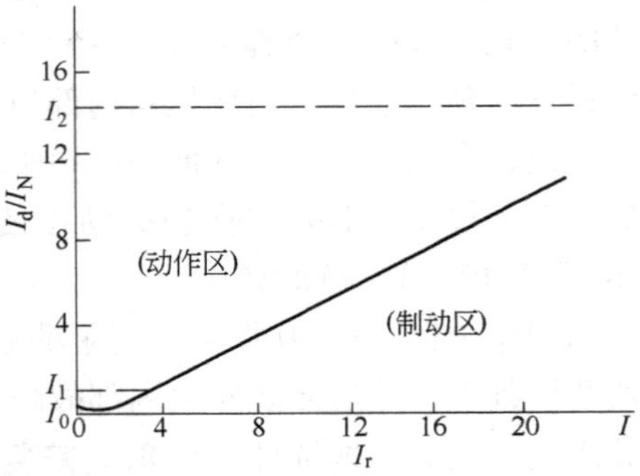

图 5-3 两段折线比率制动特性

两段折线比率制动特性差动过流的算法流程图如图 5-4 所示。首先，将差动电流和最小阈值 I_0 进行比较，如果差动电流 $I_d>I_0$，则需进一步判断。若 $I_d>I_2$，加速保护动作，保护速断；若 $I_0<I_d<I_2$，按式（5-21）动作判据判断是否在动作区。如果在保护动作区，就启动磁通制动鉴别励磁涌流算法，以确定该差动电流是否由励磁涌流引起的。

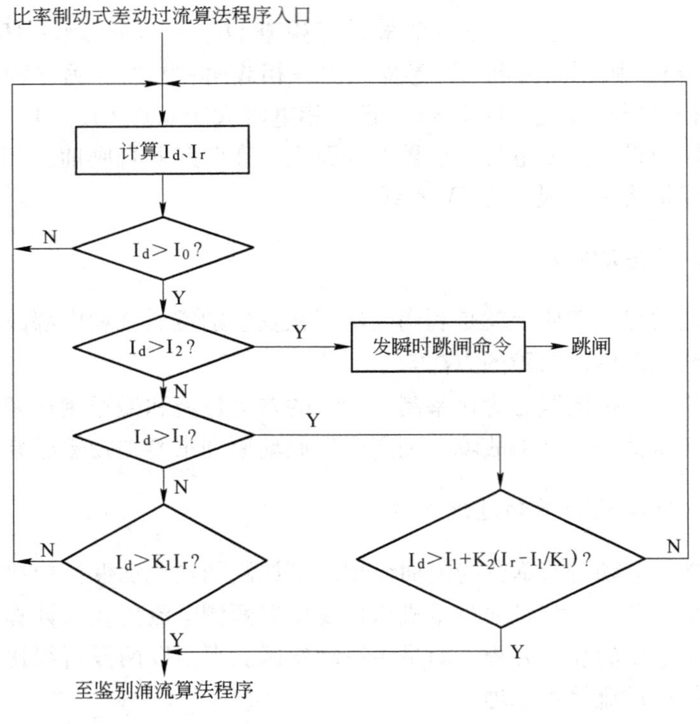

图 5-4 两段折线比率制动特性差动过流算法流程图

（二）磁通制动特性部分

磁通制动特性部分是根据磁通变化特征来区别励磁涌流和内部故障的。

设变压器绕组的端电压为 u，流进绕组的电流 i 与变压器互感磁链 ψ 之间关系为（忽

略绕组电阻）

$$u - L\frac{di}{dt} = \frac{d\psi}{dt} \tag{5-22}$$

式中　L——绕组的漏感，近似为常数。

在 $[t_{k-1}, t_k]$ 上对式（5-22）积分，有

$$\psi(t_k) - \psi(t_{k-1}) = \int_{t_{k-1}}^{t_k} u\mathrm{d}t - L[i(t_k) - i(t_{k-1})]$$

将上式离散化，并采用梯形积分，得到关于的递推计算公式

$$\psi(k) = \psi(k-1) + \frac{1}{2}[u(k) + u(k-1)]T_s - L[i(k) - i(k-1)] \tag{5-23}$$

变压器的励磁电流和内部故障短路电流都通过差动回路，可表示为差动电流 i_d。变压器空载时互感磁链 $\psi(t)$ 和差动电流 $i_d(t)$ 的关系特性称为变压器空载磁化特性。当变压器出现励磁涌流或过励磁电流时，变压器磁通会饱和，此时，差动电流和互感磁链的采样值点（i_{dk}，ψ_k）应落在变压器的空载磁化曲线上；而当变压器内部故障时，由于变压器端电压比励磁涌流时小很多，故互感磁链也小很多。此时，变压器铁芯不会饱和，差动电流和互感磁链的采样值点（i_{dk}，ψ_k）不会落在变压器的空载磁化曲线上。图5-5示出变压器空载磁化特性曲线。从图 5-5 看出，此时 $\psi(t) - i_d(t)$ 平面上出现了两个性质不同的区域，一个可看作变压器的非故障区（涌流区），另一个可看作变压器的故障区。据此，校验差动电流和互感磁链的采样值（i_{dk}，ψ_k）在磁化曲线上的位置，就可判别是励磁涌流或是内部故障。

将磁通制动原理和比率差动特性相结合，当制动电流和差动电流的采样值（I_r、I_d）位于比率制动特性的动作区，且差动电流和互感磁链的采样值（i_{dk}，ψ_k）不在变压器的空载磁化曲线上时，就允许保护动作跳闸，否则，就闭锁差动保护。这样，可以提高差动保护的可靠性。实际上，变压器是有剩磁的，存在剩磁时的变压器空载磁化特性如图 5-6 所示。因剩磁链事先未知，故无法进行正确判断。改进的措施是用 $\psi(i_d)$ 曲线的斜率来区分，将式（5-23）变形后对 i_d 求导，有

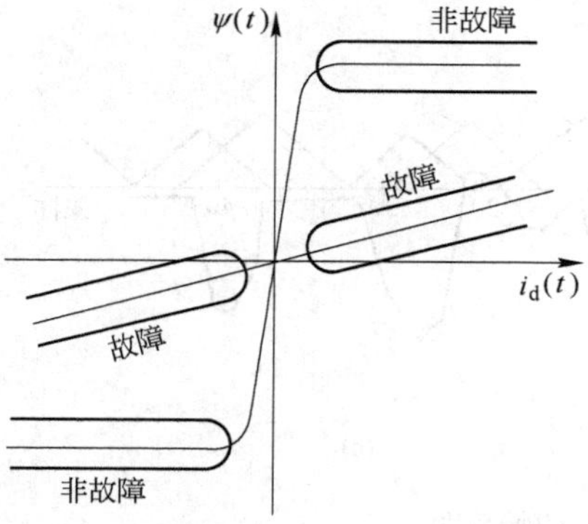

图 5-5　变压器空载磁化特性曲线

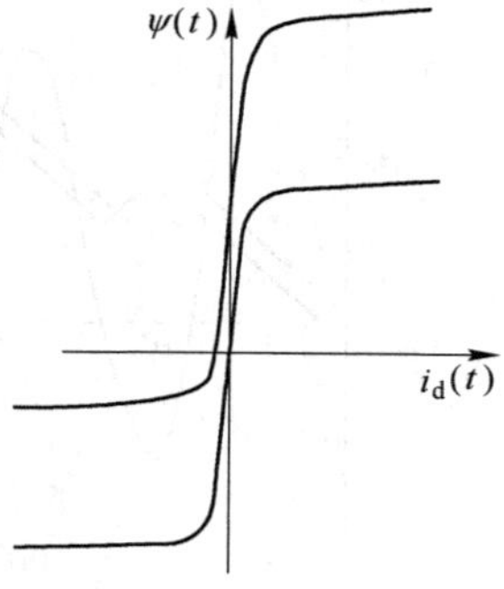

图 5-6　存在剩磁时变压器的空载磁化特性曲线

$$\psi' = \frac{d\psi}{di_d} \approx \frac{\psi(k) - \psi(k-1)}{i_d(k) - i_d(k-1)} = \frac{T_s[u(k) + u(k-1)]}{2[i_d(k) - i_d(k-1)]} - L \tag{5-24}$$

对于励磁涌流的情形，由图 5-6 可见，无论剩磁如何，其斜率要么很大（未饱和），要么很小（饱和），并随着 i_d 瞬时值变化在大值和小值之间周期性变化。对于内部故障状态，ψ 的斜率基本不变，且数值较小。因此，在$\frac{d\psi}{di_d}$-i_d 平面上，可确定两个区域，如图5-7所示，区域 1 对应故障或饱和运行状态，区域 2 则为非饱和运行状态，两个区域之间有足够的距离。故障时 $d\psi/di_d$ 处在区域 1，而涌流期间 $d\psi/di_d$ 则在区域 1 和 2 之间交替出现。

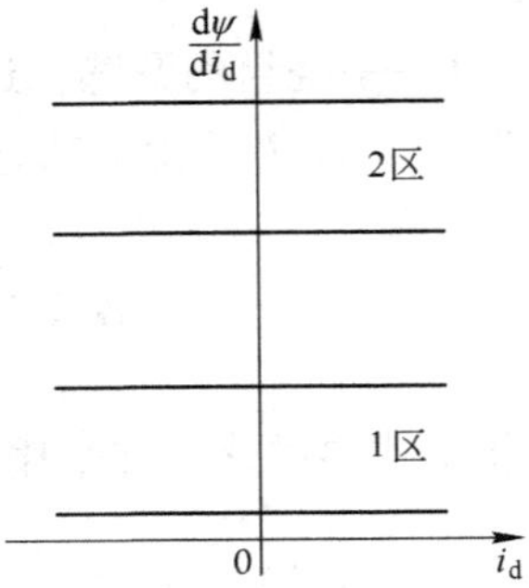

图 5-7　$\frac{d\psi}{di_d}$-i_d 关系曲线

为实现算法，设置一个自动计数器 $K_r(K_r \geqslant 0)$，也称为制动系数，其计算公式为

$$K_r = \begin{cases} K_r + 1, & \text{若差动判据判定为内部故障,且} \frac{d\psi}{di_d} \text{位于区域 1 内} \\ K_r - 1, & \text{若} K_r > 0\text{,且} \frac{d\psi}{di_d} \text{位于区域 2 内} \\ K_r, & \text{若} K_r = 0\text{,且} \frac{d\psi}{di_d} \text{位于区域 2 内} \end{cases} \tag{5-25}$$

仅当内部故障时，K_r 呈单调增加。因此可以确定一门槛值 $K_{r.max}$，从而得到下述判据

$$\left.\begin{aligned} K_r \geqslant K_{r.max}, \text{内部故障} \\ K_r < K_{r.max}, \text{励磁涌流} \end{aligned}\right\} \tag{5-26}$$

图 5-8(a)示出某一变压器二次侧 a、b 相间内部故障时 ab 相的 K_r 值和 a 相差动电流的变化情况。此时，K_r 值几乎单调上升，差动电流很大，这种情况表明有内部故障，保护发出跳闸信号。

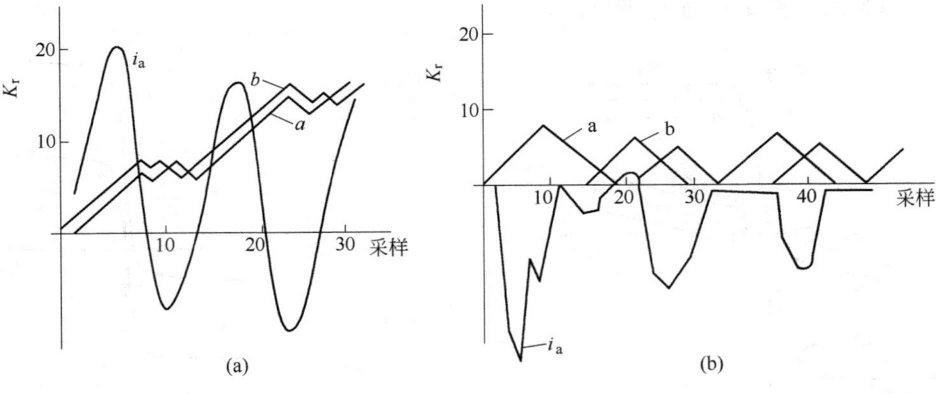

图 5-8　变压器制动系数 K_r 的特性图

(a)变压器内部 a ~ b 相间故障时；(b)励磁涌流时

图5-8(b)示出切除外部三相短路故障后，出现励磁涌流时a、b相的K_r值和a相差动电流变化情况。图中a相差动电流虽然很大，但a、b相对应的K_r值是升降变化的，K_r的最大值仅为6，这完全符合前面对励磁涌流情况下K_r值在两个区间轮流交替的分析结果。故此情况下，保护发出存在涌流、保护闭锁的信号。为简便起见，图5-8中，仅给了a相电流的波形图。

门槛值$K_{r.max}$必须通过实验来测定，它主要决定于采样频率。$K_{r.max}$愈大，所需的采样频率也愈大。通过对一台变压器模拟试验表明，对于每周期12点采样的情况，在外部故障时，K_r值始终为零，不会增长；只有在合闸或切除外部故障的情况下，K_r才会为非零值。在所有模拟的非故障情况下，K_r值从未超过6。取$K_{r.max}=6$时，故障情况下保护平均跳闸时间为11ms。如果为了提高可靠性，取$K_{r.max}=12$，则故障情况下保护的反应时间为16～25ms。由此可见，速动性与可靠性之间的矛盾仍然存在。这种涌流鉴别方法的另一个特点是实时计算负担比较小。

在上述介绍的磁通制动原理基础上，请读者自己设计出磁通制动原理的差动保护故障处理程序流程图。

第三节 电力变压器的后备保护

电力变压器的后备保护可能有过励磁保护、过负荷保护、复合电压闭锁过流保护、零序（方向）过流保护、中性点过流保护等，用于反应变压器过励磁、过负荷、外部接地短路等变压器短路故障或不正常运行情况，作为差动保护、瓦斯保护的后备保护。

一、变压器过励磁保护

变压器在电压增高或频率降低时，可能会出现过励磁，因此，大型变压器都要求安装过励磁保护。变压器过励磁保护可根据变压器过励磁倍数和过励磁反时限特性曲线确定保护动作时间，并且根据过励磁保护定时器启动后过励磁状态的变化动态调整动作时间，从而使过励磁保护的反时限特性动作准确、可靠。

（一）变压器过励磁保护的基本原理

变压器中电压u、频率f和磁通密度B的关系为

$$B = K \cdot \frac{u}{f} \tag{5-27}$$

过励磁倍数n可以表示为

$$n = \frac{B}{B_N} = \frac{u^*}{f^*} = u^* T^* \tag{5-28}$$

式中 B_N——额定工作磁通密度；

u^*，f^*，T^*——分别为电压、基频频率和基频周期相对于额定量的标么值，$u^*=u/u_N$，$f^*=f/f_N$，$T^*=T/T_N$。

过励磁对变压器的损害主要是过压过热引起的，有一个时间积累过程。变压器允许过励磁运行的时间随过励磁倍数而不同，因此，理想的过励磁保护应有反时限动作特性，并能反映过励磁时间积累过程。计算机技术为这一要求提供了实现手段。

常规继电保护装置中，一般采用RC电路串联分压，依靠电容C两端电压u_C来近似反映过励磁倍数，通常包括两段定时限，如当$n=1.05\sim1.2$时按第一段时限发信号预告，当$n=1.25\sim1.4$时按第二段时限跳闸。

计算机过励磁保护也可以采用这一传统方法，即通过RC串联电路将u_C作为输入信号直接反应n的变化，但这样需单独占用一个输入信号通道，一般在独立的微机变压器过励磁保护中采用。

在全套微机变压器保护中，为节省输入通道，可采用已有的电压输入量，通过数字计算来实现过励磁保护。

用微机实现过励磁保护时，可以先分别计算u和f（或T），然后再计算n。电压u的计算方法前面已介绍过。下面介绍频率f的测量方法。先将输入电压信号整形成同周期的方波，用计数器对方波的一个周期时间进行计数，计数器的启停由方波的上升沿（或下降沿）控制，计数值与计数器频率之比即为输入电压信号的周期T，亦即确定了f的大小。因频率采样是采用计数器计数方法，故不占用单独的输入信号通道，但需要附加一个简单的外部过零检测电路来控制计数器的启停时刻。为了防止故障扰动过程中可能出现额外过零点而造成大的测量误差，此时可利用频率不会突变的特点来剔除干扰数据，或者在扰动发生时暂停频率测量，过后再恢复。

（二）变压器过励磁保护的算法

变压器过励磁后，引起铁心温度升高，造成局部过热，其主要原因之一是铁损增加。铁损随频率下降而增加，并近似与电压上升的平方值成比例增加，为了计及过励磁的时间累积效应，定义一个综合过励磁倍数n_M为

$$n_M=\sqrt{\frac{\sum_{k=1}^{M}n_k^2t_k}{\sum_{k=1}^{M}t_k}} \tag{5-29}$$

式中 n_k——k时刻过励磁倍数；

t_k——与n_k相对应的持续时间；

M——累积计数次数。

微机软件程序中，以数据表的形式预先存入一个反时限特性曲线。微机首先根据电压和频率采样值利用公式（5-28）计算n_k，再根据式（5-29）计算出综合过励磁倍数n_M。当综合过励倍数$n_M>n_g$（动作门槛值）后，查反时限特性曲线数据表得到动作时延t_M，定时器开始计时。只要计时未到，就反复计算式（5-29），并根据给定的反时限特性曲线数据表不断用新n_M得到允许时延t_M，再减去现已达到的时延$\sum_{k=1}^{M}t_{kD}$便得到还需要的时延Δt_M

$$\Delta t_{\mathrm{M}} = t_{\mathrm{M}} - \sum_{k=1}^{M} t_{k\mathrm{D}} \tag{5-30}$$

很显然，上述定时器时延的动态调整，不仅考虑了当前时刻的过励磁状态，也反映了从定时器启动时刻到当前时刻这一段时间里的过励磁状态的变化情况。

在变压器微机型过励磁保护中，如何确定反时限特性曲线呢？

由于不同的变压器其过励磁能力各不相同，变压器制造厂家都给出了变压器“过励磁倍数允许运行时间”曲线，或者几个特殊的过励磁倍数与相应的允许运行时间值。对于前一种情况，可将曲线数字化后变为数据表存入计算机中，通过查表的方法来得到反时限特性；对于后一情况，则需要通过线性插值法等曲线拟合法来近似得到完整的曲线。由于允许过励磁倍数反时限特性曲线均具有下凸的特点，在插值点上得到允许时间将会略大于实际允许时间。通常对应于过励磁倍数较大时，有一段反时限特性曲线曲率较大，为避免线性插值带来较大误差，需要根据实际情况采用非线性拟合，如抛物线或平方曲线拟合等。这时为减小实时计算量，一般事先离线多计算几点，以数据表格形式存入计算机内存中，而实时计算时只用线性插值算法。

过励磁保护通常需要两个启动门槛值：达到较低门槛值（如 $n_{g_1} = 1.05$）时，保护发信号提醒运行人员调整变压器工况，避免更严重的过励磁；超过较高门槛值（如 $n_{g_2} = 1.08$），并达到过励磁特性曲线所允许的运行时间后，保护动作，发出跳闸命令。过励磁保护程序流程图如图 5-9 所示。

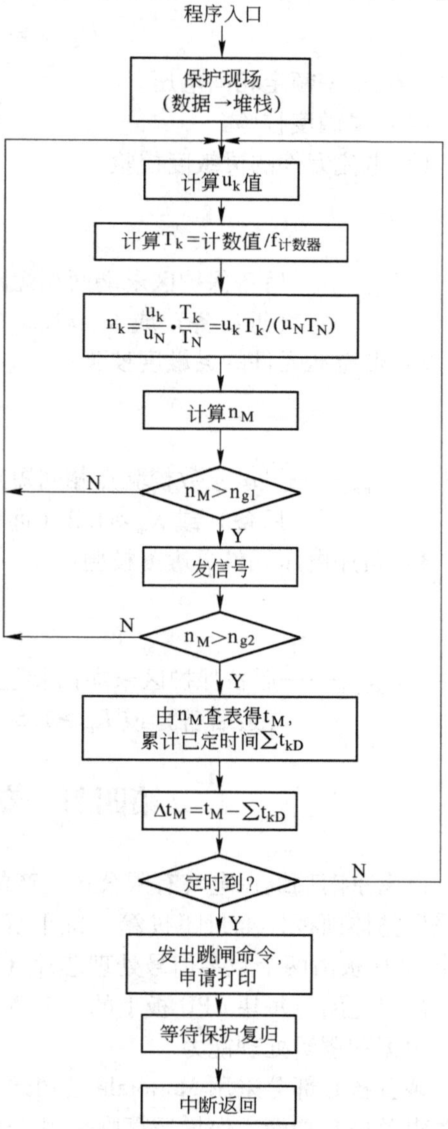

图 5-9　微机变压器过励磁保护程序流程图

二、变压器过负荷保护

大型变压器的过负荷通常是对称过负荷，过负荷保护一般取一相相电流来判断。过负荷保护的动作电流应按照躲过绕组的额定电流整定：

$$I_{\mathrm{dz}} = \frac{K_{\mathrm{K}}}{K_{\mathrm{h}}} I_{\mathrm{N}} \tag{5-31}$$

式中　K_{K}——可靠系数，取 1.05；

K_{h}——返回系数，取 0.85 ~ 0.95；

I_{N}——被保护绕组的额定电流。

过负荷保护动作于信号。保护的动作时间应与变压器允许的过负荷时间相配合，同时应大于相间故障后备保护的最大动作时间。

三、变压器复合电压启动过电流保护

复合电压启动过电流保护用于升压变压器、系统联络变压器和上述过电流保护不能满足灵敏度要求的降压变压器。

（1）电流元件的整定：电流元件的动作应按躲过变压器的额定电流整定。

（2）低电压元件的动作电压整定：低电压元件的动作电压应按躲过电动机自启动条件整定。

（3）负序电压元件的动作电压整定：负序电压元件的应按躲过正常运行时出现的不平衡电压整定，不平衡电压值可实测得到，或根据现行规定取

$$U_{2.DZ}=(0.06\sim0.08)U_N$$

式中　U_N——额定相间电压。

（4）灵敏度校验：

1）电流元件的灵敏度校验：

$$K_m=\frac{I_{k2.\min}^{(2)}}{I_{DZ}}$$

式中　$I_{k2.\min}^{(2)}$——后备保护区末端两相短路时保护安装处的最小短路电流值；要求 $K_m\geqslant1.3$（近后备）或 $K_m\geqslant1.2$（远后备）。

2）低电压元件的灵敏度校验：

$$K_m=\frac{U_{DZ}}{U_{r.\max}}$$

式中　$U_{r.\max}$——灵敏系数校验点相间短路时，保护安装处的最高残压；要求 $K_m\geqslant1.3$（近后备）或 $K_m\geqslant1.2$（远后备）。

3）负序电压元件灵敏度校验：

$$K_m=\frac{U_{k2.\min}}{U_{DZ}}$$

式中　$U_{k2.\min}$——后备保护区末端两相短路时保护安装处的最小负序电压值；要求 $K_m\geqslant2$（近后备）或 $K_m\geqslant1.5$（远后备）。

第四节　变压器微机保护举例

以南京南瑞继保电气有限公司生产的 RCS-978 型变压器微机保护成套装置为例。该装置采用整体面板，全封闭机箱，抗干扰能力强。装置有两个完全独立的相同的 CPU 板，每个 CPU 板由两个数字信号处理芯片（DSP）和一个 32 位单片机组成，并具有独立的采样、出口电路。每块 CPU 板上的 3 个微处理器并行工作，通过合理的任务分配，实现了强大的数据和逻辑处理能力。

装置核心部分采用 Mortorala 公司的 32 位单片微处理器 MC68332，主要完成保护的出口逻辑及后台功能，保护运算则采用 AD 公司的高速数字信号处理芯片（DSP），使保护整体精确、高速、可靠。具体硬件模块图如图 5-10 所示。

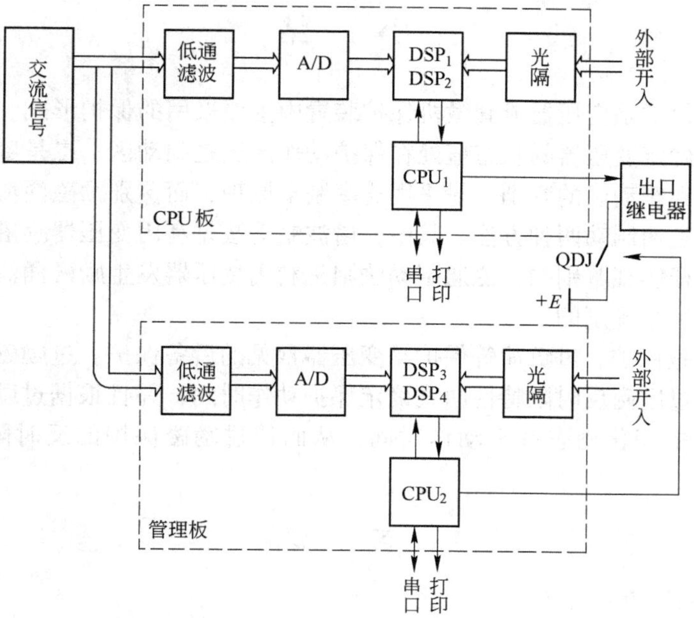

图 5-10　微机变压器成套保护装置硬件模块图

输入电流、电压首先经互感器和变换器成为小电压信号，分别进入 CPU 板和管理板。CPU 板主要完成保护的逻辑及跳闸出口功能，同时完成记录及打印、录波、保护部分的后台通讯；管理板内设总启动元件，启动后开放出口继电器的电源；另外，管理板还具有完整的故障录波功能，录波数据可单独串行输出或打印输出。DSP_1 担负变压器后备保护的运算，DSP_2 担负变压器主保护的运算。DSP_3 和 DSP_4 则完成变压器各电参数的采样和波形计算任务。

变压器差动保护和过励磁保护都是微机变压器保护中的典型的保护形式，一般在 220kV 及以下电压等级的微机变压器成套保护装置中，主保护均采用差动保护，而 500kV 电压等级的超高压、大容量变压器微机成套保护装置中的主保护则同时采用差动保护和过励磁保护。以南京南瑞继保有限公司生产的变压器保护装置为例，该公司生产的 LFP900A 系列变压器微机成套保护装置（适用于 220kV 以及以下电压等级）的主保护是采用带差动速断的二段折线比率差动保护，其中，比率差动保护采用二次谐波制动。差动速断保护整定范围为 $3 \sim 14I_N$，其出口动作时间小于 15ms，比率差动动作时间小于 25ms（无涌流制动情况下）。南瑞公司生产的 RCS978A 型超高压、大容量变压器微机成套保护装置（适用于 500kV 电压等级）的主保护采用带差动速断的三段折线比率差动保护和过励磁保护。其中，励磁涌流闭锁判据采用差动电流二次、三次谐波闭锁，采用差动电流五次谐波过激磁闭锁，为防止 TA 饱和时差动保护的误动，还增设了利用各侧相电流二次和三次谐波判断 TA 饱和的措施。过励磁保护反时限特性采用分段线性插值求出对应的延时时间。差动速断整定范围 $2I_N \sim 14I_N$，动作时间小于 15ms，比率差动动作时间小于 30ms。

小 结

变压器差动保护是变压器成套微机保护装置中主要采用的保护形式。差动保护有两个主要任务：一是确定变压器的状态值处在保护动作区还是制动区；二是鉴别励磁涌流和内部故障。动作区和制动区的判别一般采用比率制动原理，而鉴别励磁涌流和内部故障则主要有谐波制动和磁通制动两种方法。其中，谐波制动法是利用变压器励磁涌流中含有大量二次谐波这一特征实现鉴别的；磁通制动法则是利用变压器发生励磁涌流和内部故障时具有不同的磁通特征来鉴别的。

变压器过励磁保护、过负荷等保护是变压器常见的后备保护。过励磁保护可根据变压器过励磁倍数和过励磁反时限特性曲线确定保护动作时间，并且根据过励磁保护定时器启动后过励磁状态的变化动态调整动作时间，从而使过励磁保护的反时限特性动作准确、可靠。

习 题

5-1 变压器微机保护有哪些特点？

5-2 变压器保护为什么要采用带制动特性的差动保护，如何鉴别励磁涌流？

5-3 变压器微机保护加速措施主要有哪些，写出加速判据。

5-4 推导谐波制动差动保护中，离散傅氏算法的递归型计算公式。

5-5 简述磁通制动原理。

5-6 简述微机变压器过励磁保护动作时延的动态整定过程。

第六章　提高微机保护系统可靠性的措施

在微机保护装置的工作环境中，电磁干扰往往非常严重，如何提高其可靠性，是微机保护装置设计的一个重要问题。运行中的微机保护装置的可靠性主要面临两个问题，一是元器件损坏，二是干扰引起的功能障碍。由于微机系统的元器件数量大大减少，且使用了大规模集成电路，因此微机保护的可靠性主要是抗干扰问题。目前，提高微机保护装置的可靠性主要有三种方案：即避免故障和错误、故障自动检测及容错设计。避免故障和错误包括选用高质量的元件、装配工艺优良完善和采用屏蔽隔离等以防干扰；故障自动检测在于防患于未然，发现故障时及早报警或自动闭锁，不影响保护对象的正常工作；容错设计是利用冗余技术，使局部故障时不降低整套装置的性能，不中断保护装置的正常运行。

第一节　干扰及其抑制

干扰就是除有用信号以外的所有可能对装置的正常工作造成不利影响的装置内部或外部的电磁信号。干扰将造成微机保护装置的计算或逻辑错误、程序运行出轨，甚至元件的损坏等。

一、干扰的三个因素

干扰的三个因素如图 6-1 所示，包括干扰源、耦合途径和接收电路。对微机保护来说，要提高系统的可靠性，就是要明确干扰源、切断耦合途径和降低装置本身的敏感度。

图 6-1　干扰的三个因素

（一）干扰源

干扰产生于干扰源。干扰源分为外部干扰源和内部干扰源。外部干扰是指那些与系统结构无关而由使用条件和外部环境因素所决定的干扰，主要有由其他物体或设备辐射的电磁波、产生的强电场或强磁场以及来自电源的工频干扰等；内部干扰是指由系统结构、元件布局和生产工艺等决定的干扰，主要有杂散电感和电容的结合引起的不同信号感应、长线传输造成的电磁波反射以及多点接地造成的电位差干扰等。

干扰的形式一般分为两种，即横模干扰和共模干扰。

横模干扰是串联于信号源之中的干扰，即串联干扰，其产生的原因可归结为长线传输的互感、分布电容的相互干扰以及工频干扰等。共模干扰是引起回路对地电位发生变化的干扰，即对地干扰，共模干扰可以是直流、也可以是交流，它是造成微机保护装置故障的重要原因。

（二）干扰的耦合途径

干扰的耦合途径分为场干扰和路干扰两大类，下面分别讨论几种具体的耦合方式。

1. 静电耦合方式

图 6-2(a)为两导线间电容性耦合的表示方法及等效电路。

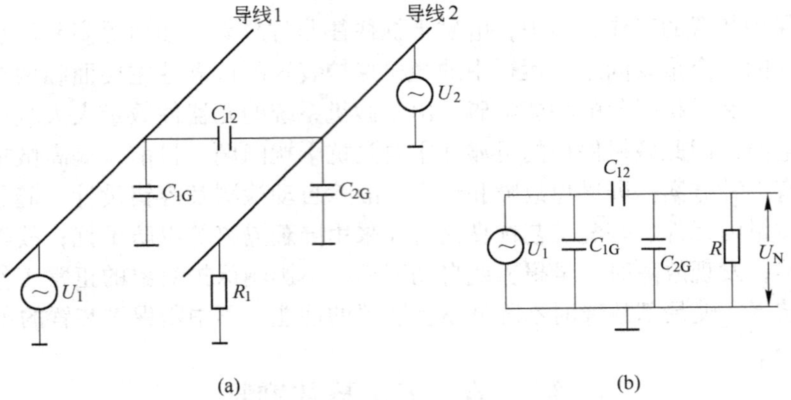

图 6-2 静电耦合方式

(a)两导线间电容性耦合示意图；(b)等效电路

图 6-2(b)中，分布电容均用集中电容表示，C_{1G}和 C_{2G}为对地电容，R 是对地电阻，C_{12}为两导线间的耦合电容，U_N 为由干扰源 U_1 经过静电耦合而产生的干扰电压。通过定性分析可知：C_{12}的容量越大、C_{2G}的容量越小、R 值越大时，U_N 就越大，即干扰越严重。当 R 很小时，可忽略 C_{2G}，这时 C_{12}容量越大，或者 U_1 的频率越高，U_N 也越大。

2. 互感耦合方式

载流导体产生的空间交变磁场在其附近闭合电路中产生感应电势，称为互感耦合。两导线间的互感耦合方式的表示方法和等效电路如图 6-3 所示。

互感耦合的作用相当于一空心电流互感器，干扰电压 $U_N=\omega Mi$，即互感 M 越大（两

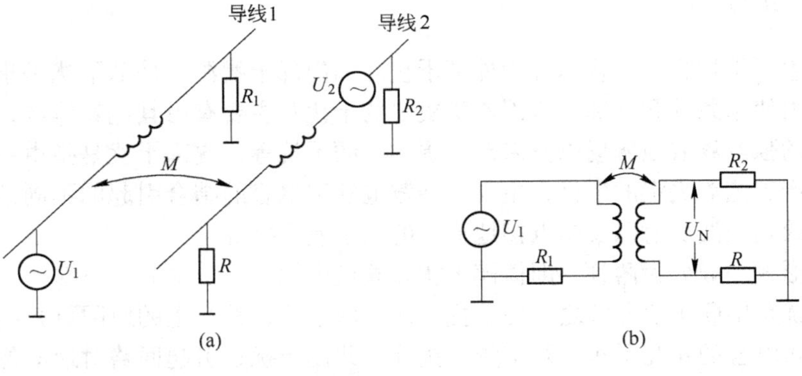

图 6-3 互感耦合方式举例

(a) 两导线间互感耦合示意图；(b) 等效电路

导线并行距离越长，相距越近)，第一根导线中流过的电流 i 越大，频率越高，则干扰电压 U_N 就越大。

3. 公共阻抗耦合方式

当两个电路的电流流经一个公共阻抗时，就可能发生公共阻抗耦合干扰。常见的公共阻抗耦合有公共电源阻抗耦合和公共地线阻抗耦合两种。如图 6-4(a)所示，电源的内阻将产生公共阻抗耦合；在图 6-4(b)中，干扰源在接地阻抗上产生压降，改变装置的地电位，如果接收器还有另一个接地点，流过地线的地电流将形成干扰源。

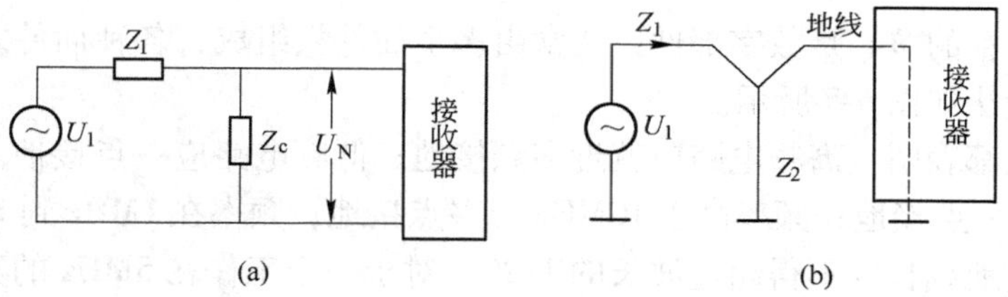

图 6-4　公共阻抗耦合方式举例
(a)公共电源阻抗耦合示意图；(b)公共地线阻抗耦合示意图

4. 电磁场辐射耦合方式

除了无线电通信的电磁波外，当高频电流流过导体时，也会发射电磁波。空间电磁波作用于其他导体，感应出电动势，形成电磁波耦合干扰。装置的输入信号线、外部电源线、机壳等都相当于接收电磁波的天线。

(三) 干扰的接收电路

对微机保护装置来说，微机装置本身就是一个接收电路，其结构和零部件特点可归纳如下：

(1) 主要电路部件均采用中、大规模和超大规模集成电路，在众多领域中的大量应用表明其损坏率是很低的。但是，由于继电保护装置长期工作在强电磁环境中，并且责任重大，对万一出现的元器件损坏仍需考虑对策。

(2) 除了起主要作用的数字部件外，在微机保护装置中还有为数不少的模拟元器件，如前置模拟低通滤波器、采样保持器、A/D 转换器、出口驱动电路、逆变电源等，所以，提高可靠性措施必须考虑到数字部件和模拟部件两个方面。

(3) 由于整机电路日趋微型化，使得微机保护装置内元件拥挤、线路复杂，并且有很多并列走线，加上工作频率较高（达数兆赫兹），所以自身干扰不容忽视。

(4) 微机装置的工作电平很低，如数字部件的工作电压仅为 5V，使得干扰问题尤为突出。

总之，作为干扰的接收电路，如何降低微机保护装置本身对干扰的灵敏度，是抗干扰设计的一个重要内容。

二、切断干扰的耦合途径

合理设计微机保护装置的硬件结构，可以有效地防止干扰进入微机弱电系统。可以说，切断干扰的耦合途径，将干扰“拒之门外”，是最重要的抗干扰措施。

（一）接地的处理

在微机保护装置中采用正确、合理的接地形式是抑制干扰的主要方法。接地处理包括两方面内容：一是装置外壳的接大地要求，另一个是设置装置内部的各种地，包括数字地、模拟地、功率地、屏蔽地等。

从抗干扰和安全考虑，微机保护装置要求其金属机壳必须接大地，且接地电阻小于10Ω。

微机保护装置的核心是数字部件，通常由多个插件板组成，各种插件之间遵循一点接地的原则，其接法如图6-5所示。

理论和经验都表明：高频电路应就近多点接地；低频电路应一点接地。一般来说，频率低于1MHz用一点接地；频率高于10MHz应多点接地；频率在1MHz到10MHz之间者采用一点接地，其地线长度不得超过波长的1/20。对于一个工作在5MHz的数字系统，地线长度应小于3m。印刷电路板上的地线要一点接地，是非常困难的，在设计时应尽量减少地线的长度，并根据电流通路将地线逐渐加宽，最好不窄于3mm，且将地线布置成网状。

数字地上电平的跳跃会造成很大的尖峰干扰，为了不降低A/D转换器在处理微弱电压（<50mV）时的精度，应保证模拟地与数字地之间只能一点相连，如图6-6所示。同时还要要求其连接线尽量短，最好是在A/D转换器的模拟地引脚与数字地引脚间直接相连。

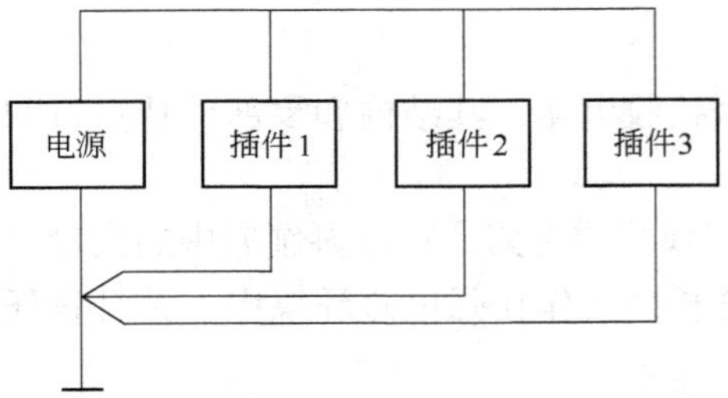

图6-5　各插件板一点接地示意图

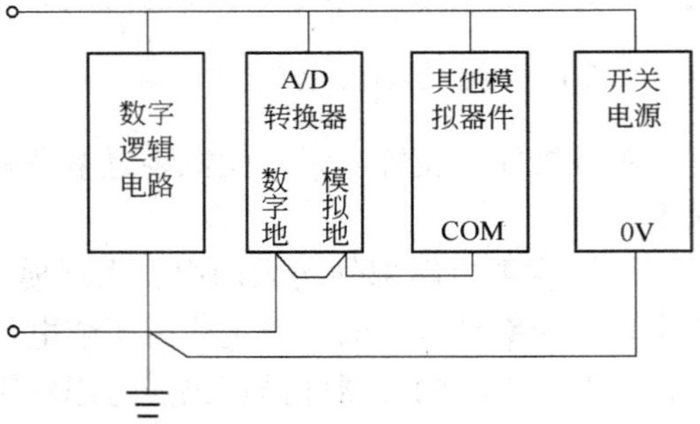

图6-6　模拟地与数字地一点接地示意图

功率地（即大电流部件的零电位）最好完全独立，由一组单独电源对大电流器件、冲击电流器件以及电感器件供电。信号的传递采用光电耦合。

为了有效地抑制共模干扰，装置内部的零电位应全部悬浮，即不与机壳相连，并且尽量提高零电位线与机壳之间的绝缘强度，减少分布电容。为此，应将印刷电路板周围都用零线或+5V电源线封闭起来，以减少板上其他部分与机壳间的直接耦合。这样，当共模干扰侵入时，系统各点对机壳电位随电源线一起浮动，而它们的电位差不变。

（二）屏蔽与隔离

为了对可能造成干扰的电场和磁场屏蔽，机壳一般采用金属材料做成。必要时还可以采用双层屏蔽措施，如核心数字部件、A/D转换器等可装在内屏蔽壳内，而将电源、隔离变压器、中间继电器等放在内外壳之间。在电场很强的场合，还可以考虑在铁壳内加装铜网衬里。

为防止外部浪涌影响微机工作，必须保证端子排任一点同微机部分无电的联系。防止干扰进入微机保护装置的屏蔽与隔离对策主要包括以下几个方面：

（1）模拟量输入。分为交流和直流两种形式。交流电压或电流可以通过小变压（流）器隔离，并在原副线圈间加装屏蔽层接机壳；直流电量可以采取光电隔离措施，或者通过逆变-整流环节实现交流隔离。

（2）开关量输入。开关量是指其他设备的触点信号。对输入的开关量也应采用光电隔离措施（参见第一章）。

（3）开关量输出。包括跳闸出口、中央信号等触点输出。虽然继电器本身已有隔离作用，但最好在继电器驱动电源与微机电源之间不要有电的联系，以防止线圈电感回路切换产生干扰，影响微机工作。信息的传递也应采用光电隔离措施。

（4）数字量输出。如打印机接口等，为防止冲击电流引起干扰，也应采用光电隔离。

采用了上述（3）、（4）两项光电隔离措施后，功率地和数字地也就自然分开了。

（三）滤波、退耦与旁路

抑制横模干扰的主要措施是采用滤波和退耦电路。交流信号输入通道一般都有前置模拟低通滤波器，它兼有抗干扰的作用。交、直流信号输入通道两个端子之间应装上0.01～0.47μF的退耦电容，为高频横模干扰信号提供旁路。

从抗干扰的角度考虑，RC滤波器较LC滤波器好。因RC滤波器是耗散式滤波器，它把噪声能量变成热能耗散掉了，而LC滤波器则会产生附加的磁场干扰，所以电感要加屏蔽罩。

理想电源应是一个内阻抗等于零的电压源，但实际电源并非如此，因此通过电源内阻将造成各元件和组件间的耦合，形成干扰源，甚至可能造成低频振荡。解决的方法一般是对每个电路或每个组件采用退耦电路供电。其方法是，在公共电源端并联大容量电解电容，同时并联0.01～0.47μF的高频电容，以进一步减小电源的交联公共阻抗，同时也抵消因电解电容的卷绕工艺产生的电感效应。电解电容应选择高质量的钽电解电容。对集成度越高以及吸取电流越大的电路所要求并接的电容越多。一般在几片集成电路芯片甚至每一片芯片的电源输入端并联0.01～0.47μF的去耦电容。

从输入端子开始，就应采取抑制共模干扰的措施。最简单而有效的方法是在所有端子与大地（机壳）之间并接0.47μF的旁路电容。为保证安全，这些旁路电容的耐压要足够高。目前比较流行的做法是将抗干扰电容集中放在屏上，各个引入线进屏后先经过抗干扰电容再引至微机保护装置。

（四）对供电电源的要求

在采取了上述措施后，干扰的主要来源就是电源电路了。由于电源贯穿所有部件，干扰造成的影响往往更加严重。因此，通常采用逆变后的开关电源，由直流110V或220V逆变成高频（20kHz）电压后经高频变压器隔离，如图6-7所示。这种电源的特点是体积小、频率高。实践表明，它的稳压能力和抗干扰效果都非常强。

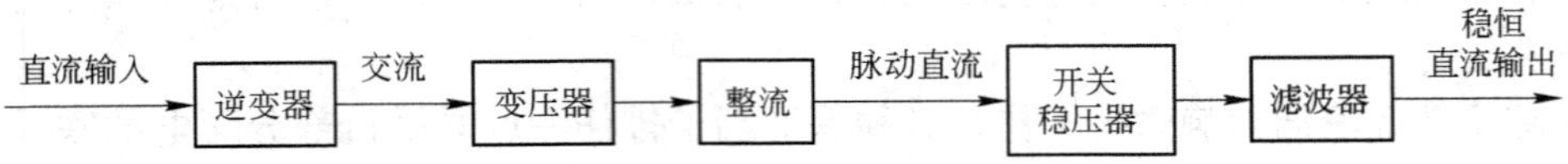

图 6-7 逆变开关电源结构示意图

微机保护装置通常要求有多个独立的电源供电。从高频变压器副边绕组开始，应有多个独立绕组承担不同的要求。各组电源的地线不要在内部相接，而由外部电路要求决定。每块插件板上，希望能采用独立功能块电源，以进一步抑制相互干扰。目前大都用三端稳压集成块，效果很好。其缺点是会增加电源的负担和增加发热。

(五) 合理地分配和布置插件

事实上，接地、屏蔽、隔离等措施并不能完全阻断干扰的窜入。为了进一步减小干扰的作用，应合理分配和布置插件。通常，将微机保护的核心部分，也就是最怕干扰的部分，包括 CPU、ROM、RAM、A/D 转换器及有关的地址译码电路，集中在一个或几个插件上，放置在内层屏蔽箱内，并使之尽量远离干扰源和与干扰源有联系的部分，如电源、出口继电器、输入隔离变压器、打印机等。也就是说，要把怕干扰的部分与可能产生干扰的部分尽量安排得远一点，使干扰最大限度地削弱。

三、窜入干扰的抑制

采取了上述切断干扰耦合途径的措施后，仍会有少量干扰侵入微机保护装置内，这就是窜入干扰。也就是说，切断干扰的耦合途径并不能做到万无一失，还必须利用微机的特点，采取有效的软、硬件措施，防止窜入干扰造成的保护装置误动或拒动。

(一) 采样数据的干扰辨识

由于干扰（或其他原因）可能造成采样输入数据的错误，从而导致整个保护方案的失败，辨识的目的就是要找到并剔除坏数据，然后用随后输入的正确数据提供给保护功能程序。微机保护中主要使用以下几种辨识方法。

1. 冗余法

对于特别重要的输入信号，通常可以采用双重化甚至三重化的冗余方法，来保证采样数据的可靠。例如，对每个模拟量输入信号设置两个独立通道，只在两个通道读数一致时才相信其正确；在要求更高的场合，还可以采取三重化，通过三取二表决的方法确认其正确性。

这种冗余法简单、有效，但增加了硬件的成本。

2. 参数估计法

当系统的干扰可引起系统参数的显著变化时，可用参数估计方法来实现干扰的辨识。采用这种方法时，要先确定一个系统参数的置信区域，当参数的估计值超出这个区域时，则认为这一参数已受干扰。

对于三相交流量（电压或电流），有下述瞬时值关系

$$x_a(t) + x_b(t) + x_c(t) = 3x_0(t) \tag{6-1}$$

式中，$x_a(t)$、$x_b(t)$、$x_c(t)$为三相交流量，$x_0(t)$为零序量。如果对每相交流量各设一个采样通道，与零序量一起，在同一时刻进行采样，则考虑一定的置信区域ε时，有下述关系：

$$|x_a(k) + x_b(k) + x_c(k) - 3x_0(k)| < \varepsilon \tag{6-2}$$

式中，ε可由考虑输入通道各种固有误差后的检验指标给定。上式表明，对于三相交流量，只要增加一个硬件冗余通道（包括隔离变压器、低通滤波器、采样保持器以及多路转换开关的一个通路）引入零序量，就能达到辨识数据是否被干扰的目的。如果式（6-2）不满足，就认为是坏数据。对于三相电流量，可以从$3i_0$回路取得零序电流量；对于三相电压量，可以从电压互感器开口三角形上取得$3U_0$量。由此要求在设计微机保护时，从抗干扰和通道检查（参见下节）的目的出发，不宜用3个相量相加得到零序量，而应该提供专用硬件零序通道，以获得零序量。

3. 基于专家系统的干扰辨识

专家系统由知识库和推理机两部分组成。知识库中存储着从专家那里得到的关于特定问题的专门知识；推理机具有进行推理的能力，能根据知识库中的知识推导出结论。

对于微机保护系统，可以根据事先存储在微机内存中的变化规律来判断采样值是否可信。例如，如果某输入模拟量变化曲线是连续和光滑的，则应有如下关系：

$$\frac{x(k) + x(k-2)}{2} \approx x(k-1) \tag{6-3}$$

在实际使用中，如果能准确地知道采样值的变化规律，则可以通过专家系统通过软件辨识数据是否受到干扰。这种方法的优点是没有硬件的负担，缺点是采样数据的变化规律不易掌握。

（二）处理过程校核

在微机保护系统中，反复进行校核是抗窜入干扰的重要措施。由于干扰是随机和短时的，如果事先规定满足多重条件时才能发出出口命令，而干扰造成多重条件都能满足的概率非常小，就可以有效地避免保护装置的误动作。一般有以下几种校核方式。

1. 功能顺序校核

微机保护装置的功能是由若干个子功能构成的，包括各个计算子程序及逻辑判断子程序等。干扰可能造成在传递的数据地址、指令或CPU的程序计数器（PC）出错。如果出现错误的转移，就会不执行某些功能块或者执行不完全，而导致最终结果错误。为了避免这种情况发生，可以事先设置一个控制标志字，其中的某几位对应一个功能块。每当一个处理周期开始时，先将所有的标志位清零，然后在程序执行过程中由各子功能块对相应标志置位。在适当的时候对标志字校核，只有当标志位被充分置位时，才认为此次循环的结果是可信的。

2. 出口密码校核

在干扰造成程序出轨后，CPU可能执行一系列非预期的指令，在这些指令中可能会有一条或几条正好是跳闸指令，因而有可能造成保护的误动作。防止这种误动作的一个有效措施就是在设计出口跳闸电路时使之必须连续执行几条指令后才能出口。如第一章介绍的开关量输出回路中，每一个开关量输出都通过一个与非门控制，只有当两个输入端都满足条件时才能驱动光电器件产生输出。在初始化时，这些与非门的两个输入端被置成相反的状态。对于跳闸出口等重要的开关量输出回路，这些与非门的两个输入端还应接至两个不同的端口，使这两个输入条件不能用一条指令同时改变。出口密码的设置就像保险柜的密码原理一样，密码越长，不知道密码的人随机拨动而能打开的可能性就越小。

除了采取硬件措施，还可以通过软件方式设置出口密码。如图 6-8 所示，可以将跳闸条件分成两部分——跳闸指令一和跳闸指令二，必须在执行这两部分指令后才能构成完整的跳闸条件。与此同时，还要在两部分指令之间插入一段校对程序，检查在 RAM 区存放的某些标志字。

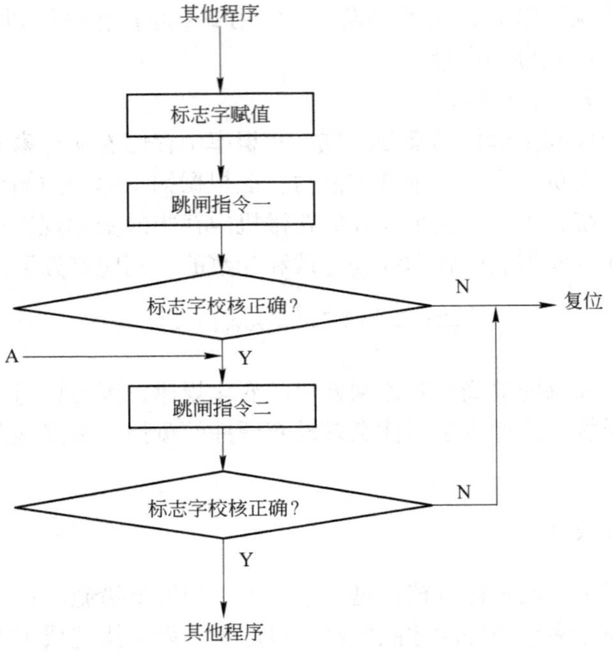

图 6-8　跳闸程序的闭锁

如图 6-8 所示，当保护装置通过正常途径进入跳闸程序时，必须首先给相应的标志字赋值，以便 CPU 通过核对这些标志字来区别是合理的跳闸还是由于干扰造成的错误跳闸。前者可以通过检查而继续执行跳闸指令二，发出跳闸脉冲；后者 CPU 将转至初始化程序，使程序从出轨状态恢复正常状态。如果程序出轨后，非预期地转至跳闸程序段中间的某一地址，例如从图 6-8 中 A 点进入，也将在执行完跳闸指令二后，经校核，由于标志字不正确（因为没有执行跳闸指令一）而恢复初始状态。

这种软件出口校核的方式可以花很小的代价而有效地减小跳闸装置误动的几率，因此在微机保护中广为采用。

3. 复算校核

在微机保护中，还可以通过整个运算过程的重复来校核由于干扰可能造成的运算出错。这种校核有两种做法，一是在运算的结尾由程序安排 CPU 将运算结果暂时保存起来，再利用同样的原始数据复算一次，然后同前一次结果相比较，如果一样，则说明结果可信；如果两次结果不一样，则再复算一次，三取二表决，或直至两次结果一样。另一种做法是在复算时将算法所依据的数据窗顺移一个采样值。例如，算法要求的数据窗长度为 $N+1$ 点，第一次计算利用 $x(k)$、$x(k-1)$、…、$x(k-N)$，第二次则利用 $x(k+1)$、$x(k)$、…、$x(k+1-N)$ 再算，正常时这两次结果不会完全一样，但阻抗或电流、电压有效值等的计算结果应当十分接近。第二种做法不仅可以排除干扰造成的运算出错，也对原始数据进行了进一步的把关。

复算校核的缺点是增加了计算量，很可能会增加微机保护装置的动作时延。

（三）程序出轨的自恢复

电力系统难免会出现瞬间的尖峰高能脉冲干扰，可能会长驱直入作用到 CPU 芯片上，使正在执行的程序跑飞到一个临时构成的死循环中，此时必须强制系统复位，摆脱死循环。由于操作者不可能一直监视系统，这就需要一个独立于 CPU 之外的监视系统，在程序陷入死循环时，能及时发现并自动复位系统。下面介绍两种自动复位系统方法。

1. 单位触发电路

图 6-9 是一种硬件自恢复电路的方案。其中 A 点接至微机保护硬件电路的某一点，如微机并行接口的某一位。当程序没有出轨时，由软件控制该点电位按一定的周期 T 在“0”和“1”之间变化。从 A 点输入的信号分为两路，一路经反相器，另一路不经反相器，分别接至两个瞬时返回而延时 t_1 动作的元件。延时元件的输出接至“或”门的两个输入端。t_1 应比 A 点电位变化的周期 T 长，因此在正常时两个延时元件都不会动作，“或”门输出为 0。一旦程序出轨，A 点电位停止变化，不论停在“1”态还是“0”态，两个延时元件中总有一个会动作，动作后通过“或”门启动单稳触发器。

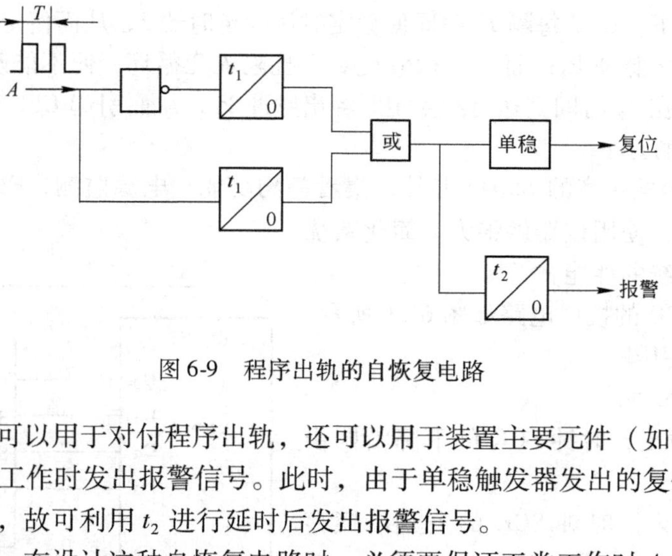

图 6-9　程序出轨的自恢复电路

上述电路不仅可以用于对付程序出轨，还可以用于装置主要元件（如 CPU、A/D 转换器等）损坏而停止工作时发出报警信号。此时，由于单稳触发器发出的复位信号使 A 点电位不能周期性变化，故可利用 t_2 进行延时后发出报警信号。

需要注意的是，在设计这种自恢复电路时，必须要保证正常工作时 A 点电位周期性变化，而在程序出轨时，A 点电位不变。这就要求在选择 A 点时要做周密的考虑，以免在程序出轨后进入的死循环中包含有使 A 点电位周期性变化的指令。为此可以采用前面介绍的抗干扰方法加以限制。

2. 看门狗定时器

看门狗定时器或看门狗（即 Watchdog Timer）又称程序运行监视系统，是硬件电路与软件程序的巧妙结合。图 6-10 给出了 Watchdog Timer 的工作原理。CPU 可设计成由程序确定的定时器 1，看门狗被设计成另一个定时器 2，它的计时启动将因 CPU 的定时访问脉冲 P_1 的到来而重新开始，定时器 2 的定时到脉冲 P_2 连到 CPU 的复位端。两个定时周期必须是 $T_1 < T_2$，T_1 就是 CPU 定时访问定时器 2 的周期，也就是在 CPU 执行的应用程序中每隔 T_1 时间安插一条访问指令。

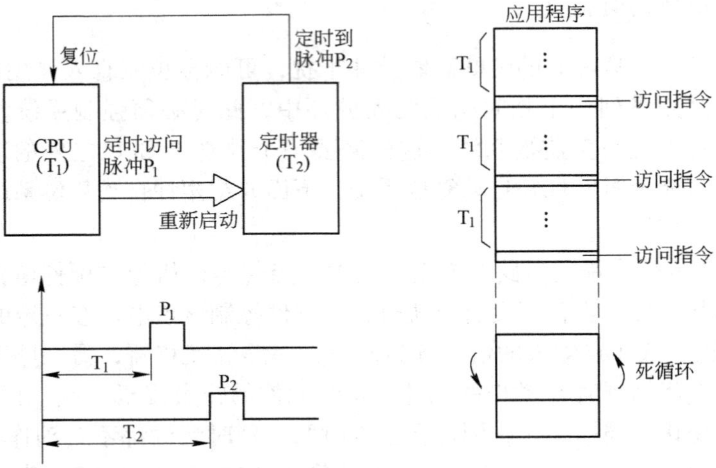

图 6-10　Watchdog Timer 工作原理

在正常情况下，CPU 每隔 T_1 时间便会定时访问定时器 2，从而使定时器 2 重新开始计时而不会产生溢出脉冲 P_2；而一旦 CPU 受到干扰陷入死循环，便不能及时访问定时器 2，那么定时器 2 会在 T_2 时间到达时产生定时溢出脉冲 P_2，从而引起 CPU 的复位，自动恢复系统的正常运行程序。

美国 Xicor 公司生产的 X5045 芯片，集看门狗功能、电源监测、EEPROM、上电复位等四功能为一体，使用该器件将大大简化系统的结构并提高系统的性能。

X5045 与 CPU 的接口电路如图 6-11 所示。X5045 只有 8 根引脚：

SCK：串行时钟。

SO：串行输出，时钟 SCK 的下降沿同步输出数据。

SI：串行输入，时钟 SCK 的上升沿锁存数据。

$\overline{CS}$：片选信号，低电平时 X5045 工作，变

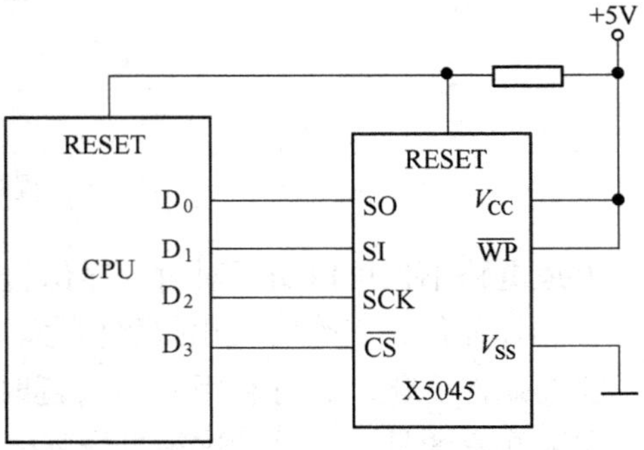

图 6-11　X5045 与 CPU 的接口电路

为高电平时将使看门狗定时器重新开始计时。

$\overline{WP}$：写保护，低电平时写操作被禁止，高电平时所有功能正常。

RESET：复位，高电平有效。用于电源检测和看门狗超时输出。

V_{SS}：地。

V_{CC}：电源电压。

它与 CPU 的接口电路很简单，X5045 的信号线 SO、SI、SCK、$\overline{CS}$与 CPU 的数据线 $D_0 \sim D_3$ 相连，用软件控制引脚的读（SO）、写（SI）及选通（CS）。X5045 的引脚 RESET 与 CPU 的复位端 RESET 相连，利用访问程序造成 CS 引脚上的信号变化，就算访问了一次 X5045。

在 CPU 正常工作时，每隔一定时间（小于 X5045 的定时时间）运行一次这个访问程序，X5045 就不会产生溢出脉冲。一旦 CPU 陷入死循环，不再执行该程序也即不对 X5045 进行访问，则 X5045 就会在 RESET 端输出宽度 100 ~ 400ms 的正脉冲，足以使 CPU 复位。这里，X50455 中的看门狗对 CPU 提供了完全独立的保护系统，它提供了三种定时时间：200ms、600ms 和 1.4s，可用编程选择。

第二节　故障的自动检测

提高微机保护可靠性的另一个重要课题，就是在装置内置有元件损坏时如何及时发现并采取相应的对策。对于微机保护装置来说，任何元器件损坏可能导致的误动和拒动都是不能接受的。所以在设计上要求元器件损坏时装置不能误动，并且应能立即发现和报警，以便迅速采取措施予以修复。目前微机保护常用的检测方法按检测时机可分为即时检测和周期检测，按检测对象可分为元器件检测和成组功能检测。即时检测指连续监视或检测时间间隔不大于继电保护的功能周期（或采样周期）的监视，它要求有一定的辅助硬件或者 CPU 的处理量不大，如 CPU 和模入通道的检测；周期检测指利用保护功能执行的两个相邻采样间隔内的富裕时间来循环地执行一个自检程序，实现在 CPU 处理量较大情况下的检测，如 RAM、EPROM 等的检测；元器件检测是对某个元器件进行的故障发现和定位；成组功能检测则通过对模拟系统故障的模拟程序和数据的处理来判断硬件是否存在缺陷。下面简要介绍常用的检测方法。

一、CPU 的检测

当 CPU 本身损坏而停止工作时，必须由专门的硬件完成检测。常用的方法是利用定时电路。该定时电路不能被 CPU 禁止，但可以由 CPU 复位。其原理是：当 CPU 正常时，由软件按一定周期（此周期应小于定时器的整定时间）使定时器复位（清 0）。当 CPU 出现故障无法使定时器复位时，定时器就可以达到定时整定值而发出报警信号。定时电路可以采用图 6-12 所示的电路，但要注意，为了在程序运行出轨时不误报警，该定时器的整定值应大于出轨定时器的整定值。

二、RAM 芯片的检测

RAM 芯片的测试通常采用模式校验法。即事先选定某一种校验模式，按照这种模式将数值写入 RAM，然后读出。观察数值是否一致，从而发现 RAM 可能出现的故障。这种测试可分为非破坏性测试和破坏性测试两种。

图 6-12 给出了一种非破坏性测试的程序框图，假定为一个字节，即以 8 位为单位在程序运行中对 RAM 进行测试。其方法是，首先对该 RAM 单元写入 55H(01010101)，然后通过测试程序将此单元读出，检查是否正确。如果正确，则再重新写入 AAH (10101010)，再重复测试一次。测试完毕后，恢复该单元原来的内容，再进行下一单元测试。这种方格交错算法可测试每个存储单元的每一位的两种二进制状态，对于检测坏单元数据线的黏结（黏 0 或黏 1）均有较好的效果。但在测试过程中必须注意由于中断而导致的检测错误。

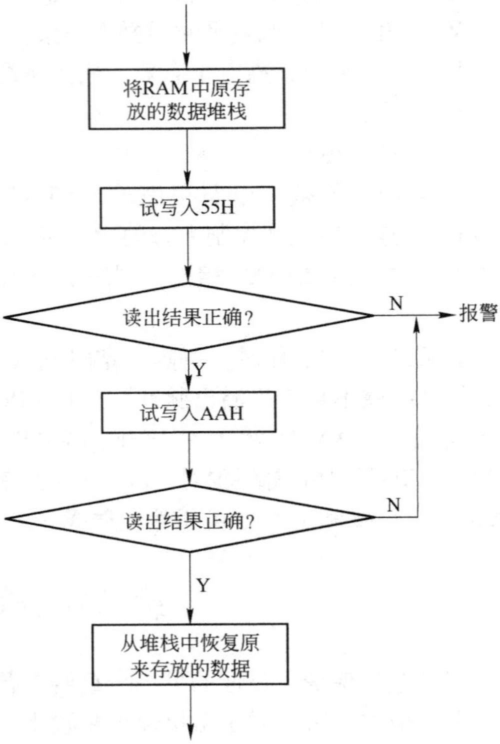

图 6-12　RAM 自检程序框图

更加彻底的检测是进行破坏性测试。因为上述测试无法检测出一根黏结的地址线。而破坏性测试是对存储器的每一个单元进行 256 次检查，产生每个字节（8 位）的 256 种组合。开始时，将一个基准寄存器和全部指定检查的存储器置 0。测试时，将基准寄存器的内容与待查寄存器每一个字节内容相比较。每次比较时若两者相等，则将检查地址加 1，而后检查下一个地址单元。对全部待查地址空间检查之后，基准寄存器内容加 1。然后重复上述过程，直至完成 256 种组合。若发现错误，则显示错误单元的地址和内容。

破坏性测试因为改变了 RAM 原来的内容，并且非常耗时，故不能在程序运行中使用。它应属于预检查的内容。尽管如此，微机保护装置也应具备这种检查的功能，以确保装置的可靠性。

三、EPROM 芯片的检测

在微机保护装置中，EPROM 的检测一般采用补奇校验字法。这种方法如图 6-13 所示。在这种方法中，校验字可位于 EPROM 中任何位置，用来使待检查的全部字节内容按对应位进行异或操作的结果为 1（呈奇特性）。进行奇校验时，EPROM 测试程序逐个读出 EPROM 的每一个字节（包括校验字）的内容，并对每一位完成累积的异或操作。完成全部待查空间运算后，累加器每一位都应当是 1。图 6-14 为典型的 EPROM 奇校验程序流程图。当系统有多片 EPROM 时，每片中都应有校验字，并且检测应分片进行，从而有助于确定错误单元的位置。

上述方法常用来检测单个位的错误、整个字的错误、黏 1 或黏 0 的数据线和地址线，而且还能以很高的概率检测包括地址线短路、数据线短路以及多种随机性错误在内的其他一些故障。

由于 EPROM 器件字节数通常为 2 的乘方，故字节数为偶数。一条数据输出线黏 1 或黏 0 时，从对应列看上去就像有偶数个 1 或偶数个 0，呈现偶特性。一条地址线黏 1 或黏 0 时，使 EPROM 的一半不能访问，如果企图读出整个 EPROM 的内容，就会对 EPROM 的另一半读两次。同理，两条地址线被黏住时，意味着对 EPROM 的 1/4 读 4 次。这些情况均呈偶特性，这就是为什么在校验中采用补奇校验字的原因。

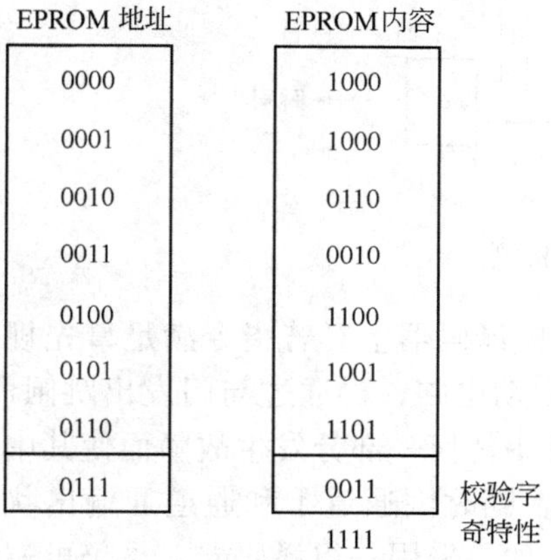

图 6-13　对 EPROM 作奇校验示意图

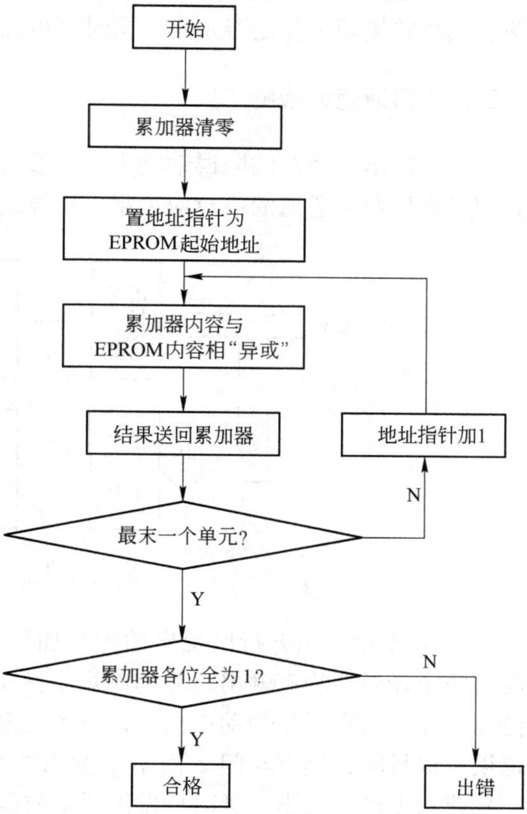

图 6-14　对 EPROM 作奇校验程序框图

除了补奇校验字法，还有一种更为简单的方法检测 EPROM。这种方法是，按照事先规定的地址空间将 EPROM 中程序代码累加，溢出不管，最后的结果将是某个和数的尾码。取此尾码与预定的数比较，即可判断 EPROM 中的程序字是否保持正确。根据使用字节（8 位）还是字（16 位）累加，可以得到一个长度为 8 位或者 16 位的校验码。将校验结果与校验码相比较，可以方便地确定哪一片 EPROM 已损坏。

四、数据采集系统的检测

数据采集系统检测的对象主要是采样保持器、多路开关和模数转换器。在上一节中，已经介绍了采样数据的干扰辨识方法，可以利用各模拟量通道之间或单个模拟量自身的某些规律来实现自动检测，如果某一通道损坏，将破坏这种规律而被检测到。

对 A/D 转换器来说，只要连续若干次发现电压或者电流不满足式（6-2），就可怀疑是 A/D 转换器故障。若电压和电流均不满足，便可认定 A/D 转换器故障；若仅有电压或电流不满足，则故障可能出在隔离变压（流）器、前置模拟低通滤波器、采样保持器或多路转换开关。如果三相电流（或电压）与零序电流（或电压）不是取自同一组变流器（或变压器），这种方法还可用来检测变流器（或变压器）故障。除此之外，还可专设一路采样通道用作自检。常用的方法是将装置的 +5V 稳压电源接至这一路采样通道，经过多路开关和模数转换后输入微机系统。CPU 可以通过对这一通道的数值的监视来检测多路开关、模数转换等工作是否正常，同时又可以实现对稳压电源的监视（越限报警）。

五、出口通道的检测

为了提高出口回路的防误动能力，一般采用图 6-15 所示的方式进行出口通道的检测。其原理是利用两个通道的不对应关系，用异或逻辑结构来实现单一通道损坏的检测。

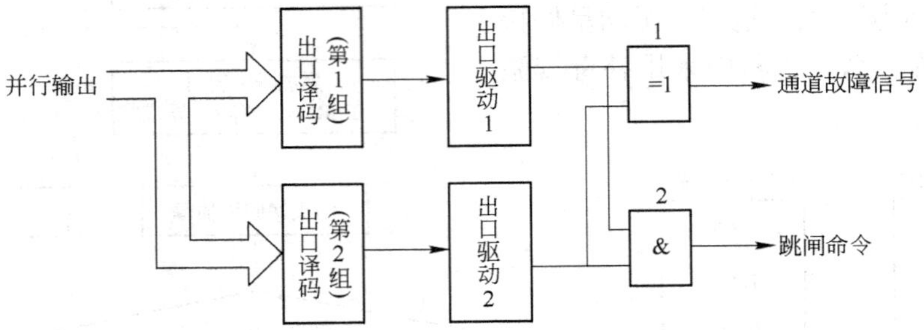

图 6-15 出口通道的检测

在图 6-15 中，由并行口发出的指令加到两个出口译码器上。若指令满足事先规定的密码，两个译码器均有输出，分别作用于两个出口驱动电路，再通过与门发出跳闸命令。无论什么原因出现错误的动作指令，或者通道Ⅰ与Ⅱ中任何一部分发生故障而使其中一个通道误发信号时，因有与门 2 而不会发出跳闸指令。同时因通道Ⅰ和通道Ⅱ输出状态不同，异或门 1 产生输出，延时后发出通道故障信号。如果采用一组译码器，虽仍可避免受并行口发出的错误指令的影响，但译码器本身的故障或译码器输出线上的干扰有可能造成误发跳闸命令，因此有必要采用两组译码器。

六、成组功能的检测

由于微机保护装置在系统工作正常时是没有输出的，为了确定微机保护装置的硬件是否处于正常状态，可以事先准备好代表系统可能发生的各种典型故障的若干套模拟数据，定时启动各功能程序加以处理，检测是否能达到预定的功能。这种方法对数字部件的检查比较全面，但还要通过前述方法来辅助故障定位。

第三节 多重化与容错技术

一、问题的引出

微机保护的优点之一就是其功能可以由软件来实现，因此有可能用一套硬件完成多种保护功能。不同原理的保护，不论是主保护还是后备保护，用微机来保护时，硬件几乎是一样的。例如一套距离保护设备，可以在不增加任何硬件的条件下，仅增加相应的程序就可以加入其他保护功能，如零序方向保护等。这点在经济上有较大的优越性，但是在实际应用中如果所有的主保护和后备保护都由一套硬件构成，则一旦硬件发生故障，将失去全部保护。

上一节介绍的自动检测方法虽然能够自动地检测到装置的硬件故障而报警，但是一旦保护装置由于有元件损坏而退出工作时，如无必要的多重化或容错能力，则被保护对象将失去保护，这也是不允许的。对于重要的保护对象，常规保护虽不具备完善的自动检测功能，但一般都设有主保护和后备保护，甚至多套主保护互为备用。这样，再配合定期校验，其可靠性还是可以满足要求的。

基于这样的思想，在微机保护中，也提出了多重化和容错技术的概念，并得到广泛的应用，使得微机保护系统的可靠性得到极大的提高。

二、容错技术

这里所说的容错技术主要是指在硬件结构上采用冗余技术，通过冗余元件或冗余工作部件来掩蔽掉硬件故障的影响来实现容错。其基本原理如图 6-16 所示。在该方法中，采用三套相同的硬件电路，即模块 1、模块 2 和模块 3，每一个模块都以并行方式处理相同的数据。3 个模块的输出都馈给一个主表决器，按三取二表决。因此这种方法又称为三模块冗余法（TMR）。

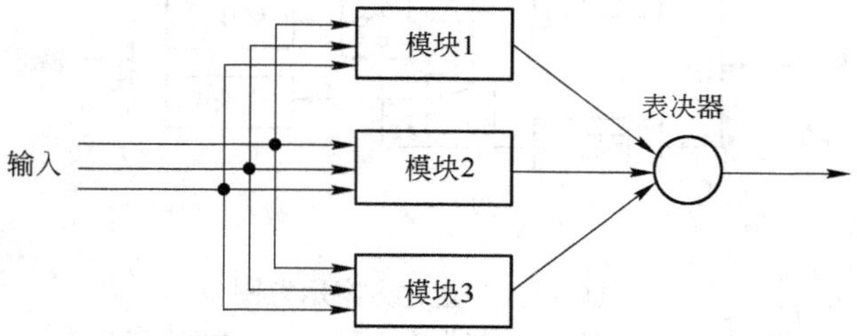

图 6-16　三模块冗余法示意图

采取这种办法后，如果任一部分硬件发生损坏，就会通过表决机构判别出损坏部分而报警，而整个系统仍可不间断工作。

除上述方法外，还有一些派生方案，主要有以下三种：

（1）TMR-Simplex 系统。它与 TMR 系统的区别在于，在一个模块出现第一次故障时，出故障的模块及两个好的模块中的一个被隔离，结果系统重新组配成 Simplex（即单模块）结构。该系统故障率比 TMR 系统低。

（2）TMR-Duplex-Simplex 系统。它与上述方案的不同之处在于某个模块出现故障之后，坏模块被自动剔除，系统降级为 Duplex（即两个模块）结构。再有故障出现时，坏模块又被剔除，降级为 Simplex 结构。这种结构的要求是，系统必须具有检查 Duplex 结构中故障的手段，并能确定哪一个是故障模块。

（3）NMR 结构。它是 TMR 的推广型，由 3 个模块升级为 N 个模块。N 是奇数，用式 $N=2n+1$ 表示。而表决器的阈值表示为 $t=n+1$。

三、多重化

多重化又称为备用冗余法。一般是一个模块工作，其他模块备用。根据备用模块是处在断电状态，还是处在工作状态，又分为冷备用和热备用。在微机保护系统中，为满足实时切换要求，通常采用热备用方式。

多重化的主要方案如图 6-17(a)、(b)、(c)所示。

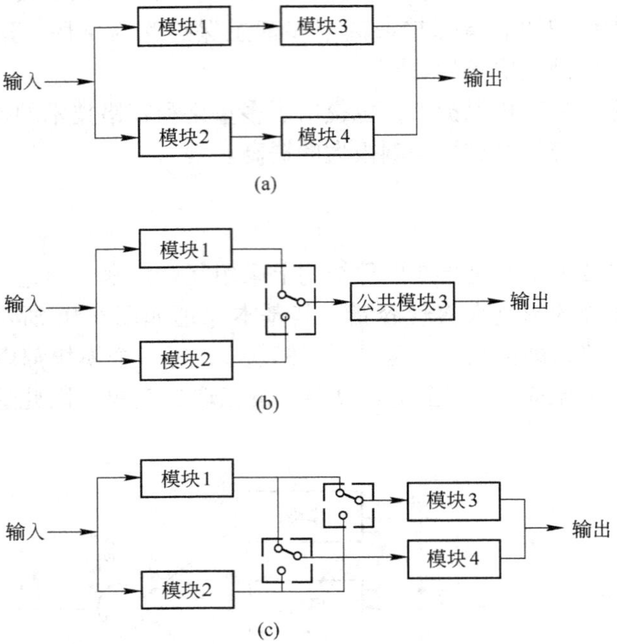

图 6-17　多重化方案示意图

(a)双机备用系统；(b)部分备用系统；(c)重叠备用系统

很明显，在图 6-17 的三种方案中，图 6-17(c)的方案可靠性最高，其平均无故障时间最长，图 6-17(a)方案次之。

显然，这种方案较容错方案简单，且容易实现。由于继电保护系统在正常时没有输出，因此这种方案完全能够满足要求。在实际应用中，可以将不同保护原理的软件合理地分配在两套或多套一样的、独立的微机硬件系统中，组成图 6-17(a)的方案或图 6-17(c)的方案，从而以较低的硬件速度满足更高的保护要求。

四、混合冗余法

这种方法是多重化和容错技术的综合应用，如图 6-18 所示。

这种方案的原理是，N 个并行工作模块按容错方案工作，计算的数据或操作命令由表决器输出。当一个工作模块发生故障时，立刻由一正常的备用件顶替，使工作模块仍然保持在 TMR 或者 NMR 工作方式，不致降级。

混合冗余法中各模块可分为三种状态：工作状态、备用状态、待查状态。处在工作状

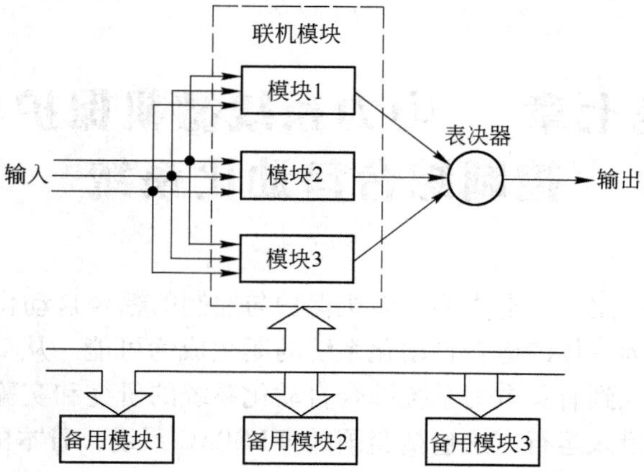

图 6-18　混合冗余法示意图

态的模块享有表决权，但一旦某一模块的表决被否认，立刻将其降级到待查状态，而一块正常的备用模块升级为工作模块。这时，待查模块有充分的时间进行故障自动检查，直到肯定没有故障时，才升级到备用状态。

小　结

电力微机继电保护系统总是处在干扰频繁的恶劣环境中，因此如果没有足够的抗干扰措施，即使系统的各种硬件与软件的设计都很合理，也未必能正常地工作。抗干扰能力是设计与运行一个计算机控制系统必须要考虑的重要指标。但干扰的形式与危害多种多样，而系统的结构与功能又是各式各样。因此，应当根据具体的实际系统采取相应的抗干扰措施。

本章从干扰的来源与传播途径入手，分析了硬件与软件方面的各种抗干扰措施。重点讨论了对系统过程通道中串模干扰与共模干扰的抑制，对 CPU 主机的程序运行监视复位系统，另外对施工工程中的信号线、电源系统与接地系统的抗干扰措施也作了介绍。

习　题

6-1　什么是干扰的三要素？

6-2　微机保护系统中主要有哪些抗干扰措施？

6-3　为什么要进行故障的自动检测？

6-4　简述容错设计方式的特点。

6-5　多重化方案有哪些，与容错方案有何区别？

6-6　结合图 6-10，简述看门狗的工作原理。

第七章　电力系统微机保护与控制综合自动化系统

微机保护的广泛应用，为电力系统微机保护与控制的综合自动化奠定了基础，使电力系统保护与控制功能为一体的综合自动化系统的诞生成为可能。从20世纪70年代起，世界先进国家便陆续投入到有关电力系统综合自动化系统的研究和实验之中。目前已有不少综合自动化系统相继投入运行，这包括美国的WESPAC系统，日本的SDCS-Ⅰ、Ⅱ系统以及瑞典的ASEA系统等。

综合自动化系统的研制成功，使计算机的潜力得到进一步挖掘，提高了电力系统的自动化水平，标志着电力系统自动化领域进入到一个崭新的阶段。

我国在电力系统综合自动化系统方面也投入了研究和试验，现已有不同系列的产品通过国家鉴定，推向市场。其中，具有代表性的是南京南瑞继保电气公司研制的RCS-9000变电站综合自动化系统。

本章介绍电力系统微机保护与控制综合自动化系统的典型结构、系统功能、通信方式及特点。以RCS-9000变电站综合自动化系统为例介绍系统的主要单元的组成和功能。

第一节　综合自动化系统的结构和功能

电力系统微机保护与控制综合自动化系统（以下简称综合自动系统）是集电力系统保护、控制、监视、测量、故障分析等多功能为一体的自动化系统，可以同步完成电力系统的优化控制、经济运行和智能决策等功能，能够全面改善电力系统的性能。综合自动化系统的高可靠性和多功能性要求它通常为多微机、多层次的结构形式。

一、综合自动化系统的结构

图7-1给出了综合自动化系统的典型结构。它通常由4个层次构成，其中，最上层的中央计算机装设在电力系统控制中心，变电站主机层、计算机保护层和数据识别层均设置变电站内。

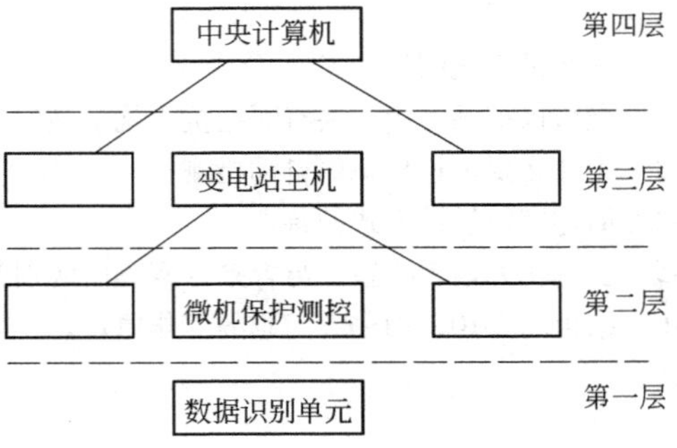

图7-1　综合自动化系统分层结构框图

（一）数据识别层

数据识别层，又称DAU层。它的任务是获取由电力系统互感器送来的模拟量以及断路器、隔离开关等状态信号，并将这些信号处理后转换成数字量送入到计算机保护层中。此外，数据识别层还担负着将上一层控制信号送到对应设备控制回路中的输出任务。

DAU 层的硬件主要由模拟量输入通道和开关量输入/输出通道两大部分组成，对于输入信号较多的保护系统而言，DAU 层还包括了直接内存存取控制器（DMA）。DAU 层可以被安放在变电站控制室内，也可被安放在室内外的开关柜中，在后一种情况下，要求这一层的硬件设备能承受较强的电磁干扰和环境污染。

（二）微机保护与测控层

微机保护与测控层，又称 PC 层。它主要担负微机保护和测控的任务。这包括实时地读取来自 DAU 层的信息并在计算机内执行保护算法以完成规定的保护功能，将有关的故障信息和测量结果送给上一层变电站主机中。

PC 层的各微处理机与处于 DAU 层对应的输入输出通道，一般可以构成一个独立的微机保护或测控系统，PC 层中各微机之间可以互相通讯并共享数据，保护和测控系统既相对独立又相互融合，保证了微机保护系统的高可靠性，又使综合自动化系统构成一个完整的整体系统。

（三）变电站主机层

变电站主机层，又称 SC 层。它的主要任务是收集和处理来自 PC 层的信息并作为上一层与 PC 层之间通讯对话的媒介。有些系统中，该层还担负自适应保护、故障事件记录、变电站开关控制以及其他辅助任务。

SC 层应该具有较强的人机对话功能和数据存储功能。

（四）中央计算机层（又称 CC 层）

中央计算机收集经过各变电站主机处理后传送上来的信息，对整个系统范围内的状态量进行全面的监视和评估，还将对不同变电站进行控制。

二、综合自动化系统的功能

（一）保护功能

综合自动化系统的保护功能包括了常规保护设备所能完成的各种功能，如距离保护、变压器保护、母线、发电机、电容器组、电抗器的主保护和后备保护。另外，还可完成故障计时、自检、故障跟踪及其他辅助功能。

至于保护系统的后备问题，有两种处理方式。一种是从传统保护的观点对待主保护和后备保护问题。可利用同一套硬件系统设置阶段式保护，例如三段式电流或距离保护，则后一段的保护即可作为前一段保护的后备。也可以在同一套硬件系统内采用不同原理的保护作为后备保护，如距离保护为主保护时，可设电流保护或方向保护构成后备保护。另一种是从计算机保护系统的可靠性方面考虑后备问题，可采用另一套原理相同的硬件系统与主保护并联运行构成后备保护系统。

为充分利用计算机共享数据，互相通讯的智能化特点，目前比较提倡的一个后备方法仍是相邻计算机保护系统互为备用的方案。正常情况下，保护系统互相通讯，并各自担负独立的保护任务。一旦某一套系统发生故障，则相邻保护系统可共同担负起故障系统的保护任务。这种保护后备方式要求综合自动化系统具有较强的通讯手段。

（二）控制功能

综合系统的控制功能可以归结为两大类，即近距离控制（就地控制）和远距离控制（遥控）。就地控制包括变电站内断路器、隔离开关的控制、自动重合，母线切换及故障恢复等功能。若能够利用相邻变电站的信息，还可以完成无功控制及调压控制。就地控制功能通常由变电站主机层完成。

远距离控制则是根据整个电力系统或区域电力系统的状态信息及拓扑结构，为保证电力系统的优化运行和稳定性，对电力系统的调节设备或负荷进行的控制。在电力系统处于紧急状态时，远距离控制还包括了解列控制及停电恢复时的开关序列控制。这些功能一般由中央计算机完成。

从计算机控制技术发展趋势看，控制功能的实现更适于采用高级计算机语言完成。目前，已有很多国家采用人工智能领域中专家系统的方法来完成上述控制功能。专家系统就是一个计算机程序集，该程序集利用当前的输入信息、知识库及一系列逻辑推理规则来完成由某一领域的专家才能完成的工作。采用专家系统方法实施控制功能，可以提高计算机控制的透明度及可靠性。此外，专家系统方法还允许用户扩展和修改其知识库中的一些规则，这对功能的开发十分有利。

目前，用于建立专家系统的语言基本上可归结为高级逻辑编程语言，如 Lisp 语言、Prolog 语言、Smalltalk 语言等。

（三）诊断和监视功能

综合自动化系统具有完善的自检和自诊断故障的功能，使其自身的可靠性大大提高。该系统对电力系统的实时监测，可为运行人员提供满意的设备监视报告，也进一步减少了电力系统设备的故障率。

DAU 层硬件系统的诊断可由 PC 层的计算机完成。同单一的微机保护装置一样，计算机运行事先存储在计算机只读存储器中的自检程序，对输入、输出回路进行检测，对 RAM、EPROM 等芯片的自检，一旦查出故障，则对应的功能模块即可闭锁其输出回路，从而提高了系统的可靠性。

另外，在不同的层次内，综合自动化系统还可以对相应的计算机中央处理单元（CPU）、存储器及电源进行检测。在软件中，也采用了不同功能的检测程序，提高软件程序运行中对不正常运行状态数据的分析判断能力。

综合自动化系统还可以完成对电力系统一次侧主设备如断路器、变压器等设备的监视。断路器切除故障的次数，故障电流的大小及断路器的燃弧时间均可由综合自动化系统监视。变压器的负荷电流、故障电流的大小、电力系统中负序电流的分布情况也可由综合自动化系统监视。

（四）正常及故障时各种波形记录功能

综合自动化系统可以完成电力系统正常及故障时各种参数波形记录功能。

实时录波功能要求系统的采样频率一般较高，而目前受综合自动化系统中 DAU 层采样频率的限制，录波结果虽能满足应用的要求，但还不十分理想。随着计算机技术的进步，综合自动化系统的录波功能会更趋于理想。

（五）相位和频率的测量功能

利用 PC 层获得的模拟量输入信号，计算机可以完成对模拟量的相位及频率的计算。

为了使同一变电站不同位置处的相位测量结果具有一个共同的比较标准，要求变电站内各计算机保护系统和测控系统具有相同的计时标准，即同步时钟信号。对整个综合自动化系统而言，不同变电站的测量结果之间也应有一个比较标准。因此，需要在整个综合自动系统内设置同步时钟信号，同步时钟的精度要求在微秒级。

三、综合自动化系统的优点

经过数十年来国内外的研究试验和理论探索，综合自动化系统已经在技术、经济上显示出各方面的优越性。

（1）功能强。由于一套硬件可以同时兼顾保护、控制、测量、故障测距、故障录波等多种功能，从而扩大了信息的综合应用范围并提高了设备的利用率。按照信息的重要程度分层次传递信息，可以完成电力系统的优化控制和经济运行等功能，提高了电力系统的运行质量。

（2）提高了电力系统的自动化程度。综合自动化系统提供了方便的人机联系手段，这对于实现了解电力系统的状态信息，根据运行方式修改保护定值和动作特性曲线，构造自适应与控制系统等十分有利。综合自动化系统的投入运行，可全面提高电力系统的决策智能化程度，从而可以提高电力系统运行的安全性和可靠性，使电力系统真正做到了自动化运行。

（3）提高系统的可靠性。综合自动化系统的软、硬件自检和自诊断手段，可以增加综合自动化系统的可靠性。另外，由于综合自动化系统可以监视电力系统的一次设备，因此可以提高电力系统的可靠性。

（4）运行管理方便。综合自动化系统所提供的各种打印机、显示器、光电笔、键盘等人机接口设备，是运行人员的得力助手，它对于改善运行维护的工作条件，监视和控制电力系统的有关设备十分有利，方便了电力系统运行过程中的管理。

（5）较高的性能/价格比。随着传统保护设备价格的逐年上升，计算机系统设备的价格的逐年下降，综合自动化系统的卓越性能和较低成本，使其以较高的性能/价格比越来越得到业内人士的关注，其市场前景广阔。

第二节　综合自动化系统的通信

综合自动化系统的中央计算机和变电站主机之间的数据传输为远距离的通信，其他各层之间的通讯为近距离通讯。根据功能要求的不同，各层之间的通信方式也各不相同。

一、PC 层和 DAU 层间的数据传输

PC 层担负着微机保护和测控的任务，它要实时地读取来自 DAU 层的信息，并要把保护出口命令等送给 DAU 层去执行，所以，PC 层与 DAU 层间的数据传输速度要求较高。同时，PC 和 DAU 层之间距离较近，常常采用并行数据传输方式，所有输入或输出数据均与保护计算机的并行 I/O 接口相连。

为了防止数据传输时的外界干扰，一般在输入/输出通道中加设光电耦合器。DAU 层和 PC 层的数据传输常由扁平电缆连接或直接制在一块电路板上。

二、PC 层和 SC 层间的数据传输

PC 层和 SC 层之间的数据传输也属于近距离传输。由于 SC 层对数据传输的速度要求大大低于 PC 层对 DAU 层的要求。所以，这两层之间可采用异步串行通信方式。实际上，PC 层和 SC 层间的通信就是多台微机经过各自的串行口与一台微机串行接口之间的通信，传输速度一般为 300 ~ 1200bit/s。

三、SC 层和 CC 层之间的数据传输

因 SC 层和 CC 层在不同地点安装，两者之间的数据传输属于远距离通信。

从通信方式上看，一般采用异步串行通信方式。由于两层之间均要担负接收和发送信息的任务，因此必须在 SC 层和 CC 层同时设置调制解调器并按双工传送方式考虑通信通道。通信时采用电力行业标准规约 IEC 标准规约，可方便地实现不同厂家的设备相连，可选用光纤组网解决通讯干扰问题。也可采用独立双网设计保证系统通信可靠性。

第三节　RCS-9000 变电站综合自动化系统

RCS-9000 分布式变电站综合自动化系统是南瑞继保电气有限公司生产的一种综合自动化系统，它是把已在现场得到广泛应用的 LEP-900 和 RCS-900 两个系列的微机保护和测控装置紧密集成起来，而形成的新一代集保护、测控、管理功能于一体的新型变电站综合自动化系统。

一、系统概述

该系统由数据识别单元层（DAU 层）微机保护和测控层（PC 层）和变电站控制管理层（SC 层）组成，可实现变电站的保护、测控、管理的综合自动化，能满足 35 ~ 500kV 等级变电站的综合自动化需要。

（一）系统特点

1. 分布式系统

将保护功能和测控功能按对象进行设计，集合保护、测控功能于一个装置之中，就地安装在开关柜上，减少大量的二次接线，装置仅通过通信电缆或光纤与上层系统联

系，取消了大量信号、测量、控制、保护电缆接入主控室，节省了投资，提高了系统的可靠性。

2. RCS 总线

采用电力行业标准 DL/T 667—1999（IEC 60870-5-103）规约，提供保护和测控的综合通信，实时性强，可靠性高，具有不同厂家的同种规约的互操作性，是一种开放式的总线。

3. 双网设计

所有设备可提供独立的双网接线，通信互不干扰，可组成双通信网络，提高通信可靠性；也可以一个接通信网，一个接保护录波网络进行设计。

4. 对时网络

为整个系统对时提供了网络方式。GSP 对时装置只需给出一副接点，通过一个网络，即可对所有设备提供硬件对时，避免了以往为每一个设备提供一副接点及一对连线的麻烦。

5. 保护和测控功能相对独立

每个微机保护测控装置的微处理器与相关输入输出通道可构成独立的保护测控系统，其功能实现相对独立，不受系统其他部分制约，各装置之间仅通过网络连接，信息共享，整个系统不仅灵活性很强，而且其可靠性也得到了很大提高，任一装置故障仅影响一个局部元件，不影响系统其他功能的实现。

6. 系统可靠性高

（1）采用分层分布式系统结构是提高综合自动化系统工作可靠性的重要因素，特别是功能独立于通讯网的变压器保护、受电线路保护、馈出线保护、备用电源自投、电压无功控制等装置在各间隔的独立配置，是变电站安全稳定运行的先决条件。

（2）装置的背板端子定义仍旧沿用了传统模式，它兼容了传统的操作控制功能，保证在极限工作条件下变电站的运行与控制。

（3）通讯网络兼容各种网络接口，并可采用双网通讯方式，装置能适应多种通讯媒介，如光纤网络双绞线等。

（4）装置采用全密封设计，加上精心设计的抗干扰组件，使抗振能力、抗电磁干扰能力有很大提高。

7. 丰富的人机界面

装置采用全汉化大屏幕液晶显示，其树形菜单、跳闸报告、告警报告、遥信、遥测、整定值、控制字等都为汉字标志显示，明了、直观、使用简单，现场运行调试人员操作方便。系统详实的数据和使用资料及灵活的在线帮助给使用者带来了方便。

8. 系统组态灵活、开放式设计

系统开放式设计，组态完成监控功能。功能模块可以动态增减，系统的容量、速度等技术指标可以调整，功能扩展方便。

（二）系统组成

系统由下列单元及装置组成：

（1）后台监控软件；

(2) RCS-9698 总控单元;
(3) RCS-9691 通信单元;
(4) RCS-9656 电压无功综合调节装置;
(5) RCS-9601/9602/9603/9604/9605 单元监控装置;
(6) RCS-9600 系列分散式保护测控装置:
1) RCS-9611 馈线保护测控装置;
2) RCS-9612 线路保护测控装置;
3) RCS-9613 线路差动保护装置;
4) RCS-9621 站用变/接地保护测控装置;
5) RCS-9631/2/3 电容器保护测控装置;
6) RCS-9641/2 电动机保护测控装置;
7) RCS-9651 低压分段开关备用电源自投保护测控装置;
8) RCS-9651 高压进线开关或分段(桥)开关备用电源自投装置;
9) RCS-9671/3 变压器差动保护装置;
10) RCS-9681 110kV 变压器高压侧后备保护测控装置;
11) RCS-9682 110kV 变压器低压侧后备保护测控装置;
12) RCS-9661 变压器非电量保护装置;
13) RCS-9679 35 ~66kV 变压器成套保护装置。

系统开放式设计,组态灵活,其典型配置如图 7-2、图 7-3 所示。

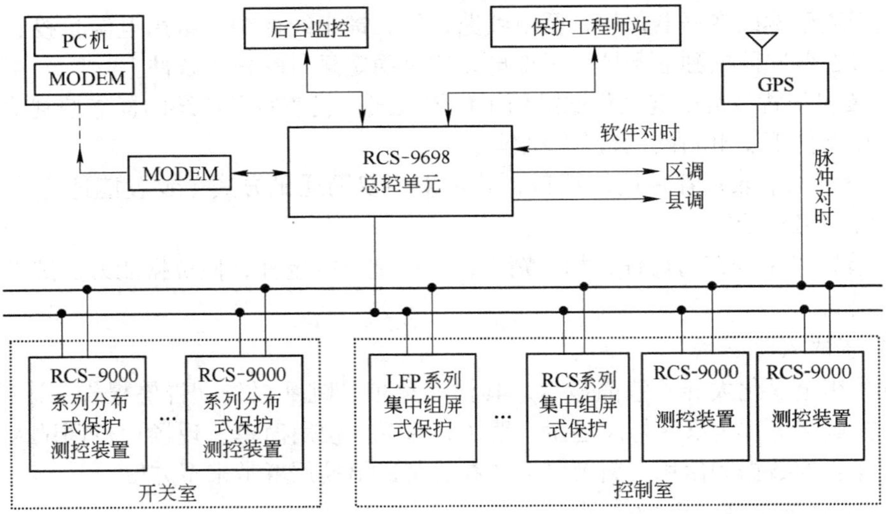

图 7-2 110kV/35kV 系统配置方案(一)示意图

(三) 系统功能

系统功能有以下几点:

(1) 实时数据采集。变电站运行过程中各种实时数据的采集,模拟量如母线电压、线

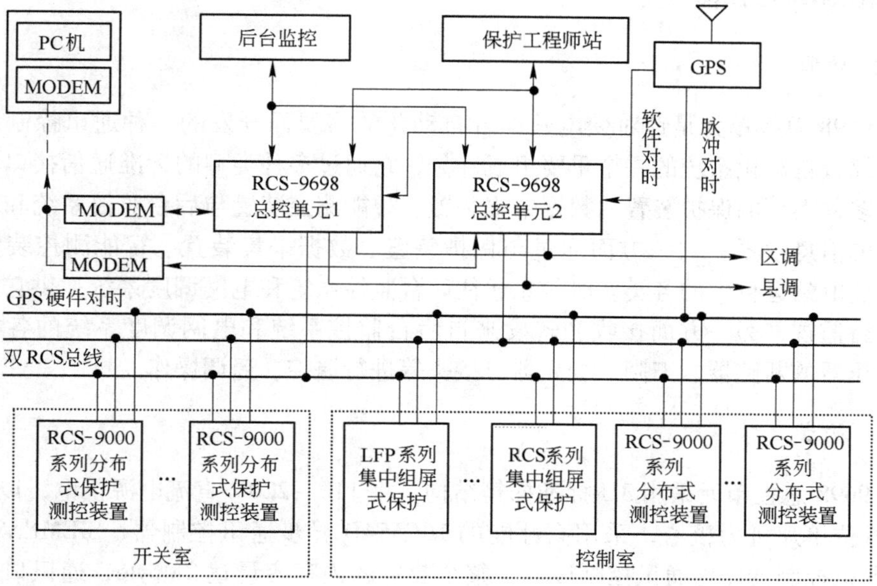

图 7-3　110kV 系统配置方案（二）双网配置示意图

路电流、主变温度、功率、频率等变量，开关量如断路器、刀闸位置、分接头位置、各种设备状态、瓦斯、气压等信号。

（2）微机保护及测控。可以实现变电站中引出线路、馈线、变压器、电容器、电动机的保护和测控，可实现高压进线开关或桥开关备用电源自动投入和线路的自动重合闸。

（3）数据统计和处理。各种限值监视和报警处理：多种限值、多种报警级别、多种告警方式（声响、语音）、告警闭锁和解除。

遥信信号监视和处理：遥信变位次数统计，变位告警。

运行数据计算和统计：电量累加、分时统计、运行日报、月报、最大值、最小值、负荷率、电压合格率统计。

（4）操作控制。断路器及刀闸的分合控制，变压器电压无功综合调节。

（5）运行记录。遥测越限记录，设备投停记录、保护整定值修改记录等。

（6）报表和历史数据。变电站运行日报、月报、历史数据显示和保存。

（7）人机界面。电气主接线图，实时数据画面显示，实时数据曲线显示；各种参数在线设置和修改，画面拷贝和报表打印，各种记录打印，画面和表格生成工具，语音告警。

画面调用有菜单和导航图两种方式，明了、直观、使用简单、方便。

（8）保护信息。保护整定值显示及修改、保护运行状态监视、保护动作信息、自检信息、保护故障录波波形及事件记录。

（9）操作票。操作票的生成、预演和打印。

（10）事故追忆。追忆再现事故。

二、RCS-9698 总控单元

（一）功能

RCS-9698 总控单元是针对变电站综合自动化的需要而开发的一种通讯控制装置。作为变电站综合自动化系统的一个重要组成部分，它通过多种类型的标准通信接口和通信规约来沟通多种类型的保护装置、数据采集装置、智能测控装置与后台监控系统和电网调度系统之间的信息联系。它一方面通过与保护装置、数据采集装置、智能测控装置进行通信，搜集变电站运行中的各类实时信息送往后台监控系统和电网调度系统，供它们对变电站进行运行监视，另一方面接收和转发来自后台监控系统和电网调度系统的各类操作命令，对变压器的断路器、刀闸、变压器分接头等进行遥控、遥调操作。

（二）构成

RCS-9698 总控单元采用 3U 标准插箱结构，用 110～220V 直流电源供电，以 80296SA 高性能 16 位单片机为核心，采用高性能的 16C554D 异步通讯控制器、SIEMENS82532 同步/异步通讯控制器作为通讯控制接口，整个装置的内存容量达 2Mbyte，通讯口的最高速率可达 1.5MBPS。

（三）通信

总控单元共有 19 个串行通讯口，各通讯口类型、用途如表 7-1 所示。整个装置的通信连接图如图 7-4 所示。

表 7-1　RCS-9698 通讯口类型用途表

通讯口名称	通讯口类型	用　途
监控口	RS232、RS485、光纤	与后台监控系统通信
调度 1 口	RS232	与调度端通信（同步/异步方式）
调度 2 口	RS232	与调度端通信（同步/异步方式）
调度 3 口	RS232	与调度端通信（异步方式）
对时口	RS232	与 GPS 对时
调试口	RS232	与调试终端通信
VQC 口	RS232	与 VQC 装置通信
C_1	RS232、RS485，光纤	与保护装置、数据采集装置和智能测控装置通信
$C_2 \sim C_{10}$	RS232、RS485	
C_{11}，C_{12}	RS422、RS485	

装置通过 12 个口与保护装置、数据采集装置和智能测控装置通信，这些口可以设置成 RS232、RS422、RS485 等多种标准接口类型。当设置成 RS232 工作方式时，每个口只能接一台装置，当设置成 RS422 或 RS485 工作方式时，每个口最多可接 64 台装置，但这些装置必须使用一种通信规约。

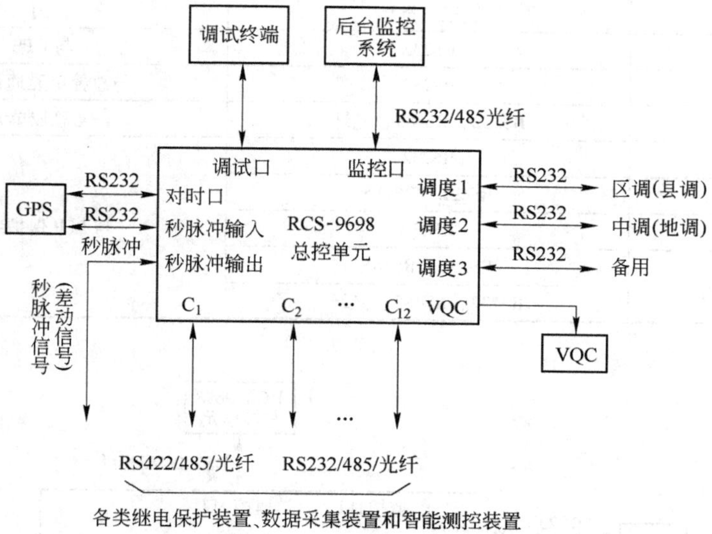

图 7-4 RCS-9698 总控单元的通信连接图

装置通过 3 个独立的 RS232 口与两个或两个以上不同的调度端进行通信，通信速率，通信规约和上送信息表均可任意设置。

总控单元与 GPS 对时系统之间除了通过通信接口进行时间同步外，还能接收和转发来自 GPS 的秒脉冲信号，使本装置和所有与之相联的保护、数据采集、测控装置都严格与 GPS 保持时间同步，以保证事件记录的一致性和可靠性。

三、RCS-9691 通信单元

（一）功能

RCS-9691 通信单元用于 LEP 系列微机保护装置与总控单元或后台监控之间的通信，完成通信转接和通信规约转换。它通过多种类型的标准通信接口来沟通保护装置与总控单元或后台监控系统之间的信息联系。它与保护装置进行通信，搜集各类保护信息，再经规约转换后送往总控单元或后台监控系统。

（二）构成

RCS-9691 通信控制单元采用 2U 标准插箱结构，采用 110V 或 220V 直流电源供电，以 80296SA 高性能 16 位单片机为核心，采用高性能的 16C554D 异步通信控制器作为通信控制接口。整个装置的内存容量达 2Mbyte，通信口最高通信速率可达 1.5MBPS。

（三）通信

RCS-9691 共有 17 个串行通信口，各通信口类型、用途如表 7-2 所示。整个装置的通信连接图如图 7-5 所示。

表 7-2　RCS-9691 通信口类型和用途一览表

通讯口名称	通讯口类型	用　途
GPS 对时口	RS232	与 GPS 对时
监控 1 口	RS232	与总控单元通信（备用）
监控 2 口	RS232、RS485、光纤	与总控单元通信
C_1，C_2	RS232	与 LFP 保护装置通信
$C_3 \sim C_6$	RS422、RS485	
$C_7 \sim C_{12}$	RS232	
C_{13}	RS232、RS485	
C_{14}	RS232、RS485、光纤	

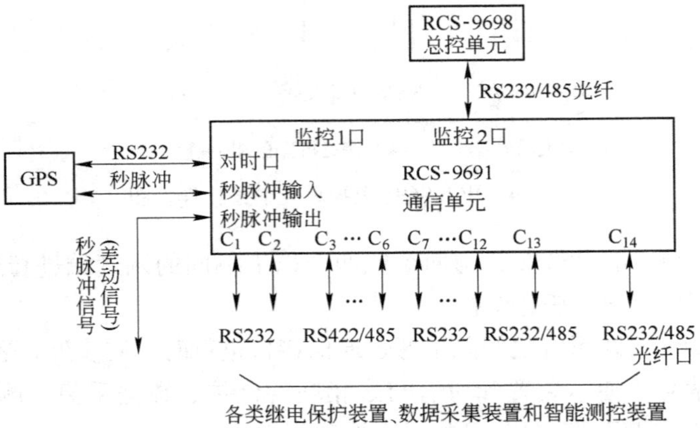

图 7-5　RCS-9691 通信单元的通信连接图

装置通过 14 个口与保护装置通信，这些口可以设置成 RS232、RS422、RS485 等多种标准接口类型。当设置成 RS232 工作方式时，每个口只能接一台装置；当设置成 RS422 或 RS485 工作方式时，每个口最多可接 8 台装置。

装置通过一个串行口与总控单元进行通信，通信规约采用部颁 870-5-103。

RCS-9691 自带一个操作显示面板以外，通过操作显示面板，运行人员可对装置进行号数设置和运行监视。

RCS-9691 通信控制单元与 GPS 对时系统之间除了通过通信接口进行时间同步，还能接收和转发来自 GPS 的秒脉冲信号，使本装置和所有与之联系的保护都严格与 GPS 保持时间同步，从而保证信息记录的一致性和可靠性。

本装置带有两个报警输出通道，分别用于装置失电和装置异常报警。

四、RCS-9656 变压器电压无功调节装置

（一）组成与功能

本装置适用于 110kV 以上变电站，实现电压无功综合调节功能，最多可监控三台主变。装置采用 INTEL80C296 单片机，经 RCS-9698 和变压器测控装置、电容器保护测控装置相

连，通信规约参照IEC870-5-103协议。变压器测控装置对主变的潮流量、开关量、挡位实行监测，执行RCS-9656的分接头升、降命令，并配有检测主变滑挡执行急停的功能。

（二）原理

1. 控制域划分

根据电压和无功的越限情况，将有载调压的控制策略划分为9个域。在9个域内采取相应的控制策略。Q_+表示无功越上限，Q_-表示无功越下限，Q_0表示无功正常，U_+表示电压越上限，U_-表示电压越下限，U_0表示电压正常。分接头上调电压上升，分接头下调电压下降，电容器投入无功下降，电压上升。电容器切除无功上升、电压下降。区域划分如图7-6所示。

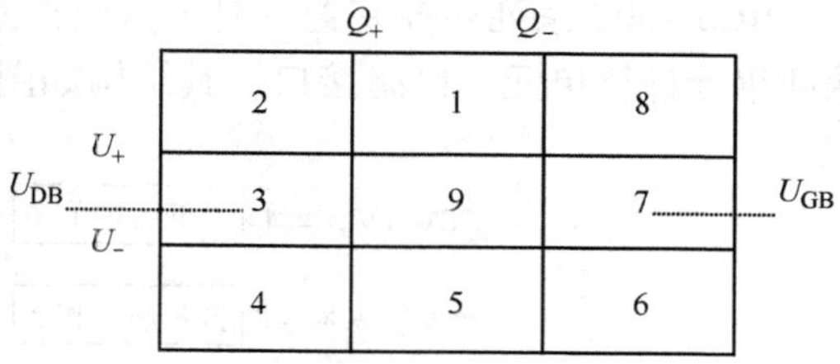

图7-6　电压和无功的控制域划分

2. 九域控制策略

（1）U_+、Q_0。分接头向下调节，如果已到最低挡则切除电容器。

（2）U_+、Q_+。分接头向下调节，如果已到最低挡则切除电容器。

（3）U_0、Q_+。如果已到最低挡，或电压大于U_{DB}不动作，其他情况投入电容器。

（4）U_-、Q_+。投入电容器，如果电容器已投完，分接头向上调节。

（5）U_-、Q_0。分接头向上调节，如果已到最高挡则投入电容器。

（6）U_-、Q_-。分接头向上调节，如果已到最高挡则投入电容器。

（7）U_0、Q_-。如果已到最高挡，或电压小于U_{GB}不动作，其他情况切除电容器。

（8）U_+、Q_-。切除电容器，如果电容器已切完，分接头向下调节。

（9）U_0、Q_0。正常范围不动作。

U_{GB}、U_{DB}主要是当主变分别运行于3区和7区时避免电容器频繁投切的定值。

3. 调压模式

两组参数一致的主变可以并列运行，并列运行时分接头必须同时上升、下降，电容选择投切应不同于单台独立运行。

4. 闭锁功能

在系统出现下列情形时应采取相应的闭锁有载调压措施：

（1）主变停用闭锁；

（2）主变过负荷闭锁；

（3）过电压闭锁；

（4）低电压闭锁；

（5）电容器保护动作时，闭锁该电容器投切；

（6）并列运行时，主变挡位差超出两挡，闭锁有载调压；

（7）电容器日投切次数闭锁；

（8）分接头日调节次数闭锁；

（9）通讯故障闭锁。

五、RCS-9000 系列分散式单元测控装置

RCS-9000 系列测控装置是为测控功能分散实现而设计开发的，其中，RCS-9601 适用于断路器单元、RCS-9602 适用于所用变压器，RCS-9603 适用于主变分接头调节，地刀控制及用于温度、直流系统测量的常规变送器的接口，RCS-9604 适用于两路断路器单元（如桥形接线），RCS-9605 适用于站内断路器单元。

（一）结构

RCS-9000 系列测控装置主要包括交直流测量单元、独立遥控单元、状态量采集单元、脉冲累计计算单元、网络接口。其结构如图 7-7 所示。

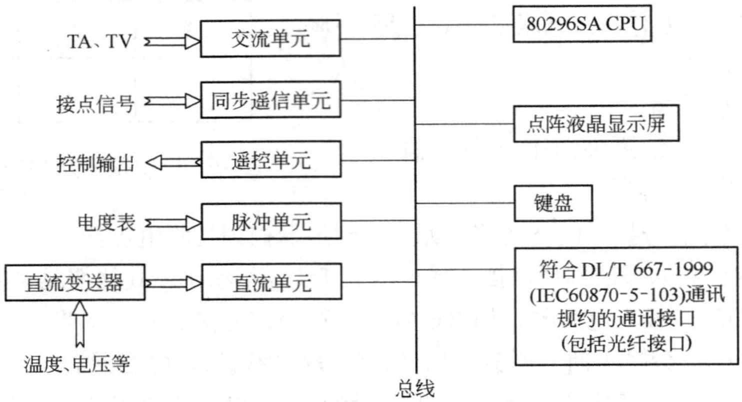

图 7-7　RCS-9000 系列测控单元结构框图

（二）功能

下面对各部分功能分别介绍。

1. 交流测量单元

现场 TA、TV 来的 5A/1H、100V 的交变波形经高精度的变换器转换成适合计算机采集的小信号，经滤波后送入 A/D 变换成数字信号，最后进入 CPU 进行计算。本装置按每个周波采集 32 点，按 N 次等间隔采样的离散表达式计算电流、电压、有功、无功、有功电波、无功电波、功率因数、频率等交流测量值和温度、电压、电流等直流测量值。

2. 遥信单元

信号以空结点方式引入，经过光电隔离后转换成数字信号进入装置，从而取得状态信号，变位信号。信号量的采集带有滤波回路，装置每 0.625ms 查询一次信号状态，有变位即进行记录，信号采集具有防止接点抖动的能力。此外每一信号的采集带有现场可整定的时限，以确保信号功能的准确性。

3. 遥控单元

遥控单元主要负责完成接受命令并根据命令输出相应的控制信息。为保证输出的可靠性,增加了闭锁控制电路。另外,本装置具有硬件自检闭锁功能,以防止硬件损坏导致误出口。

4. 脉冲单元

脉冲电度表发出的脉冲信号经光电隔离转换成数字信号，经去抖过程后进入脉冲单

元，完成脉冲记数功能。

5. 通讯接口

通讯接口用于完成测控装置与综合自动系统其他部分的通讯功能，主要是与总控单元和通信单元的数据传输。接口带有光电隔离，配有 RS232，RS485 和光纤通讯接口。

6. 人机接口

点阵液晶显示及薄膜式键盘能方便地实现人机对话功能。

7. CPU 板

主 CPU 板以 16 位单片机 80296SA 为核心，EPROM、RAM 及外围接口芯片支持，构成最基本的单片机系统，主要完成以下任务：遥测、遥信数据采集及计算处理，脉冲信号采集及累计，遥控命令的接收与执行，与显示板通信，通过网络接口将信息读入或发出，与 GPS 对时，支持人机界面，对关键芯片的定时自检。

六、RCS-9000 系列分散式保护测控装置

RCS-9000 系列分散式保护测控装置主要实现引出线路、馈线、变压器、电容器、电动机的保护测控功能，各开关柜保护测控装置中的保护功能独立，具体体现在：

（1）保护功能完全不依赖通信网，网络的运行与否不影响保护正常运行。

（2）在硬件设计上，装置仍旧保留了传统微机保护所具有的独立的输入/输出回路及操作回路。

（3）在软件设计上，保护模块与其他模块完全分开，且先启动后测量，保护模块具有独立性。

装置采用了高性能处理器和高分辨率的 14 位 A/D 转换器，每周波 24 点采样，结合专用的测量 TA，保证了测量精度。同时能就地实时完成有功功率、无功功率、功率因数等的计算，而不是像其他装置那样传输数据到变电站层离线完成。

在不增加硬件成本的前提下完成对低压系统的分散故障录波，并能实现故障波形的远传。

装置具有两路独立的标准通信接口以及一路基于 RS232 方式的装置打印和调试接口。两路通信接口的信息完全独立，且信息完整，可配置成独立的双通信网络，通常一路作为测控网络，另一路作为录波网络。

RCS-9000 变电站综合自动化系统是具有三层结构的综合自动化系统，数据识别单元和保护测控计算机层均集成一体，组成保护测控装置，而变电站层由总控单元、PC 机及 MODEM 通信单元等组成，构成变电站的通信网络，实现变电站的综合自动化。

小　结

电力系统微机保护与控制综合自动化系统是集电力系统保护、控制、监视、测量，故障分析等多功能为一体的自动系统，其具有高可靠性、多功能性、自诊断能力等优越性能。

综合自动化系统一般由数据识别、保护测控计算机、变电站主机、中央计算机四层构成，可实现变电站的智能决策、自动保护与控制等综合自动化。

RCS-9000 变电站综合自动化系统是一种三层结构的综合自动化系统，它具有分布式结构、双网设计、保护功能独立、丰富的人机界面及完善的抗干扰等特性。

附表　Z 变换表

序　号	$F(s)$	$f(t)$ 或 $f(k)$	$F(z)$
1	1	$\delta(t)$	1
2	e^{-skT}	$\delta(t-kT)$	z^{-k}
3	$\frac{1}{s}$	$1(t)$	$\frac{z}{z-1}$
4	$\frac{1}{s^2}$	t	$\frac{Tz}{(z-1)^2}$
5	$\frac{1}{s+a}$	e^{-at}	$\frac{z}{z-e^{-aT}}$
6	$\frac{a}{s(s+a)}$	$1-e^{-at}$	$\frac{(1-e^{-at})z}{(z-1)(z-e^{-at})}$
7	$\frac{s}{s^2+\omega^2}$	$\cos\omega t$	$\frac{z(z-\cos\omega T)}{z^2-2z\cos\omega T+1}$
8	$\frac{\omega}{s^2+\omega^2}$	$\sin\omega t$	$\frac{z\sin\omega T}{z^2-2z\cos\omega T+1}$
9	$\frac{1}{(s+a)^2}$	te^{-at}	$\frac{Tze^{-aT}}{(z-e^{-aT})^2}$
10	$\frac{\omega}{(s+a)+\omega^2}$	$e^{-at}\sin\omega t$	$\frac{ze^{-at}\sin\omega T}{z^2-2ze^{-at}\cos\omega T+e^{-at}}$
11	$\frac{s+a}{(s+a)+\omega^2}$	$e^{-at}\cos\omega t$	$\frac{z^2-ze^{-at}\cos\omega T}{z^2-2ze^{-at}\cos\omega T+e^{-at}}$
12	$\frac{2}{s^3}$	t^2	$\frac{T^2z(z+1)}{(z+1)^3}$
13		a^k	$\frac{z}{z-a}$
14		$a^k\cos k\pi$	$\frac{z}{z+a}$

参 考 文 献

[1] 王维俭．电力系统继电保护原理[M]．北京：清华大学出版社，1991.
[2] 杨奇逊．微型机继电保护基础[M]．北京：水利电力出版社，1988.
[3] 陈德树．计算机继电保护原理与技术[M]．北京：水利电力出版社，1992.
[4] 何克忠．计算机控制技术[M]．北京：清华大学出版社，1988.
[5] 继电保护和安全自动装置技术规程 SDJ6-83[M]．北京：水利电力出版社，1983.
[6] 四川电力工业局．高压线路微机保护，1996.
[7] 张立华．一种适用于微机保护的新的递推 DFT 算法[J]．电力系统自动化，2000. 3(5).
[8] 南京南瑞继保电气有限公司．LFP-900、RCS-900、RCS-9000 系列微机型成套继电保护装置及配套设备简介（2001 年版），2001. 1.
[9] 徐仁贵．单片微型计算机应用技术[M]．北京：机械工业出版社，2001.
[10] 刘健．配电自动化系统[M]．北京：水利电力出版社，1998.
[11] 沈德全．MCS-51 系列单片机接口电路与应用程序设计[M]．北京：北京航空航天大学出版社，1990.
[12] 罗钰玲，吕铁民，陈家瑂，陈霖．电力系统微机继电保护[M]．北京：人民邮电出版社，2008.
[13] 林敏．计算机控制技术及工程应用（第 2 版）[M]．北京：国防工业出版社，2010.
[14] 潘新民，王燕芳．微型计算机控制技术[M]．北京：电子工业出版社，2003.
[15] 王锦标，方崇智．过程计算机控制[M]．北京：清华大学出版社，1992.
[16] 于海生等．微型计算机控制技术[M]．北京：清华大学出版社，1999.
[17] 林敏．微机控制技术及应用[M]．北京：高等教育出版社，2004.
[18] 韩全力，赵德申．微机控制技术及应用[M]．北京：机械工业出版社，2002.
[19] 张春光．微型计算机控制技术[M]．北京：化学工业出版社，2002.
[20] 王建华，黄河清．计算机控制技术[M]．北京：高等教育出版社，2002.
[21] 何克忠，李伟．计算机控制系统[M]．北京：清华大学出版社，1998.
[22] 林敏，于忠得．STD 总线脉冲流量检测微机接口电路[J]．自动化仪表，1994，15(11).

参考文献